먹이식물과 알, 애벌레, 번데기, 성충 **189종 관찰 기록**

국가생물적색목록(2022) 표기

한국 나비애벌레 생태도감

Life histories of Korean Butterflies

글·사진 **이상현** 감수 **배양섭**

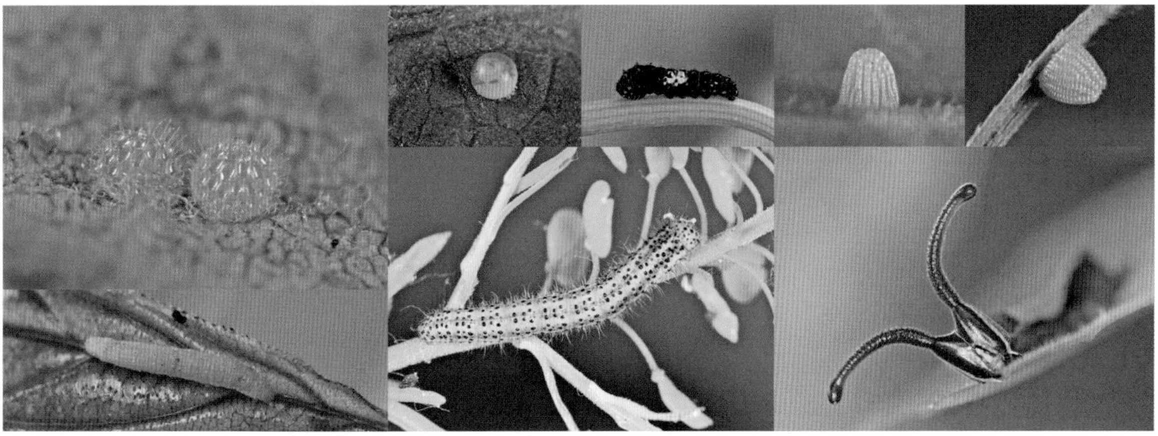

光文閣
www.kwangmoonkag.co.kr
파주나비나라박물관

머리말

오늘도 아이들은 나비를 따라 뛰어다닙니다. 나비는 손을 내민 아이 손에 잡힐 듯하다가 가슴 사이로 빠져나가 꽃에 살포시 앉습니다. 다가선 아이가 손을 내밀지만, 나비는 훌쩍 날아 아이의 머리를 넘어갑니다. 저는 매일 아이들을 보는 건지 나비를 보는 건지 모르는 하루하루를 보내고 있습니다.

곤충생태원 일을 시작하면서 나비와 인연을 맺었습니다. 찾아오는 분들께 많은 나비를 만날 수 있는 장을 마련하다 보니 자연스럽게 나비 공부에 빠져들었습니다. 그 인연이 훌쩍 20년이라는 세월이 흘렀습니다. 나비의 생태를 알아야 하는데 당시에는 정보가 너무 부족했습니다. 나비 전문가들을 찾아다녀 보고 함께 생태 관찰을 다니면서 자연에 존재하는 나비의 매력에 흠뻑 빠져들고 말았습니다. 본업도 팽개치고 국내는 물론이고 외국의 나비를 만나러 다니기도 하였습니다.

나비들의 일부 종들은 운영하는 생태원에서 사시사철 볼 수 있게 적용도 하였습니다. 배추흰나비, 남방노랑나비, 호랑나비, 제비나비, 긴꼬리제비나비, 암끝검은표범나비, 남방부전나비 등은 생태원에서 언제나 쉽게 볼 수 있는 나비가 되었습니다. 점차 곤충생태원의 환경이 좋아지고 나비에 대한 사육 방법과 먹이식물의 재배 기술이 나날이 발전하고 있어 앞으로 생태원에서 만날 수 있는 나비는 더 늘어날 것입니다.

하지만 자연에서 살아가는 나비들의 상황은 다릅니다. 환경 변화와 서식지가 없어지면서 감소하는 나비 종수는 계속 늘어가고 있습니다. 이미 우리나라 종 목록에는 있지만, 자연에서 볼 수 없는 나비가 큰수리팔랑나비, 북방점박이푸른부전나비, 산부전나비, 봄어리표범나비, 쐐기풀나비, 신선나비, 갈구리신선나비, 상제나비처럼 8종이나 됩니다. 이외에도 많은 종이 서식지에서 겨우겨우 연명하는 실정입니다. 법적으로 멸종위기 야생동물로 올려진 나비만도 9종이 됩니다. 가까운 미래에는 얼마나 더 늘어날지 알 수 없는 일입니다.

이처럼 사라졌거나 사라지고 있는 나비들을 지켜나가기 위해서는 각각의 나비 종마다는 정보를 충분히 가지고 있어야 합니다. 그런데도 지금껏 우리 나비에 대

한 정보는 많이 부족했습니다. 그동안 나비를 공부하면서 가졌던 일념은 '우리 나비의 어린 시절을 알아내는 것'이었습니다. 한 100종까지는 그래도 쉽다고 느꼈습니다. 시간으로는 몇 년이지만 마치 순식간에 한 것처럼 느껴졌습니다. 하지만 그 후부터는 점점 더디어갔습니다. 정말로 긴 세월 인내가 필요했고, 도감을 만들자는 요청을 받은 지도 몇 년이 흘러갔습니다.

이제야 사육과 많은 발품을 팔아 모은 사진에 글을 붙여서 하나의 도감으로 만들어지게 되었습니다. 이것이 우리나라 나비를 알아가고 지켜내는 일에 조그마한 보탬이라도 되었으면 하는 바람입니다.

이 책을 준비하는데 수많은 분의 격려와 도움이 있었습니다. 늦게 들어간 대학원에서 지도해주신 배양섭 교수님, 함께 나비를 공부하는 데 도움을 준 박해철 박사님, 이영보 박사님, 정종철 박사님, 원제휘 님, 이영준 님, 손상규 님, 지민주 님, 이순호 님, 김한울 님, 久門 享 님, 손정달 님께 깊은 감사를 드립니다.

또한, 책을 만드는 가운데 부족한 사진을 선뜻 내어주신 여환현 님, 최원교 님, 서영호 님, 박종세 님, 김순환 님, 坂本 洋典 박사님 진심으로 고맙습니다. 이 책을 출판해 주신 광문각출판사 박정태 회장님과 임직원분들께도 감사드립니다. 마지막으로 저에게 나비를 알게 해주고 사육의 길로 이끌어주었지만, 지금은 저 세상으로 먼저 가버린 박경태 님의 영전에 이 책을 바칩니다.

추천사

소설이나 시, 그림 속에 나비는 심심치 않게 등장한다. 동서양을 막론하고 나비가 등장하는 수많은 이야기를 살펴보면 번데기에서 나비가 되는 곤충의 일생을 성장의 모티브로 삼기도 하고, 화려한 나비의 모습을 통해 일장춘몽의 환상을 이야기하기도 한다.

1946년에 노벨문학상을 받은 헤르만 헤세는 나비를 일컬어 '날개 달린 꽃'이라 표현했다. 그는 "내 인생에서 커다란 두 가지 즐거움이 있었다면 그건 나비 채집과 낚시이다. 다른 건 모두 시시했다."라고 말했었다. 나비는 짧은 삶과 아름다운 것의 덧없음, 단계적인 탈바꿈에 대한 상징으로 헤세의 문학 작품에 빠지지 않고 등장한다.

초록별 지구에서 나비만큼 죽어서도 그 빛을 잃지 않는 곤충 또는 동물이 없을 것이다. 다른 동물들은 표본이 되면서 그 아름다운 깃털의 빛깔을 모두 잃는데, 나비만큼은 그 빛을 잃지 않는다.

이 책《한국 나비애벌레 생태도감》은 우리나라 전역에서 찾아볼 수 있는 나비 중 189종을 소개하며, 먹이식물과 알에서 성충까지 나비의 한살이를 고스란히 담은 2,300여 장의 생태 사진을 실었다. 오래도록 나비 생태 연구에 많은 고난과 역경을 겪은 저자의 업적을 높이 평가하여 찬사를 보낸다. 우리에게 자연 속 생명의 신비를 깨닫게 해 주는 훌륭한 길잡이가 될 것이다.

나비가 좋아서 나비목 곤충을 연구하는
배 양 섭 교수

일러두기

○ 본 도감은 우리나라 나비 중 189종의 알에서 성충까지의 생활사 특징을 관찰한 도감입니다.

○ 사진은 서식지와 사육시설에서 촬영한 것으로 왼쪽에 성충 사진을 오른쪽에 먹이식물과 알~성충으로 변화하는 사진을 실었습니다.

- 알: 산란 위치, 외부 형태와 변화 과정
- 애벌레 : 먹이활동을 하면서 변해가는 모습과 생활습관
- 전용: 애벌레에서의 변화와 번데기 전단계
- 번데기: 외부 형태
- 나비: 서식지, 출현 시기 등을 실었습니다.

○ 종명과 국명은 환경부 국립생물자원관에서 발행한『국가생물종 목록(2019)』을 근간으로 적용하였습니다.

○ 주년경과는 알, 애벌레, 번데기, 성충의 활동 시기를 표로 설명하였고, 겨울나기 모습을 표기하였습니다.

○ 먹이식물은 저자가 확인한 것을 우선하였고, 뒤에 수록된 참고문헌을 참고하여 수록하였습니다.

○ 분포도는 행정구역 시·군을 단위로 적용하였으며,『한국곤충분포도감 나비편(1976)』,『한국의 나비(1997)』,『한국나비분포도감(2012)』,『한국나비분포변화(2012)』를 참고하되, 그 후 저자의 채집 경험과 동호인들의 자료도 첨가하였습니다.

○ 국가생물적색목록(2022) 표기

○ 도움받은 사진의 촬영자 이름은 사진별로 기록하였습니다.

국가생물적색목록

1948년 설립된 세계자연보전연맹(IUCN)은 정부회원, 사회단체, 관련 학회 및 협회, 개별 전문가 등이 자발적으로 참여하는 국제적 거버넌스이다.

IUCN의 적색목록 범주와 기준(Categories and Criteria)은 야생생물의 절멸 위험을 평가하고 분류하기 위해 개발된 것으로, 세계적인 멸종위험을 평가하는 '세계적색목록'과 지역적 · 국가적 · 국소적 수준에서 평가하는 '지역적색목록'으로 구분할 수 있다.

'지역적색목록 범주'는 다음과 같이 11개로 분류된다.

- **절멸(EX, Extinct)**: 마지막 개체가 죽었다는 점에 대해 합리적으로 의심할 여지가 없는 상태.
- **야생절멸(EW, Extinct in the Wild)**: 분류군이 자연 서식지에서는 절멸한 상태이지만 동물원이나 식물원 등지에서 사육 또는 재배하는 개체만 있는 상태.
- **지역절멸(RE, Regionally Extinct)**: 지역 내에서 잠재적인 번식 능력을 가진 마지막 개체가 죽거나 지역 내 야생 상태에서 사라져 버렸다는 점에 대해 의심할 이유가 없을 경우, 또는 만일 이전에는 방문자 분류군이었으나 지역 내 야생 상태에서 마지막 개체가 죽거나 사라진 분류군에 적용.
- **위급(CR, Critically Endangered)**: 가장 유효한 증거가 위급에 해당하는 기준 A부터 E까지의 그 어떤 하나와 일치한 상태로 야생에서 매우 높은 절멸 위기에 직면한 것.
- 위기(EN, Endangered): 가장 유효한 증거가 위기에 해당하는 기준 A부터 E까지의 그 어떤 하나와 일치한 상태로 야생에서 매우 높은 절멸 위기에 직면한 것.
- 취약(VU, Vulnerable): 가장 유효한 증거가 취약에 해당하는 기준 A부터 E까지의 그 어떤 하나와 일치한 상태로 야생에서 높은 절멸 위기에 직면한 것.
- 준위협(NT, Near Threatened): 기준에 따라 평가했으나 현재에는 위급, 위기, 취약에 해당하지 않는 것으로 가까운 장래에 멸종우려 범주 중 하나에 근접하거나 멸종우려 범주 중 하나로 평가될 수 있는 상태.

- 관심대상(LC, Least Concern): 기준에 따라 평가했으나 위급, 위기, 취약, 준위협에 해당하지 않은 상태로 널리 퍼져 있고 개체수도 많은 분류군이 이 범주에 해당.
- 정보부족(DD, Data Deficient): 확실한 상태 평가를 하기에는 정보가 부족한 분류군을 강조하기 위한 범주.
- 미평가(NE, Not Evaluated): 적색목록 기준에 따라 아직 평가하지 않은 분류군에 적용하는 범주로, 정보부족과 미평가 범주는 분류군의 위협 정도를 반영하지 않음.
- 미적용(NA, Not Applicable): 지역 수준에서 평가하기가 부적절한 것으로 간주되는 분류군에 해당하는 범주

그 중에서 본 도감의 왼쪽 페이지에 '지역적색목록 범주'로 표기한 '국가적색목록(2022)'의 상세 내역은 다음과 같다.

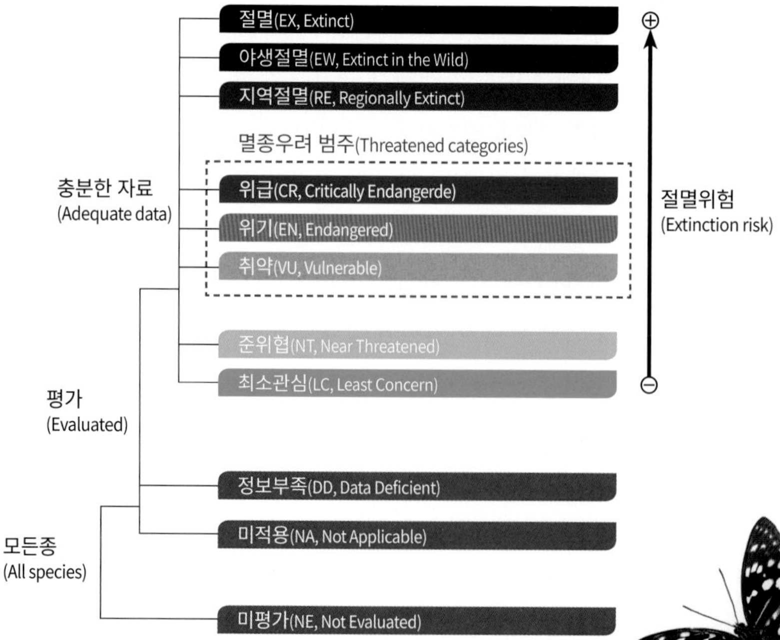

각부 명칭

| 알 |

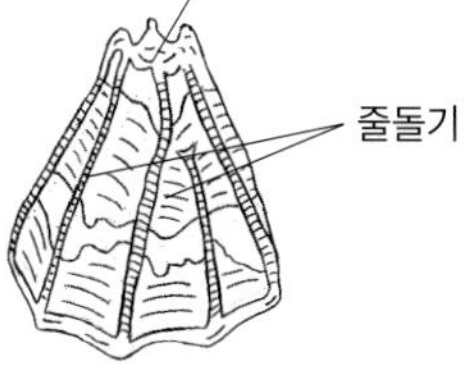

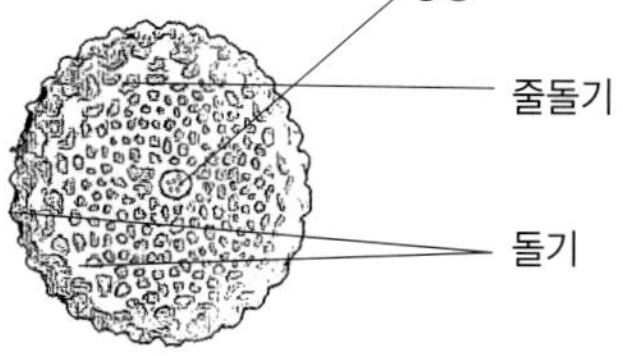

| 애벌레 |

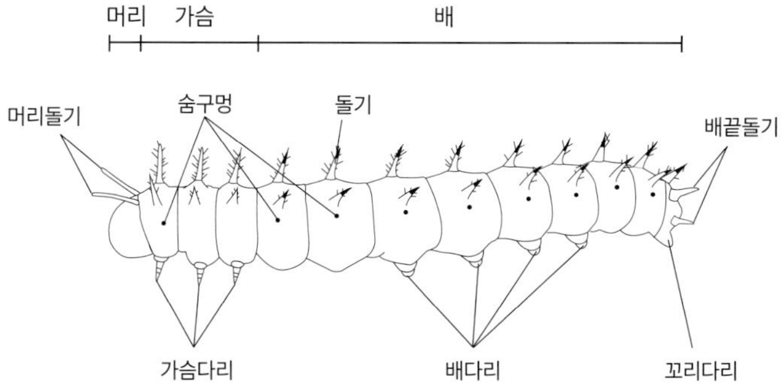

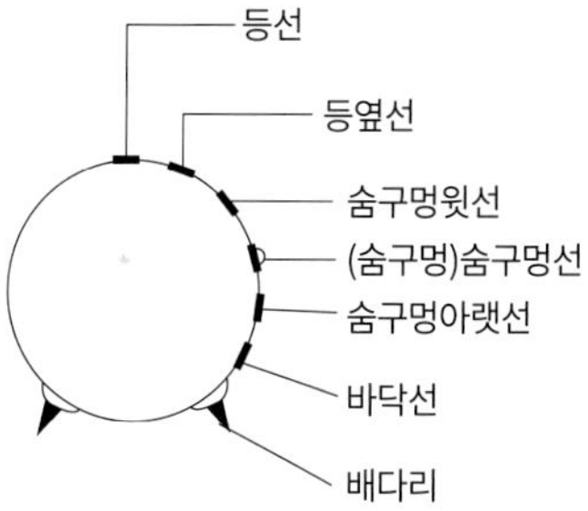

| 번데기 |

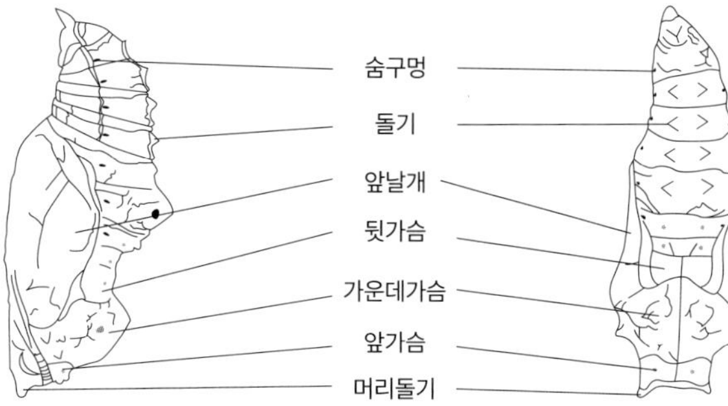

CONTENTS

01
호랑나비과

02
흰나비과

03 부전나비과

04
네발나비과

05

팔랑나비과

CHAPTER

01

Papilionidae

호랑나비과

1. 모시나비 *Parnassius stubbendorfii* Ménétriès, 1849

암컷

EX EW RE CR EN VU NT LC DD NA NE

주년 경과	1월	2월	3월	4월	5월	6월	7월	8월	9월	10월	11월	12월
알												
애벌레												
번데기												
어른벌레												

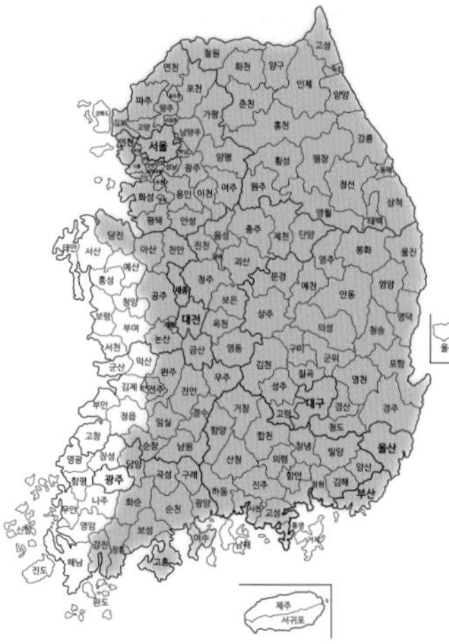

○ 성충 발생 연 1회, 지역에 따라 5~6월에 활동한다. ○ 겨울나기 알
○ 먹이식물 현호색(양귀비과)

암컷은 먹이식물의 주변 나뭇가지나 돌, 마른 잎 등에 하나에서 여러 개의 알을 모아 낳는다. **알**은 백색의 찐빵 모양이다. 표면에 빼곡하게 둥근 홈이 깊게 패여 있다. 알에서 깨어난 **1령애벌레**의 몸은 갈색으로 일정한 배열의 낮은 돌기가 있고 돌기마다 여러 개의 털이 있다. 애벌레는 가슴을 세웠다 굽히며 잎 가장자리부터 안으로 둥글게 먹는다. 먹이활동을 마친 애벌레는 낙엽이나 돌 틈에 들어가 쉬기도 하고, 떨어진 체온을 올리기 위해 해가 잘 드는 곳에 해바라기를 한다. 야외에서 애벌레를 보기 위해서는 서식지의 먹이식물에 흔적을 살피거나 주변에 낙엽이나 돌 틈을 확인하면 쉽게 찾을 수 있다. **2령애벌레** 머리와 몸은 흑색으로 등선이 흑색 점으로 이어지고 유백색 등옆선이 발달한다. **3·4령애벌레**는 주홍색으로 발달한 등옆선이 짙어지고 흑색 사각점이 선명해 진다. **5령애벌레**는 짙은 회색으로 주홍색과 노란색이 점점이 이어진 등옆선이 배끝으로 이어지고 몸에 사각무늬는 둥근 반점으로 발달한다. 먹이가 부족한 곳에서 애벌레는 먹이식물 뿌리 부근까지 알뜰히 먹어 치우는 모습을 보이기도 한다. **전용**이 가까워진 애벌레는 안전한 장소를 찾아 촘촘한 막을 치고 번데기가 된다. 고치를 두른 실이 한지와 같이 매끈하다. **번데기**는 갈색으로 위험을 느끼면 몸을 떠는 행동을 보인다.

먹이식물(현호색)

알

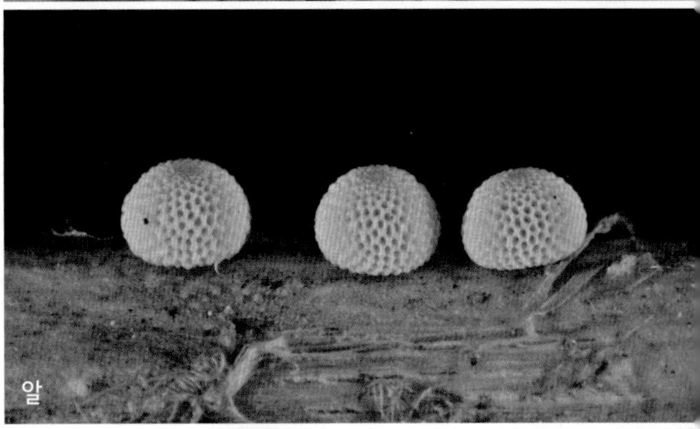
알

1령

2령

3령

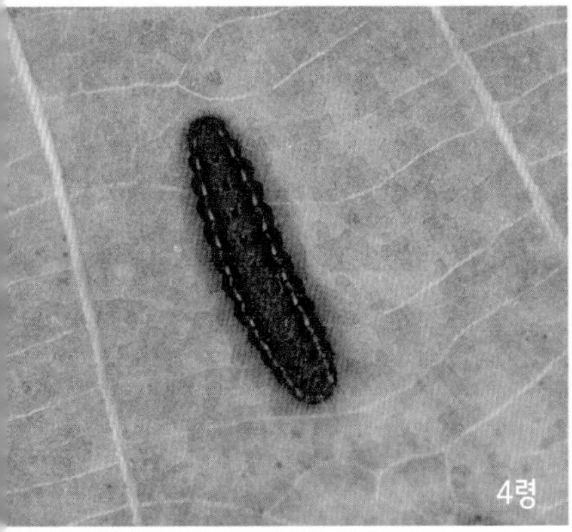
4령

5령

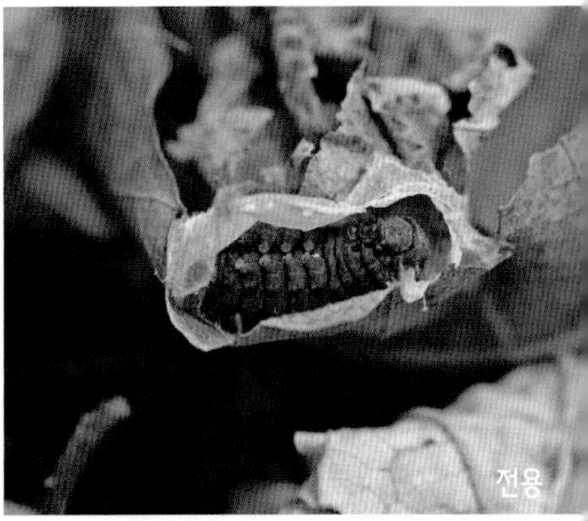
전용

번데기

번데기 고치

수컷

2. 붉은점모시나비 *Parnassius bremeri* Bremer, 1864

EX
EW
RE
CR
EN
VU 취약
NT
LC
DD
NA
NE

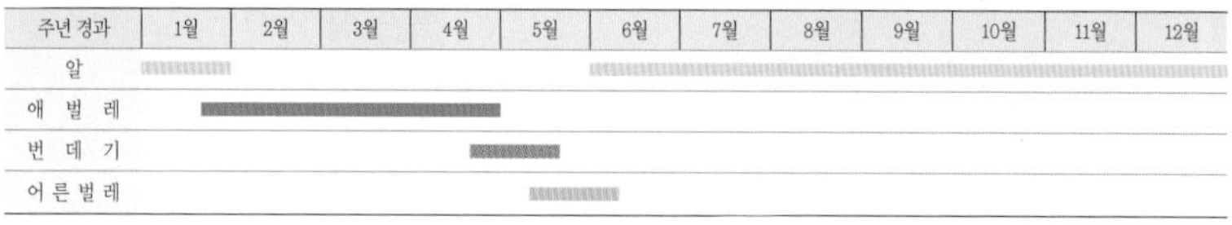

○ 성충 발생 연 1회, 지역에 따라 5~6월에 활동한다. ○ 겨울나기 알
○ 먹이식물 기린초류(돌나물과)

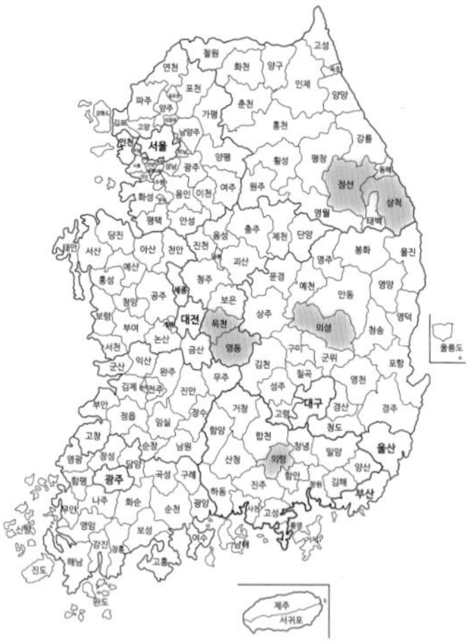

암컷은 먹이식물의 주변 나뭇가지나 낙엽, 마른 풀 등에 알을 낳는다. **알**은 백색으로 둥글고 납작한 모양이다. 윗면은 정공 방향으로 기울어져 있고 표면은 둥글고 낮은 돌기가 빼곡하다. 알에서 깨어난 **1령애벌레**는 흑색 머리에 몸은 짙은 회색으로 가슴과 배마디 돌기에 흑색의 긴 털이 여러 개 있다. 애벌레는 먹이식물 가까운 곳에 낙엽 등을 은신처로 삼고 먹이활동과 쉬기를 반복한다. **2령애벌레**는 머리와 몸에 잔털이 빼곡하다. 몸의 등선 양쪽으로 1쌍의 둥근 돌기가 발달하고 숨구멍 옆으로 주황색 반점이 나타난다. **3령애벌레**는 흑색으로 숨구멍 주위의 주황색 반점이 노란색으로 변한다. 애벌레는 빠른 몸놀림으로 먹이를 찾아 이동을 하거나 먹이활동 후 소화를 위한 해바라기를 하는 여유를 갖기도 한다. **4령애벌레**는 등선이 약하고 몸의 털이 짧고 강해진다. 애벌레는 크게 자란 먹이식물 사이에 몸을 숨기기도 한다. **5령애벌레** 몸은 짙은 회색으로 숨구멍 주변의 반점도 주황색으로 변한다. 애벌레들은 경쟁하듯이 여린 순을 찾아 먼 거리를 활발히 움직인다. 교목이 없는 서식지의 애벌레는 천적의 눈에 잘 띄는 먹잇감으로 피해가 심하다. **전용**이 가까워진 애벌레는 먹이식물 주변이나 잡풀 사이에 엉성한 고치를 짓고 번데기가 된다. **번데기**는 짙은 갈색으로 노란색의 숨구멍 반점이 선명하다.

먹이식물(기린초)

알

알

1령

2령

3령

4령 초

4령

5령

번데기

번데기 고치

수컷

3. 꼬리명주나비 *Sericinus montela* Gray, 1852

암컷

EX
EW
RE
CR
EN
VU 취약
NT
LC
DD
NA
NE

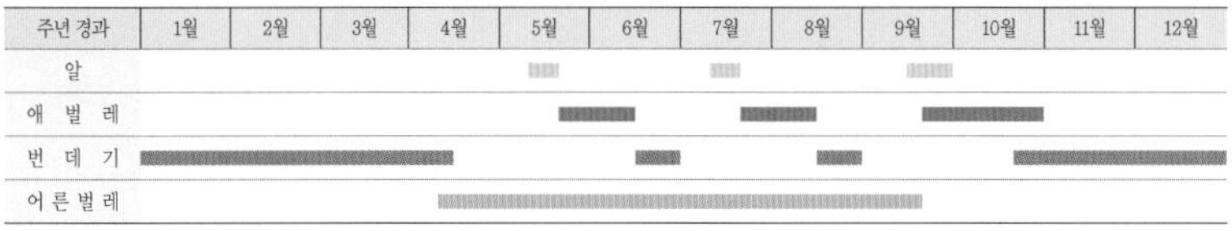

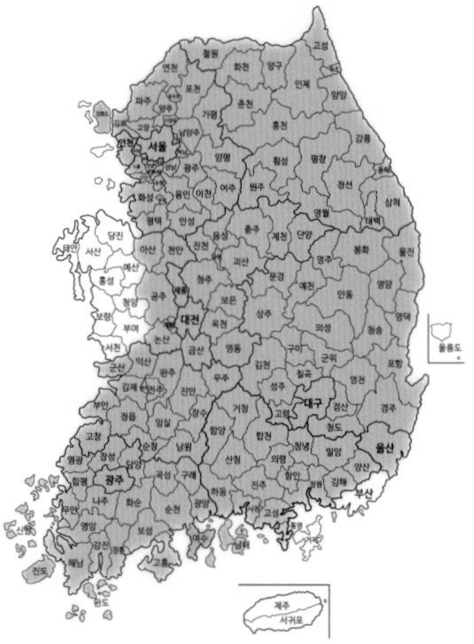

○ 성충 발생 연 2~3회, 지역에 따라 4~9월에 활동한다. ○ 겨울나기 번데기

○ 먹이식물 쥐방울덩굴(쥐방울덩굴과)

암컷은 먹이식물의 새싹이나 줄기, 잎 등에 여러 개의 알을 모아 낳는다. **알**은 유백색의 공 모양으로 시간이 지나며 정공과 주변에 갈색 반점이 발달하고 투명해진다. 알에서 깨어난 **1령애벌레**는 흑색 머리에 몸은 갈색이다. 몸 마디마다 일정한 배열의 돌기에 여러 개의 털이 있다. 애벌레는 무리를 지어 활동한다. **2령애벌레**는 흑색 머리에 몸은 짙은 갈색으로 몸에 돌기는 커지고 털은 짧아진다. 애벌레들이 지나간 자리에 앙상한 줄기만 남을 정도로 식욕이 왕성하다. **3령애벌레**는 앞가슴에 1쌍의 돌기가 크게 발달한다. 애벌레는 무리의 수를 줄여가며 활동하는 모습을 보인다. **4령애벌레**는 돌기 아랫부분이 연한 노란색이다. 앞가슴의 1쌍의 돌기가 길게 발달하여 더듬이 같이 보인다. **5령애벌레**는 돌기 아랫부분이 노란색으로 짙어진다. 등옆선 돌기와 바닥선 돌기 사이에 푸른색 선들이 가슴에서 배끝으로 어지럽게 이어진다. 활동 반경이 좁고 모여서 생활하는 애벌레는 먹이가 부족해 집단으로 죽는 일이 발생하기도 한다. **전용**이 가까워진 애벌레는 먹이식물 주변의 나뭇가지나 돌, 덤불과 같은 기댈 곳를 찾아 실을 치고 몸에 실을 걸어 번데기가 된다. **번데기**는 머리에 1쌍의 돌기와 가운데가슴이 발달한다. 번데기는 옅은 갈색이지만 겨울을 지내는 번데기는 짙은 갈색이다.

먹이식물(쥐방울덩굴)

알

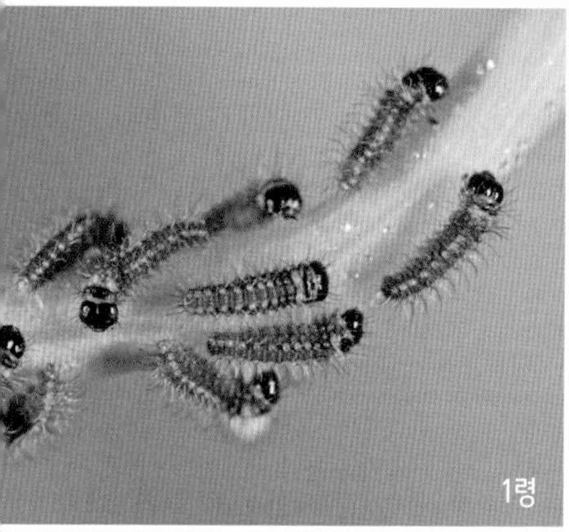
1령

2령

3령

4령

5령

수컷

전용

번데기

4. 애호랑나비 *Luehdorfia puziloi* (Erschoff, 1872)

EX
EW
RE
CR
EN
VU
NT
LC
DD
NA
NE

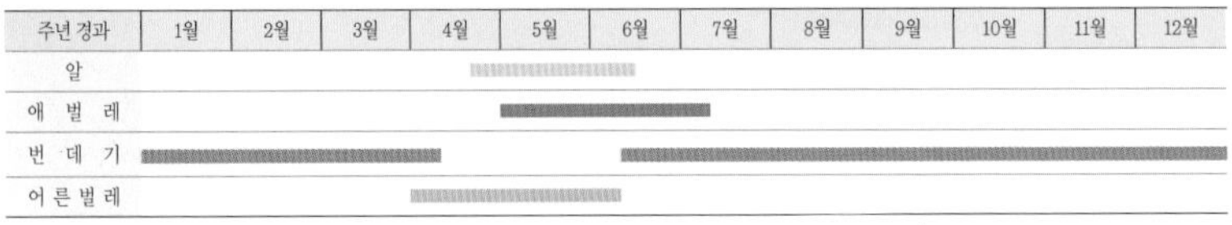

○ **성충 발생** 연 1회, 지역에 따라 4~6월에 활동한다. ○ **겨울나기** 번데기

○ **먹이식물** 족도리풀, 개족도리풀 (쥐방울덩굴과)

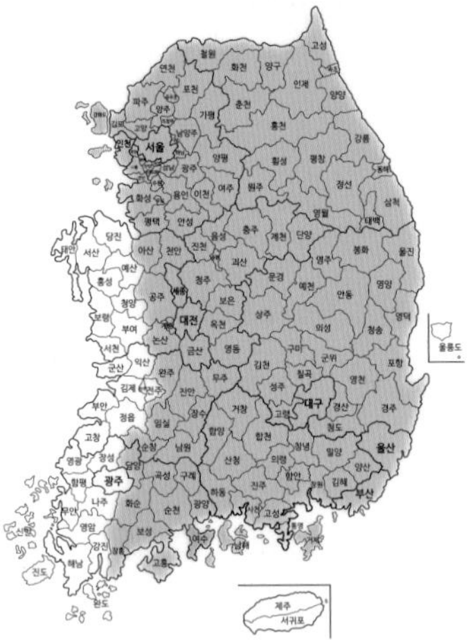

암컷은 먹이식물의 잎 뒷면에 매달려 오랜 시간 여러 개의 알을 모아 낳는다. **알**은 연한 녹색의 공 모양으로 빛을 받으면 보석같이 반짝인다. 알은 시간이 지나며 투명해지고 애벌레가 비쳐 보인다. 알에서 깨어난 **1령 애벌레**의 머리와 몸은 광택이 있는 짙은 갈색이다. 몸마디마다 일정한 배열의 긴 털이 있다. 애벌레는 알껍데기에 관심을 보이지 않고 무리를 지어 잎살을 시작으로 잎에 작은 구멍을 내가며 먹이활동을 한다. **2령애벌레**는 몸마디가 선명해지고 몸에 털이 짧아진다. 숨구멍 아래 주홍색의 반점이 발달한다. **3령애벌레**는 가슴과 6절 배마디부터 배끝까지 백색의 긴 털이 있다. **4령애벌레** 몸에 털은 짧아지고 3령기의 백색 털이 더욱 길어진다. 애벌레가 움직일 때마다 몸마디 사이 골이 흰색으로 넓게 보인다. **5령애벌레**는 백색의 긴 털이 짧아지며 숨구멍 아래 주홍색 반점이 노란색으로 변한다. 무리지어 생활하는 애벌레는 먹이식물을 잎과 잎자루까지 알뜰하게 먹어 치우기도 한다. 많은 양의 먹이가 필요한 5령애벌레는 부족한 먹이를 찾아 먼 거리를 이동한다. **전용**이 가까워진 애벌레는 낙엽 사이, 돌무덤과 같은 안전한 장소를 찾아 실을 치고 몸에 실을 걸어 번데기가 된다. **번데기**는 광택이 있는 짙은 갈색으로 표면이 거칠다.

먹이식물(족도리풀)

알

1령

2령

3령

3령 말

4령

5령

전용

번데기

수컷

5. 청띠제비나비 *Graphium sarpedon* (Linnaeus, 1758)

암컷

주년 경과	1월	2월	3월	4월	5월	6월	7월	8월	9월	10월	11월	12월
알												
애벌레												
번데기												
어른벌레												

○ 성충 발생 연 2~3회, 지역에 따라 4~9월에 활동한다. ○ 겨울나기 번데기

○ 먹이식물 후박나무, 녹나무(녹나무과)

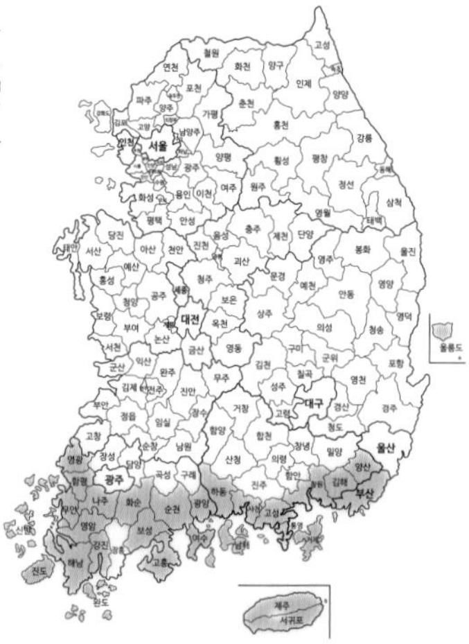

암컷은 먹이식물의 새순이나 부드러운 잎에 알을 낳는다. **알**은 연한 노란색의 공 모양으로 표면에 다각형 문양이 어지럽다. 알은 시간이 지나며 갈색 반점이 나타난다. 알에서 깨어난 **1령애벌레**는 흑색 머리에 몸은 보라색이 감도는 청록색이다. 몸마디에 일정한 배열로 가시가 많은 돌기가 나있으며 특히 앞가슴 돌기가 크게 발달한다. 1쌍의 꼬리돌기는 백색이다. 애벌레는 알껍데기를 먹은 후 잎 가장자리로 이동해 활동한다. **2령애벌레**는 주황색 머리에 몸은 녹색으로 배마디에 연한 녹색의 가로선이 나있다. **3·4령애벌레**는 녹색으로 가슴마다 1쌍 의 흑색 돌기와 배끝에 1쌍의 백색 돌기가 있으며 바닥선과 숨구멍이 선명하다. 애벌레는 여린 잎의 주맥에 자리를 만들어 활동한다. **5령애벌레**의 몸은 녹색으로 앞가슴에 돌기가 약해진다. 뒷가슴에 짙은 노란색 선이 날카로운 눈 모양의 경계의태를 보이는 무늬와 이어진다.

애벌레는 잎 위에 자리를 만들고 큰 이동 없이 천천히 먹이활동을 한다. **전용**이 가까워진 애벌레는 먹이식물 잎 아랫면에 실을 치고 몸에 실을 걸어 번데기가 된다. **번데기**는 녹색으로 가운데가슴에서 내려오는 노란색의 선이 머리와 앞날개, 배끝으로 향한다. 겨울을 지내야 하는 번데기도 녹색으로 먹이식물이나 주변 안전한 곳에서 겨울을 보낸다.

먹이식물(후박나무)

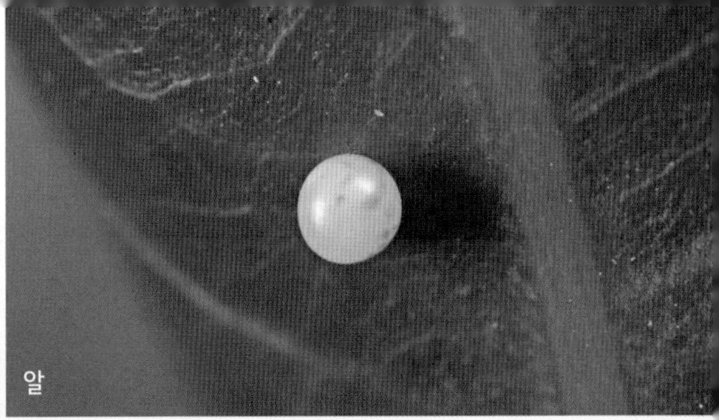
알

1령

2령

3령

4령

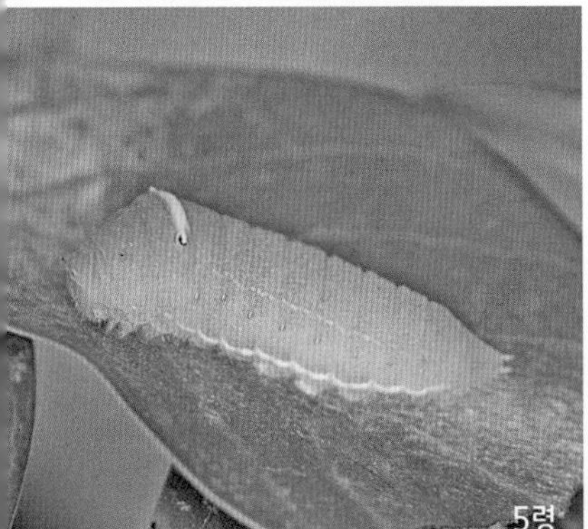
5령

번데기

암컷

6. 산호랑나비 *Papilio machaon* Linnaeus, 1758

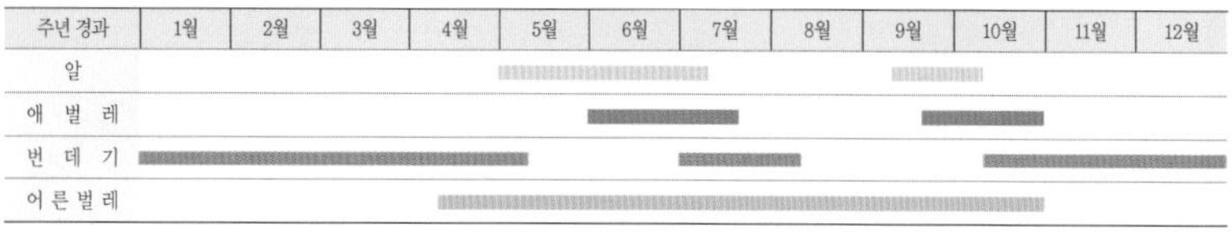

○ **성충 발생** 연 2~3회, 지역에 따라 4~10월에 활동한다. ○ **겨울나기** 번데기

○ **먹이식물** 백선(운향과) 구릿대, 사상자, 방풍, 참당귀, 미나리 등(산형과)

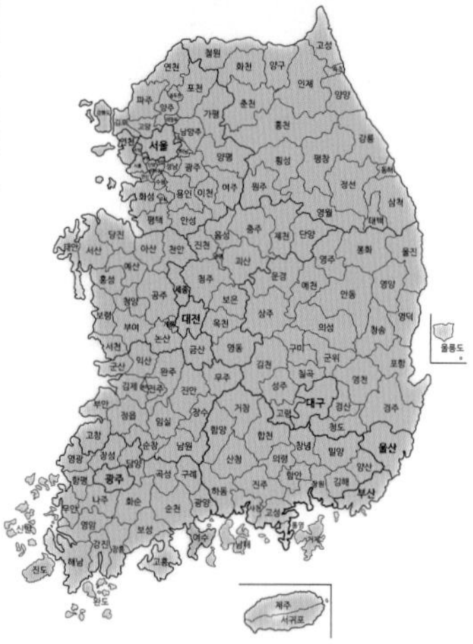

암컷은 먹이식물의 잎이나 꽃자루 등에 알을 낳는다. **알**은 유백색의 공 모양으로 표면이 매끄러우며 시간이 지나며 붉은색 반점이 나타난다. 알에서 깨어난 **1령애벌레**는 광택이 나는 흑색 머리에 몸은 짙은 갈색이다. 3·4절 배마디에 갈색 무늬가 있으며 몸마디에 일정한 배열의 가시가 많은 돌기가 발달한다. 애벌레는 알껍데기를 먹고 잎 가장자리나 꽃으로 이동해 활동한다. **2·3령애벌레**는 흑색 몸에 백색 무늬가 선명해지고 돌기 아랫면이 주황색으로 변한다. **4령애벌레**의 돌기는 짧아지고 흑색 바탕에 주홍색 반점이 일정한 간격으로 배끝을 향한다. 애벌레는 먹이활동을 마치면 머리를 가슴 아래로 숙이고 휴식을 갖는다. **5령애벌레**의 몸은 연한 녹색으로 돌기는 퇴화되고 등선과 등옆선이 노란색 점으로 배끝을 향한다. 가을 애벌레는 먹이식물의 억센 잎보다 영양분이 많은 꽃이나 여물지 않은 씨앗을 선호한다. 애벌레의 냄새뿔은 주홍색으로 위기가 닥치면 가슴을 움츠려 내밀지만 호랑나비 애벌레 보다 길이가 짧다. **전용**이 가까워진 애벌레는 먹이식물이나 주변의 안전한 장소를 찾아 실을 치고 몸에 실을 걸어 번데기가 된다. **번데기**는 녹색으로 머리에 1쌍의 돌기와 가운데가슴이 크게 발달하고 겨울을 지내야하는 번데기는 연한 갈색이다.

먹이식물(백선)

알

알

1령

2령

3령

4령

4령, 5령

5령

5령(냄새뿔)

번데기

번데기(겨울나기)

짝짓기

7. 호랑나비 *Papilio xuthus* Linnaeus, 1767

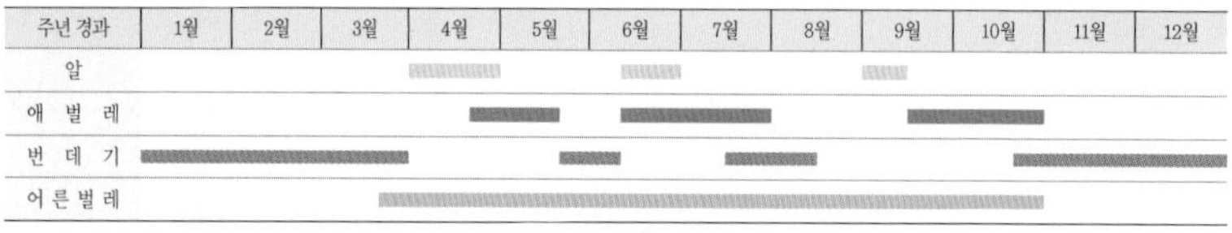

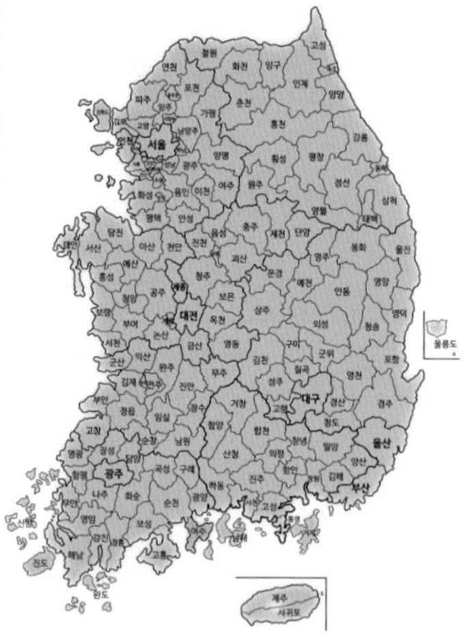

○ 성충 발생 연 2~3회, 지역에 따라 3~10월에 활동한다. ○ 겨울나기 번데기

○ 먹이식물 황벽나무, 머귀나무, 귤나무, 초피나무, 산초나무, 백선 등(운향과)

암컷은 먹이식물의 새순이나 잎, 줄기 등에 알을 낳는다. **알**은 노란색의 공 모양으로 표면이 매끄러우며 시간이 지나며 갈색 반점이 나타난다. 알에서 깨어난 **1령 애벌레**는 흑색 머리에 몸은 짙은 갈색이다. 몸에 가시가 많은 돌기가 일정한 배열로 있고 앞가슴의 돌기가 다른 돌기들 보다 크다. 애벌레는 알껍데기를 먹고 잎 가장자리로 이동해 활동한다. **2·3령애벌레**는 돌기의 가시가 줄어들고 몸에 백색의 굵은 V자 무늬가 새의 배설물처럼 보이는 은폐의태를 가진다.이와 같은 무늬는 4령기까지 보인다. 애벌레는 잎의 주맥을 피해 둥글게 먹이활동을 한다. **5령애벌레**의 녹색의 몸은 매끈하며 뒷가슴의 줄무늬가 화려하다. 환경에 따라 배마디의 줄무늬는 짙은 녹색, 파란색등으로 다양하게 나타난다. 바닥선은 짙은 녹색으로 가슴에서 배끝으로 이어진다. 애벌레의 냄새뿔은 주황색으로 위험이 닥치면 가슴을 움츠려 길게 내미는 방어 행동을 한다. **전용**이 가까워진 애벌레는 먹이식물의 잎이나 줄기 또는 보다 안전한 장소에 실을 치고 몸에 실을 걸어 번데기가 된다. **번데기**는 녹색으로 머리에 1쌍의 돌기와 가운데 가슴이 크게 발달하고, 노란색 등선 주변이 화려하다. 겨울을 보내야 하는 번데기는 연한 갈색의 보호색을 갖는다.

먹이식물(황벽나무)

알

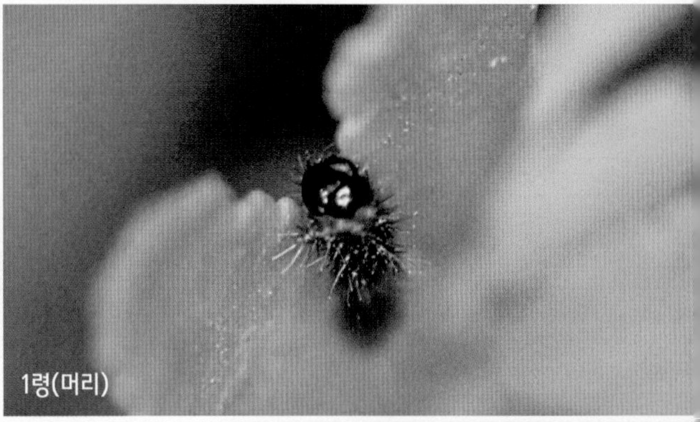
1령(머리)

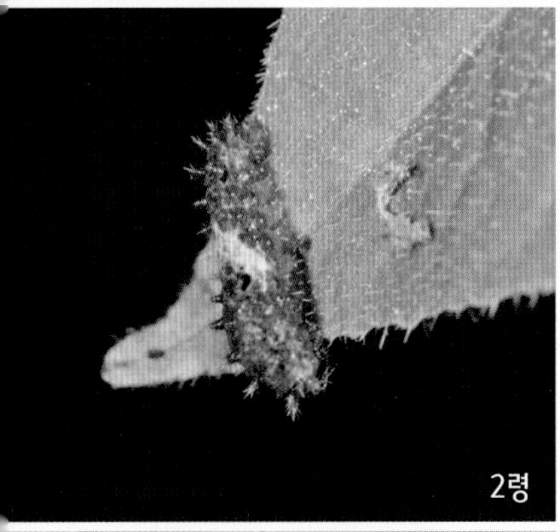
2령

3령

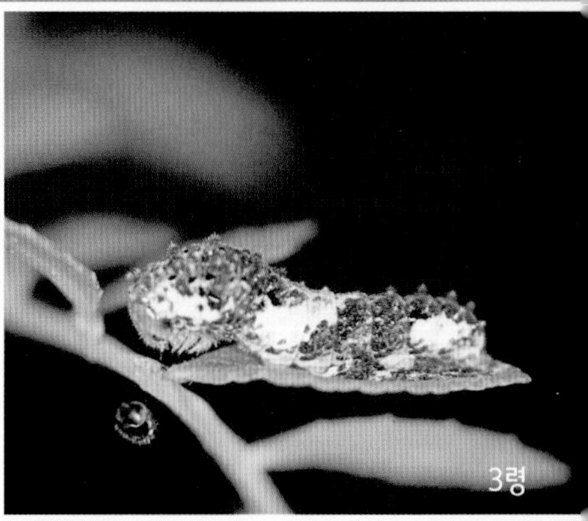
3령

4령

5령

번데기

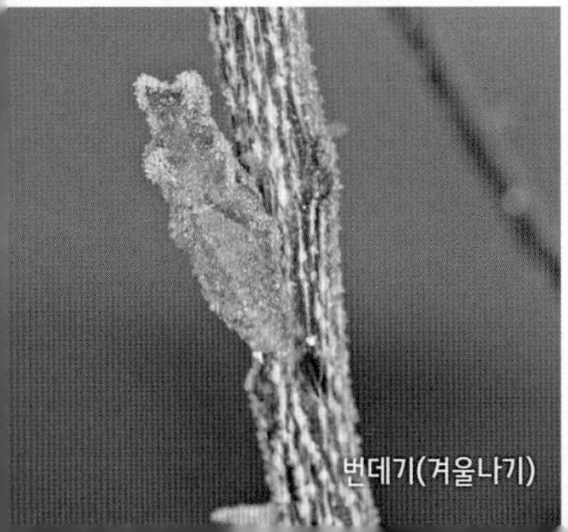
번데기(겨울나기)

알 낳기

성충

8. 긴꼬리제비나비 *Papilio macilentus* Janson, 1877

수컷

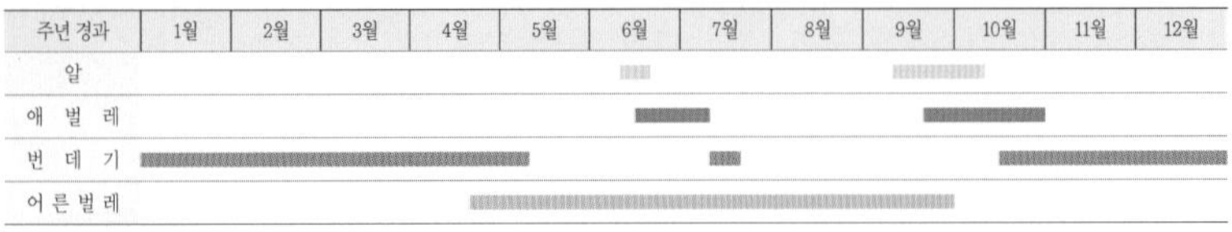

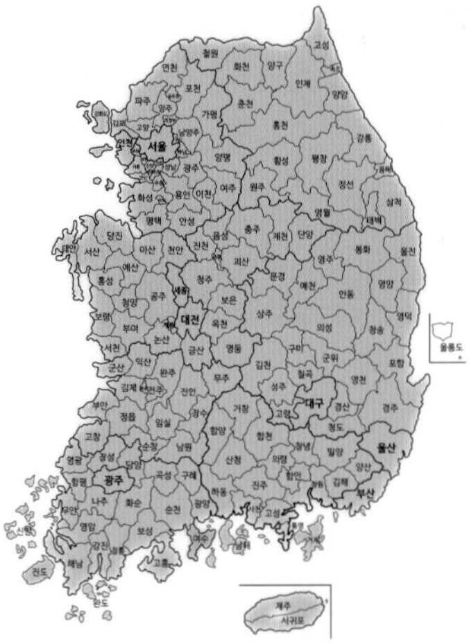

○ **성충 발생** 연 3회, 지역에 따라 4~9월에 활동한다. ○ **겨울나기** 번데기
○ **먹이식물** 산초나무, 초피나무, 왕초피나무 등(운향과)

암컷은 먹이식물의 잎이나 줄기에 알을 낳는다. **알**은 연한 노란색의 공 모양으로 시간이 지나며 연한 갈색으로 변한다. 알에서 깨어난 **1령애벌레**는 흑색 머리에 몸은 갈색이다. 가시가 많은 돌기가 있고 가슴과 배마디에 갈색의 무늬가 있다. 애벌레는 알껍데기를 먹은 후 이동하여 실을 친 자리를 만들어 활동한다. **2령애벌레**는 흑색 머리에 몸은 연한 갈색으로 가시가 많은 돌기는 작아진다. 애벌레는 먹이식물의 주맥을 피해 잎 가장자리를 먹는다. **3령애벌레**는 몸에 광택있으며 배마디에 백색 무늬가 새의 배설물처럼 보이는 은폐의태가 발달한다. 배다리 또한 백색이다. **4령애벌레**는 갈색 머리와 몸은 녹색으로 체형이 굵어지고 백색 무늬가 약해진다. **5령애벌레**는 연한 보라색 머리와 몸은 녹색이다. 가운데가슴의 분홍색 줄무늬 끝에 날카로운 눈 문양의 경계의태를 갖는다. 배마디의 굵은 빗금은 애벌레마다 색상이 다르게 나타나기도 한다. 애벌레는 먹이식물의 줄기나 잎 위에 자리를 만들고 잎 전체를 먹는 왕성한 먹이활동을 한다. **전용**이 가까워진 애벌레는 먹이식물의 잎이나 가지 또는 먹이식물을 내려와 보다 안전한 장소에 실을 치고 몸에 실을 걸어 번데기가 된다. **번데기**는 녹색으로 머리에 1쌍의 돌기가 발달하고 배마디에 마름모 문양이 있다. 겨울을 보내야 하는 번데기는 연한 갈색으로 표면이 거칠다.

먹이식물(산초나무)

알

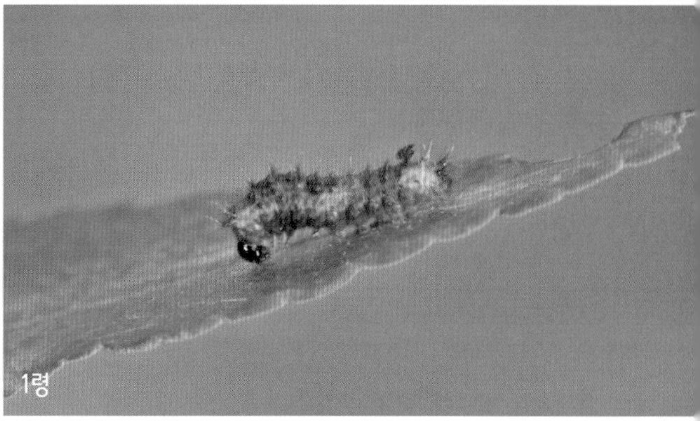
1령

2령

3령

4령

5령

번데기(겨울나기)

알 낳기

9. 무늬박이제비나비 *Papilio helenus* Linnaeus, 1758

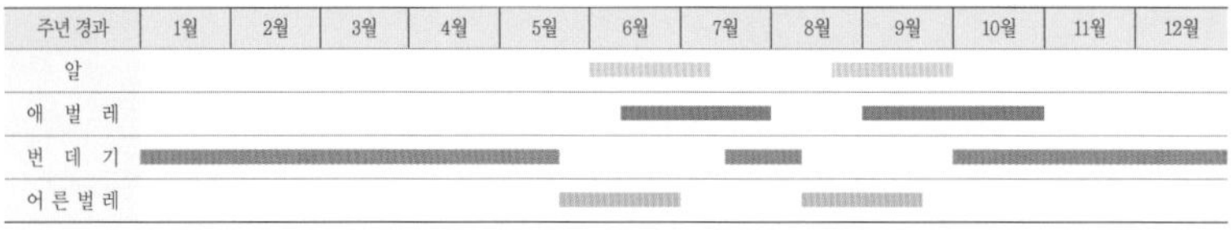

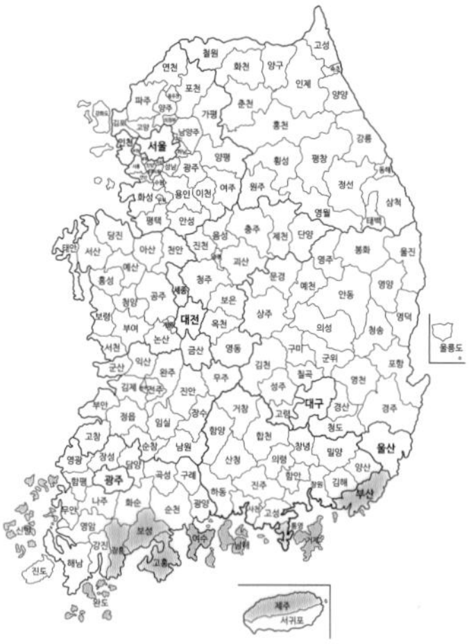

○ 성충 발생 연 2회, 지역에 따라 5~9월에 활동한다. ○ 겨울나기 번데기

○ 먹이식물 머귀나무, 초피나무, 산초나무, 귤나무류 등(운향과)

암컷은 먹이식물의 잎이나 줄기 등에 알을 낳는다. **알**은 유백색의 공 모양으로 표면이 거칠다. 시간이 지나며 갈색의 작은 점들이 발달한다. 알에서 깨어난 **1령애벌레**는 흑색 머리에 몸은 갈색이다. 앞가슴에 가시가 많은 돌기 1쌍과 백색 꼬리돌기가 발달하고 몸마디마다 1쌍의 돌기가 있다. 애벌레는 알껍데기를 먹은 후 잎 끝으로 이동해 활동하며 주맥에 실을 치고 휴식을 갖는다. **2·3령애벌레**는 흑색 머리에 몸은 갈색으로 매끄러우며 광택이 있다. 몸에 돌기들은 작아지고 백색 무늬가 선명해진다. **4령애벌레**는 갈색 머리에 몸은 녹색으로 가슴 부위가 발달하고 배마디에 새의 배설물처럼 보이는 은폐의태를 가진다. 애벌레는 먹이식물 잎 윗면에 실을 친 자리를 만들고 줄기를 따라 활동 후 돌아와 휴식처로 활용한다. 애벌레가 내미는 냄새뿔은 짙은 붉은색으로 길다. **5령애벌레**는 연한 갈색의 머리와 몸은 녹색이다. 가운데가슴의 분홍색 줄무늬 끝에 날카로운 눈 문양의 경계의태를 갖는다. 뒷가슴에 주홍색의 줄무늬가 얼룩 줄무늬와 함께 화려하다. **전용**이 가까워진 애벌레는 먹이식물의 줄기나 안전한 장소를 찾아 실을 치고 몸에 실을 걸어 번데기가 된다. **번데기**는 머리에 1쌍의 돌기와 가운데가슴이 발달하고 연한 녹색의 배마디가 직각에 가깝게 뒤로 젖혀져 있다.

먹이식물(머귀나무)

알

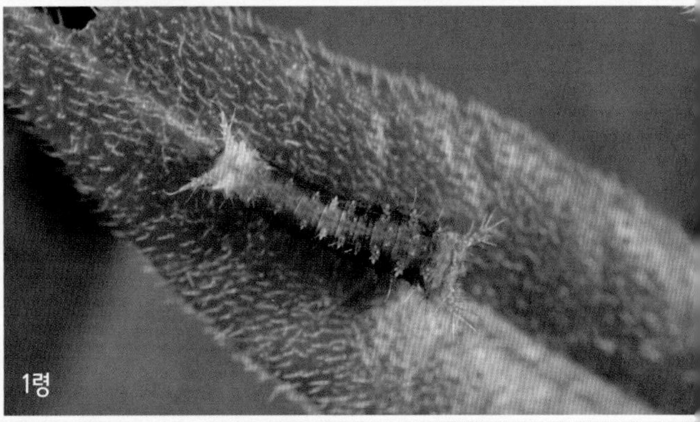
1령

3령

4령 초

4령

4령(냄새뿔)

번데기

5령

10. 남방제비나비 *Papilio protenor* Cramer, 1775

수컷

호랑나비과
흰나비과
부전나비과
네발나비과
팔랑나비과

EX
EW
RE
CR
EN
VU
NT
LC
DD
NA
NE

주년 경과	1월	2월	3월	4월	5월	6월	7월	8월	9월	10월	11월	12월
알												
애벌레												
번데기												
어른벌레												

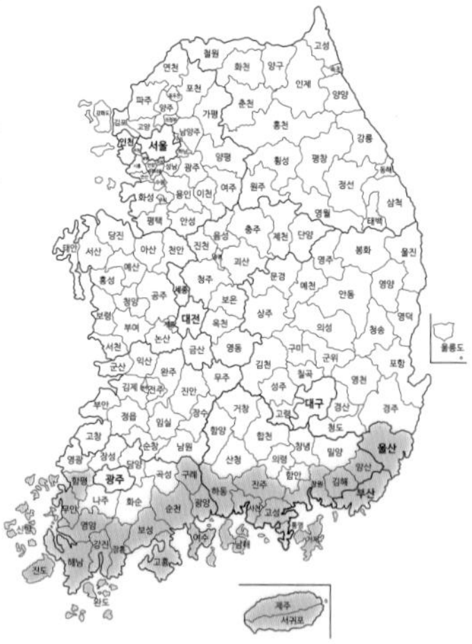

○ 성충 발생 연 2회, 지역에 따라 4~9월에 활동한다. ○ 겨울나기 번데기
○ 먹이식물 머귀나무, 초피나무, 산초나무, 귤나무 등(운향과)

암컷은 먹이식물의 잎이나 줄기에 알을 낳는다. **알**은 연한 노란색의 공 모양으로 표면이 거칠다. 시간이 지나며 갈색의 반점이 발달한다. 알에서 깨어난 **1령애벌레**는 흑색 머리에 몸은 짙은 녹색이다. 가슴과 배끝은 갈색으로 몸마디에 가시가 많은 돌기가 있다. 애벌레는 알껍데기를 먹고 잎 가장자리로 이동해 활동한다. **2령애벌레**는 흑색 머리에 몸이 매끄럽다. 몸의 색이 옅어지고 앞가슴 돌기외 다른 돌기들은 작아진다. 배마디의 백색 무늬가 새의 배설물처럼 보이는 은폐의태를 가진다. **2~4령애벌레**는 몸에 광택이 있으며 가슴이 발달한다. 배마디에 백색 무늬가 넓게 퍼지고 많았던 돌기들은 퇴화되어 흔적만 남는다. **5령애벌레**는 회황색 머리와 몸은 매끄러운 녹색으로 뒷가슴의 주홍색 줄무늬와 연결된 눈 문양이 경계의태를 갖는다. 바닥선과 배다리는 백색이다. 애벌레는 먹이활동을 하면서 쉴 곳을 만들어 생활하고 활동을 마치면 돌아와 휴식을 갖는 행동을 반복한다. **전용**이 가까워진 애벌레는 먹이식물의 잎이나 가지 또는 먹이식물 주변에 안전한 장소에 실을 치고 몸에 실을 걸어 번데기가 된다. **번데기**는 녹색으로 넓은 배마디에 노란색 마름모 문양이 있다. 머리에 1쌍의 돌기와 가운데가슴이 크게 발달하고 겨울을 지내야 하는 번데기는 연한 갈색이다

먹이식물(머귀나무)

알

1령

2령

3령

4령

전용

5령

번데기

11. 제비나비 *Papilio bianor* Cramer, 1777

암컷

주년 경과	1월	2월	3월	4월	5월	6월	7월	8월	9월	10월	11월	12월
알												
애벌레												
번데기												
어른벌레												

○ **성충 발생** 연 2~3회, 지역에 따라 4~9월에 활동한다. ○ **겨울나기** 번데기

○ **먹이식물** 황벽나무, 초피나무, 산초나무, 머귀나무, 귤나무류 등(운향과)

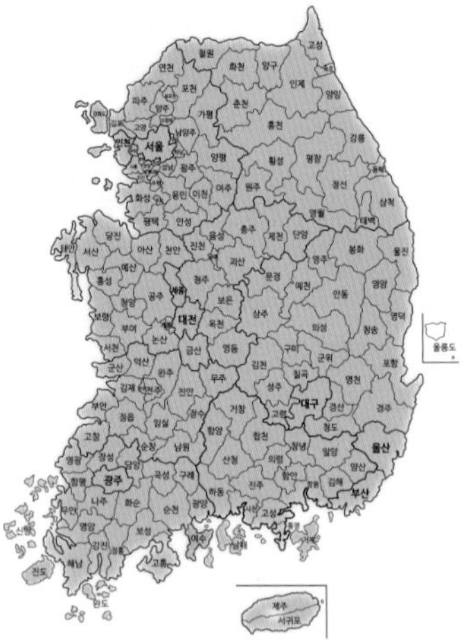

암컷은 먹이식물의 잎이나 줄기에 알을 낳는다. **알**은 유백색의 공 모양으로 시간이 지나며 애벌레가 비쳐 보인다. **2령애벌레**는 흑색 머리에 몸은 갈색이다. 몸에 광택이 있으며 가시가 많은 돌기가 발달한다. 애벌레는 잎 윗면에 자리를 만들고 가장자리에서 안으로 먹이활동을 한다. **3령애벌레**는 갈색 머리에 몸은 짙은 녹색이다. 배마디의 백색 무늬가 새의 배설물처럼 보이는 은폐의태를 가진다. 애벌레는 잎의 주맥을 피해 깔끔하게 먹는다. **4령애벌레**는 연한 녹색의 머리와 몸은 녹색이다. 등선을 중심으로 몸마디에 1쌍의 백색 반점이 일정한 배열로 있고 1쌍의 꼬리돌기는 주황색이다. 애벌레는 잎의 주맥 좌우를 번갈아 가며 먹는 행동을 보인다. **5령애벌레** 머리와 몸은 연한 녹색으로 굵어진 가슴에 화려한 줄무늬와 눈문양의 경계의태를 갖는다. 애벌레의 왕성한 식욕은 먹이식물 겹잎의 잎자루만을 남기기도 한다. **전용**이 가까워진 애벌레는 먹이식물의 잎이나 가지 또는 먹이식물에서 내려와 안전한 장소에 실을 치고 몸에 실을 걸어 번데기가 된다. **번데기**는 녹색으로 머리에 1쌍의 돌기가 발달하고 백색의 등선이 선명하다. 겨울을 지내야 하는 번데기는 연한 갈색으로 표면이 매끄럽다.

먹이식물(황벽나무)

알

알

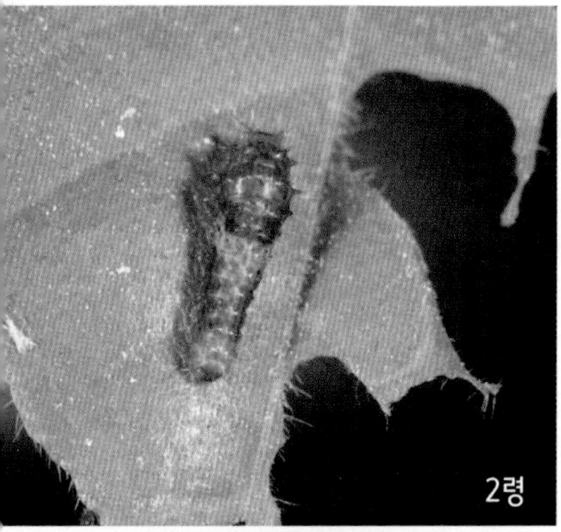
2령

3령

4령

5령(탈피)

5령

전용

번데기(겨울나기)

짝짓기

물먹기

12. 산제비나비 *Papilio maackii* Ménétriès, 1859

EX
EW
RE
CR
EN
VU
NT
LC
DD
NA
NE

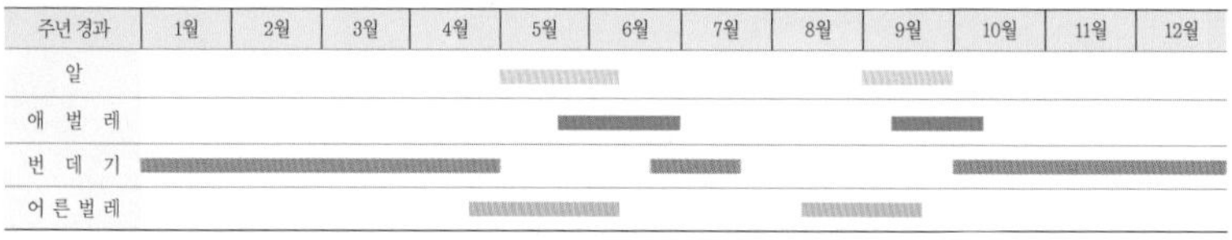

○ 성충 발생 연 2회, 지역에 따라 4~9월에 활동한다. ○ 겨울나기 번데기

○ 먹이식물 황벽나무, 머귀나무, 초피나무, 산초나무, 귤나무류 등(운향과)

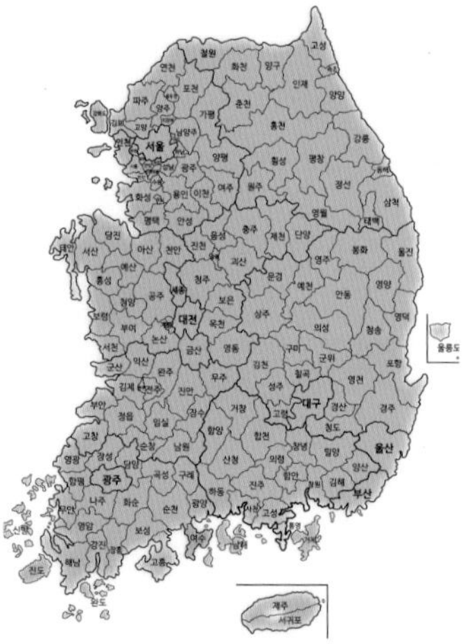

암컷은 먹이식물의 잎이나 줄기에 알을 낳는다. **알**은 유백색의 공 모양으로 시간이 지나며 갈색의 작은 반점들이 발달한다. 알에서 깨어난 **1령애벌레**는 흑색 머리에 몸은 짙은 갈색으로 가시가 많은 돌기가 발달한다. 애벌레는 알껍데기를 먹고 잎 가장자리로 이동해 실을 친 자리를 만들고 활동한다. **2령애벌레**는 흑색 머리와 몸은 연한 갈색으로 광택이 있다. 배마디에 백색 무늬가 넓어지고 가시가 많은 돌기는 작아진다. **3·4령애벌레**는 짙은 녹색으로 앞가슴에 1쌍의 돌기와 배끝에 1쌍의 돌기만 남고 몸에 돌기는 모두 퇴화된다. 등옆선 자리에 백색 점이 배끝으로 이어진다. 애벌레는 먹이식물 잎 윗면에 자리를 만들고 왕성한 활동을 한다. **5령애벌레** 머리와 몸은 연한 녹색으로 몸에 돌기는 모두 사라지고 가슴 무늬가 좌우대칭으로 화려하다. 몸마디에 백색 점이 일정한 배열로 있고 바닥선은 백색으로 선명하다. 애벌레가 위험이 느끼면 노란색의 냄새뿔을 내밀어 경계를 나타낸다. **전용**이 가까워진 애벌레는 먹이식물의 줄기나 잎 또는 먹이식물 보다 안전한 장소를 찾아 실을 치고 몸에 실을 걸어 번데기가 된다. **번데기**는 녹색으로 머리에 1쌍의 돌기와 가운데가슴이 발달한다. 겨울을 지내야 하는 번데기는 연한 갈색이다.

먹이식물(황벽나무)

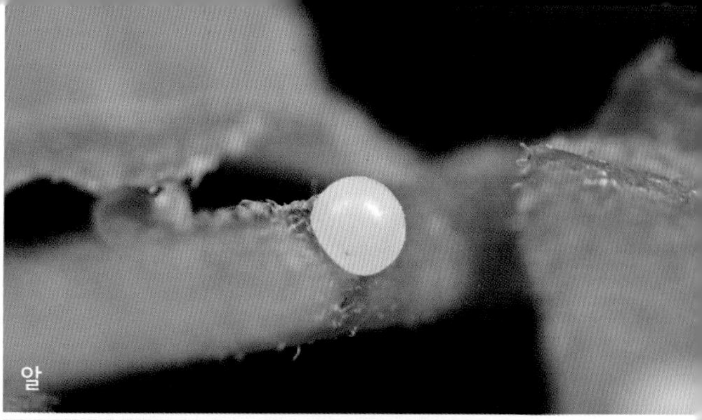

알

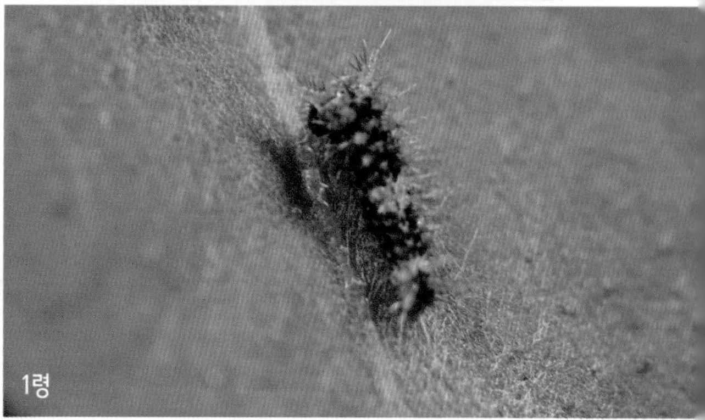

1령

2령

3령

4령

5령

5령(냄새뿔)

가슴무늬

전용

번데기

비행

13. 사향제비나비 *Atrophaneura alcinous* (Klug, 1836)

암컷

EX
EW
RE
CR
EN
VU
NT
LC
DD
NA
NE

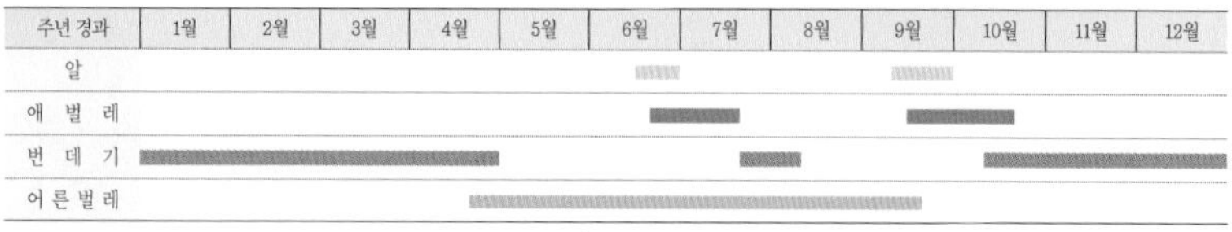

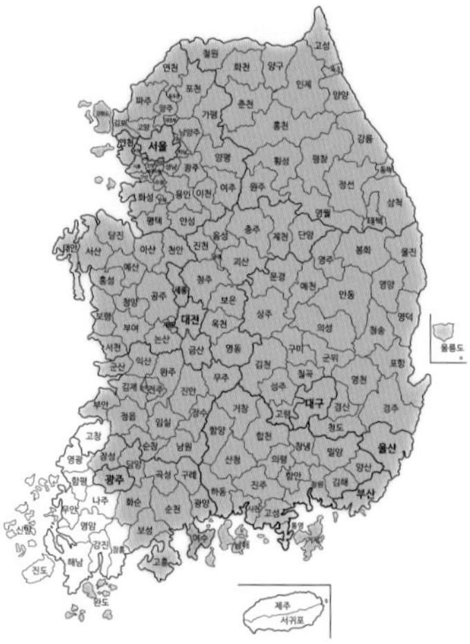

○ 성충 발생 연 2~3회, 지역에 따라 4~9월에 활동한다.
○ 겨울나기 번데기
○ 먹이식물 등칡, 쥐방울덩굴(쥐방울덩굴과)

암컷은 먹이식물의 잎 아랫면에 여러 개의 알을 낳는다. **알**은 주황색의 공 모양으로 표면에 노란색의 작은 돌기가 불규칙한 선으로 여러 개 나타난다. 알은 시간이 지나며 흑색으로 변한다. 알에서 깨어난 **1령애벌레**는 흑색 머리에 몸은 갈색으로 마디에 일정한 배열의 털이 많은 돌기가 있다. 애벌레는 알껍데기를 먹고 잎 아랫면으로 이동해 먹이식물에 구멍을 내가며 활동한다. **2~4령애벌레**는 흑색 머리와 몸에 화려한 돌기가 발달한다. 특히 2·3·6절 배마디의 백색 무늬와 돌기가 화려하다. 애벌레는 왕성한 식욕으로 새순과 줄기를 가리지 않고 먹어 치운다. **5령애벌레**는 흑색 머리에 몸은 짙은회색으로 백색 무늬가 보다 선명해진다. 몸에 등옆선을 따라 돌기가 크게 발달하고 주홍색의 작은 돌기가 배끝으로 이어진다. 냄새뿔은 주홍색으로 짧고 둥근 모양이다. 애벌레는 먹이식물과 전혀 다른 체색으로 서식지의 먹이식물이나 그 주변에서 쉽게 찾을 수 있다. **전용**이 가까워진 애벌레는 먹이식물에서 내려와 주변 안전한 곳을 찾아 실을 치고 몸에 실을 걸어 번데기가 된다. **번데기**는 가운데가슴이 발달하고 1·2절배마디가 넓다. 겨울을 지내야 하는 번데기는 연한 팥죽색으로 시간이 지나며 보다 짙어진다.

먹이식물(등칡)

알

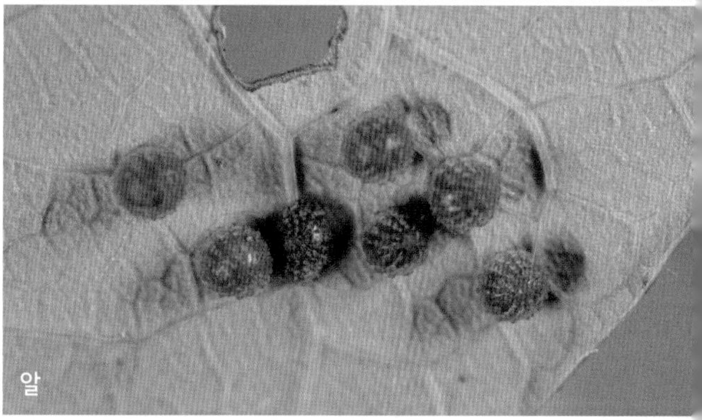
알

1령

2령

4령(머리)

5령

5령(냄새뿔)

번데기

번데기(겨울나기)

짝짓기

알 낳기

CHAPTER

02

Pieridae

흰나비과

1. 북방기생나비 *Leptidea morsei* (Fenton, 1882)

암컷

주년경과	1월	2월	3월	4월	5월	6월	7월	8월	9월	10월	11월	12월
알												
애벌레												
번데기												
어른벌레												

○ 성충 발생 연 3회, 지역에 따라 4~9월에 활동한다. ○ 겨울나기 번데기

○ 먹이식물 갈퀴나물, 등갈퀴나물, 넓은잎갈퀴 등(콩과)

암컷은 먹이식물의 잎에 알을 낳는다. **알**은 유백색의 포탄형으로 정공을 중심으로 여러 개의 굵은 줄돌기가 세로로 있고 사이에 작은 줄돌기가 층층이 이어진다. 알은 시간이 지나며 연한 주황색으로 변한다. 알에서 깨어난 **1령애벌레**는 머리는 유백색 몸은 연한 녹색이다. 가운데가슴과 배끝마디에 털이 길고 몸마디마다 끝이 분수 모양으로 갈라지는 털이 일정한 배열로 있다. 애벌레는 잎 가장자리를 먹으며 활동한다. **2령애벌레**는 연한 녹색의 머리와 몸은 녹색으로 등선과 백색의 숨구멍선이 선명하다. 애벌레는 어린잎의 주맥을 중심으로 한쪽을 먹은 후 다른 한쪽을 먹는 모습을 보인다. **3령애벌레**의 몸은 연한 녹색으로 끝이 분수 모양으로 갈라졌던 털은 T 모양이다. 애벌레는 줄기를 따라 잎을 주맥까지 먹어치우는 왕성한 식욕을 보인다. **4령애벌레** 머리와 몸은 연한 녹색으로 녹색의 등선과 노란색의 숨구멍선이 선명하다. 털은 대부분 짧게 퇴화되어 표피가 매끄럽다. **전용**이 가까워진 애벌레는 먹이식물에 기대어 실을 치고 몸에 실을 걸어 번데기가 되지만 겨울을 지내야 할 곳을 찾는 애벌레는 주변에 보다 안전한 은신처를 찾아 번데기가 된다. **번데기**는 연한 녹색으로 머리 돌기에서 숨구멍선으로 이어지는 갈색 선이 발달한다. 겨울을 지내야 하는 번데기는 연한 갈색의 보호색을 갖는다.

먹이식물(갈퀴나물)

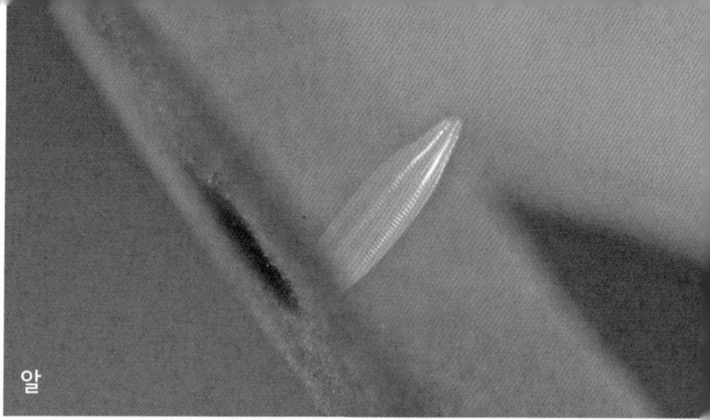

알

1령

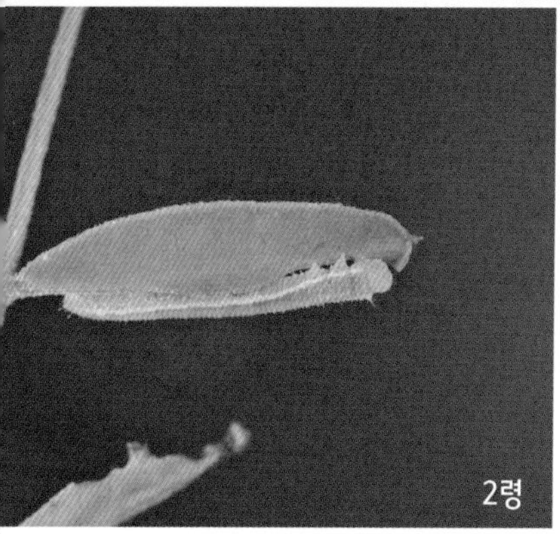

2령

3령

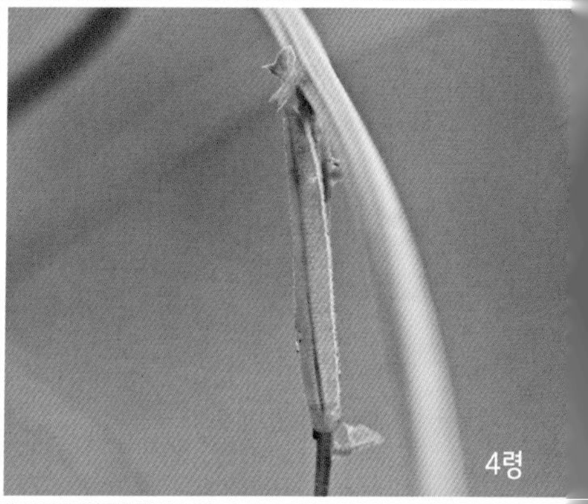

4령

4령

번데기

짝짓기

성충

2. 기생나비 *Leptidea amurensis* (Ménétriès, 1859)

EX
EW
RE
CR
EN
VU 취약
NT
LC
DD
NA
NE

주년경과	1월	2월	3월	4월	5월	6월	7월	8월	9월	10월	11월	12월
알												
애벌레												
번데기												
어른벌레												

○ 성충 발생 연 3회, 지역에 따라 4~9월에 활동한다.　○ 겨울나기 번데기
○ 먹이식물 갈퀴나물, 등갈퀴나물, 넓은잎갈퀴, 벌노랑이 등(콩과)

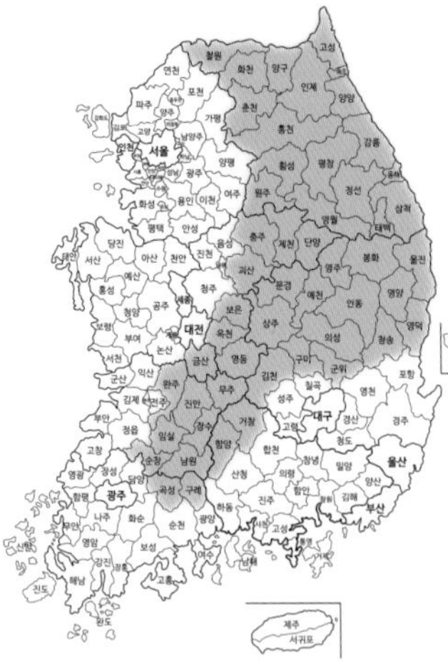

암컷은 먹이식물의 잎이나 줄기를 가리지 않고 알을 낳는다. **알**은 유백색의 포탄형으로 정공에서 여러 개의 굵은 줄돌기가 세로로 있고 사이에 작은 줄돌기가 층층이 이어진다. 알은 시간이 지나며 주황색으로 변한다. 알에서 깨어난 **1령애벌레**는 머리와 몸이 연한 녹색이다. 등선이 짙고 가운데가슴과 배끝마디에 털이 길며, 몸마디마다 끝이 분수 모양으로 갈라지는 털이 일정한 배열로 있다. 애벌레는 먹이식물 잎 가장자리로 이동해 활동한다. **2령애벌레** 머리와 몸은 밝은 녹색으로 등선이 선명하고 숨구멍선은 노란색이다. 애벌레는 잎의 주맥을 중심으로 한쪽을 먹은 후 다른 한쪽을 먹는 북방기생나비 애벌레와 같은 행동을 보이며 주맥을 남긴다. **3령애벌레** 몸은 끝이 분수 모양으로 갈라진 털이 빼곡하다. 애벌레는 먹이식물과 같은 보호색을 가지고 줄기를 따라 이동하며 왕성한 식욕을 보인다. **4령애벌레** 몸은 녹색이다. 짙은 녹색의 등선이 선명하고 노란색의 숨구멍선도 짙어진다. 끝이 분수 모양으로 갈라진 털은 대부분 퇴화되어 몇 개 남지 않는다. **전용**이 가까워진 애벌레는 먹이식물의 줄기 또는 주변 은신처를 찾아 실을 치고 몸에 실을 걸어 번데기가 된다. **번데기**는 연한 녹색으로 머리에 홍갈색 돌기가 발달하고 유백색의 등선과 숨구멍선이 선명하다. 겨울을 지내야 하는 번데기는 연한 갈색이다.

먹이식물(갈퀴나물)

알

1령

알에서 깨어나는 애벌레

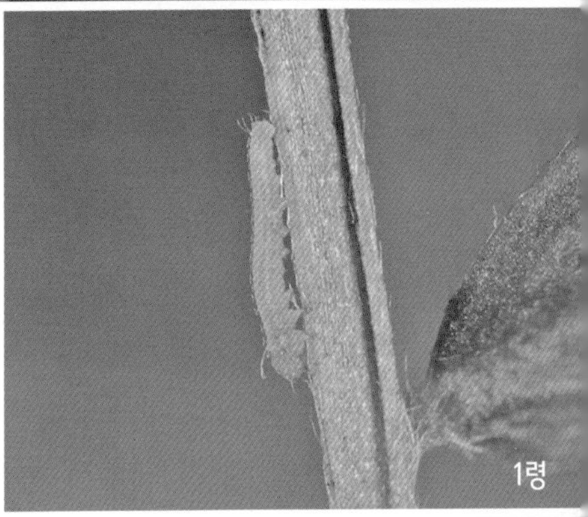
1령

2령

3령

4령

번데기

3. 남방노랑나비 *Eurema mandarina* (de l'Orza, 1869)

수컷

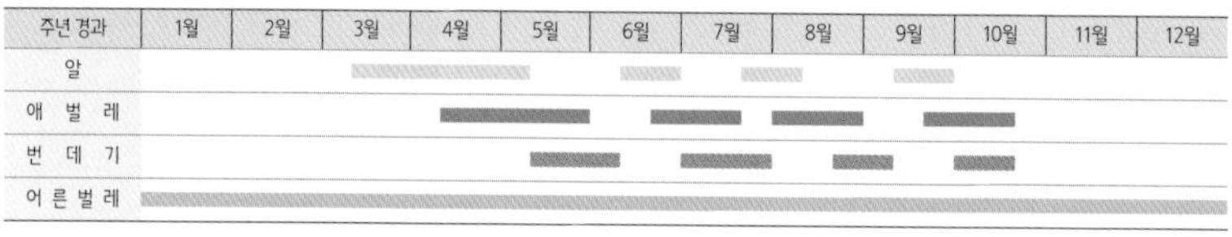

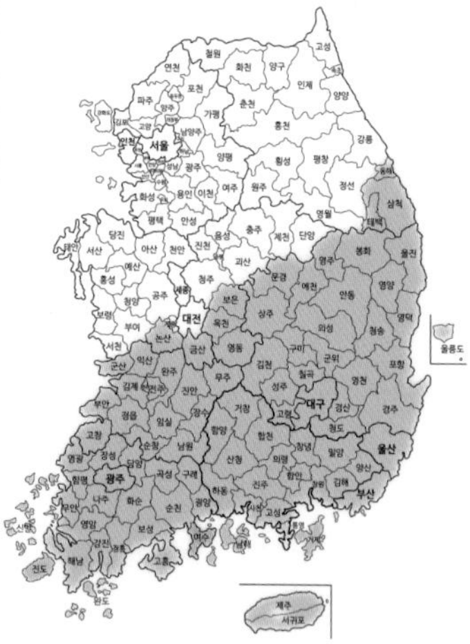

○ 성충 발생 연 3~4회, 지역에 따라 3~10월에 활동한다. ○ 겨울나기 성충

○ 먹이식물 자귀나무, 자귀풀, 비수리, 실거리나무, 싸리류, 결명자 등(콩과)

암컷은 먹이식물의 잎이나 줄기에 알을 낳는다. 알은 유백색 포탄형으로 정공을 중심으로 세로로 여러 개의 굵은 줄돌기가 있고 사이에 작은 줄돌기가 층층이 이어진다. 알은 시간이 지나며 노란색으로 변한다. 알에서 깨어난 **1령애벌레**의 머리와 몸이 연한 녹색으로 샘털에 투명한 방어 물질이 맺힌다. 애벌레는 알껍데기를 먹고 잎맥을 피해 잎살을 갉아먹으며 활동한다. **2령애벌레** 몸은 매끄럽고 머리에 털이 길다. 등선 양옆으로 미세한 돌기가 발달하고 샘털은 줄어든다. 애벌레는 먹이식물의 잎 끝을 듬성듬성 먹어가며 이동한다. **3령애벌레**의 몸에 주름이 깊다. 줄어들었던 샘털의 수가 많아지고 털끝에 투명한 방어 물질이 반짝인다. **4령애벌레**의 몸은 녹색으로 작은 점들과 몸 옆으로 흰색 숨구멍선이 짙어진다. 애벌레는 줄기를 따라 오르내리며 여러 장의 잎을 먹어보이는 활동을 한다. **5령애벌레** 몸은 백색이 도는 짙은 녹색으로 숨구멍선은 백색이다. 남방노랑나비 애벌레는 전령기에 걸쳐 샘털이 무성해보인다. **전용**이 가까워진 애벌레는 먹이식물 줄기나 잎에 실을 치고 몸에 실을 걸어 번데기가 된다. **번데기**는 연한 녹색이나 성충으로 겨울을 지내야 하는 시기의 번데기는 연한 노란색으로 머리에 돌기를 포함해 몸 전체에 갈색 반점이 빼곡하다.

먹이식물(자귀나무)

알

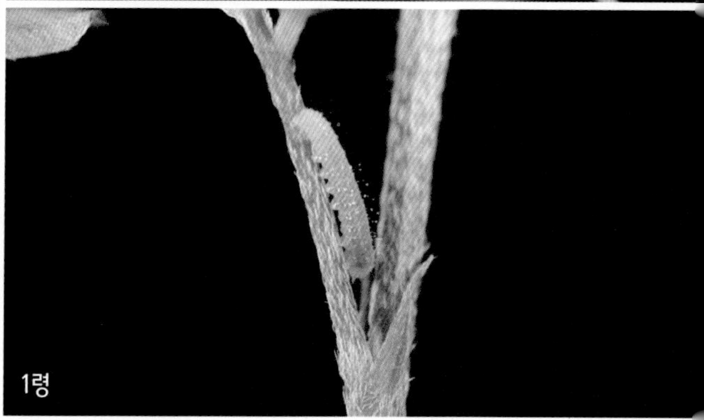
1령

2령

3령

4령

5령

가을형 번데기

날개돋이 직전의 번데기

알 낳기

알 낳기

4. 극남노랑나비 *Eurema laeta* (Boisduval, 1836)

수컷

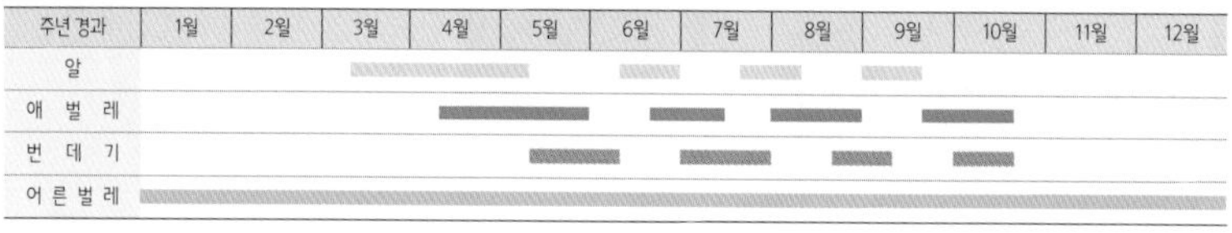

EX EW RE CR EN VU NT LC DD NA NE

○ 성충 발생 연 3~4회, 지역에 따라 3~11월에 활동한다.
○ 겨울나기 성충
○ 먹이식물 차풀 등(콩과)

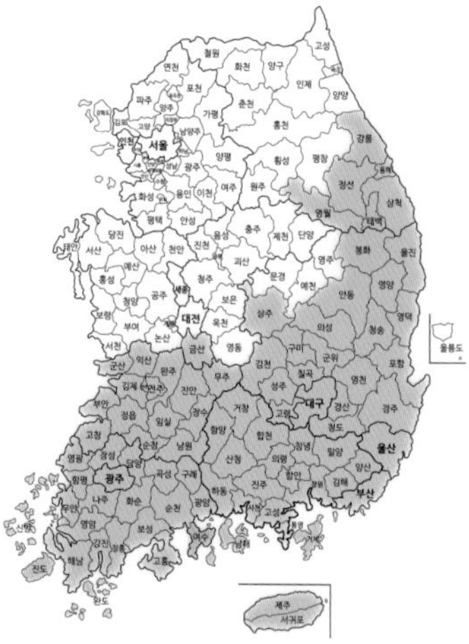

암컷은 먹이식물의 새싹이나 잎에 알을 낳는다. **알**은 유백색의 포탄형으로 정공을 중심으로 여러 개의 굵은 줄돌기가 세로로 있고 사이에 작은 줄돌기가 층층이 이어진다. 알은 시간이 지나며 노란색으로 변한다. 알에서 깨어난 **1령애벌레**는 머리에 흑색 털이 있다. 몸은 연한 녹색으로 방어 물질이 매달린 샘털과 짧은 백색 털이 섞여나고 숨구멍선이 흐릿하게 나타난다. 애벌레는 알껍데기를 먹고 잎에 구멍을 내가며 먹이활동을 한다. **2령애벌레**는 연한 녹색의 머리에 털이 더욱 길게 발달한다. 몸은 녹색으로 샘털이 빼곡해지며 바닥선이 연노랑색으로 선명해진다. 애벌레는 잎 가장자리부터 안으로 길게 먹으며 활동한다. **4·5령애벌레**는 연한 녹색의 머리와 몸은 녹색이다. 샘털은 짧아지고 몸 에 숨구멍선이 백색으로 선명해진다. 애벌레는 먹이식물의 잎자루를 따라 작은 겹잎을 차례로 깔끔하게 먹어 치운다. 먹이활동을 마친 애벌레는 잎자루에 매달려 머리를 아래로 하고 쉬기를 반복한다. **전용**이 가까워진 애벌레는 먹이식물의 잎자루나 줄기 또는 주변의 보다 안전한 곳을 찾아 실을 치고 몸에 실을 걸어 번데기가 된다. **번데기**는 연한 녹색으로 남방노랑나비 번데기와 달리 몸에 광택이 없으며 작은 점이 많다. 갸름한 체형으로 앞머리 돌기가 갈색이다.

먹이식물(차풀)

알

1령

2령

4령

5령

번데기

수컷

5. 멧노랑나비 *Gonepteryx maxima* Butler, 1885

수컷

EX
EW
RE
CR
EN
VU 취약
NT
LC
DD
NA
NE

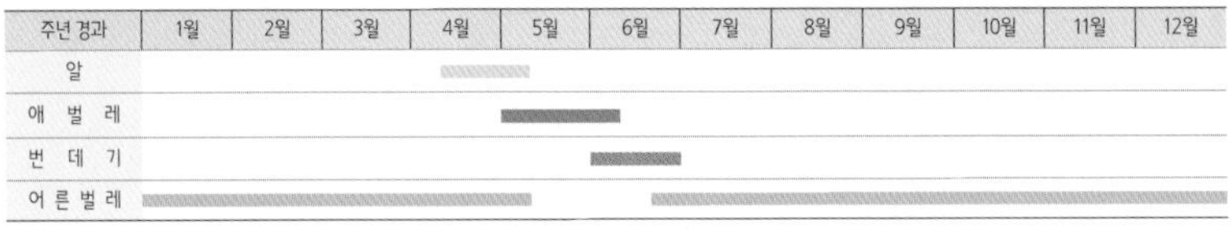

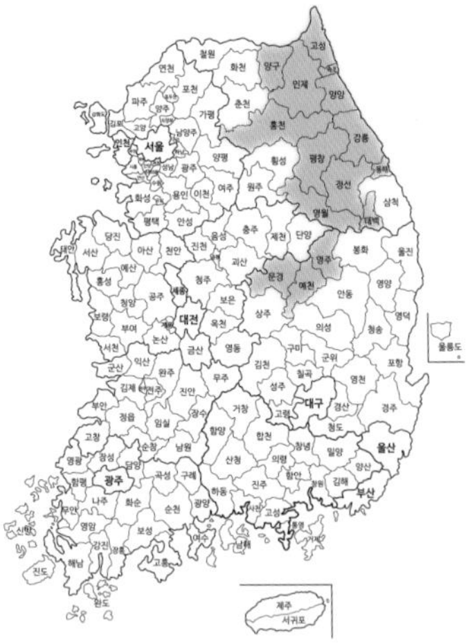

○ 성충 발생 연 1회, 지역에 따라 6월에 발생~이듬해 5월까지 ○ 겨울나기 성충
○ 먹이식물 갈매나무, 참갈매나무, 털갈매나무, 짝자래나무 등(갈매나무과)

암컷은 먹이식물의 잎이나 줄기에 알을 낳는다. **알**은 연한 녹색의 포탄형으로 정공을 중심으로 여러 개의 굵은 줄돌기가 세로로 있고 사이에 작은 줄돌기가 층층이 이어진다. 알은 시간이 지나며 황록색으로 변한다. 알에서 깨어난 **1령애벌레**는 황록색의 머리와 몸은 연한 녹색이다. 등선 양옆으로 일정한 배열의 둥글고 낮은 돌기가 있고 적은 수의 샘털을 가지고 있다. 애벌레는 먹이식물에 실을 치고 구멍을 만들어가는 먹이활동을 하면서 몸의 색이 짙어진다. **2령애벌레**는 녹색으로 몸에 노란색의 밋밋한 돌기와 흑색 점이 빼곡하다. 애벌레는 잎이 펴지지 않은 새잎 틈으로 들어가 몸을 숨기고 먹이활동을 하기도 한다. 몸에 규칙적으로 발달한 돌기에 털이 샘털 기능을 한다. 애벌레의 샘털을 이용한 방어 물질 배출은 1~3령기에 가장 활발하다. **4령애벌레**는 샘털 기능이 약화되고 몸 옆으로 노란색 숨구멍선이 흐릿하게 나타난다. **5령애벌레** 머리와 몸은 녹색이다. 숨구멍선은 백색으로 변하고, 흑색의 작은 점들이 빼곡하다. 애벌레의 왕성한 식욕은 가지를 타고 먼 거리를 이동한다. **전용**이 가까워진 애벌레는 먹이식물의 잎이나 줄기에 실을 치고 몸에 실을 걸어 둥글게 움추려 번데기가 된다. **번데기**는 머리에 짧은 돌기와 가운데가슴이 발달하고, 등선을 중심으로 좌우 대칭의 갈색 점이 박혀 있다.

먹이식물(갈매나무)

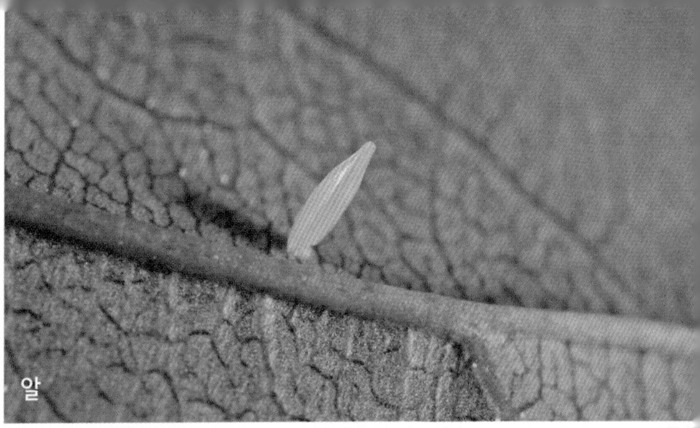
알

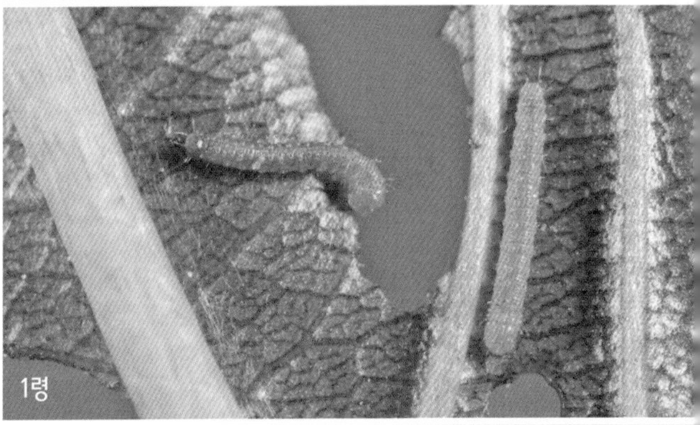
1령

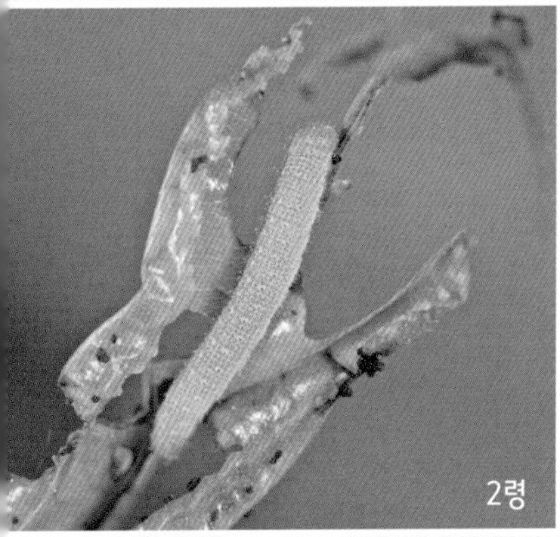
2령

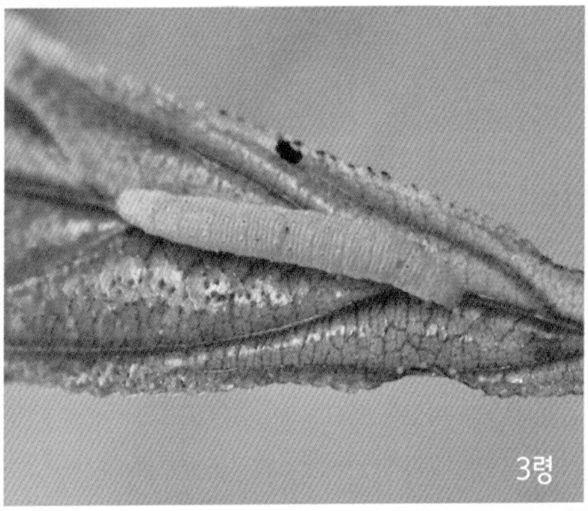
3령

4령

5령

전용

번데기

6. 각시멧노랑나비 *Gonepteryx aspasia* Ménétriès, 1859

EX EW RE CR EN VU NT LC DD NA NE

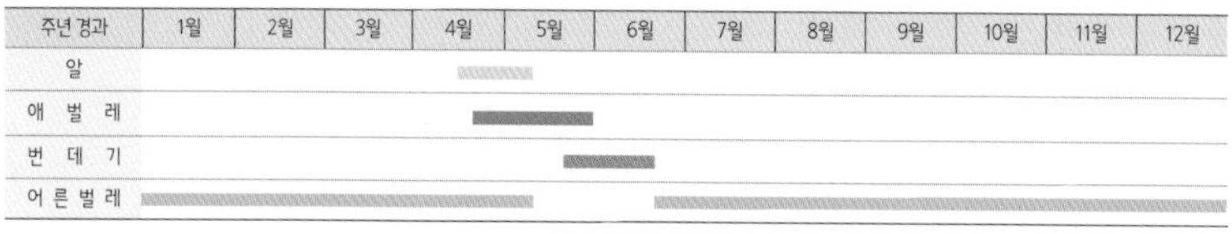

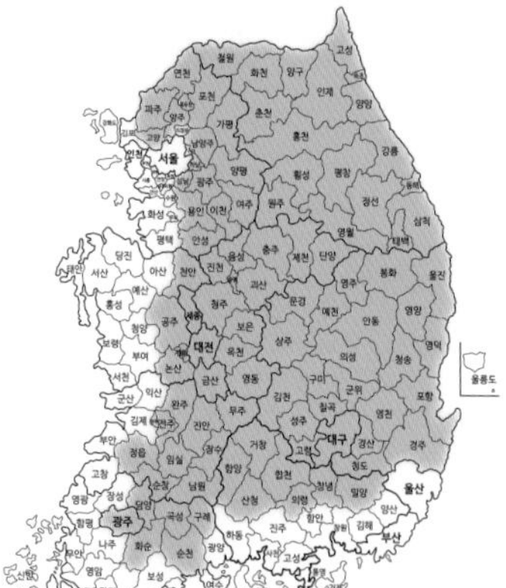

○ 성충 발생 연 1회, 지역에 따라 6월에 발생~이듬해 5월까지 ○ 겨울나기 성충
○ 먹이식물 갈매나무, 참갈매나무, 털갈매나무, 짝자래나무(갈매나무과)

암컷은 먹이식물의 줄기나 잎에 알을 낳는다. **알**은 연한 노란색의 포탄형으로 멧노랑나비 알보다 작다. 정공을 중심으로 여러 개의 굵은 줄돌기가 세로로 있고 사이에 작은 줄돌기가 층층이 이어진다. 알은 시간이 지나며 적색으로 변한다. 알에서 깨어난 **1령애벌레**는 유백색의 머리와 몸은 연한 녹색이다. 몸마디에 일정한 배열의 흑색 점이 박힌 낮은 돌기에 샘털이 있다. 애벌레는 둥글게 말린 새순으로 들어가 실을 치고 은신처를 만들어 활동한다. **2령애벌레**는 연한 녹색으로 등선 양옆으로 돌기가 발달한다. 애벌레는 실을 친 잎을 먹는 먹이활동을 한다. **3령애벌레** 몸은 연한 녹색으로 몸에 작은 점들이 발달한다. 백색 숨구멍선이 넓게 퍼지고, 애벌레의 활동범위가 넓어지는 시기이다. **4·5령애벌레** 머리와 몸은 먹이식물과 같은 보호색을 갖는다. 노란색의 숨구멍선은 먹이식물인 갈매나무 잎 가장자리 선과 같은 의태를 보인다. 모든 령기의 애벌레가 샘털을 이용해 방어 물질를 배출하지만 사진과 같이 좀벌류의 기생이 많다. **전용**이 가까워진 애벌레는 먹이식물 잎이나 줄기에 실을 치고 몸을 둥글게 말아 몸에 실을 걸어 번데기가 된다. **번데기**는 머리의 짧은 돌기와 가운데가슴이 발달하고 먹이식물과 같은 연한 녹색의 보호색을 가진다.

먹이식물(갈매나무)

알

알

1령

2령

3령

4령

5령(좀벌류 산란)

암컷

전용

번데기

7. 노랑나비 *Colias erate* (Esper, 1805)

수컷

EX EW RE CR EN VU NT LC DD NA NE

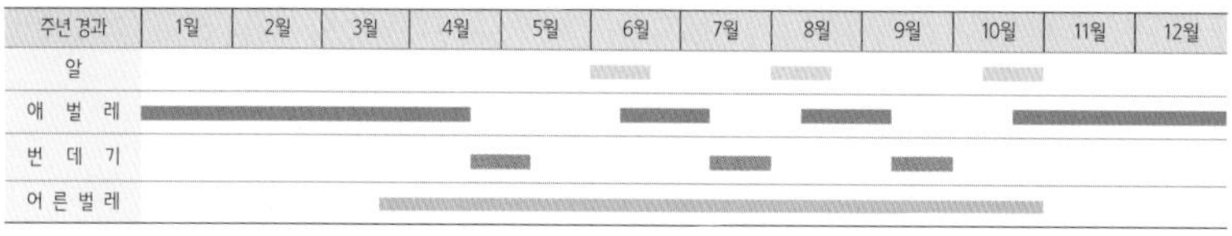

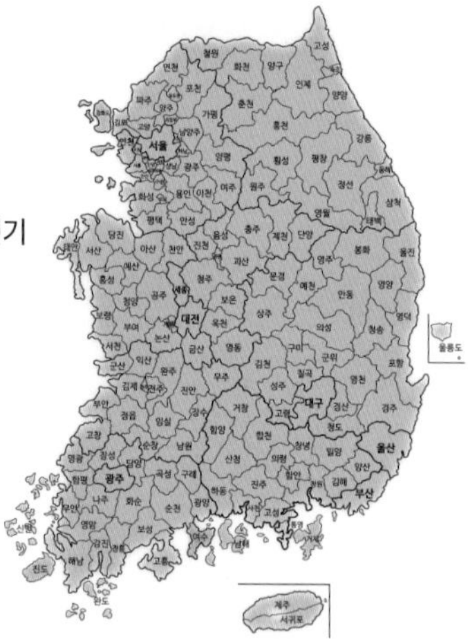

○ 성충 발생 연 3~4회, 지역에 따라 3~10월에 활동한다. ○ 겨울나기 2~3령애벌레 , 번데기

○ 먹이식물 토끼풀, 벌노랑이, 고삼, 아카시, 비수리, 돌콩, 자운영 등(콩과)

암컷은 먹이식물의 잎 위에 알을 낳는다. **알**은 연한 노란색의 포탄형으로 정공을 중심으로 여러 개의 굵은 줄돌기가 세로로 있고 사이에 작은 줄돌기가 층층이 이어진다. 알은 시간이 지나며 반투명해지고 애벌레 머리가 비친다. 알에서 깨어난 **1령애벌레**는 흑색 머리에 몸은 갈색으로 마디에 일정한 배열의 백색 털이 있다. 애벌레는 알껍데기를 먹고 이동하여 잎살을 시작으로 먹이활동을 하며 잎맥에 실을 치고 쉬기를 반복한다. 애벌레의 먹이활동은 몸을 연한 녹색으로 변화시킨다. **2령애벌레**는 머리와 몸이 연한 녹색으로 백색 털이 발달한다. 애벌레는 주맥에 실을 쳐 자리를 만들고 잎에 구멍을 내가며 먹이활동을 한다. **3~5령애벌레는** 외형에 큰 변화가 없는 녹색으로 몸에 흑색 점마다 털이 있다. 숨구멍은 흑색이다. 연한 노란색의 숨구멍선은 가슴에서 배끝으로 굵고 선명하게 이어진다. 애벌레가 겨울나기(월동)에 들어가는 시기는 지역에 따라 2~3령기 또는 번데기로 먹이식물 주변에서 겨울을 지내며 기온에 따라 적은 먹이활동을 한다. **전용**이 가까워진 애벌레는 먹이식물의 줄기나 주변 안전한 곳에 실을 치고 몸에 실을 걸어 번데기가 된다. **번데기**는 녹색으로 머리에 돌기가 발달하고, 머리돌기에서 이어진 숨구멍 아랫선이 선명하다.

먹이식물(토끼풀)

알

1령

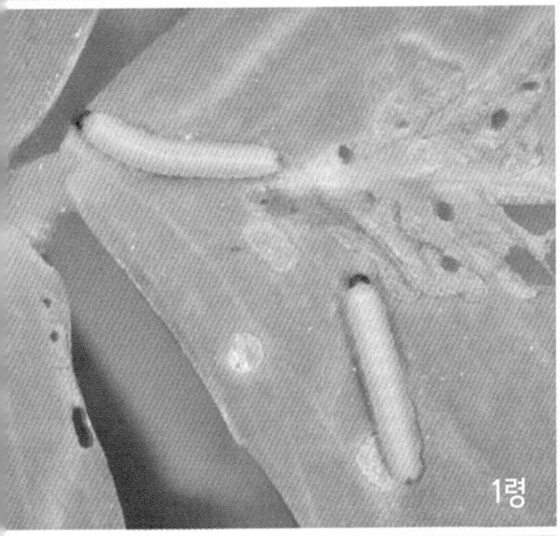
1령

2령

3령

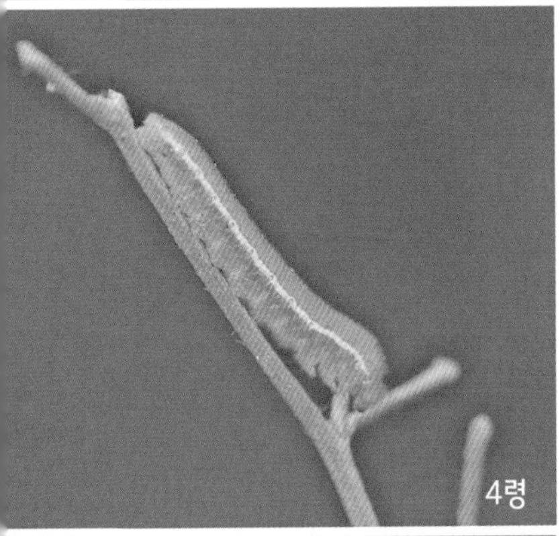
4령

5령

알 낳기

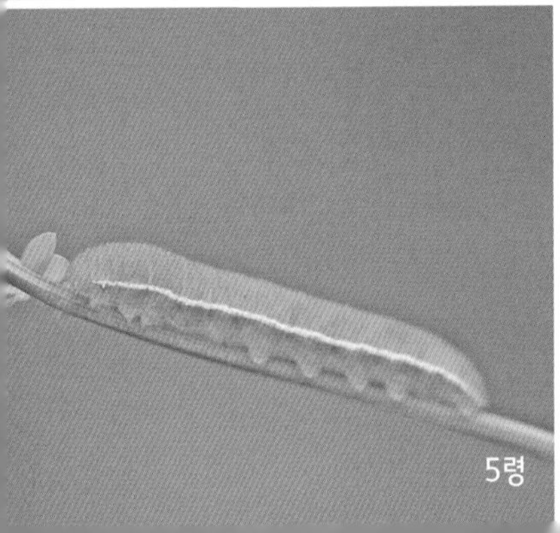
5령

번데기

8. 상제나비 *Aporia crataegi* (Linnaeus, 1758)

EX
EW
RE
CR 위급
EN
VU
NT
LC
DD
NA
NE

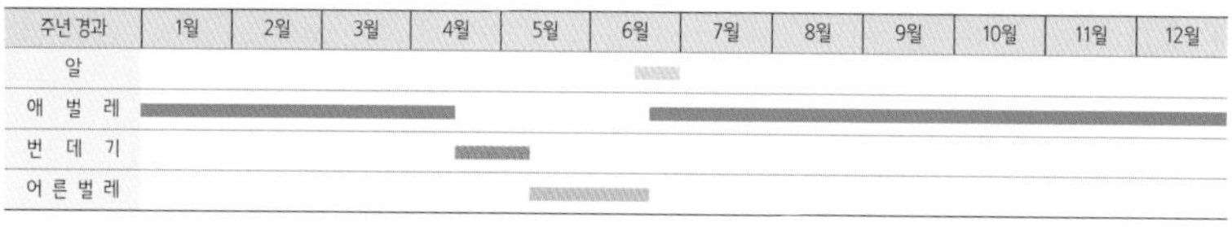

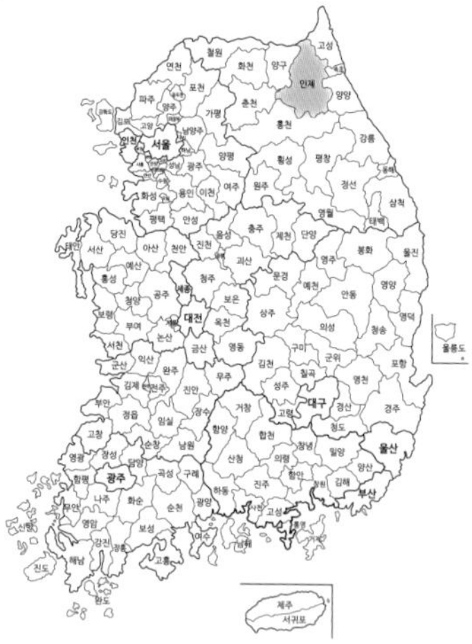

○ 성충 발생 연 1회, 지역에 따라 5~6월에 활동한다. ○ 겨울나기 3령애벌레
○ 먹이식물 시베리아살구, 살구나무, 사과나무, 야광나무, 배나무 등(장미과)

암컷은 먹이식물의 잎 아랫면에 여러 개의 알을 낳는다. **알**은 노란색의 포탄형으로 정공을 둘러싼 여러 개의 굵은 줄돌기가 세로로 있고 사이에 작은 줄돌기가 층층이 이어진다. 알에서 깨어난 **1령애벌레**는 무리를 지어 잎살을 먹고, 실을 이용해 여러 장의 잎을 붙인 방을 만들어가며 활동한다. **2령애벌레**는 흑색 머리에 몸은 연한 갈색으로 백색 털이 길게 자란다. **3령애벌레**는 흑색 머리에 몸은 주황색으로 백색 털이 더욱 길어지며 빼곡해진다. 8월 중순이 되면 애벌레 여러 마리가 모여 잎자루를 줄기에 단단히 고정하고, 잎을 마주 붙여 실을 친 방을 만들어 겨울을 보낸다. 이듬해 겨울눈이 커지면 애벌레들은 방에 구멍을 내고 나와 활동한다. 무리를 지어 행동하는 습관은 5령기까지 계속된다. 먹이활동을 마친 애벌레들은 집으로 돌아와 서로 몸을 비비며 휴식을 한다. **4·5령애벌레**는 흑색 머리에 몸은 주황색이다. 몸에 백색의 긴 털이 빼곡하고 흑색 등선과 등옆선 아래 백색 숨구멍선 안에 숨구멍이 흑색으로 선명하다. **전용**이 가까워진 애벌레들은 먹이식물 꼭대기로 올라가 여럿이 모여 가지에 실을 치고 몸에 실을 걸어 번데기가 된다. **번데기**는 백색형과 황색형 2가지로 등선을 따라 일정한 배열의 흑색 점이 선명하다.

먹이식물(시베리아살구)

알

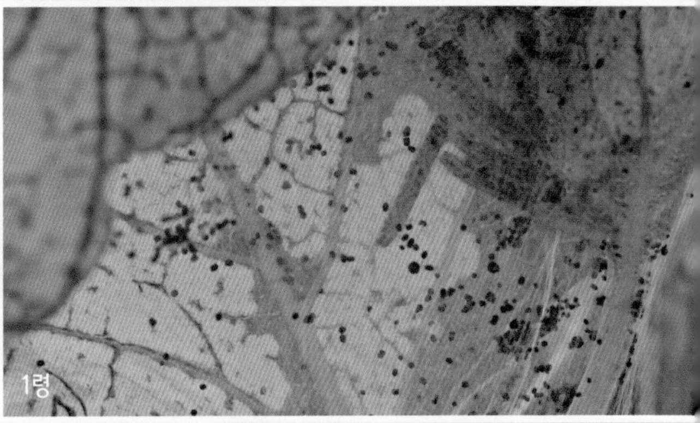
1령

2령

2령(머리)

3령

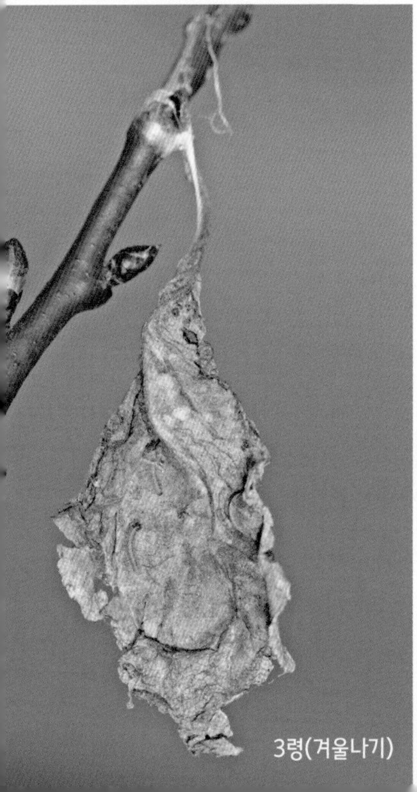
3령(겨울나기)

4령

5령

전용

번데기

9. 줄흰나비 *Pieris dulcinea* Butler, 1882

수컷

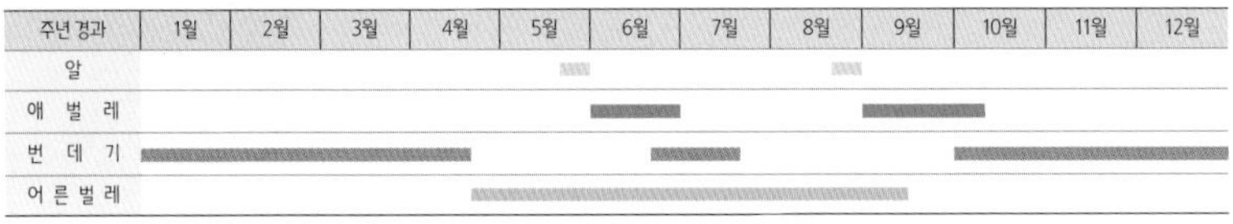

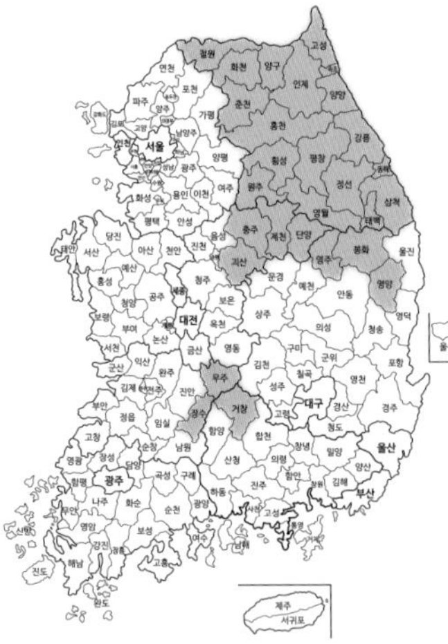

○ 성충 발생 연 2~3회, 지역에 따라 4~9월에 활동한다. ○ 겨울나기 번데기
○ 먹이식물 장대나물, 콩다닥냉이, 나도냉이, 황새냉이 등(십자화과)

암컷은 먹이식물의 잎에 알을 낳는다. **알**은 연한 녹색의 포탄형으로 정공을 중심으로 여러 개의 굵은 줄돌기가 세로로 있고 사이에 작은 줄돌기가 층층이 이어진다. 알은 시간이 지나며 연한 노란색으로 변한다. 알에서 깨어난 **1령애벌레** 몸은 연한 녹색으로 반투명하다. 애벌레는 알껍데기를 먹고 이동해 잎살을 시작으로 먹이활동을 하며 녹색으로 변한다. **2령애벌레**는 몸에 흑색 반점이 빼곡하고 숨구멍선이 노란색 긴점으로 이어지며 샘털이 보인다. 애벌레는 꽃과 씨방을 즐겨 먹는다. **4령애벌레**는 연한 녹색 머리에 몸은 녹색이다. 흑색 점들 사이에 백색 점이 듬성듬성 보인다. 숨구멍선을 중심으로 위로는 흑색 털이 아래는 백색 털이 빼곡하다. **5령애벌레** 머리에 흑색 점에 긴 털이 발달한다. 흑색 숨구멍을 둘러싸고 있는 노란색 반점이 짙게 발달한다. 애벌레는 몸에 샘털을 이용해 방어 물질을 밖으로 배출하는 행동을 5령기까지 계속 보인다. **전용**이 가까워진 애벌레는 먹이식물 잎이나 줄기 또는 주변의 풀이나 나무, 돌 등의 안전한 곳을 찾아 실을 치고 몸에 실을 걸어 번데기가 된다. **번데기**는 연한 녹색으로 머리 돌기와 가운데가슴, 2·3번 배마디가 발달한다. 겨울을 지내야 하는 번데기는 연한 갈색이지만 주변 환경에 따라 색상이 달라진다.

먹이식물(장대나물)

알

2령

3령

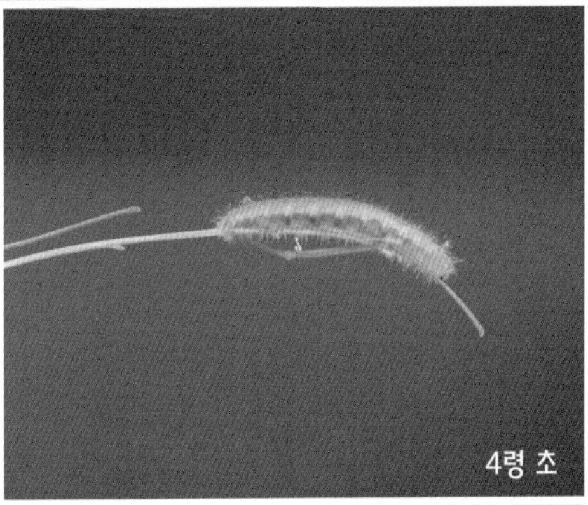
4령 초

4령

5령

5령

전용

번데기

암컷

물을 먹는 성충

10. 큰줄흰나비 *Pieris melete* Ménétriès, 1857

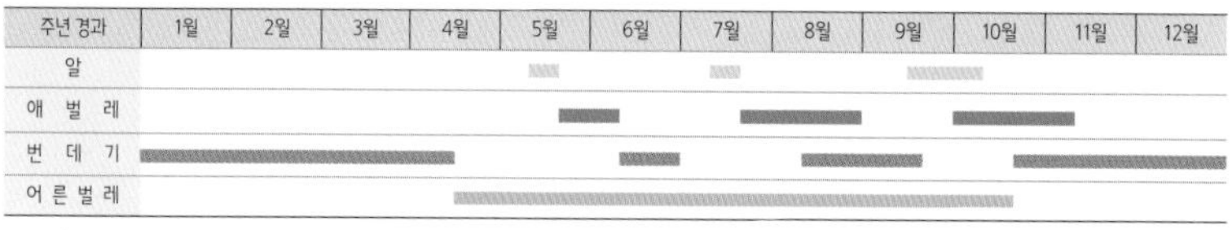

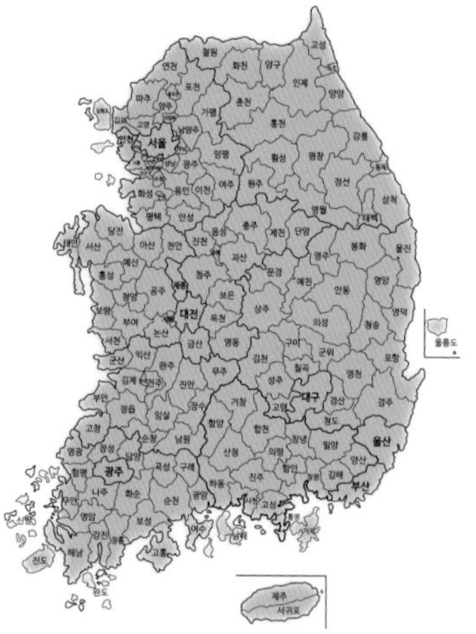

○ 성충 발생 연 3~4회, 지역에 따라 4~10월에 활동한다.
○ 겨울나기 번데기
○ 먹이식물 냉이류, 배추, 무, 양배추, 갓, 유채 등(십자화과)

암컷은 먹이식물의 꽃자루나 줄기, 잎 등을 가리지 않고 알을 낳는다. **알**은 연한 녹색의 포탄형으로 정공을 둘러싼 여러 개의 굵은 줄돌기가 세로로 있고 사이에 작은 줄돌기가 층층이 이어진다. 알은 시간이 지나며 노란색으로 변한다. 알에서 깨어난 **1령애벌레**는 머리와 몸은 연한 녹색으로 흰색 털이 듬성듬성 하며 반투명하다. 애벌레는 잎에 구멍을 내가며 먹이활동을한다. **2령애벌레**는 몸에 흑색 털이 많아지고 발달한 샘털에 투명한 방어 물질이 맺히기 시작한다. 애벌레는 먹이활동이 잦아지며 체색이 짙어진다. **3~5령애벌레**의 머리와 몸은 연한 녹색으로 흑색 점이 빼곡하고 낮고 둥근 돌기가 일정한 배열로 있다. 애벌레는 작은 움직임으로 활동한다 샘털을 이용해 방어 물질을 밖으로 배출하는 행동을 계속 이어간다. 애벌레의 왕성한 식욕은 잎의 주맥을 피하지 않고, 활동 시간도 길게 가지며 몸을 키워간다. **전용**이 가까워진 애벌레는 먹이식물이나 주변의 안전한 곳을 찾아 실을 치고 몸에 실을 걸어 번데기가 된다. **번데기**는 연한 녹색으로 앞날개 부위가 노란색으로 짙다. 등선이 선명하고 머리에 돌기가 있으며 가운데가슴과 2·3번 배마디가 줄흰나비보다 크게 발달한다. 겨울을 지내는 번데기는 연한 갈색이지만 주변 환경에 따라 색상이 달라진다.

먹이식물(냉이)

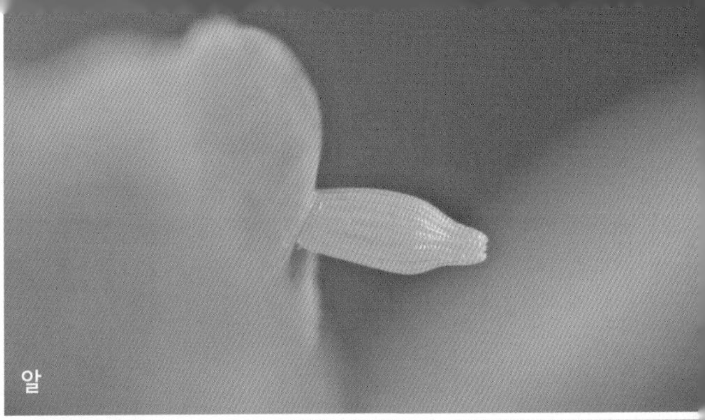
알

부화

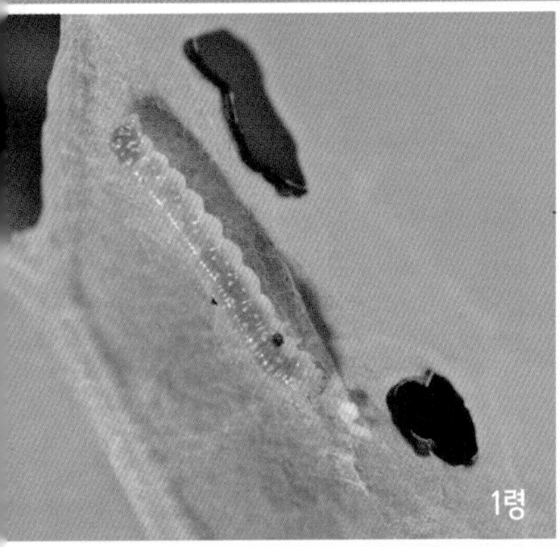
1령

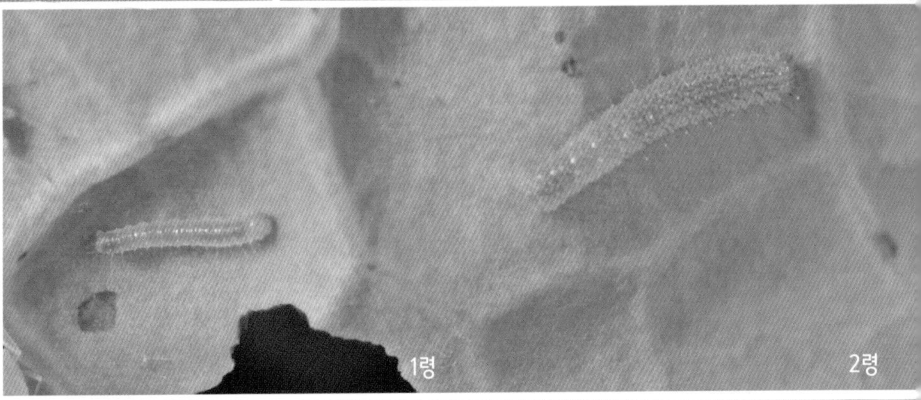
1령
2령

3령

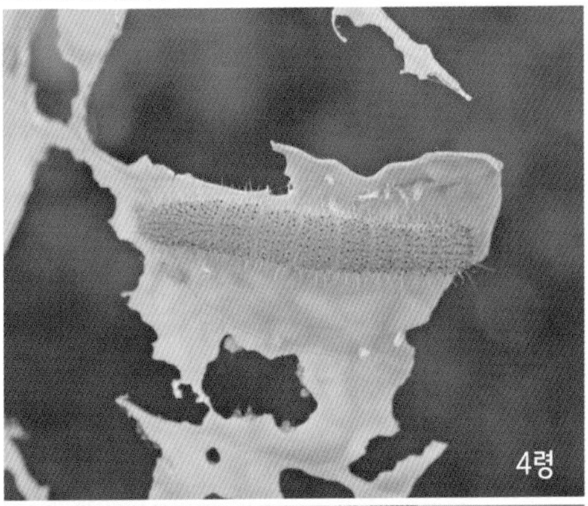
4령

5령

전용

번데기

짝짓기

11. 대만흰나비 *Pieris canidia* (Linnaeus, 1768)

암컷

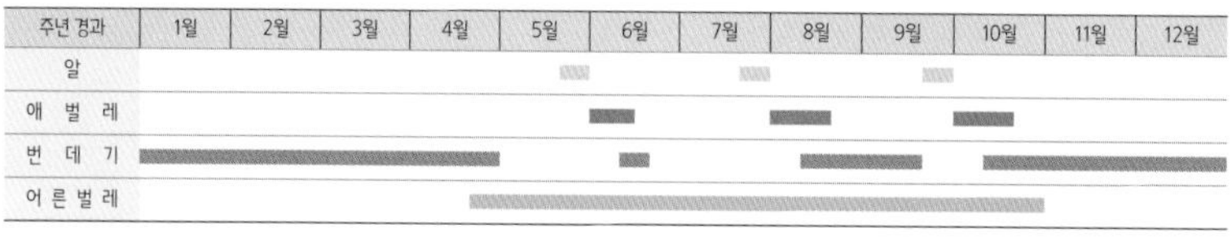

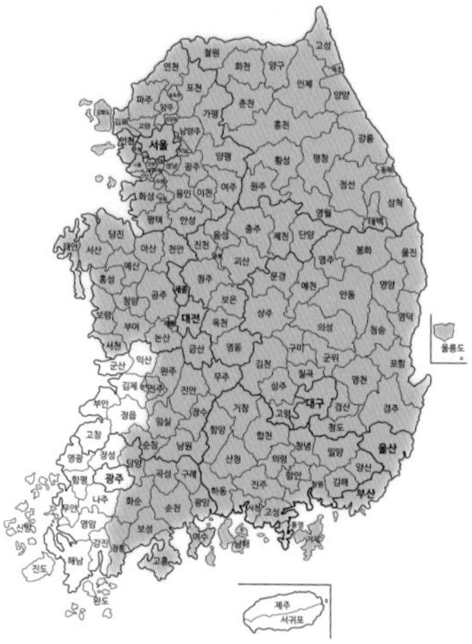

○ 성충 발생 연 3~4회, 지역에 따라 4~10월에 활동한다. ○ 겨울나기 번데기

○ 먹이식물 장대나물류, 냉이류, 유채, 케일 등(십자화과)

암컷은 먹이식물의 잎이나 줄기에 알을 낳는다. **알**은 연한 노란색의 포탄형으로 정공에서 여러 개의 굵은 줄돌기가 세로로 나 있고 사이에 작은 줄돌기가 층층이 이어진다. 알은 시간이 지나며 색이 짙어진다. 알에서 깨어난 **1령애벌레**는 연한 노란색 머리에 몸은 녹색이다. 몸마디에 일정한 배열의 낮은 돌기가 있고 잔털이 빼곡하다. 애벌레는 잎 아랫면으로 내려가 잎살을 먹으며 활동하지만 이내 잎에 구멍을 내는 왕성한 식욕을 보인다. **2령애벌레**의 머리와 몸은 연한 녹색으로 흑색 점에 갈색 털이 나 있고 등선이 노란색으로 어렴풋하다. **3령애벌레**는 녹색 몸에 흑색 점들이 선명하고 갈색 샘털에 투명한 방어 물질이 맺히기 시작한다. 숨구멍을 노란색 반점이 감싸고 있다. **4령애벌레**는 몸에 샘털이 적어지고 백색 털이 길게 나타나며 등선이 노란색으로 짙어진다. **5령애벌레**는 등선과 숨구멍선이 노란색으로 선명하다. 애벌레는 느릿느릿한 움직임으로 먹이식물 꽃이나 씨앗 등을 먹는다. **전용**이 가까워진 애벌레는 먹이식물 줄기나 주변에 지지할 곳을 찾아 실을 치고 몸에 실을 걸어 번데기가 된다. **번데기**는 녹색으로 머리 돌기와 가운데가슴, 2·3번 배마디가 발달한다. 겨울을 보내는 번데기는 갈색이나 주변 환경에 따라 색상이 달라진다. (애벌레의 샘털은 3~5령기에 나타난다)

먹이식물(장대나물)

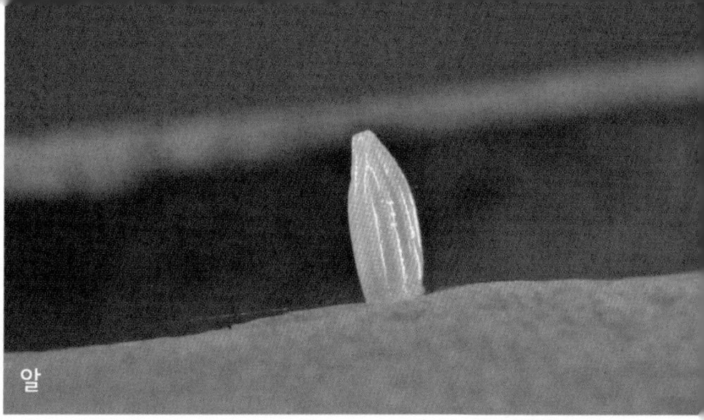

알

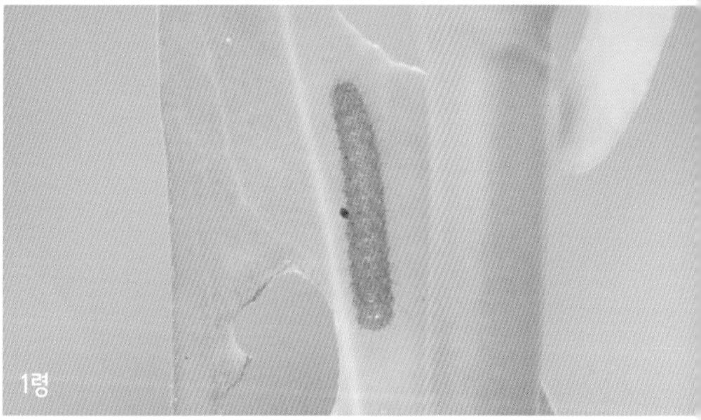

1령

2령

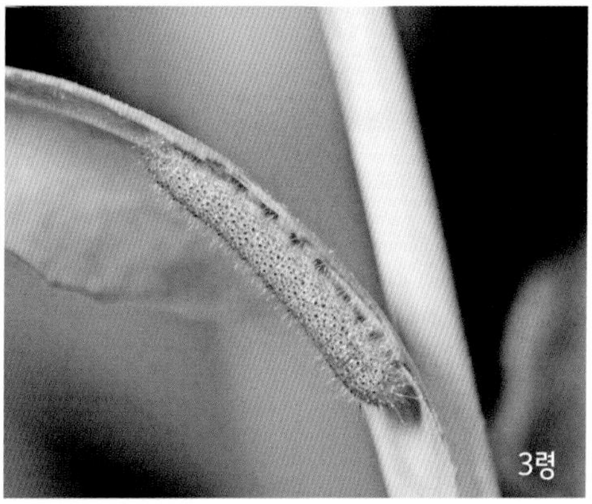

3령

4령

5령

전용

번데기

암컷

12. 배추흰나비 *Pieris rapae* (Linnaeus, 1758)

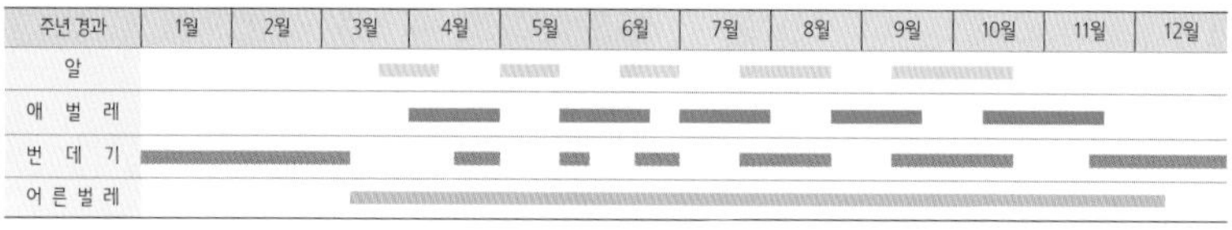

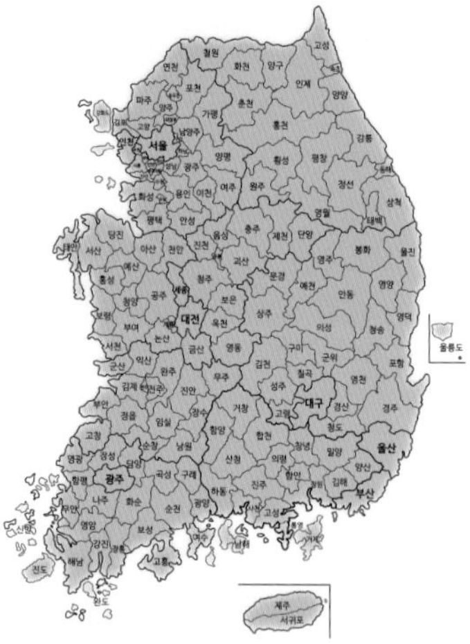

○ 성충 발생 연 5~6회, 지역에 따라 3~11월에 활동한다. ○ 겨울나기 번데기
○ 먹이식물 냉이류, 유채, 케일, 배추, 무, 양배추, 갓 등(십자화과)

암컷은 먹이식물의 잎이나 줄기 등에 알을 낳는다. **알**은 유백색의 포탄형으로 정공을 둘러싼 여러 개의 굵은 줄돌기가 세로로 있고 사이에 작은 줄돌기가 층층이 이어진다. 알은 시간이 지나며 노란색으로 변하고 투명해지며 애벌레 홑눈이 비친다. 알에서 깨어난 **1령애벌레**는 유백색 머리에 몸은 연한 녹색이다. 샘털이 길게 발달하고 알껍데기를 먹은 후 먹이활동을 하면서 체색이 짙어진다. **2령애벌레**의 몸은 녹색으로 노란색 등선이 발달하고 몸마디에 낮은 돌기가 일정한 배열로 있다. 애벌레는 잎맥에 실을 친 자리를 만들어 휴식을 취한다. **3령애벌레**의 몸은 황록색으로 샘털 기능이 약화된다. 숨구멍선이 약하게 나타나고 숨구멍선 아래 가슴다리와 배다리가 연한 녹색이다. **5령애벌레**는 노란색 등선이 옅어지고 몸에 털이 짧아 몸이 매끄러워 보인다. 애벌레의 왕성한 먹이활동이 채소 농가들의 애를 태우는 시기이기도 하다. **전용**이 가까워진 애벌레는 먹이식물이나 주변의 돌, 나뭇등걸, 담벼락 등의 안전한 곳에 실을 치고 몸에 실을 걸어 번데기가 된다. **번데기**는 연한 녹색으로 노란색 등선과 함께 머리 돌기와 가운데가슴, 2·3번 배마디가 발달하고 숨구멍이 선명하다. 겨울을 나는 번데기는 갈색이지만 주변 환경에 따라 여러 가지 색상을 가진다.

먹이식물(유채)

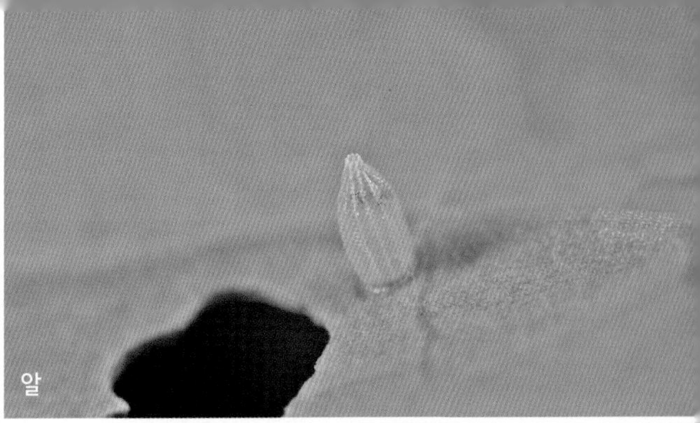
알

알에서 깨어난 애벌레

1령

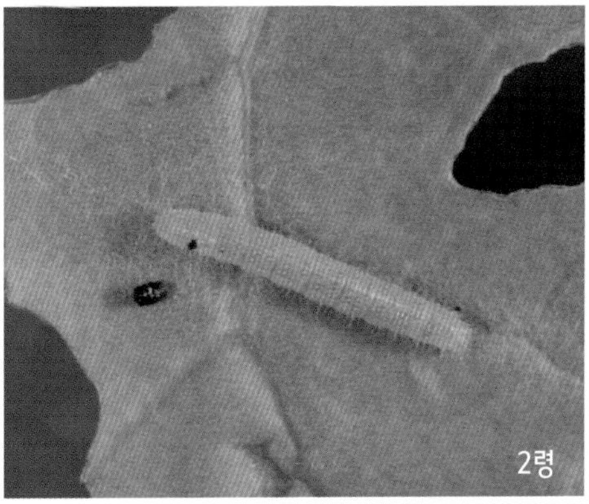
2령

3령

4령

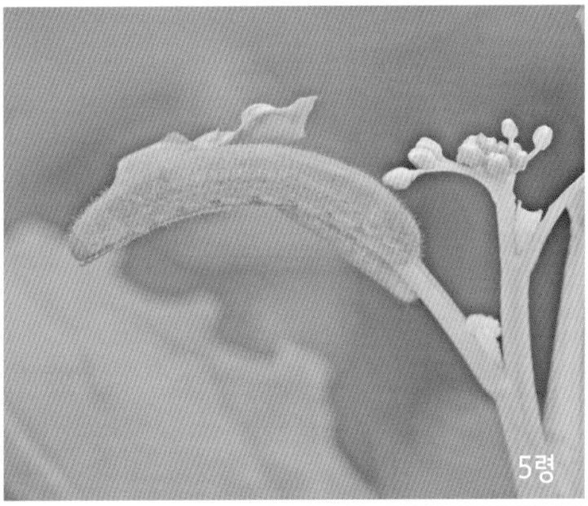
5령

전용

번데기

번데기(겨울나기)

짝짓기

13. 풀흰나비 *Pontia edusa* (Fabricius, 1777)

EX
EW
RE
CR
EN
VU
NT 준위협
LC
DD
NA
NE

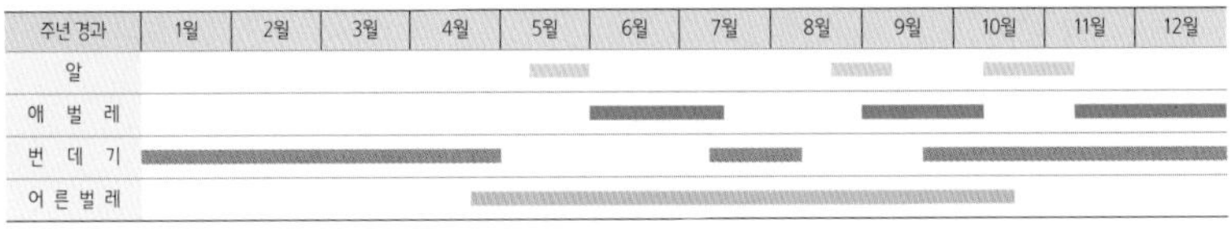

○ 성충 발생 연 2~3회, 지역에 따라 4~10월에 활동한다. ○ 겨울나기 번데기

○ 먹이식물 개갓냉이, 콩다닥냉이, 갓, 냉이, 유채 등(십자화과)

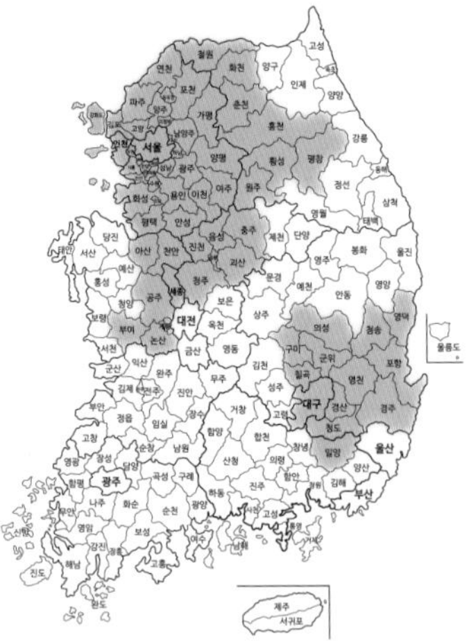

암컷은 먹이식물의 잎이나 줄기, 꽃받침, 꼬투리 등에 알을 낳는다. **알**은 연한 노란색의 포탄형으로 정공을 둘러싼 여러 개의 굵은 줄돌기가 세로로 있고 사이에 작은 줄돌기가 층층이 이어진다. 알은 시간이 지나며 주홍색으로 변한다. 알에서 깨어난 **1령애벌레**는 반짝이는 흑색 머리에 몸은 황록색으로 마디에 일정한 배열의 샘털이 있다. 애벌레는 여린 잎과 함께 꽃을 먹기도 한다. **2령애벌레**는 녹색 머리와 몸은 황록색으로 등선과 숨구멍선이 선명하고 샘털의 기능이 활성화되는 시기이다. **3령애벌레**는 노란색 머리에 몸은 청록색이다. 등선을 중심으로 등옆선과 숨구멍 윗선이 노란색으로 짙다. 애벌레는 잎의 주맥을 피해 먹이활동을 한다. **4령애벌레**는 머리와 몸에 일정한 간격의 흑색 돌기가 뚜렷하다. **5령애벌레**의 몸은 비취색으로 몸의 노란색 선과 어우러진 보호색을 갖는다. 애벌레의 왕성한 식욕은 잎과 줄기를 가리지 않으며, 갓을 먹이로 하다가 이동하여 개갓냉이와 같은 다른 종류의 먹이를 찾아 먹기도 한다. **전용**이 가까워진 애벌레는 먹이식물에서 내려와 주변의 나뭇가지나 풀 등에 실을 치고 몸에 실을 걸어 번데기가 된다. **번데기**는 유백색으로 머리돌기와 가운데가슴, 2·3번 배마디가 발달한다. 겨울을 지내야 하는 번데기는 연한 갈색이다.

서식지

먹이식물(개갓냉이)

알

1령(사진 김순환)

2령(사진 김순환)

3령(사진 김순환)

4령(사진 김순환)

5령

번데기

기생

14. 갈구리흰나비 *Anthocharis scolymus* Butler, 1866

수컷

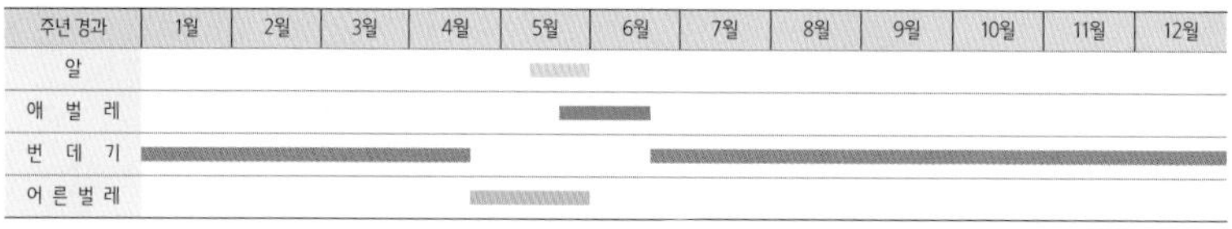

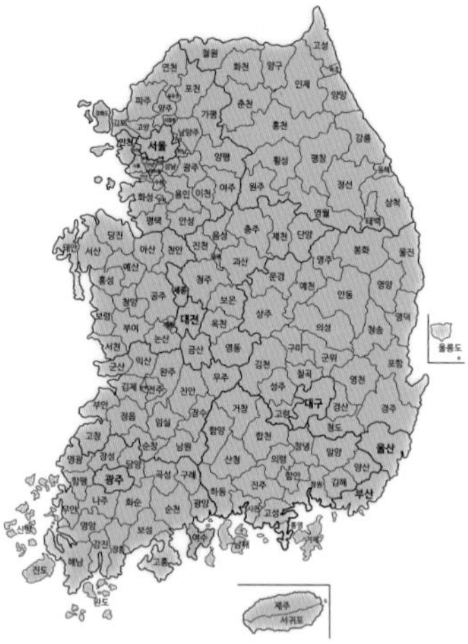

○ 성충 발생 연 1회, 지역에 따라 4~5월에 활동한다.
○ 겨울나기 번데기
○ 먹이식물 털장대 , 장대나물류, 냉이류 등(십자화과)

암컷은 먹이식물의 줄기나 꽃자루, 꽃받침, 꼬투리 등에 알을 낳는다. **알**은 백색의 포탄형으로 정공을 둘러싼 여러 개의 굵은 줄돌기가 세로로 있고 사이에 작은 줄돌기가 층층이 이어진다. 알은 시간이 지나며 주홍색으로 변하고 흑색 점이 발달한다. 알에서 깨어난 **1령애벌레**는 갈색 머리에 몸은 연한 주황색으로 샘털이 발달한다. 애벌레는 샘털을 이용해 꽃가루나 주변 이물질을 몸에 붙여 은폐하기도 하며, 꽃봉오리를 파고들어 먹이활동을 한다. **2령애벌레**의 머리와 몸은 연한 녹색으로 숨구멍선이 발달한다. **3·4령애벌레**의 몸은 녹색이 짙어지고 숨구멍 아랫선이 백색 숨구멍선을 받친다. 애벌레는 먹이식물 꼬투리에 붙어 대벌레와 같은 의태 행동을 보이기도 한다. **5령애벌레**는 백녹색으로 등선이 약하다. 몸에 녹색 점이 빼곡하게 있고 샘털 기능을 가진 털은 줄어든다. 백색의 숨구멍선이 머리에서 배끝으로 이어지며 위에서 내려 보았을 때 머리와 몸의 구분이 어렵다. 체형은 가슴보다 배마디가 굵고 배끝으로 갈수록 가늘어진다. 애벌레는 먹이식물의 부드러운 잎보다는 꽃과 꼬투리를 선호한다. **전용**이 가까워진 애벌레는 먹이식물이나 주변의 은신처를 찾아 실을 치고 몸에 실을 걸어 번데기가 된다. **번데기**는 짙은 회색으로 머리에 돌기가 발달하고 몸은 바깥으로 크게 휘어진 모양이다.

먹이식물(장대나물)

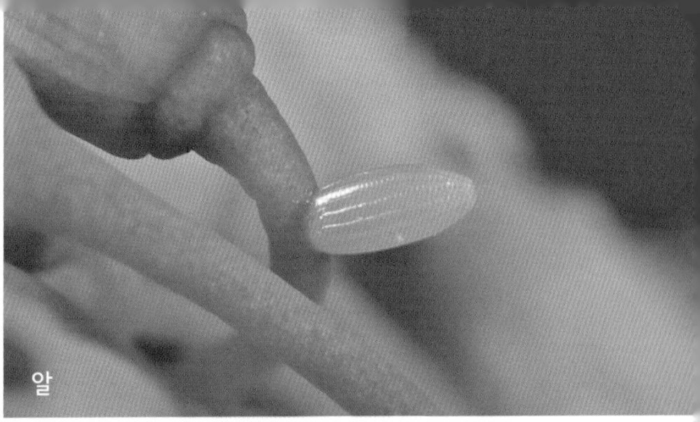
알

1령

2령

3령

4령

5령

5령

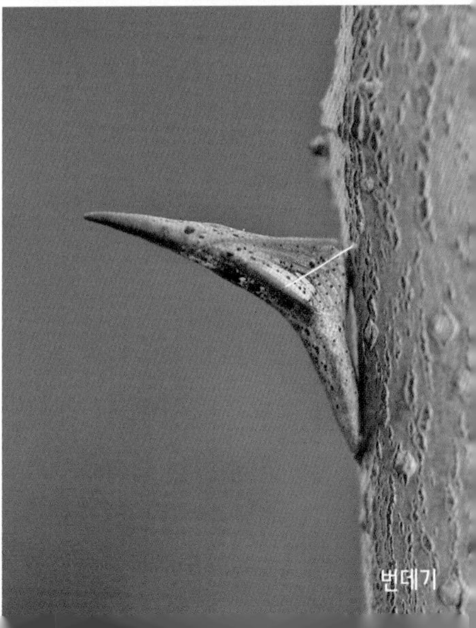
번데기

CHAPTER

03

Lycaenidae
부전나비과

1. 뾰족부전나비 *Curetis acuta* Moore, 1877

EX
EW
RE
CR
EN
VU
NT
LC
DD
NA
NE

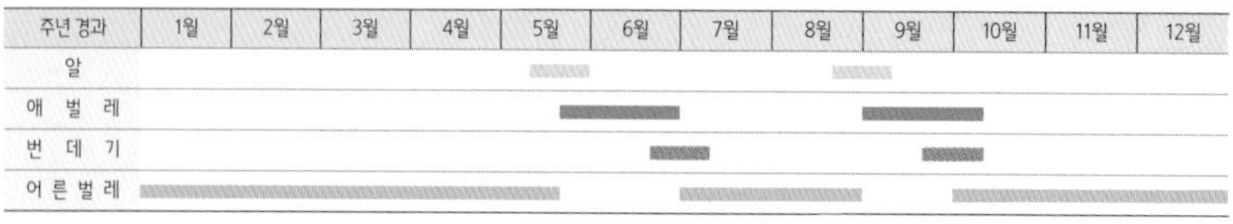

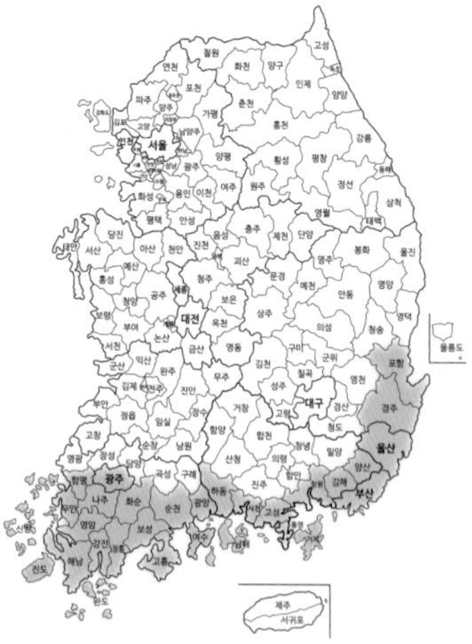

○ 성충 발생 연 2~3회, 지역에 따라 5~10월에 활동한다. ○ 겨울나기 성충
○ 먹이식물 칡, 등나무, 회화나무 등(콩과)

암컷은 먹이식물의 꽃 사이로 들어가 꽃봉오리에 알을 낳는다. **알**은 백색의 찐빵 모양으로 표면은 다각형으로 움푹 팬 둘레를 격자 문양의 줄돌기가 둘러있다. 정공 부위가 깊어 어둡게 보인다. 알에서 깨어난 **1령애벌레**는 흑색 머리에 몸은 연한 갈색이다. 갈색으로 선명한 등선을 중심으로 가슴에서 배끝으로 빗금이 이어진다. 가슴과 배끝에 백색 털이 길다. 애벌레는 꽃봉오리에 구멍을 내고 머리를 넣어 먹이활동을 한다. **2령애벌레**는 반짝이는 흑색 머리에 몸은 연한 녹색으로 빗금이 짙어진다. 몸마디에 털은 짧아지고 8절 배마디에 1쌍의 흑색 원통형 돌기가 발달한다. **3령애벌레**는 뒷가슴과 1번 배마디가 부풀어 오른다. 몸마디에 백색 작은 점들이 나타나고 5번 배마디의 숨구멍 위로 백색 반점이 발달한다. **4령애벌레**는 갈색 머리에 몸은 꽃봉오리와 같은 보라색이다. 짙은 갈색의 등선과 5번 배마디의 백색 반점이 더욱 선명해진다. 먹이식물의 꽃을 먹이로 하는 애벌레는 보호색을 가지며 꽃봉오리 사이를 옮겨 다니며 활동하는 애벌레를 찾기가 쉽지 않다. **전용**이 가까워진 애벌레는 먹이식물 잎과 같은 녹색이다. 애벌레는 잎 아랫면에 실을 치고 몸에 실을 걸어 번데기가 된다. **번데기**는 녹색으로 가운데가슴에 유백색의 스페이드 문양에 갈색 점이 깨알같이 박혀 있다.

먹이식물(칡꽃)

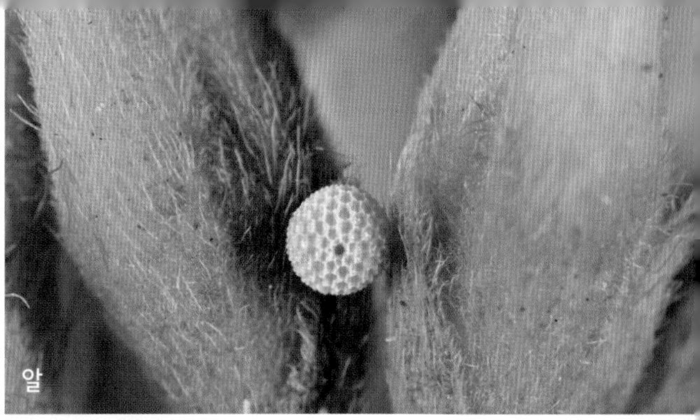
알

알

1령

2령

3령

4령

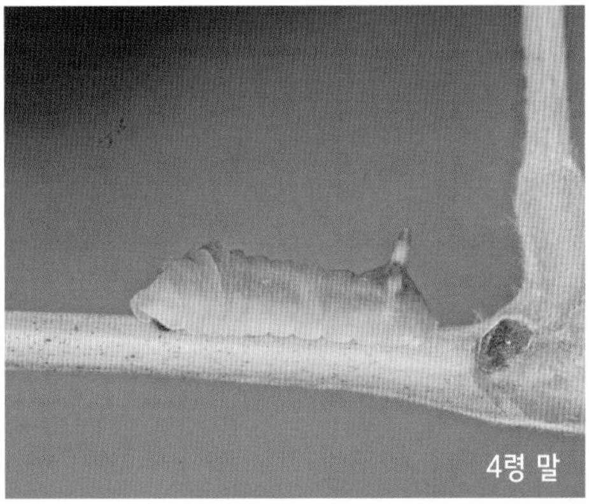
4령 말

전용

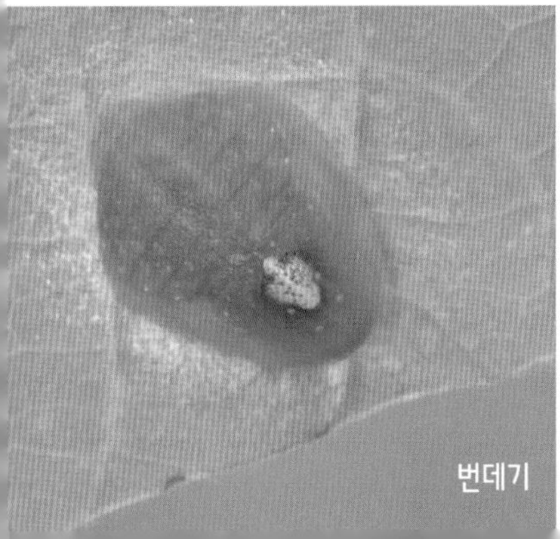
번데기

번데기

수컷

2. 바둑돌부전나비 *Taraka hamada* (Druce, 1875)

수컷

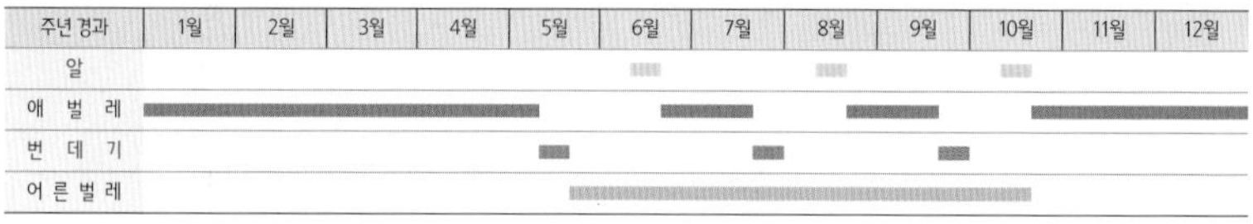

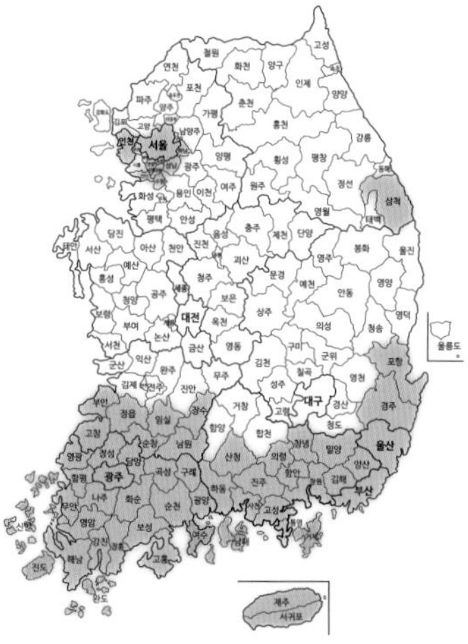

○ 성충 발생 연 3~4회, 지역에 따라 5~10월에 활동한다. ○ 겨울나기 애벌레

○ 먹이식물 일본납작진딧물

암컷은 일본납작진딧물이 활동하는 식물에 알을 낳는다. **알**은 백색의 낮은 원기둥 모양으로 윗면에 다각형 무늬가 있고 정공 방향으로 살짝 기울었다. 알에서 깨어난 **1령애벌레**는 갈색 머리에 몸은 유백색으로 몸마디에 백색 털이 있다. 애벌레는 일본납작진딧물 무리 주변에 그물막을 치고 활동한다. **3령애벌레**는 연한 녹색으로 몸에 일본납작진딧물의 밀랍 가루를 뒤집어쓰고 있어 백색으로 보인다. 그물막을 조금씩 키워가는 애벌레는 진딧물을 감싸듯 덮어 자연스러운 먹이활동을 한다. 이런 활동에 진딧물은 특별한 방어 행동을 보이지 않는다. **4령애벌레**는 등선을 따라 흑색 점이 일정한 배열로 있다. 그물막에서 많은 시간을 보내는 애벌레는 먹이활동을 위해 큰 몸을 느릿느릿 움직여 이동한다. **전용**이 가까워진 애벌레는 진딧물 주변이나 먹이활동을 하던 곳을 떠나 보다 안전한 곳에서 배다리가 닿는 면에 실을 치고 배끝을 붙여 번데기가 된다. **번데기**는 투명한 유백색으로 시간이 지나며 색이 짙어지고 배마디에 갈색의 둥근 무늬가 발달한다. 번데기가 위험을 느끼면 바닥에 붙인 배끝을 중심으로 가슴을 들어 올렸다 내리는 행동을 반복한다. 우리나라에 진딧물을 먹이로 하는 나비 애벌레는 바둑돌부전나비 외에 민무늬귤빛부전나비가 있다.

먹이(일본납작진딧물)

알

1령(사진 이영보)

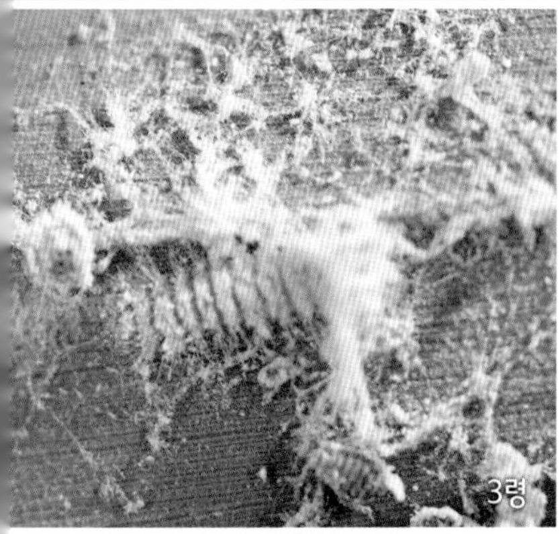

3령

3령(그물막)

4령

4령

번데기

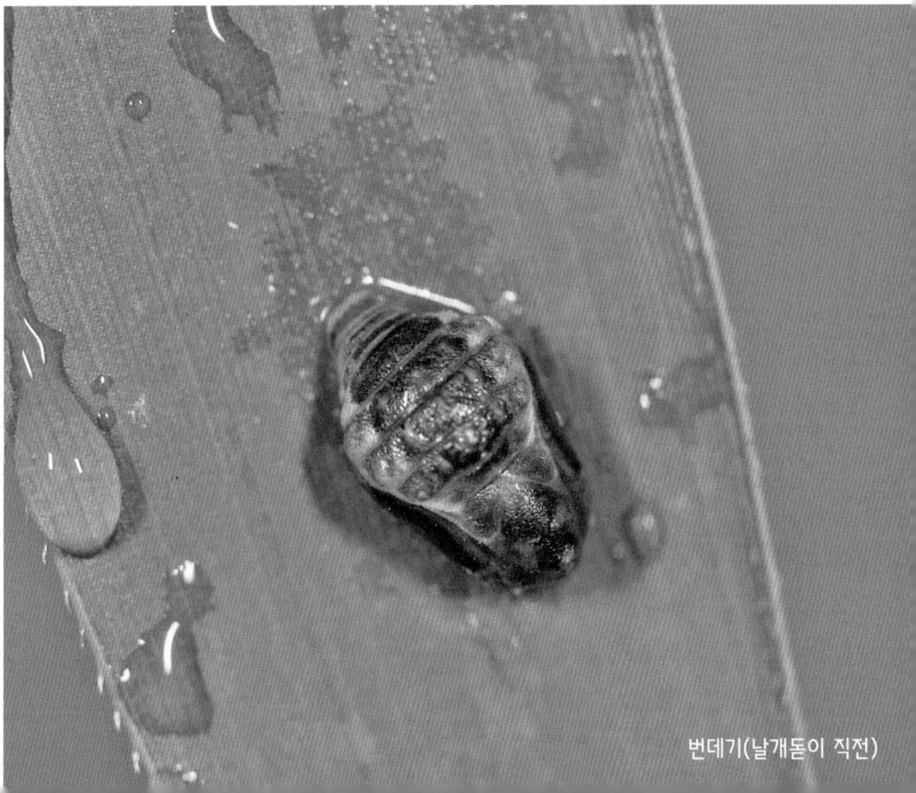

번데기(날개돋이 직전)

3. 담흑부전나비 *Niphanda fusca* (Bremer & Grey, 1852)

암컷

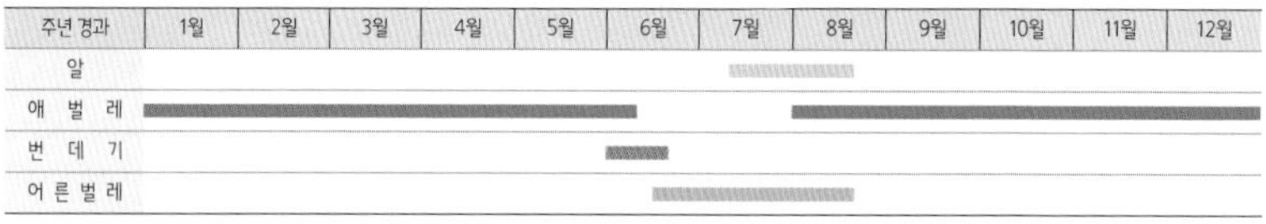

○ 성충 발생 연 1회, 지역에 따라 6~8월에 활동한다.
○ 겨울나기 애벌레
○ 먹이식물 진딧물의 배설물, 일본왕개미의 보육

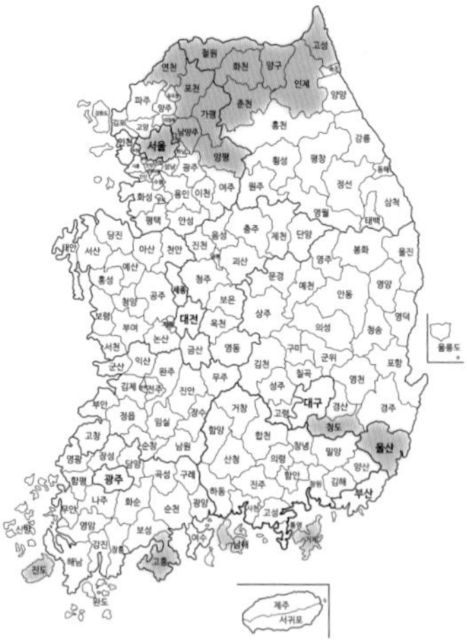

암컷은 진딧물과 일본왕개미가 공생하는 식물을 찾아 알을 낳는다. **알**은 백색의 둥글고 납작한 모양으로 정공 부위가 움푹 들어가 있으며 표면에 불규칙하게 솟은 둥근 돌기가 있다. 알에서 깨어난 **1령애벌레**는 흑색 머리에 몸은 연한 보라색으로 등선이 가늘고 등옆선이 등선 아래로 턱을지며 내려오는 凸체형이다. 몸마디에 일정한 배열의 백색 털이 있고 7·8번 배마디가 넓다. 애벌레는 진딧물의 배설물을 먹으며 생활한다. **2령애벌레**는 흑색 머리에 몸은 짙은 갈색이다. 등선이 선명하고 등선을 따라 나타난 백색 무늬가 약해진다. 일본왕개미는 2·3령기의 애벌레를 물고 집으로 들어가 몸에 저장해 둔 영양소를 내어 애벌레에게 먹이고 보육하는 한편으로 애벌레를 자극해 단물을 얻는 공생관계를 갖는다. **4령애벌레**는 회적색으로 등선이 점으로 이어지고 꿀샘이 선명하다. **5령애벌레**는 연한 갈색 머리에 몸은 유백색으로 가슴에서 배끝으로 갈수록 굵어지는 체형이다. 앞가슴과 가운데가슴, 6·8번 배마디에 흑색 털이 여러 개 길게 있다. **6령애벌레**의 몸은 살구색으로 등옆선을 따라 흑색 털이 있다. **전용**이 가까워진 애벌레는 개미집 입구 주변에 실을 촘촘히 치고 배끝을 붙여 번데기가 된다. **번데기**는 반짝이는 짙은 갈색의 긴 체형으로 계속되는 개미의 보호를 받는다

일본왕개미의 보육

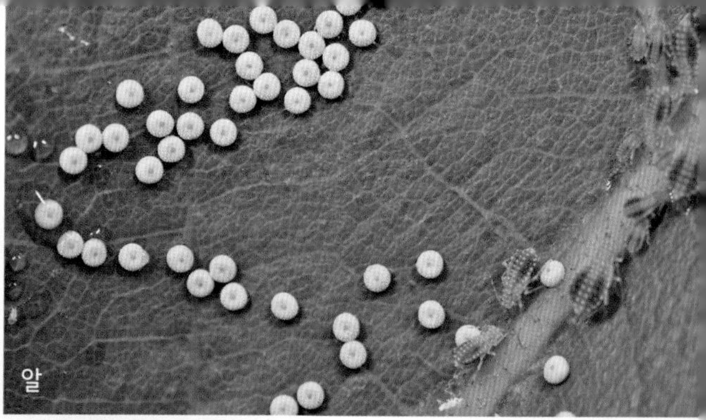
알

알과 1령

1령

1령(진딧물의 분비물을 먹는 애벌레)

5령(꿀샘을 자극하는 개미)

4령

5령

6령

번데기

알 낳기

4. 물결부전나비 *Lampides boeticus* (Linnaeus, 1767)

수컷

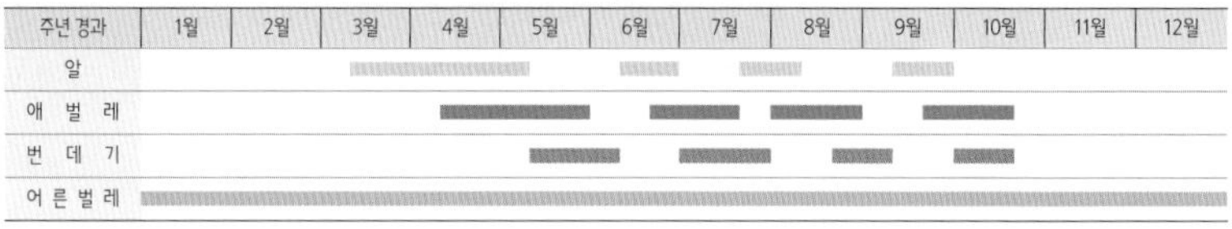

호랑나비과
흰나비과
부전나비과
네발나비과
팔랑나비과
EX
EW
RE
CR
EN
VU
NT
LC
DD
NA
NE

○ 성충 발생　연 수회, 지역에 따라 3~11월에 활동한다.
○ 먹이식물　편두, 칡, 팥, 고삼 등(콩과)
○ 겨울나기　성충

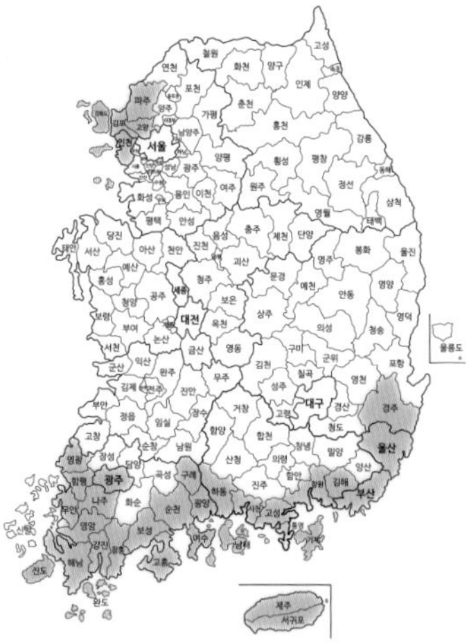

암컷은 먹이식물의 꽃봉오리 주변에 알을 낳는다. **알**은 백색의 둥글고 납작한 모양으로 윗면이 정공 쪽으로 살짝 기울었다. 표면에 백색 줄돌기가 교차하는 점에 둥근 돌기가 있다. 알에서 깨어난 **1령애벌레**는 흑색 머리에 몸은 유백색이다. 등선과 등옆선이 발달하고 몸 마디에 일정한 배열의 털이 있다. 애벌레는 꽃을 파고 들어 가 꽃술과 씨방을 먹으며 생활한다. **2령애벌레**의 몸은 연한 분홍색으로 등선 좌우로 유백색 빗금이 넓게 퍼져 있다. 등옆선과 숨구멍이 선명하고 몸에 털이 빼곡하다. 애벌레는 꽃이나 콩깍지 속의 콩을 먹으며 먹이에 따라 몸의 색이 달라진다. 물결부전나비의 애벌레는 편두와 같은 콩 농사를 짓는 농민에게는 채소 농가의 배추흰나비와 같은 큰 해충이다. 생활하는 곳도 꽃을 파고 들어가거나 콩깍지 속이기에 방제가 더욱 어렵다. 늦은 가을 먹이가 부족한 애벌레는 먹다 버린 콩깍지를 재차 먹기도 한다. 이렇게 구멍을 뚫어 먹이를 찾는 행동을 보이는 애벌레는 사진과 같이 종령이 되어도 다른 부전나비류 애벌레들 보다 머리가 작다. **전용**이 가까워진 애벌레는 보호색을 가지고 먹이식물 또는 주변 은신처에 실을 치고 몸에 실을 걸어 번데기가 된다. **번데기**는 연한 갈색으로 갈색의 등선과 숨구멍이 선명하다.

먹이식물(편두)

알

알

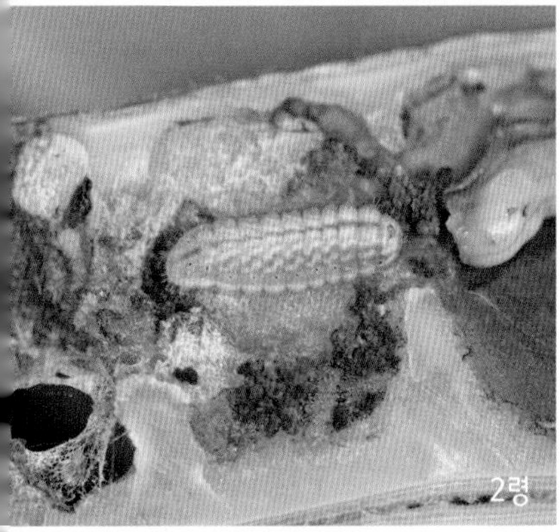
2령

3령

4령

4령(머리)

전용

번데기

번데기

암컷

5. 남방부전나비 *Pseudozizeeria maha* (Kollar, 1844)

수컷

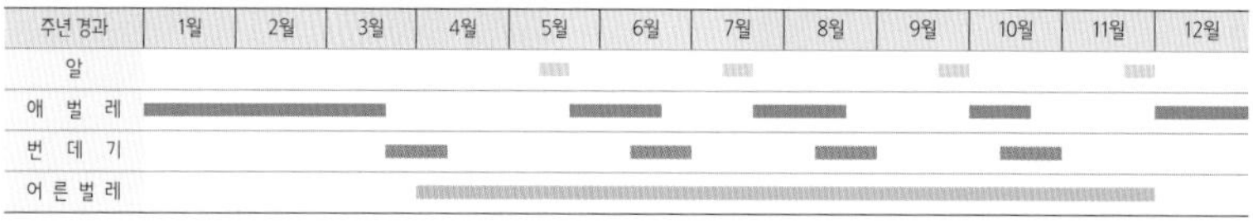

○ 성충 발생 연 3~4회, 지역에 따라 4~11월에 활동한다.

○ 겨울나기 3령애벌레

○ 먹이식물 괭이밥, 큰괭이밥(괭이밥과)

암컷은 먹이식물의 잎이나 줄기를 가리지 않고 알을 낳는다. **알**은 백색의 둥글고 납작한 모양으로 윗면에 낮은 줄돌기가 얽혀 작은 문양을 만들고 정공 부위는 연한 녹색이다. 알 가장자리와 옆면에 줄돌기가 교차하는 점에 돌기가 있다. 알에서 깨어난 **1령애벌레**는 흑색 머리에 몸은 유백색으로 숨구멍이 선명하고 몸마디에 백색의 긴 털이 일정한 배열로 있다. 애벌레는 잎살을 먹으며 생활한다. **2령애벌레**는 갈색 머리에 몸은 연한 녹색으로 등선이 선명하다. 등선과 등옆선이 가슴에서 배끝으로 이어진다. 잎살을 먹던 애벌레는 잎에 구멍을 크게 만들어가며 활동한다. **3령애벌레**의 몸은 연한 녹색으로 등옆선이 도드라지고 녹색의 등선 외에 여러 개의 선이 가슴에서 배끝으로 이어진다. 애벌레는 잎보다 꼬투리에 구멍을 내고 영양분이 많은 씨앗을 먹기도 한다. **4령애벌레**는 등선과 바닥선이 약해지고 몸에 잔털이 많아진다. 애벌레는 먹이식물에 따라 몸이 자주색을 띠기도 한다. 애벌레가 내는 향에 이끌려 개미가 모인다. **전용**이 가까워진 애벌레는 먹이식물이나 주변에 돌, 마른 잎과 같은 은신처를 찾아 실을 치고 몸에 실을 걸어 번데기가 된다. **번데기**는 연한 노란색이나 시간이 지나며 녹색으로 변한다. 등선과 숨구멍을 둘러싼 무늬가 흑색으로 선명하다.

먹이식물(괭이밥)

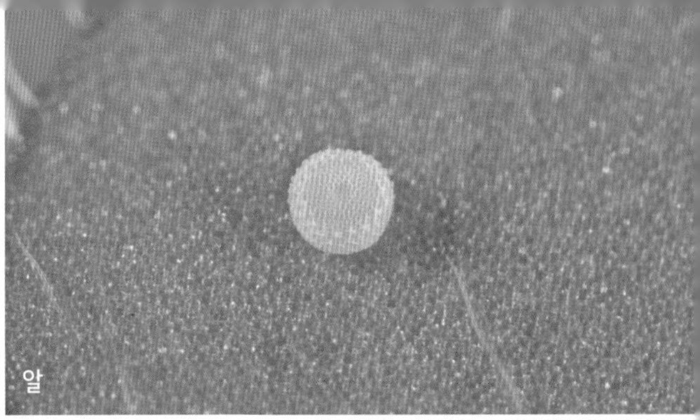
알

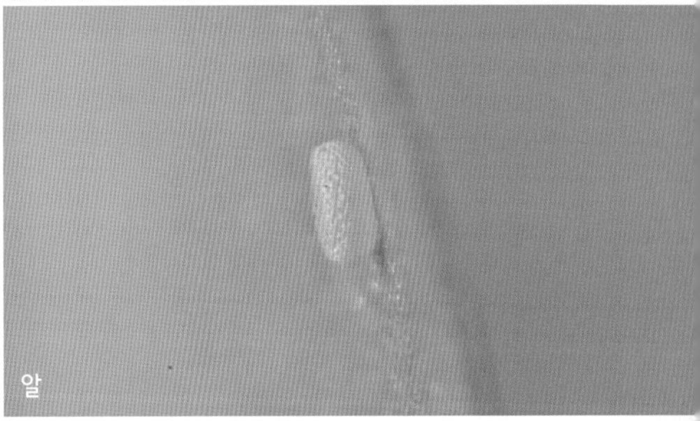
알

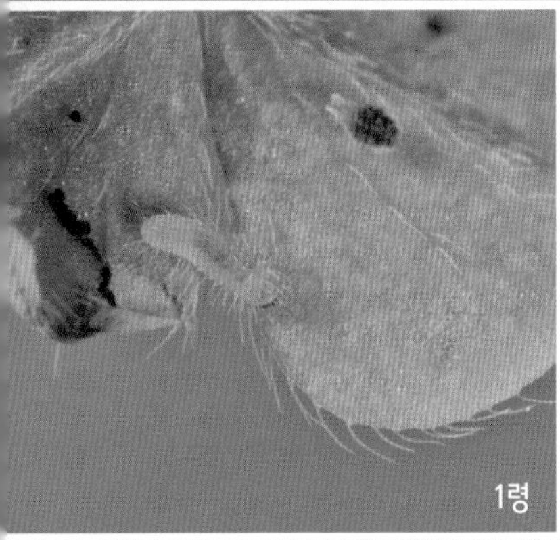
1령

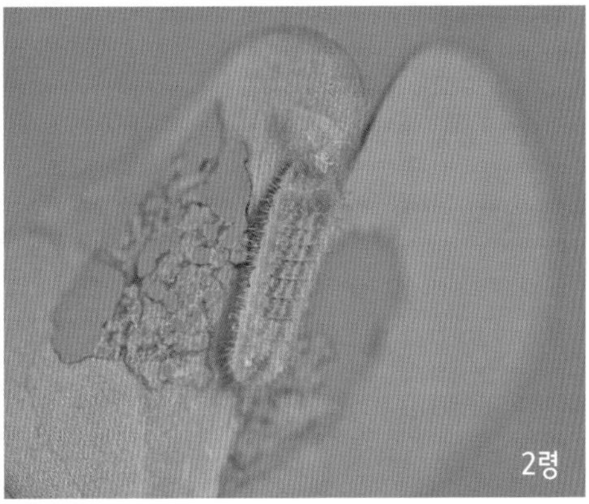
2령

3령

4령

전용

번데기

번데기와 4령

암컷

6. 극남부전나비 *Zizina emelina* (de l'Orza, 1869)

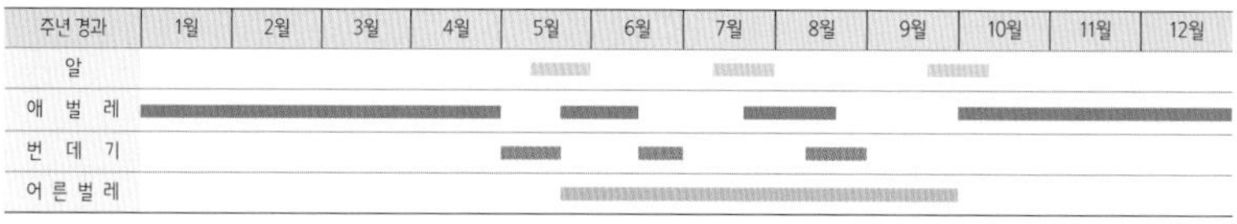

○ 성충 발생 연 3~4회, 지역에 따라 3~11월에 활동한다. ○ 겨울나기 애벌레
○ 먹이식물 벌노랑이, 토끼풀 등(콩과)

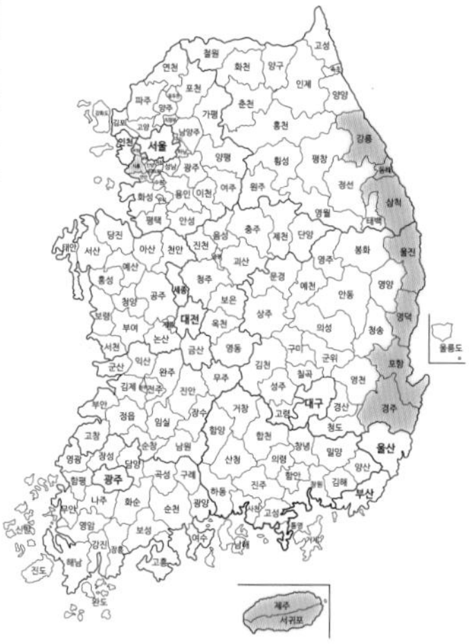

암컷은 먹이식물의 잎이나 줄기에 알을 낳는다. **알**은 백색의 둥글고 납작한 모양으로 윗면에 다각형 문양의 줄돌기가 굵고 선명하며 정공 부위는 비취색이다. 표면에 줄돌기가 교차하는 점에 둥근 돌기가 있다. 알에서 깨어난 **1령애벌레**는 유백색으로 마디에 일정한 배열의 백색 털이 있다. 몸은 시간이 지나며 연한 녹색으로 변한다. 애벌레는 남방부전나비와 같이 잎살을 시작으로 먹이활동을 한다. **2령애벌레**는 연한 녹색으로 등선 주위가 유백색이다. 가슴이 넓어지고 등선을 중심으로 가는 빗금들이 가슴에서 배끝으로 이어진다. 몸에 백색 짧은 털이 많다. 애벌레는 먹이식물의 잎 아랫면 살을 발라 먹으며 다른 부전나비들과 같이 개미의 보호를 받는다. **3령애벌레**의 몸도 연한 녹색으로 백색 털이 덮여 있다. **4령애벌레**는 짙은 녹색으로 등선이 선명하고 숨구멍 아래 바닥선이 노란색으로 짙어진다.

왕성한 식욕을 보이는 애벌레는 잎과 줄기를 가리지 않는 먹이활동과 쉬기를 반복한다. **전용**이 가까워진 애벌레는 먹이식물 줄기나 잎자루 아래에 실을 치고 몸에 실을 걸어 머리를 땅으로 향해 번데기가 된다. **번데기**는 먹이식물과 같은 연한 녹색의 보호색을 가진다. 흑색 등선과 숨구멍이 남방부전나비보다 선명하다.

먹이식물(벌노랑이)

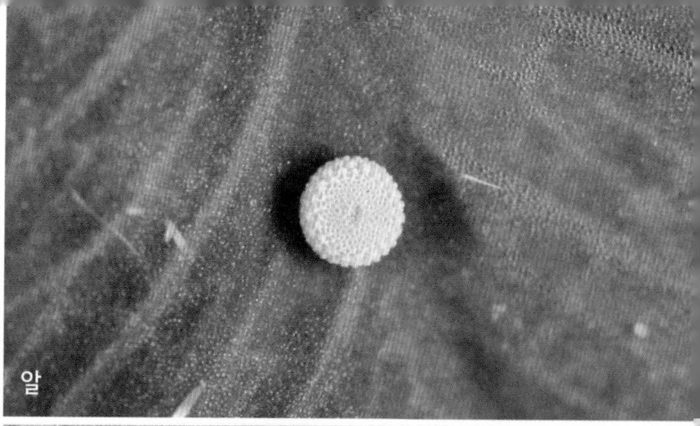

알

1령

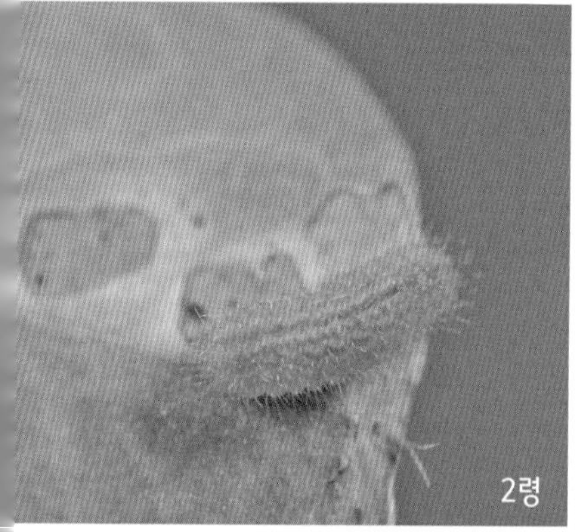

2령

3령

4령

전용

번데기

수컷

7. 암먹부전나비 *Cupido argiades* (Pallas, 1771)

주년 경과	1월	2월	3월	4월	5월	6월	7월	8월	9월	10월	11월	12월
알												
애벌레												
번데기												
어른벌레												

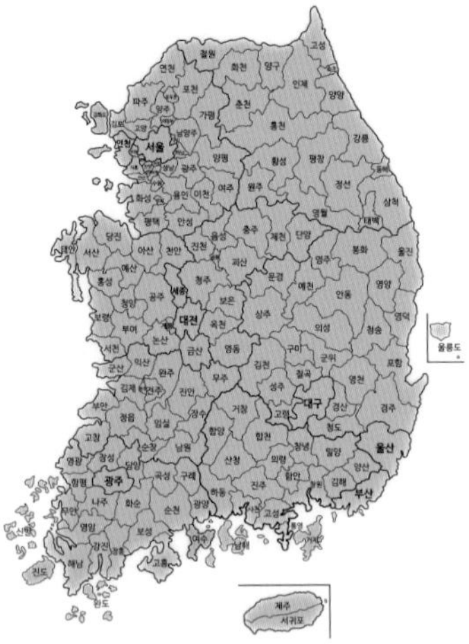

○ 성충 발생 연 3~4회, 지역에 따라 3~10월에 활동한다. ○ 겨울나기 애벌레

○ 먹이식물 갈퀴나물, 등갈퀴나물, 달구지풀 등(콩과)

암컷은 먹이식물의 줄기, 잎, 꽃받침, 꼬투리 등에 하나에서 여러 개의 알을 낳는다. **알**은 백색의 둥글고 납작한 모양으로 정공 부위는 연한 녹색이다. 표면에 줄돌기가 어지럽게 이어지고 교차하는 점에 끝이 둥근 돌기가 있다. 알에서 깨어난 **1령애벌레**는 흑색 머리에 몸은 유백색으로 등선이 보이고 마디에 일정한 배열의 백색 털이 있다. 애벌레는 잎살 또는 여린 잎에 둥근 구멍을 내가며 먹이활동을 한다. **2령애벌레**는 흑색 머리에 몸은 유백색이다. 연한 갈색의 등선이 선명하고, 백색과 연한 갈색의 빗금들이 가슴에서 배끝으로 이어진다. 등옆선은 밝으며 몸의 털이 길어진다. **3령애벌레** 몸은 연한 녹색으로 빗금이 먹이식물과 같은 녹색으로 변하고 몸에 짧은 털이 많아진다. 애벌레는 꽃과 잎을 가리지 않는 먹이활동을 한다. **4령애벌레**의 몸은 연한 녹색으로 등선이 선명하고 몸마디가 굵어지며 숨구멍이 선명해진다. 애벌레는 잎이나 줄기보다는 영양분이 많은 먹이식물의 꼬투리를 선호한다. **전용**이 가까워진 애벌레는 먹이식물이나 주변에 보호색을 가진 식물에 실을 치고 몸에 실을 걸어 머리를 땅으로 향해 번데기가 된다. **번데기**는 등선이 선명하고 배마디가 백색이다. 연한 녹색의 가슴과 앞날개 부위에 광택이 있다.

EX EW RE CR EN VU NT LC DD NA NE

호랑나비과 흰나비과 부전나비과 네발나비과 팔랑나비과

먹이식물(갈퀴나물)

알

알

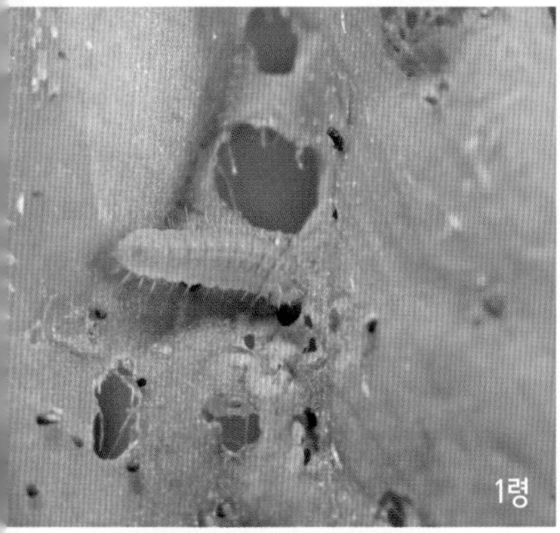
1령

2령

3령

4령

전용

번데기

암컷

수컷

짝짓기

8. 먹부전나비 *Tongeia fischeri* (Eversmann, 1843)

수컷

주년 경과	1월	2월	3월	4월	5월	6월	7월	8월	9월	10월	11월	12월
알												
애벌레												
번데기												
어른벌레												

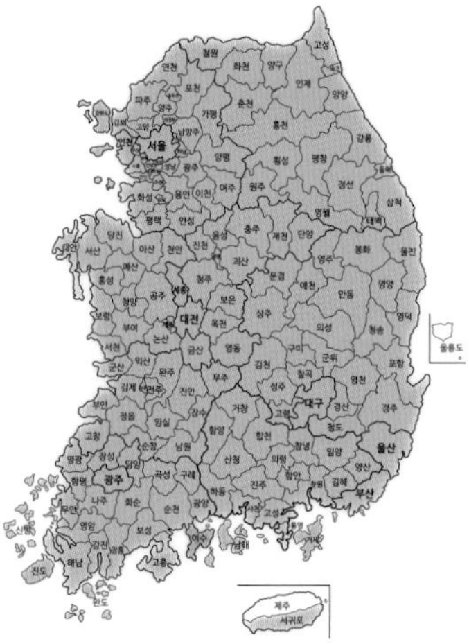

○ 성충 발생 연 3~4회, 지역에 따라 4~10월에 활동한다. ○ 겨울나기 애벌레

○ 먹이식물 돌나물, 꿩의비름, 바위솔, 기린초 등(돌나물과)

암컷은 먹이식물 잎과 줄기 등에 알을 낳는다. **알**은 백색의 둥글고 납작한 모양으로 윗면이 비취색 정공 부위 쪽으로 기울어져 있다. 표면에 불규칙한 문양의 줄돌기가 어지럽게 이어지고, 교차하는 점에 끝이 무딘 돌기가 있다. 알에서 깨어난 **1령애벌레**는 먹이식물의 두꺼운 잎이나 줄기를 파고 들어가 생활한다. **2령애벌레**의 머리는 갈색이고 몸은 유백색으로 백색 털과 붉은색 반점이 나타난다. 애벌레의 먹이활동으로 잎이나 줄기에 영양 공급이 막혀 식물이 마르면 구멍을 뚫고 나와 새로운 잎으로 이동한다. **3령애벌레**는 흑색 머리에 몸은 유백색이다. 가슴의 등선이 선명해지고 몸마디가 굵어진다. 애벌레는 먹이식물의 잎이나 줄기를 파고들어 가 외부에서는 잘 보이지 않는다. 잎이 오그라들거나 줄기가 말라 보이는 곳을 확인하면 애벌레를 쉽게 찾을 수 있다. **4령애벌레**는 흑색 머리에 몸은 연한 녹색으로 붉은색 등선과 갈색의 숨구멍이 선명하나 시간이 지나며 색이 연해지고 몸은 매끄러워진다. 애벌레의 많은 활동량으로 먹이식물 주변에 배설물을 어지럽게 쌓아 놓기도 한다. **전용**이 가까워진 애벌레는 생활하던 곳을 나와 먹이식물이나 몸 숨길 곳을 찾아 실을 치고 몸에 실을 걸어 번데기가 된다. 초기 **번데기**는 연한 녹색으로 앞날개 부위를 제외한 몸에 백색 털이 있다.

먹이식물(돌나물)

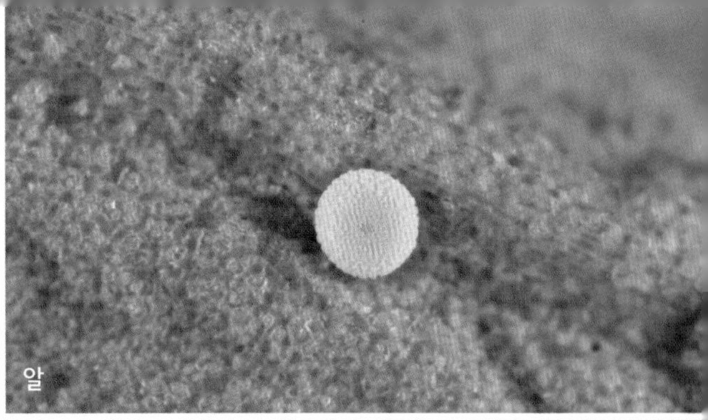
알

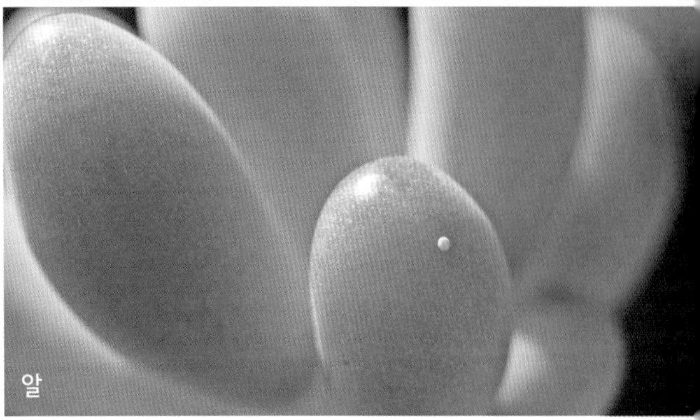
알

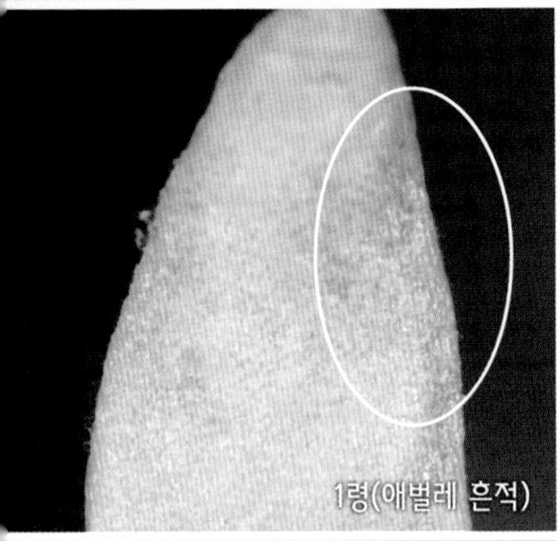
1령(애벌레 흔적)

2령

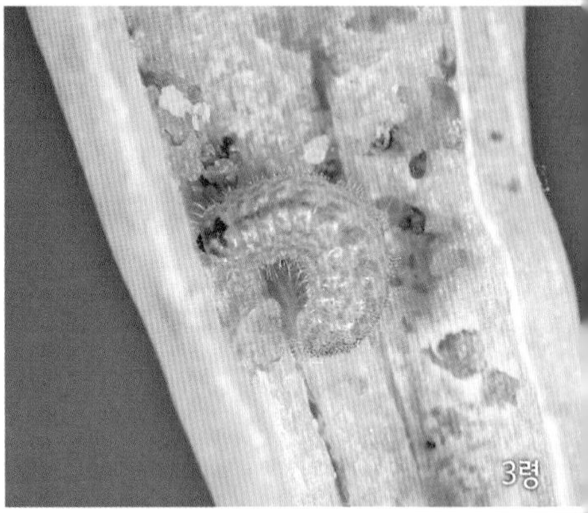
3령

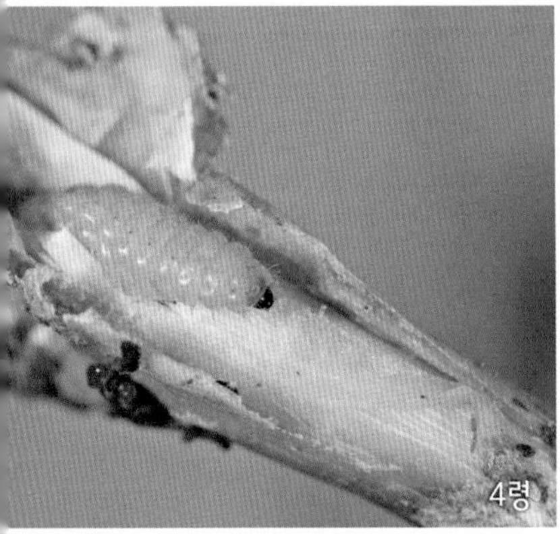
4령

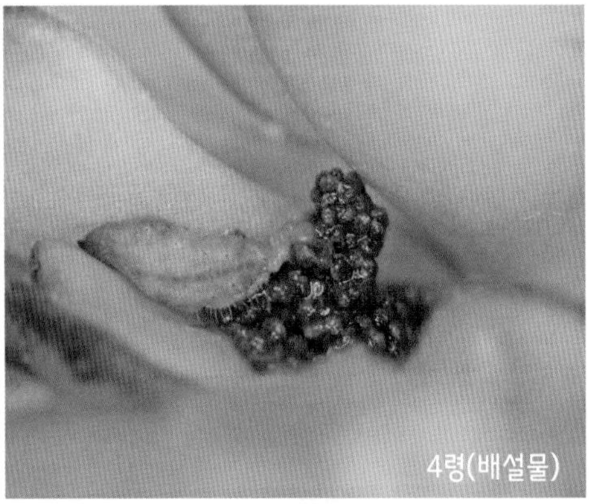
4령(배설물)

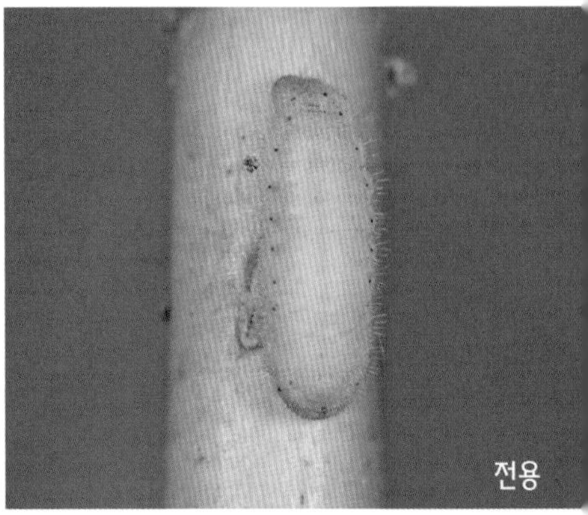
전용

번데기

암컷

짝짓기

9. 푸른부전나비 *Celastrina argiolus* (Linnaeus, 1758)

수컷

호랑나비과
흰나비과
부전나비과
네발나비과
팔랑나비과

EX
EW
RE
CR
EN
VU
NT
LC
DD
NA
NE

주년 경과	1월	2월	3월	4월	5월	6월	7월	8월	9월	10월	11월	12월
알				■		■		■		■		
애벌레					■		■	■	■	■	■	
번데기	■	■	■		■		■		■		■	■
어른벌레			■	■	■	■	■	■	■	■		

○ 성충 발생 연 3~4회, 지역에 따라 3~11월에 활동한다.
○ 겨울나기 번데기
○ 먹이식물 고삼, 칡, 아까시나무, 등나무, 싸리류 등(콩과)

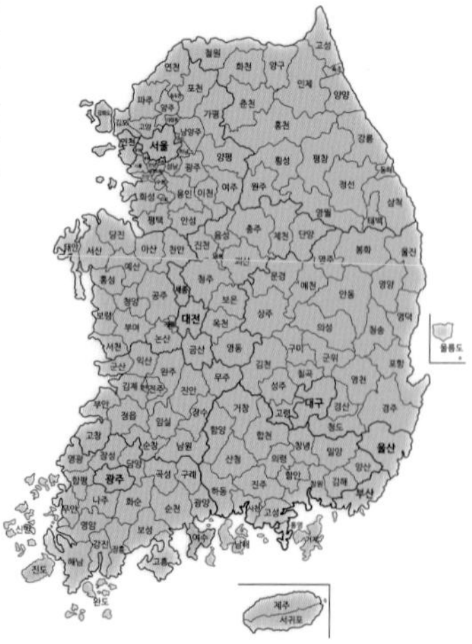

암컷은 먹이식물 꽃봉오리나 새순에 알을 낳는다. **알**은 백색의 둥글고 납작한 모양으로 표면에 줄돌기가 이어지고 교차하는 점에 끝이 무딘 돌기가 있다. 알에서 깨어난 **1령애벌레**의 몸은 유백색으로 등선이 선명하고 바닥선을 따라 털이 있다. 애벌레는 꽃봉오리에 구멍을 내고 머리를 넣어 꽃술이나 씨방을 먹거나, 여린 잎에 구멍을 내가며 먹이활동을 한다. 애벌레는 먹이식물에 따라 몸의 색상이 달라진다. 고삼에서 활동하는 **3령애벌레**의 몸은 황록색으로 꽃봉오리와 같은 보호색을 가지고 갈색 숨구멍선이 선명하다. 싸리류의 분홍색 꽃에서 활동하는 애벌레 몸은 꽃과 같은 보호색을 가지며 몸의 선들이 짙어진다. **4령애벌레**는 굵은 몸마디에 바닥선이 밝다. 애벌레는 몸 크기에 비례하듯 왕성한 먹이활동을 하고 먼 거리를 이동한다. 다수의 부전나비류 애벌레 주변에 개미들이 모인다. 개미들은 더듬이를 이용해 애벌레의 배마디 꿀샘을 자극해 단물을 받아먹으며 애벌레 주변을 떠나지 않는다. **전용**이 가까워진 애벌레 몸은 새로운 보호색을 갖는다. 애벌레는 먹이식물을 떠나 주변의 낙엽이나 보다 안전한 은신처에 실을 치고 번데기가 된다. **번데기**는 붉은 갈색으로 몸 가장자리에 백색 털이 둘러싸고 있으며 시간이 지나며 갈색으로 짙어진다.

먹이식물(고삼)

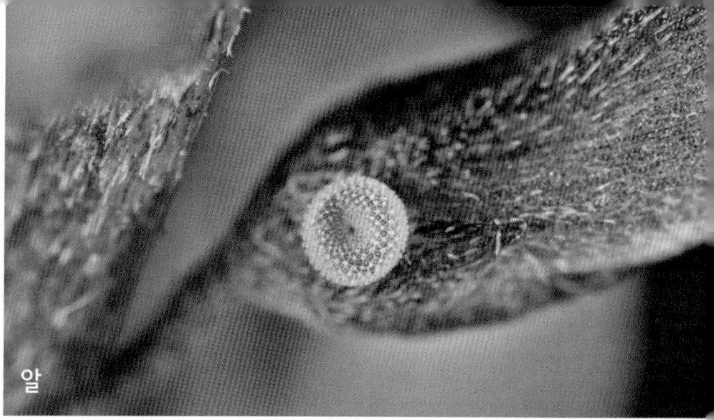

알

알

1령

3령

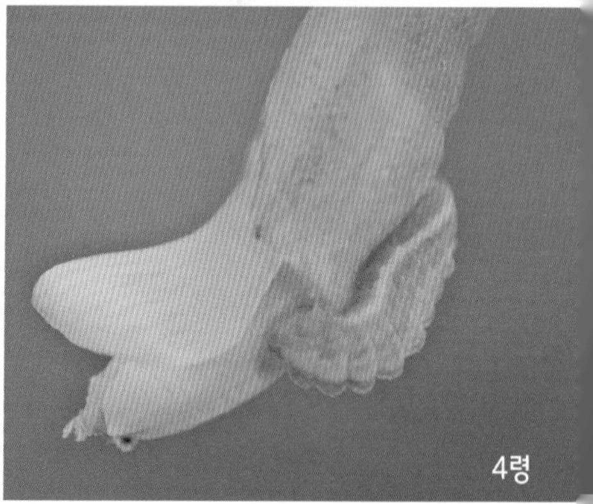

4령

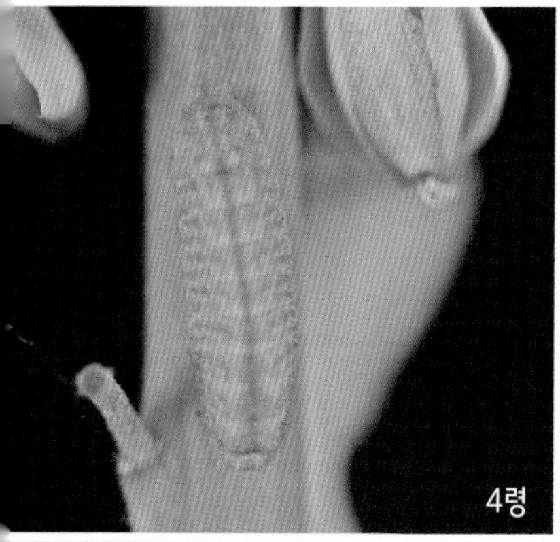

4령

4령

4령

번데기

알 낳기

10. 산푸른부전나비 *Celastrina sugitanii* (Matsumura, 1919)

수컷

EX
EW
RE
CR
EN
VU
NT
LC
DD
NA
NE

주년경과	1월	2월	3월	4월	5월	6월	7월	8월	9월	10월	11월	12월
알				■	■							
애벌레					■	■						
번데기	■	■	■			■	■	■	■	■	■	■
어른벌레				■	■							

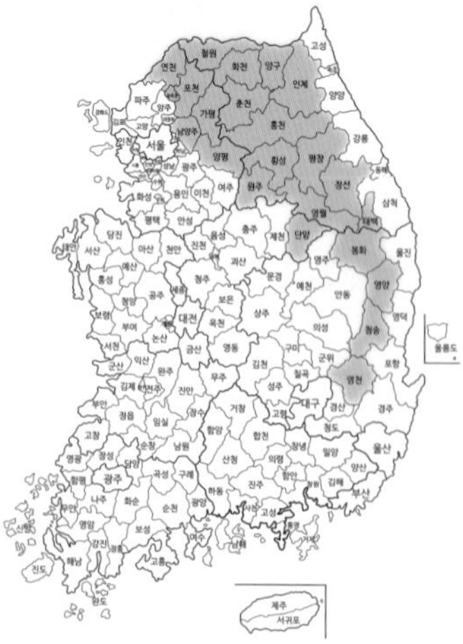

○ 성충 발생 연 1회, 지역에 따라 4~5월에 활동한다.
○ 겨울나기 번데기
○ 먹이식물 황벽나무(운향과)

암컷은 먹이식물의 새순이나 꽃봉오리 사이에 알을 낳는다. **알**은 백색의 둥글고 납작한 모양으로 정공 방향으로 기울어진 표면에 백색의 줄돌기가 이어지고, 교차하는 점에 둥근 돌기가 있다. **1령애벌레**는 흑색 머리에 몸은 연한 녹색으로 등선을 중심으로 양쪽 등옆선을 따라 백색 털이 길게 있고 바닥선의 털이 길다. 애벌레는 꽃봉오리에 구멍을 내고 머리를 넣어 씨방을 먹거나 새순의 잎살을 먹으며 활동한다. **2령애벌레**의 몸은 연한 녹색으로 마디가 선명해지고 바닥선의 백색 털이 보다 길게 발달한다. 애벌레는 새순을 따라 이동한다. **3령애벌레**는 흑색 머리에 몸은 황록색으로 가슴이 넓어진다. 몸마디가 거칠게 발달하고 길었던 털은 부드럽고 짧아진다. 애벌레는 잎의 주맥을 피해 이곳저곳에 구멍을 크게 만들어가며 활동한다. **4령애벌레**의 몸은 연한 녹색으로 거칠었던 몸마디가 부드럽게 변한다. 등선이 짙어지고 노란색 바닥선이 선명해지며 애벌레의 왕성한 식욕은 작은잎 1장을 먹기도 한다. **전용**이 가까워진 애벌레의 몸은 비취색으로, 먹이식물에서 내려와 겨울을 지내야 할 안전한 곳을 찾아 실을 치고 몸에 실을 걸어 번데기가 된다. **번데기**는 갈색으로 백색 숨구멍이 선명하고 짙은 갈색 반점이 어지럽게 덮여있다.

먹이식물(황벽나무)

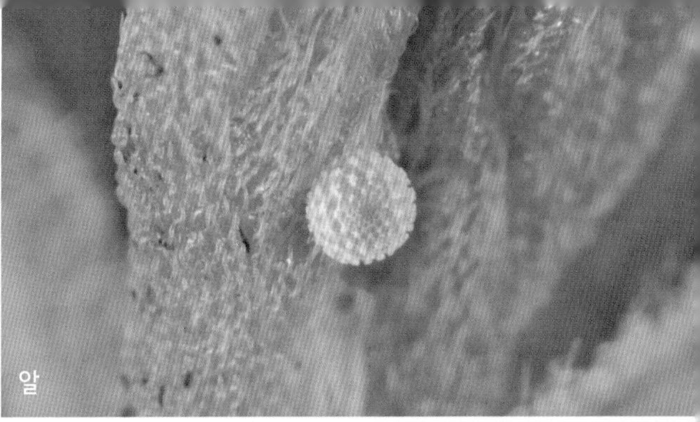
알

알

1령

2령

3령

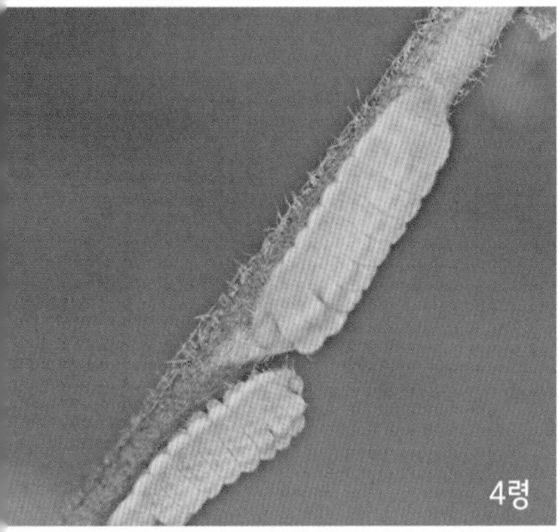
4령

4령 말

전용

번데기

번데기

암컷

11. 회령푸른부전나비 *Celastrina oreas* (Leech, 1893)

EX
EW
RE
CR
EN
VU
NT
LC
DD
NA
NE

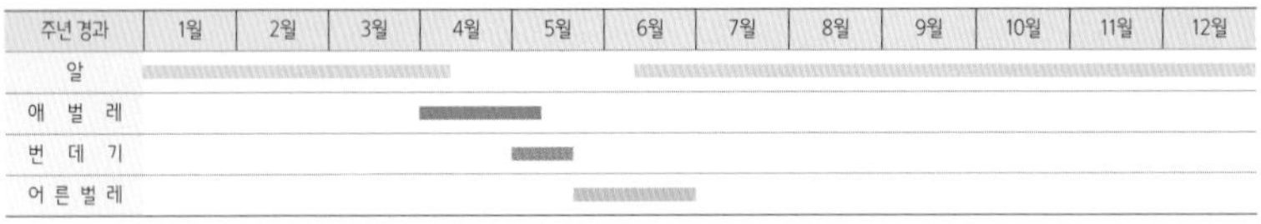

○ 성충 발생 연 1회, 지역에 따라 5~6월에 활동한다.
○ 먹이식물 가침박달(장미과)
○ 겨울나기 알

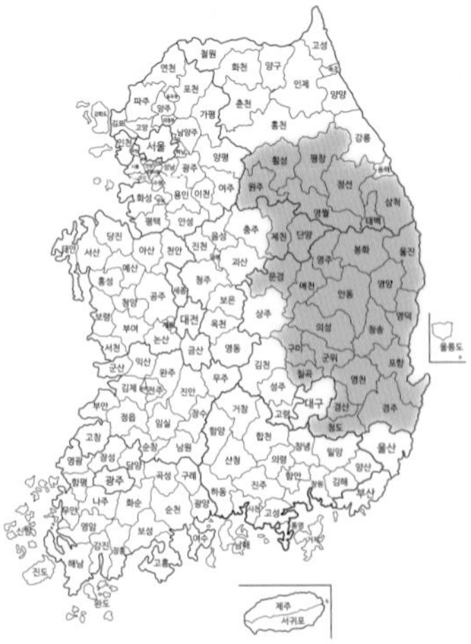

암컷은 먹이식물의 줄기나 잔가지 등에 1개에서 여러 개의 알을 낳는다. **알**은 백색의 둥글고 납작한 모양으로 정공 주변이 평평하고 작은 홈들이 있으며, 세로로 거친 줄돌기가 있고 교차하는 점에 끝이 무딘 돌기가 있다. 알에서 깨어난 **1령애벌레**는 흑색 머리에 몸은 광택이 있는 유백색이다. 애벌레는 움트는 꽃봉오리에 구멍을 내고 들어가거나, 여린 싹을 찾아 먹이활동을 한다. **2령애벌레**의 몸은 연한 녹색으로 몸마디 선이 나타나고 잔털이 많다. 애벌레는 잎살을 먹어 가며 생활한다. **3령애벌레**의 몸은 연한 녹색으로 가슴이 넓어지고 등선과 몸마디선이 선명해진다. 애벌레는 2령기와 같은 잎살을 먹으며 활동하고 보호색을 가진 잎 아랫면 잎맥 사이에 숨어서 쉬기를 반복한다. **4령애벌레**의 몸은 연한 녹색으로 녹색의 등선이 가슴에서 배끝으로 이어지고 백색의 바닥선이 몸 가장자리를 둘러싸고 있다. 먹는 양이 많아지는 애벌레는 여린 잎을 찾아 많은 시간을 보낸다. **전용**이 가까워진 애벌레는 먹이식물에서 내려와 주변 낙엽 아래 배다리 면에 실을 치고 몸에 실을 걸어 번데기가 된다. **번데기**는 분홍색으로 앞날개 부위를 제외하고 몸에 백색 잔털이 덮여 있다. 시간이 지나며 몸에 광택이 나고 등선이 발달한다. 가슴은 흑색으로 짙어지고 앞날개 자리에 푸른색이 비친다.

먹이식물(가침박달)

알

알

1령

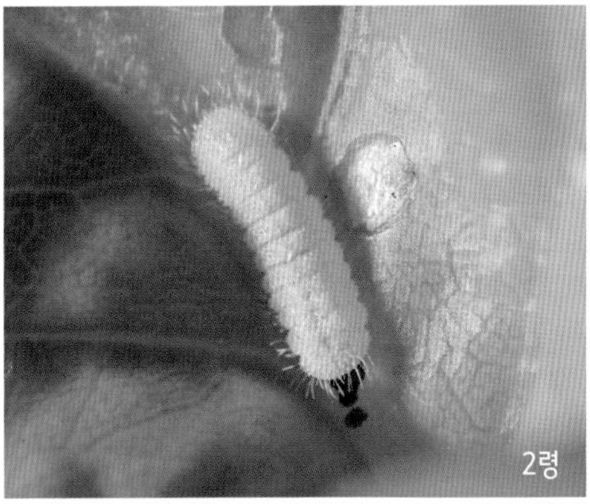
2령

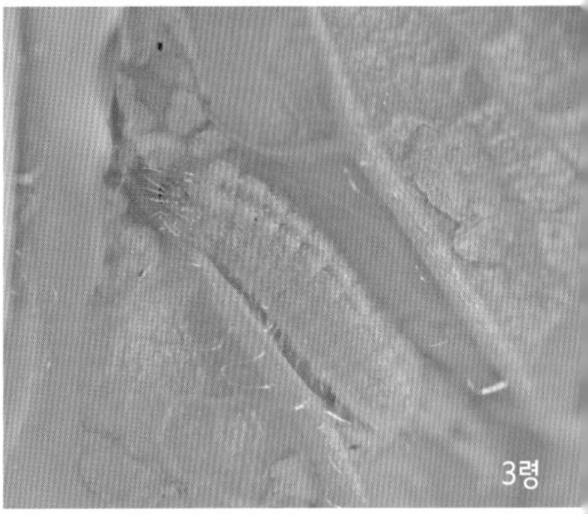
3령

4령

4령

전용

번데기와 전용

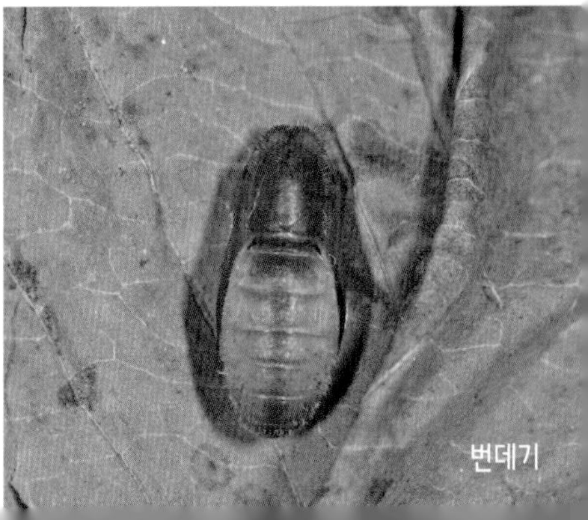
번데기

12. 작은홍띠점박이푸른부전나비 *Scolitantides orion* (Pallas, 1771)

수컷

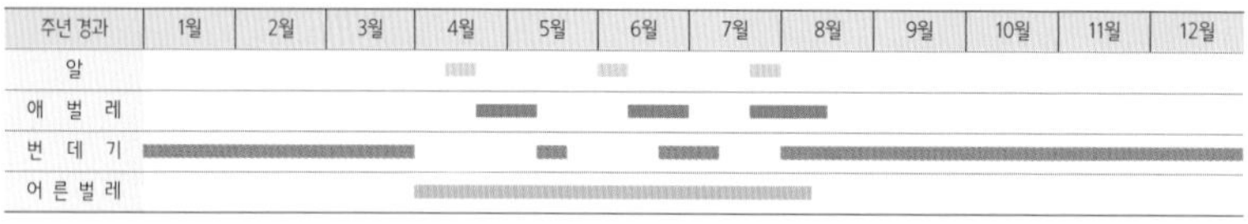

○ 성충 발생 연 2~3회, 지역에 따라 4~8월에 활동한다. ○ 겨울나기 번데기

○ 먹이식물 돌나물, 기린초 등(돌나물과)

암컷은 먹이식물의 잎이나 줄기를 가리지 않고 알을 낳는다. **알**은 백색의 둥글고 납작한 모양으로 정공 부위는 작고 연한 녹색으로 선명하다. 윗면의 줄돌기가 작은 타원형으로 이어진다. 세로로 있는 굵은 줄돌기 사이에 가는 줄돌기가 불규칙하게 이어진다. 알에서 깨어난 **1령애벌레**의 몸은 연한 녹색으로 마디에 긴 털이 있고 바닥선이 선명하다. 애벌레는 잎 표면에 구멍을 내고 머리를 넣어 잎살을 먹는다. **2령애벌레**는 흑색 머리에 몸은 유백색으로 붉은색 등선과 숨구멍이 선명하다. **3령애벌레**는 잎 아랫면으로 내려와 잎살을 넓게 먹기 시작한다. 애벌레 중 일부는 잎을 잘라 땅에 떨어뜨려 말라가는 잎을 먹기도 한다. **4령애벌레**의 몸은 녹색이다. 몸 가장자리 바닥선 주위로 분홍색이 번지며 앞가슴과 등선은 짙은 자주색이다. 등선을 따라 몸마디에 백색 반점이 발달하고 흑색 숨구멍이 선명하다. 바닥에 떨어진 잎을 먹이로 하는 애벌레들에게 위험이 닥치면 가까운 개미집으로 들어간다. 개미는 거부 행동 없이 애벌레를 에워싸고 보호한다. 이러한 개미들의 보호 본능은 움직임이 미미한 번데기 상태에서도 계속된다. **전용**에 들어가는 애벌레는 개미집이나 먹이식물 주변에 몸을 숨길 수 있는 안전한 곳에 실을 치고 몸에 실을 걸어 번데기가 된다. **번데기**는 짙은 갈색으로 백색 숨구멍이 선명하다.

먹이식물(기린초)

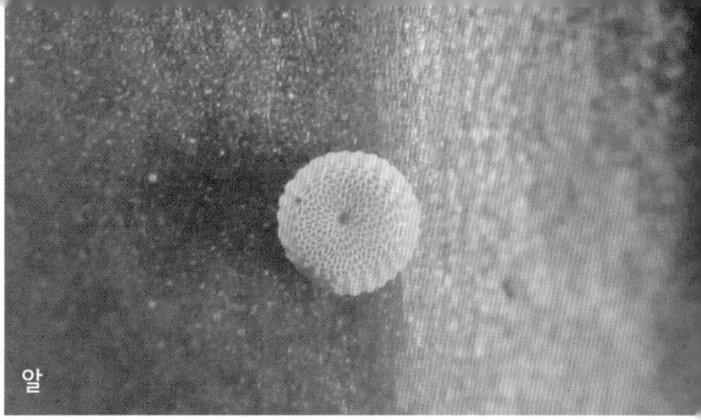
알

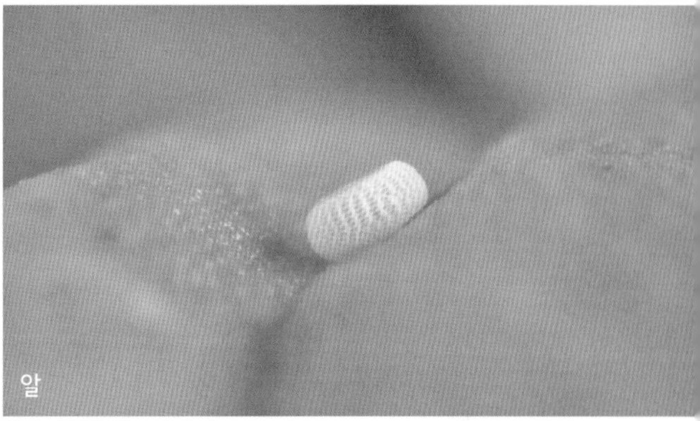
알

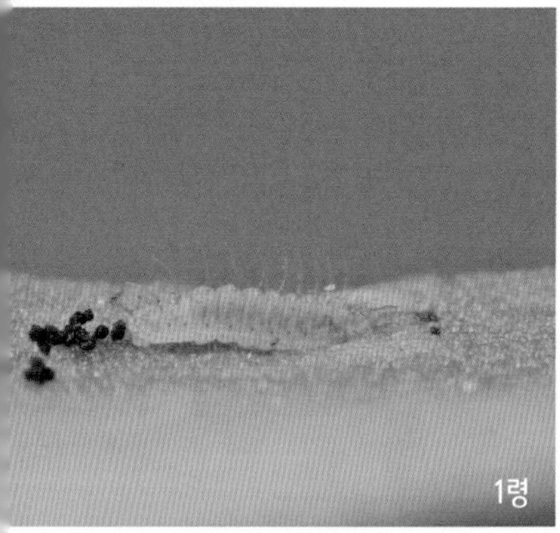
1령

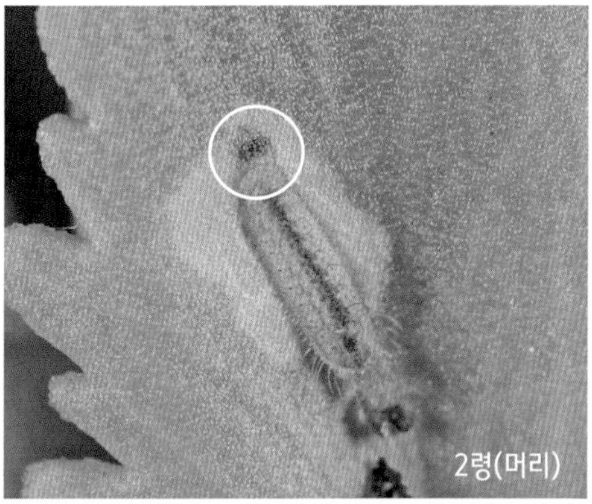
2령(머리)

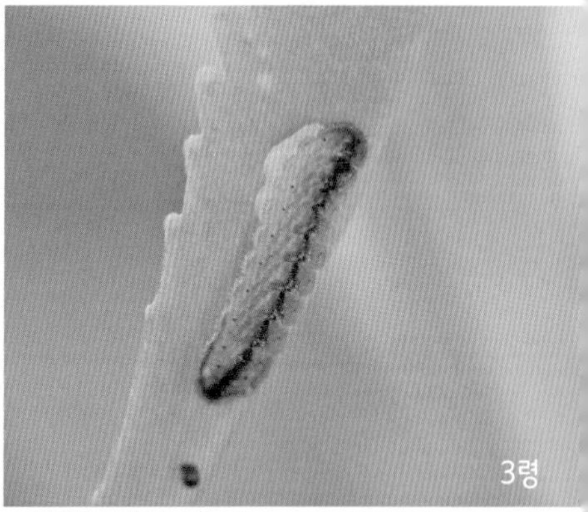
3령

떨어진 잎에 3령

4령

4령 말

전용

번데기

암컷

13. 큰홍띠점박이푸른부전나비 *Shijimiaeoides divina* (Fixsen, 1887)

암컷

EX
EW
RE
CR 위급
EN
VU
NT
LC
DD
NA
NE

주년 경과	1월	2월	3월	4월	5월	6월	7월	8월	9월	10월	11월	12월
알						■						
애벌레						■	■					
번데기	■	■	■	■	■		■	■	■	■	■	■
어른벌레					■	■						

○ 성충 발생 연 1회, 지역에 따라 5~6월에 활동한다. ○ 겨울나기 번데기

○ 먹이식물 고삼(콩과)

암컷은 고삼의 꽃이삭에 알을 낳는다. **알**은 백색의 둥글고 납작한 모양으로 푸른부전나비의 알과 비슷해 보이나 자세히 보면 정공 부위가 연한 녹색으로 크고 선명하다. 표면의 굵은 줄돌기가 교차하는 점에 둥근 돌기가 있다. 알에서 깨어난 **1령애벌레**는 흑색 머리에 몸은 유백색이다. 애벌레는 꽃봉오리에 구멍을 내고 머리를 넣어 꽃술과 씨방을 먹는다. **2령애벌레**의 몸은 꽃봉오리와 같은 보호색을 가진다. 가슴이 넓어지고 등선이 선명해지며 등선 아래 가슴에서 배끝으로 여러 개의 빗금이 이어진다. 애벌레는 1령기와 같이 꽃봉오리를 찾아 먹이활동을 한다. **3령애벌레**는 흑색 머리에 몸은 연한 갈색이다. 몸마디가 굵어지고 넓은 가슴이 보다 커진다. 등선 아래 빗금은 사라지고 바닥선을 따라 짧은털이 많아진다. **4령애벌레**는 흑색 머리에 몸은 고삼의 꽃받침과 같은 황록색이다. 몸마디가 굵어지고 바닥선과 숨구멍이 선명하다. 애벌레는 몸에 비해 머리가 작고 목이 길게 발달해 있다. 이는 꽃봉오리에 구멍을 내고 머리를 밀어 넣어 씨방을 먹이로 하는 애벌레들의 특징으로 보인다. **전용**이 가까워진 애벌레는 몸이 분홍색으로 변하고 먹이식물에서 내려와 주변의 흙을 파고 들어가 번데기로 겨울을 지낸다. **번데기**는 짙은 갈색으로 등선과 숨구멍이 선명하다.

서식지
먹이식물(고삼)

알

알

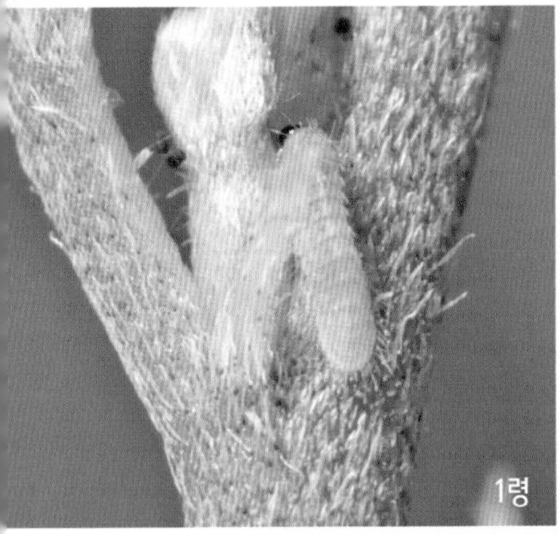
1령

2령

3령

4령

4령 말(땅을 파는 애벌레)

전용

번데기

번데기

14. 큰점박이푸른부전나비 *Phengaris arionides* (Staudinger, 1887)

수컷

호랑나비과
흰나비과
부전나비과
네발나비과
팔랑나비과

EX
EW
RE
CR
EN
VU
NT 준위협
LC
DD
NA
NE

주년 경과	1월	2월	3월	4월	5월	6월	7월	8월	9월	10월	11월	12월
알												
애벌레												
번데기												
어른벌레												

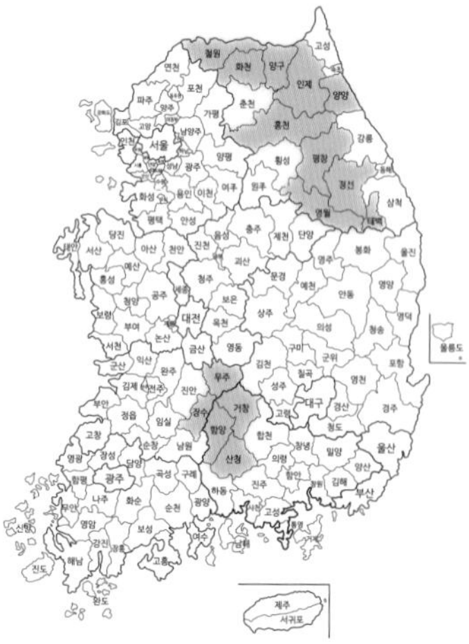

○ 성충 발생 연 1회, 지역에 따라 7~8월에 활동한다. ○ 겨울나기 4령애벌레
○ 먹이식물 오리방풀(꿀풀과)과 뿔개미류 알, 애벌레

암컷은 먹이식물의 줄기나 꽃받침, 꽃에 알을 낳는다. 알은 연한 녹색의 둥글고 납작한 모양으로 작은 정공 부위가 살짝 들어가 있다. 표면에 격자 문양의 줄돌기가 교차하는 점에 둥근 돌기가 있다. 알에서 깨어난 **1령애벌레**는 흑색 머리에 몸은 짙은 분홍색이다. 몸마디에 갈색 털은 먹이활동을 하면서 짧고 매끄러워진다. 애벌레는 오리방풀의 꽃을 먹으며 생활한다. **3령애벌레**의 몸은 연한 자주색이다. 가슴이 넓어지고 등선을 중심으로 양쪽 등옆선 자리가 발달한다. 몸에 짙은 자주색의 점이 빼곡하고 바닥선을 따라 백색의 긴 털이 발달한다. 애벌레의 왕성한 식욕은 꽃받침까지 먹어 치운다. **4령애벌레**의 머리는 갈색이고 몸은 연한 자주색이다. 몸마디에 백색의 긴 털이 듬성듬성 나 있고, 몸마디가 깊어 가슴과 배마디에 불규칙한 주름이 많아진다. 애벌레는 그동안 생활하던 오리방풀에서 내려와 화학적 방법이나 소리를 이용해 반응하는 뿔개미류에게 물려간다. 애벌레는 미세한 움직임으로 개미집에 실을 쳐서 은신처를 만들고 개미의 알이나 애벌레를 훔쳐 먹으며 생활한다. 개미는 애벌레에게 단물을 받아먹지만 항상 경계하고, 행동이 미심쩍은 애벌레는 죽여 쓰레기장으로 옮긴다. 개미집에서 생활하는 애벌레는 몸의 색이 옅어지고 바닥선 털도 짧아진다. **번데기**는 연한 갈색으로 배마디와 숨구멍이 선명하다.

먹이식물(오리방풀)

알

알

1령 초

1령

3령

4령

4령

4령

번데기(사진 坂本 洋典)

수컷

15. 고운점박이푸른부전나비 *Phengaris teleius* (Bergsträsser, 1779)

알 낳기

EX
EW
RE
CR 위급
EN
VU
NT
LC
DD
NA
NE

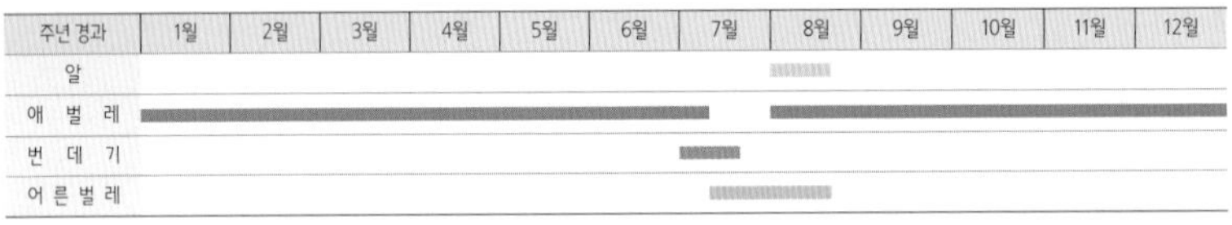

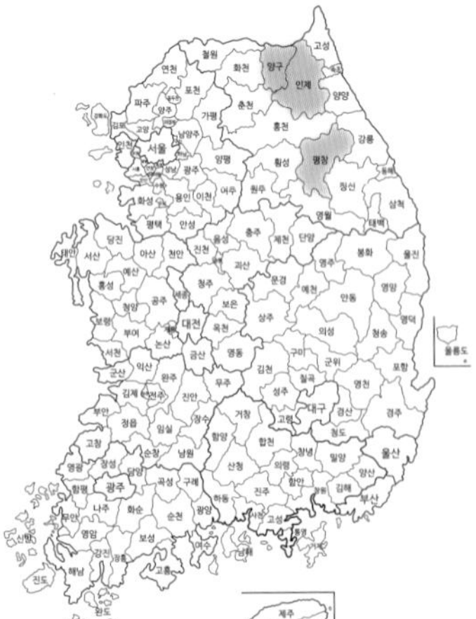

○ 성충 발생 연 1회, 지역에 따라 7~8월에 활동한다.
○ 겨울나기 4령애벌레
○ 먹이식물 오이풀류(장미과)과 빗개미류 알, 애벌레

암컷은 피지 않은 오이풀 꽃 사이에 산란관을 넣어 하나에서 여러 개의 알을 낳는다. **알**은 연한 녹색의 아래위가 두툼한 공갈빵 모양으로 표면에 백색 줄돌기가 다양한 격자문양을 만든다. 알에서 깨어난 **1령애벌레**는 흑색 머리에 몸은 짙은 분홍색으로 몸마디에 갈색 털이 나 있고 시간이 지나며 몸에 광택이 난다. 애벌레는 오이풀의 꽃대 속에 은신처를 만들고 배설물도 밖으로 내지 않는 은폐 생활을 한다. **2령애벌레**의 몸은 짙은 분홍색으로 몸마디가 굵어지고 갈색의 숨구멍이 선명해진다. 애벌레는 먹이 경쟁이 심해지면 다른 꽃으로 이동하기도 한다. **3령애벌레**는 반짝이는 흑색 머리에 몸은 연한 자주색으로 두툼한 몸마디에 백색 잔털이 많다. 애벌레는 꽃대 속에서 생활하는 모습이 2령기와 같다. **4령애벌레**는 갈색 머리에 몸은 연한 자주색으로 등선을 중심으로 양쪽 등옆선 자리가 발달한다.

이 시기에 애벌레는 먹이식물에서 내려와 화학적 방법이나 소리를 이용해 반응하는 뿔개미류의 집으로 물려간다. 애벌레는 미세한 움직임으로 개미집에 실을 쳐서 은신처를 만들고 개미의 알이나 애벌레를 훔쳐 먹는다. 개미는 애벌레에게 단물을 받아먹지만 항상 경계하고, 미심쩍은 애벌레는 죽여 쓰레기장에 버린다. 개미집에서 생활하는 애벌레는 색이 옅어지고 길었던 바닥선의 털도 짧아진다.

서식지
뿔개미류
먹이식물(오이풀)

알

1령

2령

3령

4령

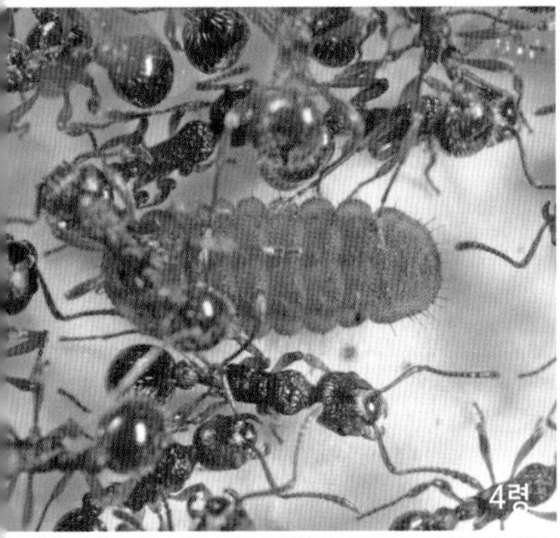
4령

4령

개미 애벌레를 먹는 애벌레

애벌레가 있는 오이풀꽃

짝짓기

16. 소철꼬리부전나비 *Chilades pandava* (Horsfield, 1829)

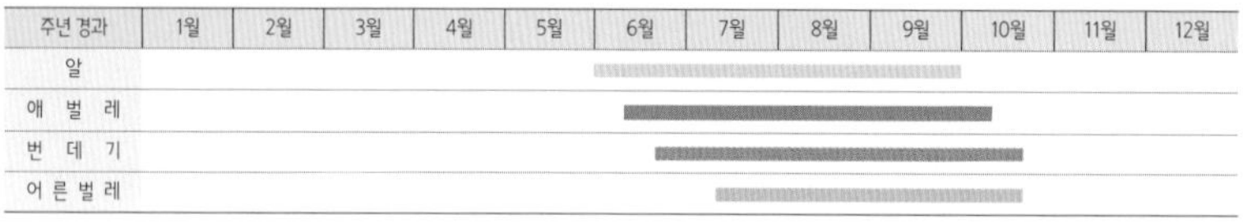

○ 성충 발생 **미접**으로 지역에 따라 7~10월에 활동한다. ○ 겨울나기 성충

○ 먹이식물 소철(소철과)

암컷은 소철의 새순이나 여린 잎에 여러 개의 알을 낳는다. **알**은 백색의 둥글고 납작한 모양으로 윗면이 정공 방향으로 기울어져 있다. 표면에 어지럽게 이어지는 줄돌기가 교차하는 점에 작은 돌기가 있다. 알에서 깨어난 **1령애벌레**의 몸은 유백색으로 등선을 따라 몸마디에 1쌍의 백색 털이 길게 있다. 바닥선에 발달한 털도 백색이다. 애벌레는 소철의 새순을 파고들어 가 생활하거나 잎살을 먹으며 활동한다. **2령애벌레**의 몸은 연한 녹색으로 가슴이 넓어진다. 녹색의 등선 양쪽으로 발달한 돌기가 백색 선으로 이어지고 작은 갈색 점들이 많다. 애벌레는 1령기와 같이 부드러운 잎살을 찾아 활발하게 움직인다. **3령애벌레**는 녹색 몸에 등선은 갈색으로 변하고 여러 개의 백색 선이 가슴에서 배끝으로 이어진다. **4령애벌레**의 몸은 녹색으로 3령기의 여러 개의 백색 선이 연한 녹색으로 변한다. 몸 가장자리에 노란색의 바닥선도 짙어진다. 애벌레는 여린 잎을 찾아 움직이고, 먹이활동을 마치면 잎자루 아래에 여러 마리가 모여 휴식을 갖기도 한다. **전용**이 가까워진 애벌레는 몸을 숨길만한 안전한 곳을 찾아 바닥과 입구에 실을 치고 몸에 실을 걸어 번데기가 된다. **번데기**는 녹색으로 흑색 점들이 덮여 있고 시간이 지나며 갈색으로 변한다. 몸에 잔털이 많고 날개맥이 밝게 비친다.

먹이식물(소철)

알

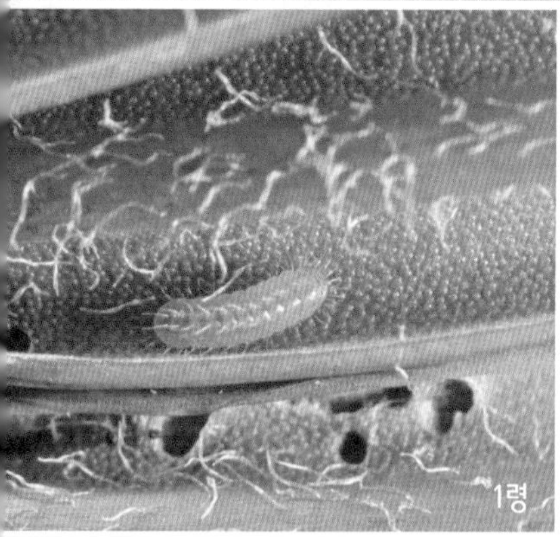
1령

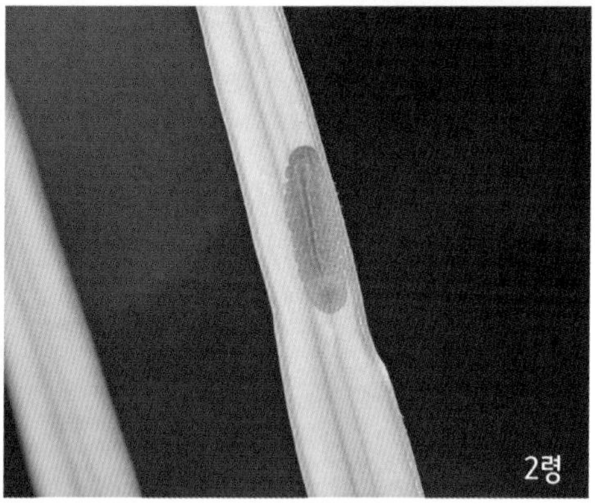
2령

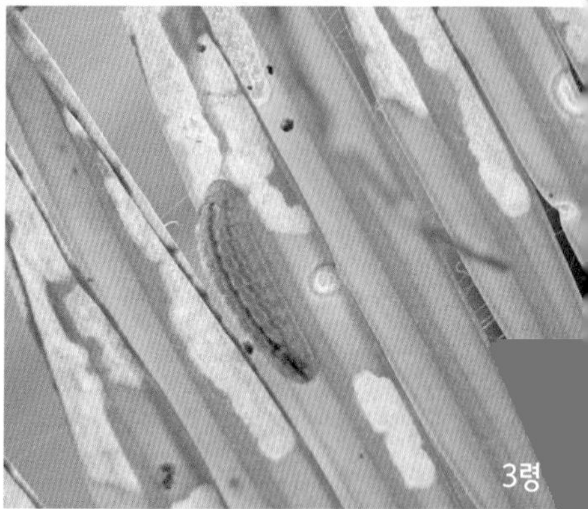
3령

4령

4령

전용

번데기

짝짓기

수컷

17. 산꼬마부전나비 *Plebejus argus* (Linnaeus, 1758)

EX
EW
RE
CR
EN 위기
VU
NT
LC
DD
NA
NE

주년 경과	1월	2월	3월	4월	5월	6월	7월	8월	9월	10월	11월	12월
알	■	■	■	■	■		■	■	■	■	■	■
애벌레					■	■						
번데기						■	■					
어른벌레							■	■				

○ 성충 발생 연 1회, 7~8월에 활동한다. ○ 겨울나기 알

○ 먹이식물 가시엉겅퀴(국화과)

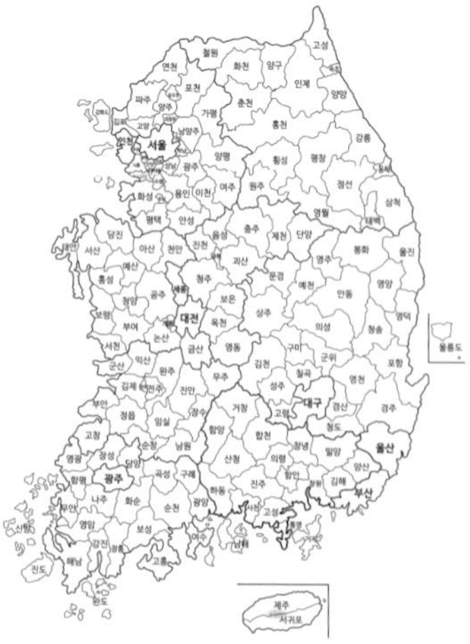

암컷은 먹이식물의 잎이나 주변의 마른 나뭇가지, 갈잎 등에 알을 낳는다. **알**은 백색의 둥글고 납작한 모양으로 윗면에 굵은 줄돌기가 정공 방향으로 기울어져 있고 옆면에 줄돌기가 교차하는 점에 별 모양의 돌기가 있다. 알에서 깨어난 **1령애벌레**는 빛나는 갈색 머리에 몸은 연한 갈색의 긴 체형을 가진다. 등선과 등옆선이 나타나며 몸마디에 일정한 간격으로 긴 털이 있다. 애벌레는 먹이식물의 마디 털 사이를 비집고 들어가 활동한다. **2·3령애벌레**의 몸은 짙은 갈색으로 등선이 선명하고 등옆선이 가슴에서 배끝으로 이어진다. 애벌레는 낮에 먹이식물과 지면 사이에서 개미의 보호를 받으며 휴식을 하고 해가 지면 왕성한 먹이활동을 한다. 활동 중 위험을 느끼면 땅으로 떨어져 몸을 둥글게 만다. **4령애벌레**는 흑색 머리에 몸은 회색으로 백색 점이 많다. 짙은 흑색의 등선과 등옆선이 선명하고 몸 가장자리에 바닥선을 따라 백색 털이 길게 있다. 애벌레는 잎에 작은 구멍을 내 거나 잎살을 먹으며 활동한다. 서식지 먹이식물의 주변에 개미를 따라가면 애벌레를 쉽게 찾을 수 있다. **전용**이 가까워진 애벌레는 먹이식물 잎 아랫면이나 주변 안전한 곳에 실을 치고 몸에 실을 걸어 번데기가 된다. **번데기**는 연한 녹색이나 시간이 지나며 색이 짙어진다

먹이식물(가시엉겅퀴)

알

알

1령 초

1령

3령

4령

4령

수컷

4령

번데기(사진 서영호)

18. 부전나비 *Plebejus argyrognomon* (Bergsträsser, 1779)

수컷

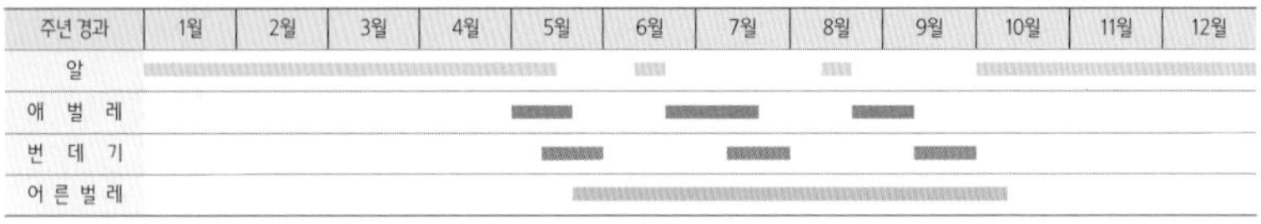

EX EW RE CR EN VU NT LC DD NA NE

○ 성충 발생 연 2~3회, 지역에 따라 5~10월에 활동한다.
○ 겨울나기 알
○ 먹이식물 갈퀴나물, 각시갈퀴나물, 등갈퀴나물 등(콩과)

암컷은 먹이식물의 잎이나 줄기 등에 알을 낳는다. 알은 백색의 둥글고 납작한 모양이다. 비취색의 정공 부위가 뚜렷하고 윗면에 줄돌기가 어지럽게 이어지며 옆면에 줄돌기가 교차하는 점에 뭉툭한 돌기가 있다. 알에서 깨어난 **1령애벌레**의 몸은 녹색이 비치는 유백색으로 등선과 바닥선이 선명하고 바닥선을 따라 백색 털이 있다. 애벌레는 꽃이나 어린잎에 실을 치고 먹이활동과 탈피를 한다. **2령애벌레**의 몸은 연한 녹색으로 자주색의 작은 점들이 빼곡하게 있고 몸에 잔털이 많다. 애벌레는 잎 아랫면 잎맥 사이에 붙어 먹이활동과 쉬기를 반복한다. **3령애벌레**는 녹색으로 등선을 중심으로 가슴이 넓어진다. 몸마디에 여러 개의 빗금이 가슴에서 배끝으로 이어진다. 애벌레는 잎 위에서 활동하고 주변 개미들의 자극에 단물이 나는 돌기를 이용한다. **4령애벌레**는 흑색 머리에 몸은 녹색으로 등선 주변이 노란색으로 변하고 백색의 바닥선이 선명하다. 먹는 양이 많아진 애벌레는 먹이식물의 줄기를 따라 잎 전체를 먹어 보이는 왕성한 식욕을 보인다. 개미가 애벌레 주위를 떠나지 않고 보호하는 모습도 볼 수 있다. **전용**이 가까워진 애벌레는 먹이식물의 잎 아랫면이나 보다 안전한 곳에 실을 치고 몸에 실을 걸어 번데기가 된다. **번데기**는 연한 녹색의 보호색을 갖는다.

먹이식물(갈퀴나물)

알

알

1령

1령 말

2령

2령 말

3령

4령

전용

번데기

암컷

19. 산부전나비 *Plebejus subsolanus* (Eversmann, 1851)

암컷

EX
EW
RE
CR 위급
EN
VU
NT
LC
DD
NA
NE

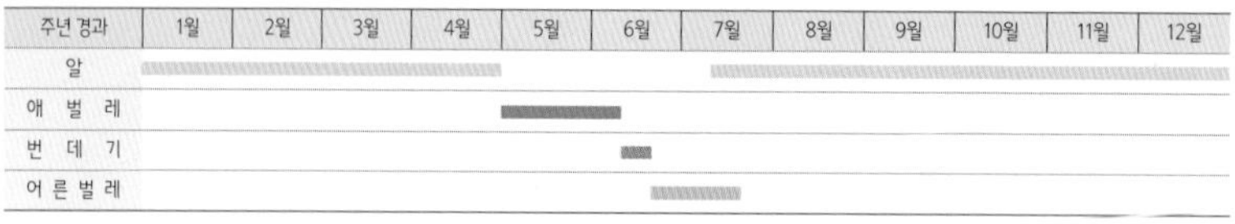

○ 성충 발생 연 1회, 지역에 따라 7~8월에 활동한다. ○ 겨울나기 알
○ 먹이식물 갈퀴나물, 황기, 나비나물 등(콩과)

암컷은 먹이식물 주변의 마른 나뭇가지, 갈잎 등에 알을 낳는다. **알**은 백색의 둥글고 납작한 모양으로 녹색의 정공 부위가 뚜렷하다. 윗면의 줄돌기는 낮고 옆면은 줄돌기가 교차하는 점에 솟은 돌기가 부전나비보다 크고 규칙적이다. 알에서 깨어난 **1령애벌레**는 흑색 머리에 몸은 연한 녹색으로 마디에 백색의 긴 털이 일정한 배열로 있다. 애벌레는 먹이식물에 작은 구멍을 내가며 활동한다. **2령애벌레**의 몸은 녹색이 비치는 유백색이다. 등선이 선명하고 붉은색 점이 빼곡하며, 몸마디에 백색 털이 있다. 애벌레는 줄기를 타고 활발히 이동한다. 잎에 작은 구멍을 내가며 활동하거나 거친 잎살을 먹기도 한다. **3령애벌레**의 몸은 연한 녹색으로 가슴이 넓어지고 노란색의 바닥선이 선명하다. 등선을 따라 몸마디에 길이가 다른 2쌍의 갈색 털이 있다. **4령애벌레**의 몸은 녹색으로 백색 점이 많고 여러 개의 빗금과 붉은색 털이 있다. 또한 몸마디가 뚜렷하고 바닥선이 선명하며 배끝마디가 납작하다. 활동량이 많은 애벌레는 먹이식물을 따라 이곳저곳을 옮겨 다니며 활동한다. **전용**이 가까워진 애벌레는 먹이식물 잎 아랫면이나 먹이식물을 내려와 안전한 곳에 실을 치고 몸에 실을 여러번 걸어 번데기가 된다. **번데기**는 몸마디가 선명하고 매끈한 분홍색이다.

먹이식물(갈퀴나물)

알

알

1령

2령

3령

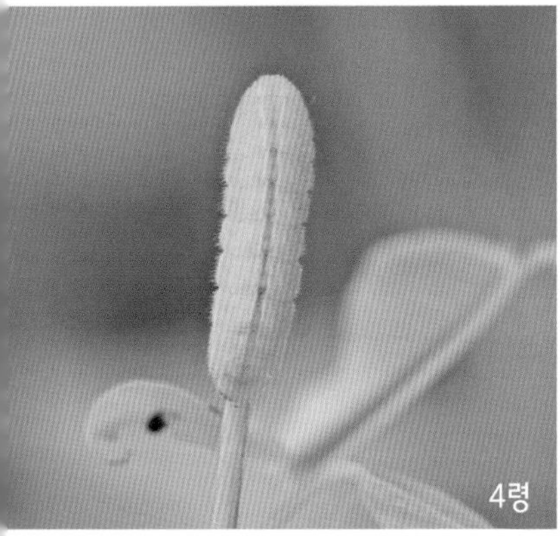
4령

4령

4령

전용

번데기

번데기

20. 작은주홍부전나비 *Lycaena phlaeas* (Linnaeus, 1761)

암컷

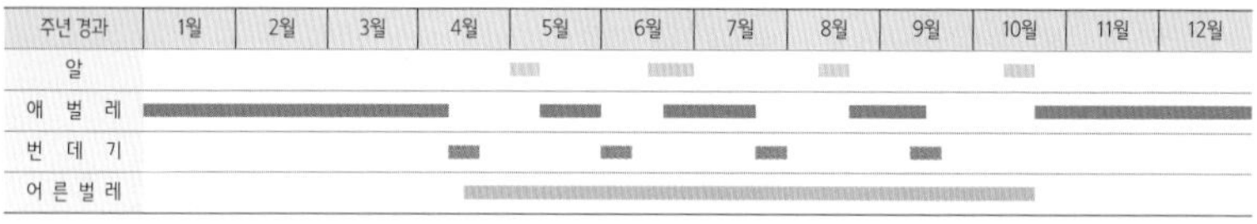

○ 성충 발생 연 2~3회, 지역에 따라 4~10월에 활동한다. ○ 겨울나기 애벌레
○ 먹이식물 소리쟁이, 참소리쟁이, 수영, 애기수영 등(마디풀과)

암컷은 먹이식물의 잎이나 줄기 잎자루 등을 가리지 않고 알을 낳는다. **알**은 백색의 낮은 찐빵 모양으로 정공 부위가 오목하게 패여 있고 표면에 원형으로 패인 둘레를 줄돌기가 그물처럼 이어진다. 알에서 깨어난 **1령애벌레**는 흑색 머리에 몸은 연한 녹색으로 몸마디마다 백색의 긴 털이 있다. 애벌레는 잎 아랫면으로 내려와 그림을 그리듯 선을 남기며 잎살을 먹는다. **2령애벌레**는 몸에 털이 짧아지고 등선이 보이기 시작한다. 애벌레는 주맥을 중심으로 움직이며 1령기와 같은 먹이활동을 한다. **3령애벌레**는 등선과 바닥선이 보라색형과 녹색형 두 가지로 나타나고 백색 점이 많다. 큰주홍부전나비 애벌레보다 몸마디가 굵고 거칠다. 애벌레는 왕성한 식욕을 보이며 주맥을 두고 좌우를 번갈아 먹는다. **4령애벌레**의 몸은 녹색으로 가슴에 유백색의 십자 문양이 나타난다. 등선이 보다 선명해지며 몸에 백색의 점이 3령기와 같이 많다. 애벌레는 주맥에 실을 쳐서 자리를 만들고 먹이활동을 마치면 돌아와 휴식을 취한다. **전용**이 가까워진 애벌레는 먹이식물을 내려와 주변의 안전한 곳에서 번데기가 되거나 먹이식물의 주맥이나 줄기에 실을 치고 몸에 실을 걸어 번데기가 되기도 한다. **번데기**는 등선이 선명하고 백색 털이 빼곡한 갈색으로 머리가 하늘을 향한다.

먹이식물(소리쟁이)

알

알

1령

2령

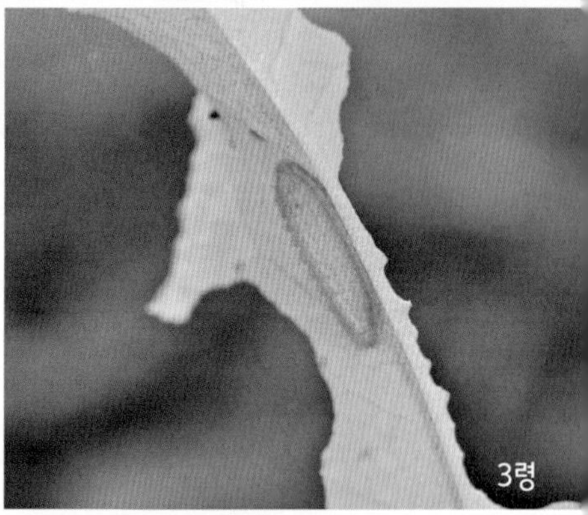
3령

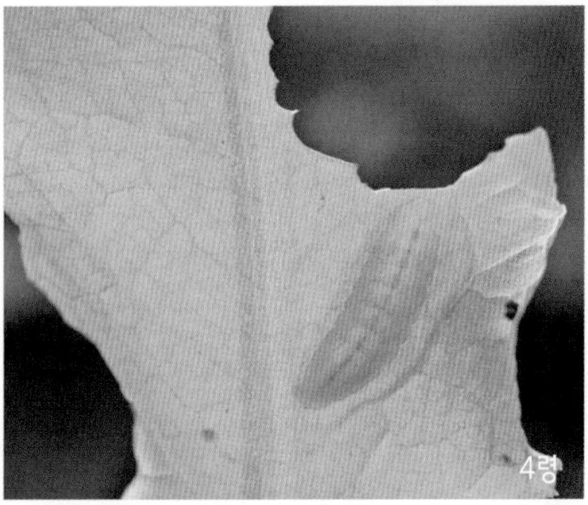
4령

4령

전용

번데기

구애 행동

21. 큰주홍부전나비 *Lycaena dispar* (Haworth, 1803)

수컷

주년 경과	1월	2월	3월	4월	5월	6월	7월	8월	9월	10월	11월	12월
알						■		■		■		
애 벌 레	■	■	■	■		■	■		■	■	■	■
번 데 기				■	■		■					
어 른 벌 레					■	■	■	■	■	■		

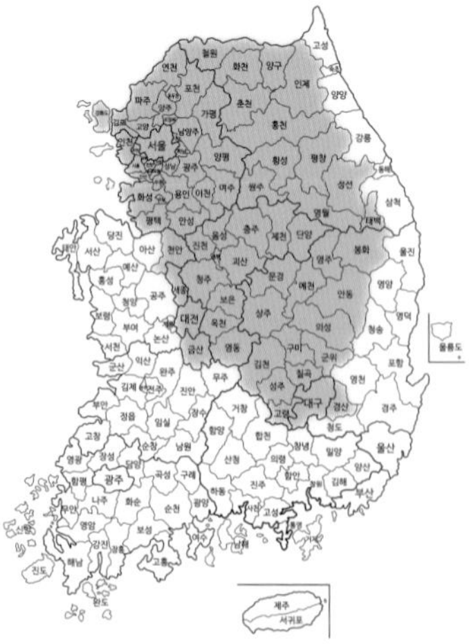

○ 성충 발생 연 3회, 지역에 따라 5~10월에 활동한다. ○ 겨울나기 애벌레
○ 먹이식물 소리쟁이, 큰소리쟁이, 참소리쟁이, 수영, 애기수영 등(마디풀과)

암컷은 먹이식물의 특별한 자리를 가리지 않고 하나에서 여러 개의 알을 낳는다. **알**은 백색의 왕관 모양으로 정공 부위가 깊게 들어가 있으며 정공을 중심으로 바깥으로 5~8개의 깊은 홈이 있다. 알에서 깨어난 **1령애벌레**는 갈색 머리에 몸은 연한 녹색이다. 몸마디에 일정한 배열로 투명한 털이 있고 등옆선을 따라 몸마디에 1쌍의 백색 털이 있다. 애벌레는 잎 아랫면으로 내려와 잎살을 먹으며 활동한다. **2령애벌레**의 몸은 투명해 보이는 연한 녹색으로 몸마디에 털이 갈색으로 변한다. 애벌레는 먹이활동을 마치면 천적을 피해 잎맥에 바짝 붙어서 휴식을 갖는다. 3령애벌레의 몸은 연한 녹색으로 갈색과 백색 털이 2령기보다 많아진다. 애벌레는 활동 공간이 넓어지고 여린 잎이나 두꺼운 잎살을 먹으며 활동한다. **4령애벌레**의 몸은 연한 녹색의 긴 체형이다. 녹색의 등선이 선명하고 빗금이 가슴에서 배끝으로 이어진다. 먹는 양이 많아진 애벌레는 오랜 시간 잎 아랫면에서 넓게 활동을 한다. **전용**이 가까워진 애벌레는 배다리가 닿는 면에 실을 치고 머리는 작은주홍부전나비와 반대로 땅을 향한 모습으로 번데기가 된다. **번데기**는 주홍색으로 시간이 지나며 등선이 선명해지고 등옆선의 아랫면이 짙은 갈색으로 발달한다.

먹이식물(소리쟁이)

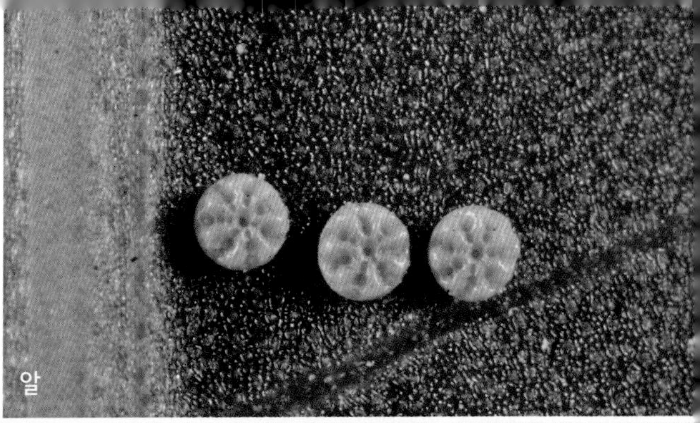
알

알

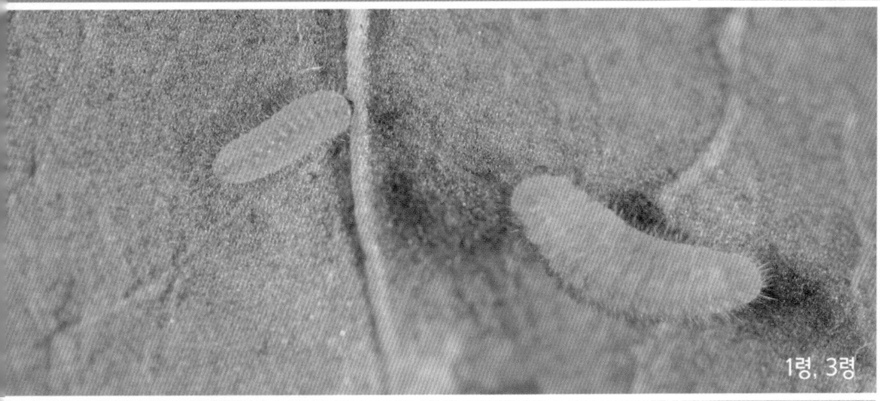
1령, 3령

2령

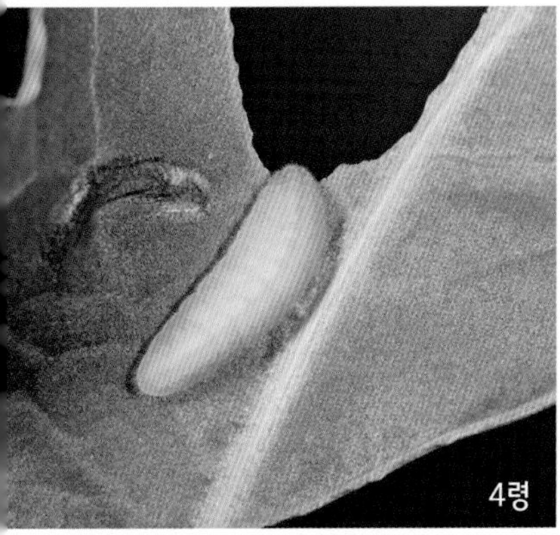
4령

4령

번데기

번데기

수컷

짝짓기

22. 선녀부전나비 *Artopoetes pryeri* (Murray, 1873)

EX
EW
RE
CR
EN
VU
NT
LC
DD
NA
NE

주년 경과	1월	2월	3월	4월	5월	6월	7월	8월	9월	10월	11월	12월
알												
애 벌 레												
번 데 기												
어 른 벌 레												

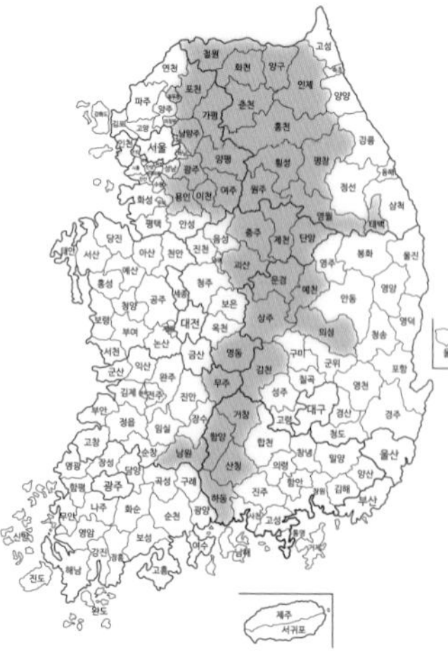

○ 성충 발생 연 1회, 지역에 따라 6~8월에 활동한다. ○ 겨울나기 알

○ 먹이식물 쥐똥나무, 들정향나무, 개회나무(물푸레나무과)

암컷은 먹이식물의 줄기나 분지에 알을 낳는다. **알**은 붉은색으로 옆에서 보면 두꺼운 챙이 위로 올라온 크라운 모자 모양이다. 정공 부위는 움푹 들어가고 세로로 강한 줄돌기가 나 있다. 알은 시간이 지나며 탈색되어 백색으로 보인다. 알에서 깨어난 **1령애벌레**는 흑색 머리에 몸은 짙은 갈색으로 몸마디에 긴 털이 일정한 간격으로 있다. 시간이 지나며 연한 녹색의 몸에 분홍색 등선과 등옆선이 발달한다. 애벌레는 새순을 파고 들어 가거나 잎에 구멍을 내가며 먹이활동을 한다. **2령애벌레**는 흑색 머리에 몸에 잔털이 줄어들고 몸 옆으로 빗금이 나타나며 바닥선을 따라 백색 털이 일정한 배열로 있다. 애벌레의 움직임에 개미들은 빠르게 반응한다. **3령애벌레**는 가슴이 넓어지고 상징적인 붉은색 마름모 문양이 나타나며 등선이 보다 가늘어진다. 애벌레는 잎 또는 줄기에 실을 치고 은신처를 만들어 가며 활동한다. **4령애벌레**는 흑색 머리에 몸은 연한 녹색으로 1번 배마디의 높이를 최고점으로 머리 방향과 배끝으로 갈수록 낮아지는 체형으로 발달한다. 백색의 숨구멍과 바닥선이 여전히 선명하다. **전용**이 가까워진 애벌레는 먹이식물의 잎 아랫면에 실을 치고 몸에 실을 걸어 번데기가 된다. **번데기**는 녹색으로 갈색의 등선이 선명하고 잔털이 숨구멍을 감싸고 있다.

먹이식물(쥐똥나무)

알

알

1령 초

1령

2령

2령

3령

4령

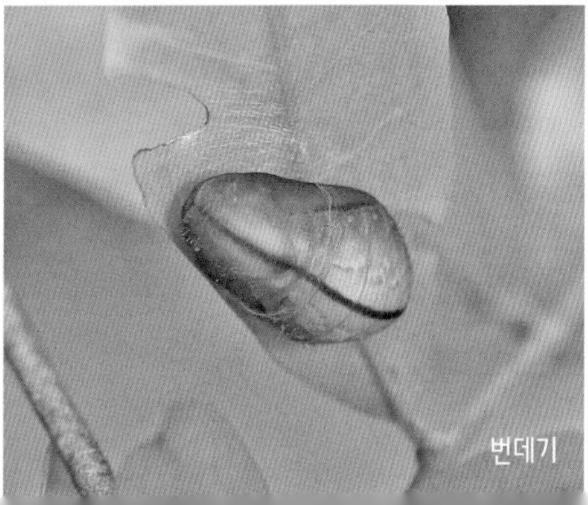
번데기

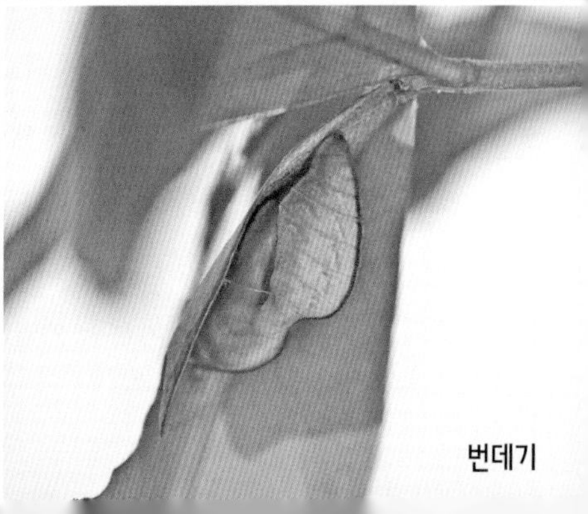
번데기

23. 붉은띠귤빛부전나비 *Coreana raphaelis* (Oberthür, 1880)

암컷

주년 경과	1월	2월	3월	4월	5월	6월	7월	8월	9월	10월	11월	12월
알												
애벌레												
번데기												
어른벌레												

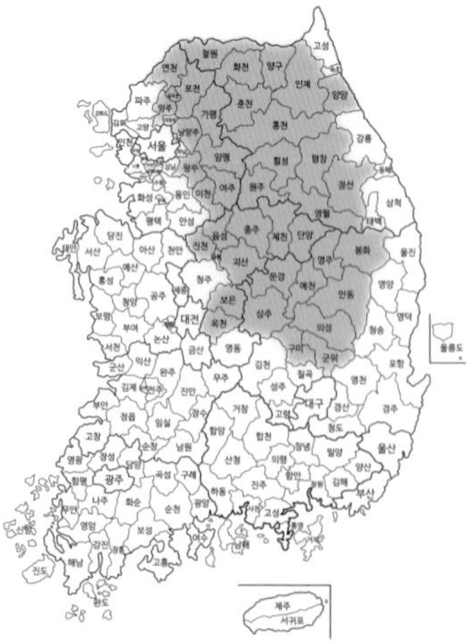

○ 성충 발생 연 1회, 지역에 따라 6~8월에 활동한다. ○ 겨울나기 알

○ 먹이식물 물푸레나무, 쇠물푸레나무, 들메나무(물푸레나무과)

암컷은 먹이식물의 밑줄기에 패인 홈이나 껍질에 하나에서 여러 개의 알을 낳는다. **알**은 백색의 2단 모양으로 아랫단은 다각형으로 움푹 팬 굵은 격자 문양이 받치고 있으며 정공이 있는 윗단은 매끈하다. 알은 시간이 지나며 연한 갈색으로 변한다. 알에서 깨어난 **1령애벌레**는 흑색 머리에 몸은 유백색이다. 붉은색 등선이 있는 매끄러운 몸마디에 털이 일정하게 있다. 애벌레는 부풀어 오르는 겨울눈을 파고들어 생활한다. **2령애벌레**는 흑색 머리에 몸은 연노란색으로 가슴과 배끝에 짙은 분홍색 무늬가 있다. 애벌레는 새순 사이를 비집고 다니며 먹이활동을 한다. **3령애벌레**의 몸은 연한 녹색이다. 숨구멍은 붉은색으로 가슴과 배끝 부분에 분홍색 무늬가 짙어진다. 애벌레는 먹이식물에 실을 엮어 배설물을 붙인 보호막을 만들어 생활한다. **4령애벌레**의 몸은 녹색으로 흑색 작은 점이 빼곡하고 등옆선을 따라 백색 털이 조밀하게 있다. 가슴과 배끝 부분에 작아진 무늬를 등선이 길게 이어준다. 애벌레는 잎축에 상처를 내 길게 늘어뜨리고 먹이활동을 하기도 한다. **전용**이 가까워진 애벌레는 먹이식물에서 내려와 밑줄기 뿌리 주변이나 낙엽 아래 실을 치고 몸에 실을 걸어 번데기가 된다. **번데기**는 붉은 갈색으로 등선을 따라 짙은 갈색 반점이 덮여있다.

먹이식물(물푸레나무)

알

1령 초

1령

2령

3령 초

4령

4령 말

전용

번데기

암컷

24. 금강산귤빛부전나비 *Ussuriana michaelis* (Oberthür, 1880)

암컷

EX EW RE CR EN VU NT LC DD NA NE

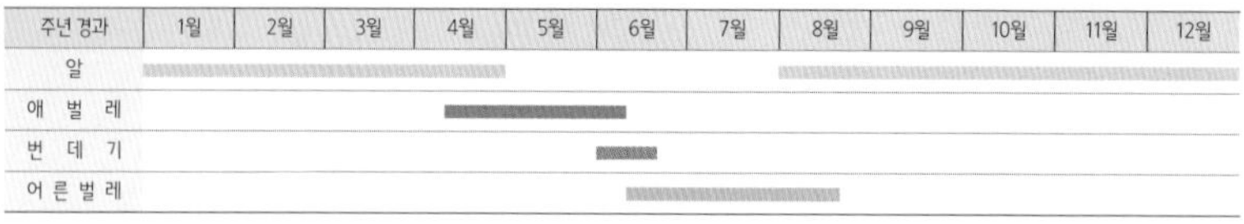

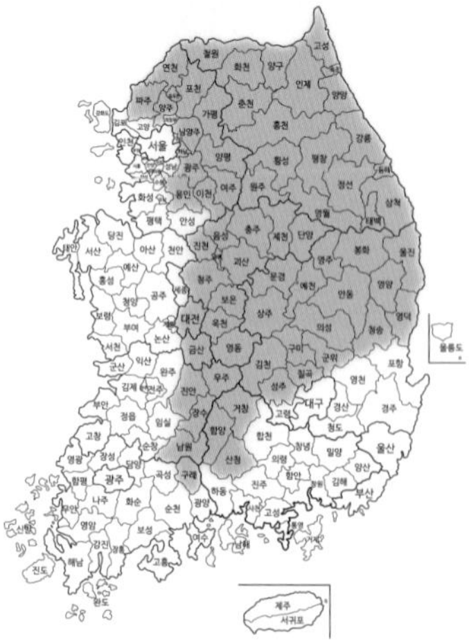

○ 성충 발생 연 1회, 지역에 따라 6~8월에 활동한다. ○ 겨울나기 알

○ 먹이식물 물푸레나무, 쇠물푸레나무, 들메나무(물푸레나무과)

암컷은 먹이식물의 껍질 틈이나 밑줄기 뿌리 부근에 하나에서 여러 개의 알을 낳는다. **알**은 백색의 낮은 찐빵 모양으로 정공 부위가 움푹 들어가 있고 표면에 줄돌기가 사각의 격자 문양을 만들어 규칙적으로 이어져 있다. 알에서 깨어난 **1령애벌레**는 흑색 머리에 몸은 유백색이다. 몸에 일정한 배열로 백색 털이 있고 몸마디가 선명하다. 애벌레는 부풀어 오르는 겨울눈까지 먼 거리를 이동해 먹이활동을 시작한다. **3령애벌레**의 몸은 유백색으로 회색의 등선과 여러 개의 빗금이 배끝으로 이어진다. 몸 전체에 흑색 점이 빼곡하고 숨구멍은 자주색으로 선명하다. 애벌레는 먹이식물 이곳저곳에 둥글게 구멍을 만들어 가며 먹이활동을 한다. **4령애벌레**는 등선을 중심으로 좌우 등옆선이 갈색 빗금으로 배끝을 향한다. 6번 배마디부터 배끝까지 갈색 문양이 짙게 퍼져 있다. 또한 등옆선을 따라 백색 털이 조밀하게 있으며 숨구멍이 선명하다. 먹이활동을 마친 애벌레는 줄기를 타고 내려와 보호색을 띠는 1년생 가지 아래 실을 치고 휴식을 갖는다. **전용**이 가까워진 애벌레는 먹이식물의 잎 축을 잘라 땅에 떨어드린 후 번데기가 되거나 먹이식물에서 내려와 주변 낙엽 사이 배다리가 닿는 면에 실을 치고 몸에 실을 걸어 번데기가 된다. **번데기** 초기에 등선이 회색으로 보이지만 시간이 지나며 갈색 몸에 묻힌다.

먹이식물(물푸레나무)

알

1령

3령

4령

전용

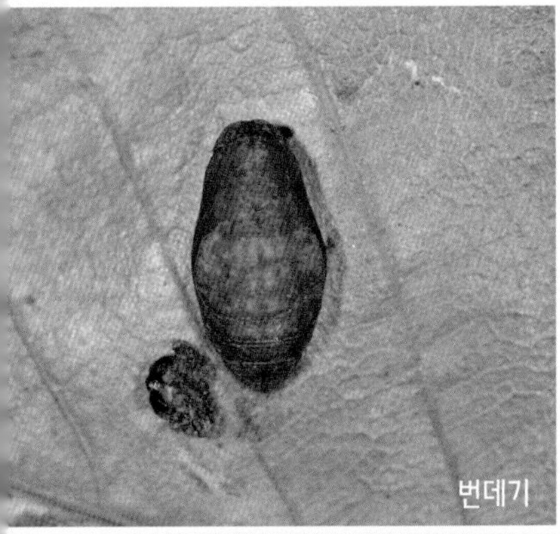

번데기

번데기

성충 머리

25. 민무늬귤빛부전나비 *Shirozua jonasi* (Janson, 1877)

수컷

주년경과	1월	2월	3월	4월	5월	6월	7월	8월	9월	10월	11월	12월
알												
애벌레												
번데기												
어른벌레												

EX
EW
RE
CR
EN 위기
VU
NT
LC
DD
NA
NE

○ 성충 발생 연 1회, 지역에 따라 7~9월에 활동한다. ○ 겨울나기 알
○ 먹이식물 떡갈나무, 신갈나무 등(참나무과)의 어린 잎과 진딧물류

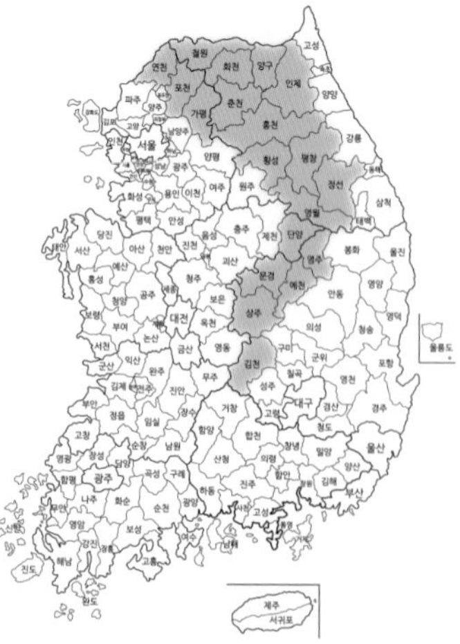

암컷은 먹이식물인 참나무류 외에도 민냄새개미가 있는 나무줄기나 껍질 틈에 알을 낳는다. **알**은 흐린 적갈색 반구형으로 정공 부위가 움푹 들어가 있고 표면에 여러 개의 줄돌기가 만나는 점에 돌기가 있다. 개미는 알에 관심이 있다는 듯 더듬이로 두드려 보기도 한다. 알에서 깨어난 **1령애벌레**는 흑색 머리와 몸은 적갈색의 긴 체형으로 등선이 배끝으로 이어진다. 애벌레는 먹이식물의 부풀어 오르는 겨울눈을 파고들어 생활하기도 한다. **2령애벌레**는 흑색 머리에 몸에 흑색 점이 빼곡한 회색으로 주황색 문양 사이 등선이 흑색 점으로 이어진다. 애벌레는 진딧물의 배설물과 약충을 잡아 먹는다. **3령애벌레**는 백색 반점이 있는 흑색 머리에 몸은 회색으로 등선이 지나는 배마디에 주황색 무늬가 2령기와 같다. 등옆선은 주황색 빗금으로 그 아래 백색 털이 있다. 애벌레는 진딧물을 대상으로 먹이활동을 활발하게 하며, 민냄새개미는 꿀물을 얻을 수 있는 애벌레와 진딧물을 돌보느라 분주하게 움직인다. **4령애벌레**는 흑색 머리에 몸은 회색으로 몸의 털이 짧아지고 등선과 등옆선도 옅어진다. 시간이 지나며 애벌레는 몸에 윤기가 사라지고 색의 경계가 무너진다. **전용**이 가까워진 애벌레는 활동하던 식물의 밑줄기 주변이나 낙엽 아래 배다리가 닿는 면에 실을 치고 몸에 실을 걸어 번데기가 된다. **번데기**는 연한 갈색으로 흑색 점과 줄무늬가 어지럽게 흩어져 있다.

밤나무왕진딧물

먹이식물(떡갈나무)

알

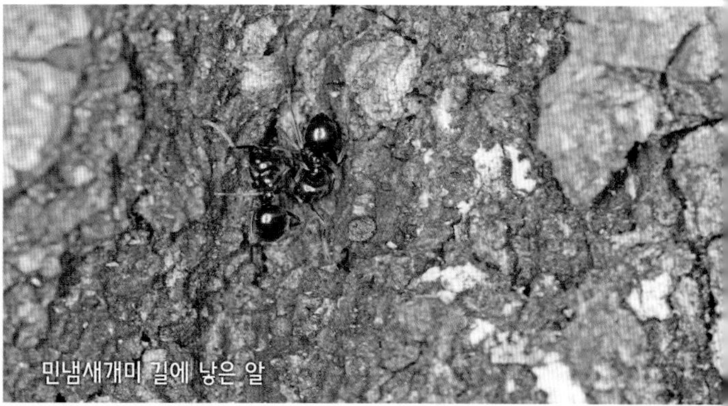

민냄새개미 길에 낳은 알

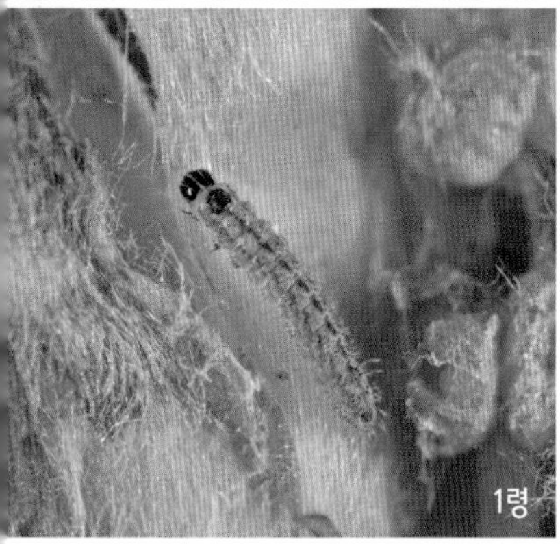

1령

2령

3령

밤나무왕진딧물 포식(4령)

4령말

번데기

번데기

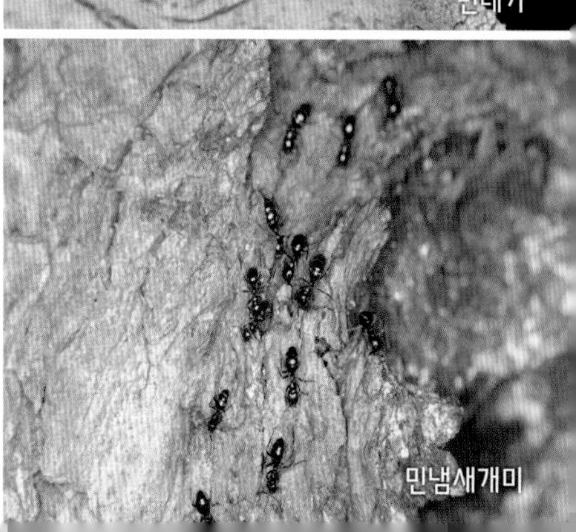

민냄새개미

26. 암고운부전나비 *Thecla betulae* (Linnaeus, 1758)

수컷

EX
EW
RE
CR
EN
VU 취약
NT
LC
DD
NA
NE

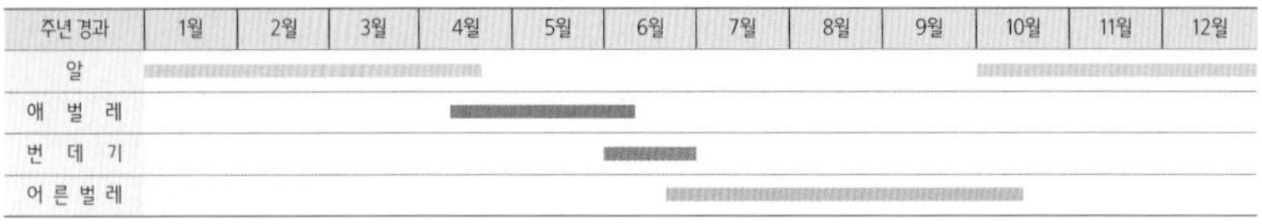

○ 성충 발생 연 1회, 지역에 따라 6~10월에 활동한다. ○ 겨울나기 알

○ 먹이식물 복사나무, 매실나무, 살구나무, 자두나무, 앵두나무, 산옥매나무 등(장미과)

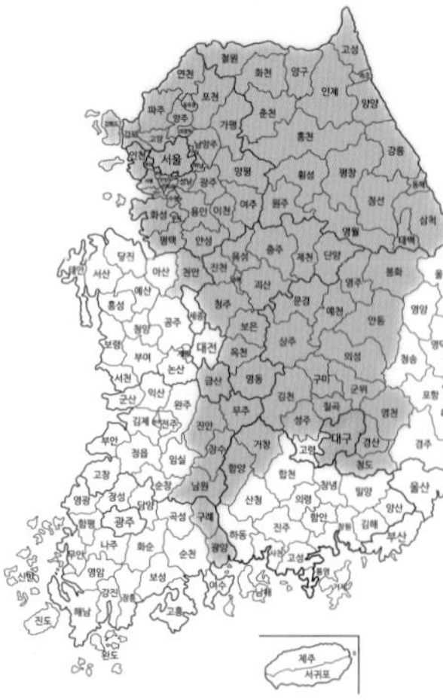

짝짓기를 마친 암컷은 더운 여름을 숲 그늘에서 최소한의 활동을 하며 지낸다. 8월 하순 기온이 떨어지며 활발해진 암컷은 먹이식물의 가지나 줄기 틈에 알을 낳는다. **알**은 백색의 찐빵 모양으로 정공 주변이 불쑥 올라와 2단으로 보이며 표면은 오목하게 패인 홈들로 덮여 있다. 알에서 깨어난 **1령애벌레**는 흑색 머리에 몸은 유백색으로 몸마디에 백색 털이 일정한 배열로 있다. 애벌레는 본능적으로 꽃봉오리나 부풀어 오르는 겨울눈을 파고들어가 활동한다. **2령애벌레**는 흑색 머리에 몸은 연한 녹색으로 바닥선이 백색이다. 애벌레는 여러 꽃송이를 옮겨 가며 먹이활동을 한다. **3령애벌레**의 몸은 녹색으로 가슴이 넓어진다. 바닥선은 노란색으로 변하고 등선을 따라 빗금과 뒷가슴, 1·2번 배마디가 발달한다. 애벌레는 꽃자루를 제외한 꽃 전체를 먹어 치우기도 한다. **4령애벌레**는 가슴이 보다 넓어지고, 등선과 빗금이 선명해지며 몸에 잔털이 빼곡해 진다. 애벌레는 먹이식물의 잎 아랫면에 실을 친 자리를 만들어 먹이활동 후 돌아와 휴식을 반복하는 행동을 보인다. **전용**이 가까워진 애벌레는 먹이식물에서 내려와 낙엽 사이 배다리가 닿는 면에 실을 치고 몸에 실을 걸어 번데기가 된다. **번데기**는 매끄러운 홍갈색으로 갈색 반점이 빼곡히 덮여있다.

먹이식물(복사나무)

알

알

알(겨울나기)

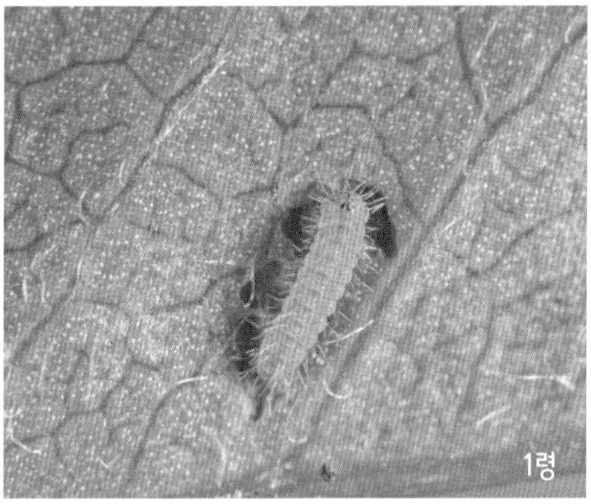
1령

2령

3령

4령

전용

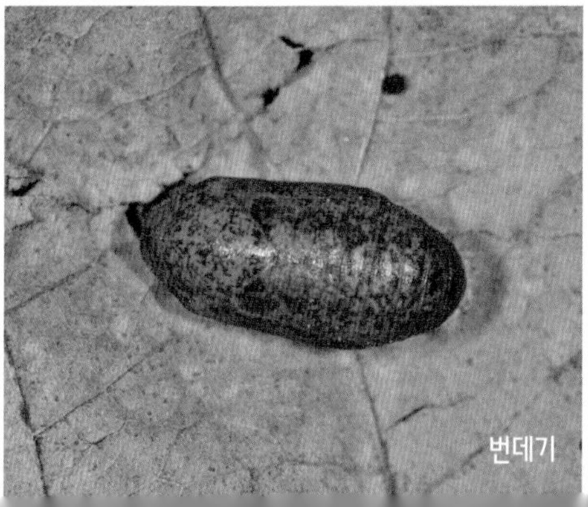
번데기

암컷

27. 깊은산부전나비 *Protantigius superans* (Oberthür, 1914)

EX
EW
RE
CR
EN
VU 취약
NT
LC
DD
NA
NE

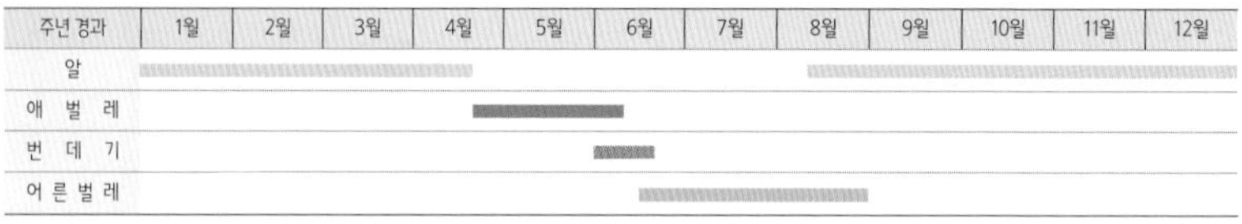

○ 성충 발생 연 1회, 지역에 따라 6~8월에 활동한다. ○ 겨울나기 알
○ 먹이식물 사시나무(버드나무과)

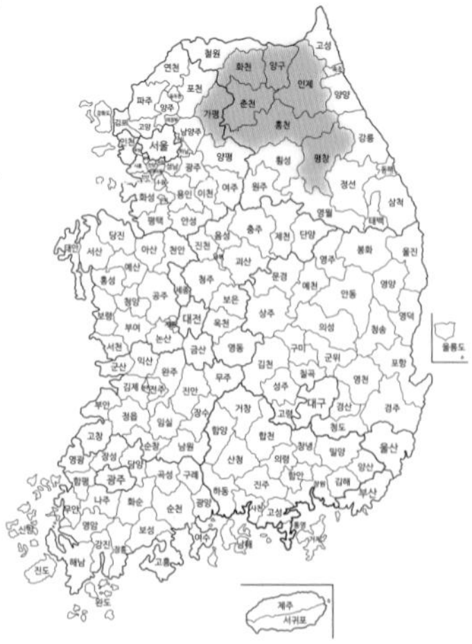

암컷은 먹이식물의 겨울눈 아래 1~2개의 알을 낳는다. **알**은 백색으로 반투명한 광택이 있고 아랫부분이 넓게 퍼진 찐빵 모양이다. 정공 부위를 둘러싸고 있는 여러 개의 줄돌기가 세로로 있고 줄돌기 사이 가로 줄돌기는 약하다. 알에서 깨어난 **1령애벌레**는 흑색 머리에 몸은 살구색으로 체형이 길고 몸마디에 털이 듬성듬성 있다. 애벌레는 터지는 겨울눈을 파고들어가 실을 치며 활동한다. **2령애벌레**의 몸은 유백색으로 등선을 따라 가슴부터 배쪽으로 갈색 선이 발달한다. 애벌레는 새순을 찾아 먹이활동을 한다. **3령애벌레**는 갈색으로 등선 양쪽 몸마디에 흰색 사각 무늬가 선명해진다. 애벌레는 줄기에 실을 쳐 쉴 곳을 만들기도 하고, 먹이식물의 잎을 마주 붙여 생활하지만 몸이 커지며 여러 장의 잎을 붙여 공간을 넓게 활용한다. **4령애벌레**는 흑색 머리에 몸은 반짝이는 유백색으로 잔털이 빼곡하고 시간이 더할수록 가슴보다 배마디가 굵어진다. 백색의 숨구멍과 숨구멍선이 약하게 보인다. 4령기는 애벌레의 먹이활동이 가장 활발한 시기로 낮과 밤을 가리지 않는 활동을 볼 수 있다. **전용**이 가까워진 애벌레는 먹이식물에서 내려와 낙엽 사이 배다리가 닿는 면에 실을 치고 번데기가 된다. **번데기**는 갈색으로 시간이 지나며 짙은 적갈색으로 변하고 노란색 숨구멍이 짙어진다.

서식지
먹이식물(사시나무)

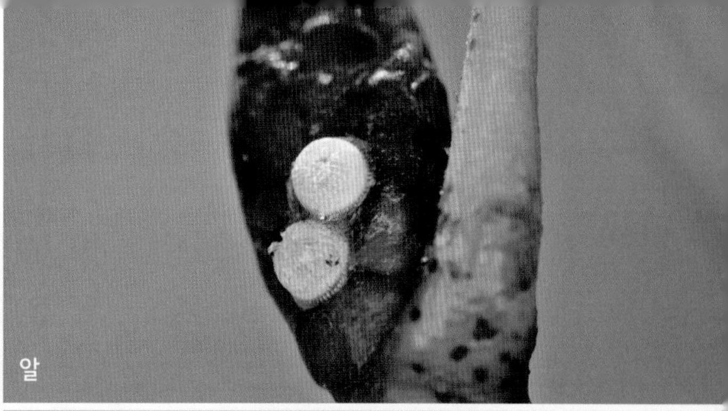
알

알

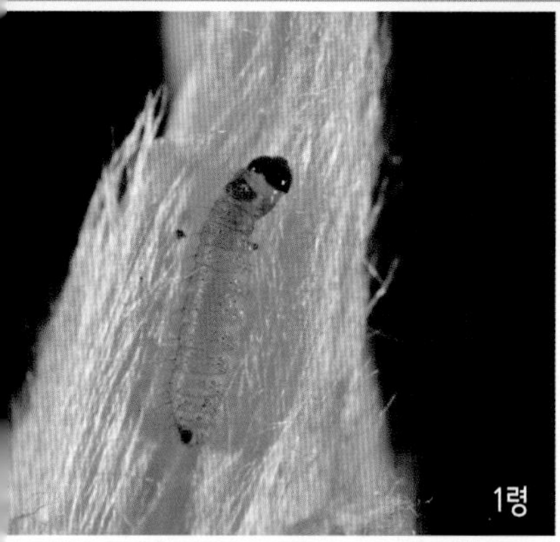
1령

2령

3령

4령

4령

애벌레 방

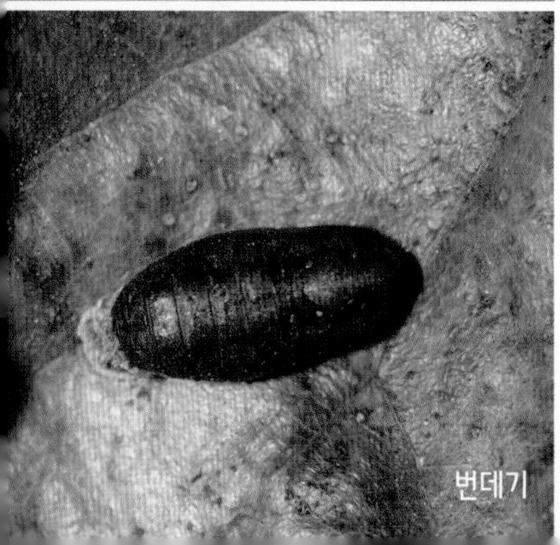
번데기

암컷

암컷

28. 시가도귤빛부전나비 *Japonica saepestriata* (Hewitson, 1865)

수컷

EX
EW
RE
CR
EN
VU
NT
LC
DD
NA
NE

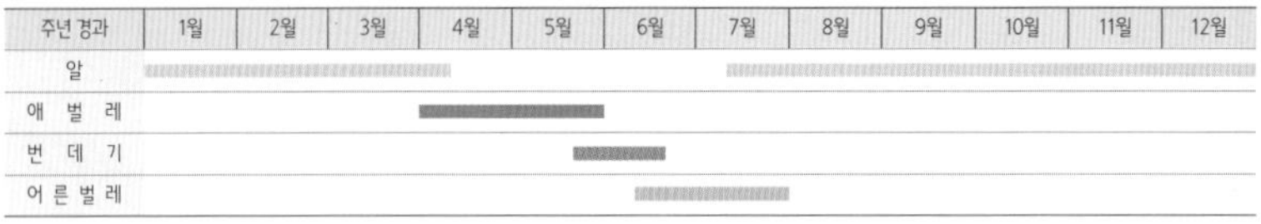

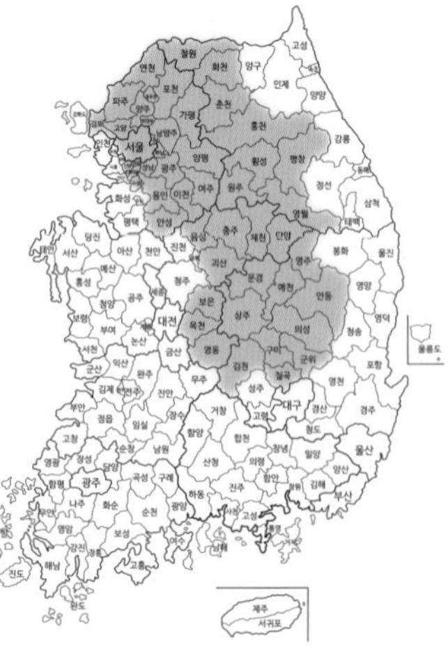

○ 성충 발생 연 1회, 지역에 따라 6~7월에 활동한다. ○ 겨울나기 알
○ 먹이식물 떡갈나무, 굴참나무, 상수리나무, 신갈나무, 갈참나무 등(참나무과)

암컷은 먹이식물의 줄기나 가지 틈을 찾아 알을 낳는다. **알**은 백색의 찐빵 모양으로 정공 부위가 움푹 들어가 있고, 매끄러운 표면에 얕게 패인 자국들이 덮여있다. 알을 낳은 후 암컷은 알 표면에 몸에 털과 주변 이물질을 붙이는 보호 행동을 한다. 알에서 깨어난 **1령애벌레**는 반짝이는 흑색 머리에 몸은 갈색이다. 몸마디에 갈색 털이 일정한 배열로 있고 먹이활동을 하면서 몸은 유백색으로 변한다. 애벌레는 터지는 겨울눈을 파고들어 실을 치고 활동한다. **2령애벌레**는 흑색 머리에 몸은 연한 녹색으로 몸마디에 백색 털이 빼곡하지만, 앞가슴의 털은 갈색이다. 또한 뒷가슴과 1~3번 배마디가 발달한다. 애벌레는 먹이식물의 여린 잎을 실로 엮은 방을 만들고 그 안에서 생활한다. **3령애벌레**는 갈색 머리에 몸에 잔털이 부드러워 보이는 연한 녹색이다. 붉은색 등선을 따라 1~4번 배마디에 돌기가 발달한다. 먹는 양이 많아지는 애벌레는 많은 시간을 먹이활동으로 보낸다. **4령애벌레**는 유백색 머리에 몸은 연한 녹색이다. 노란색 바닥선이 짙어지고 붉은색 선이 선명한 등돌기가 위협적으로 보인다. 애벌레의 활동 반경이 가장 넓은 시기이기도 하다. **전용**이 가까워진 애벌레는 먹이식물의 잎 아랫면에 실을 치고 몸에 실을 걸어 번데기가 된다. **번데기**는 연한 녹색으로 등선과 숨구멍이 약하게 나타난다.

먹이식물(떡갈나무)

알

알

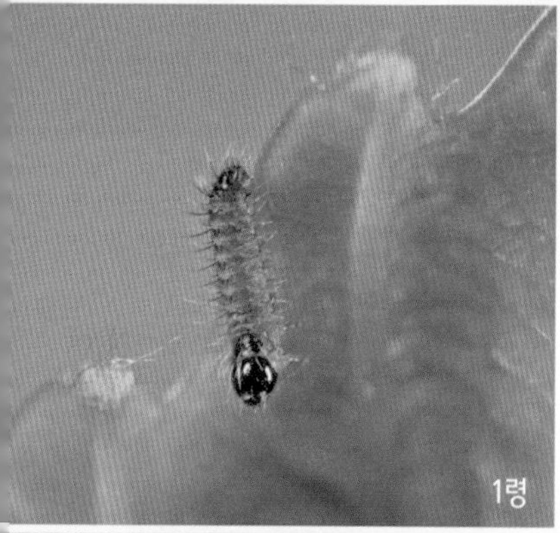
1령

2령

3령

4령

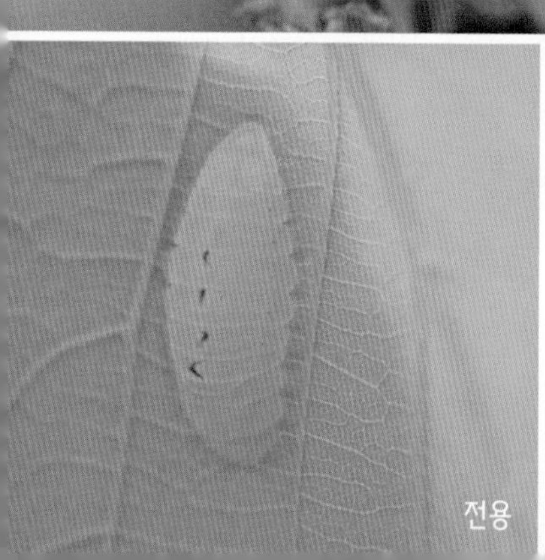
전용

번데기

암컷

29. 귤빛부전나비 *Japonica lutea* (Hewitson, 1865)

수컷

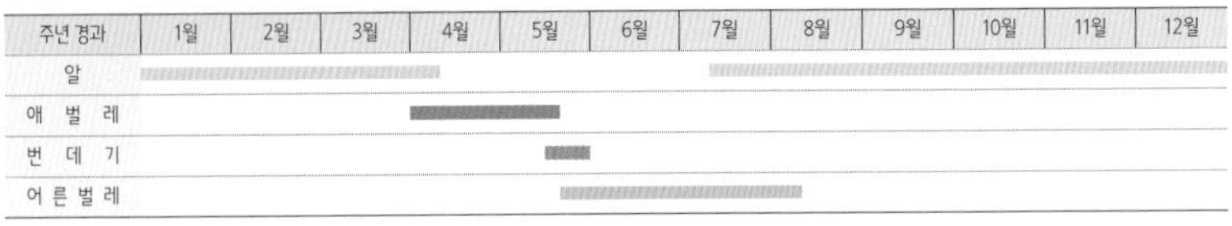

○ 성충 발생 연 1회, 지역에 따라 5~8월에 활동한다. ○ 겨울나기 알

○ 먹이식물 갈참나무, 떡갈나무, 굴참나무, 상수리나무, 신갈나무 등(참나무과)

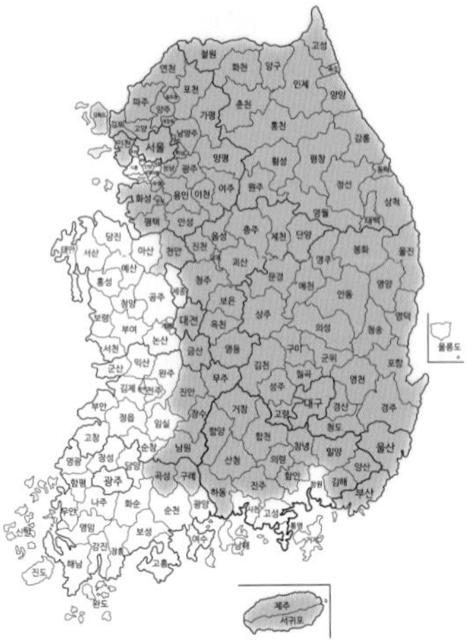

암컷은 먹이식물의 겨울눈 가장자리나 잎이 떨어진 자리, 줄기, 잔가지 등에 알을 낳는다. **알**은 백색의 찐빵 모양으로 정공은 시가도귤빛부전나비 알보다 좁고 낮으며 매끄러운 표면에 얕게 패인 자국들로 덮여있다. 알을 낳은 암컷은 표면에 몸에 털과 주변 이물질을 붙이는 보호 행동이 강하다. 알은 시간이 지나며 연한 회색으로 변한다. 알에서 깨어난 **1령애벌레**는 흑색 머리에 몸은 연한 분홍색이다. 등선이 보이고 몸마디에 흑색 털이 일정한 배열로 있다. 애벌레는 먹이식물의 겨울눈을 파고들어가 활동한다. **2령애벌레**의 몸은 연한 노란색으로 분홍색 등선 양옆으로 약한 돌기가 발달하고 숨구멍선이 선명하다. 애벌레는 여린 잎을 엮은 방에 배설물을 붙여가며 생활한다. **3령애벌레**의 몸은 연한 녹색으로 백색의 바닥선이 둘러 있다. 넓은 가슴에 붉은 등선은 배끝으로 갈수록 좁아진다. **4령애벌레**는 황록색으로 몸에 선들이 약해지고 백색 털이 많아진다. 이 시기의 애벌레는 거친 잎도 가리지 않고 모두 먹어 치우는 왕성한 식욕을 보인다. **전용**이 가까워진 애벌레는 먹이식물의 잎과 같은 보호색을 가지며 잎에 실을 치고 몸에 여러 번의 실을 걸어 번데기가 된다. **번데기**는 연한 녹색이다. 몸은 부드러운 선을 가진 체형으로 노란색 숨구멍이 어렴풋하다.

먹이식물(갈참나무)

알

알

1령

2령

3령

4령

4령

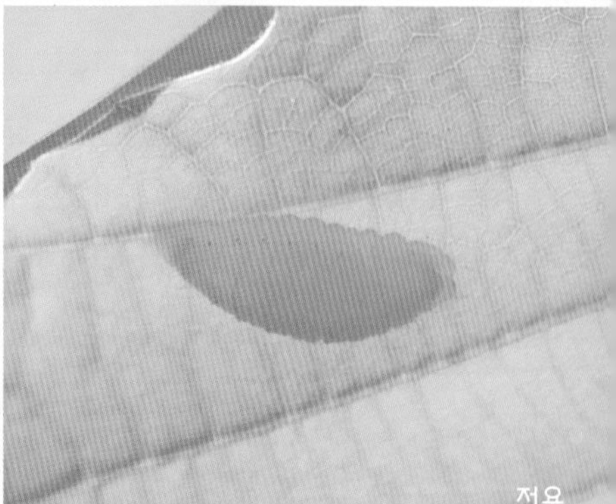
전용

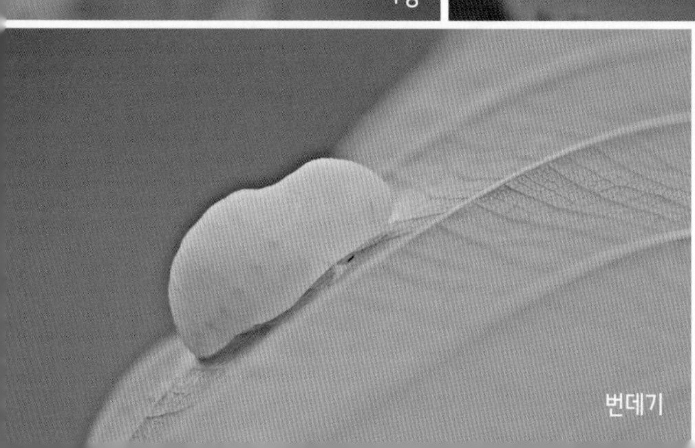
번데기

암컷

30. 긴꼬리부전나비 *Araragi enthea* (Janson, 1877)

EX EW RE CR EN VU NT LC DD NA NE

주년 경과	1월	2월	3월	4월	5월	6월	7월	8월	9월	10월	11월	12월
알												
애벌레												
번데기												
어른벌레												

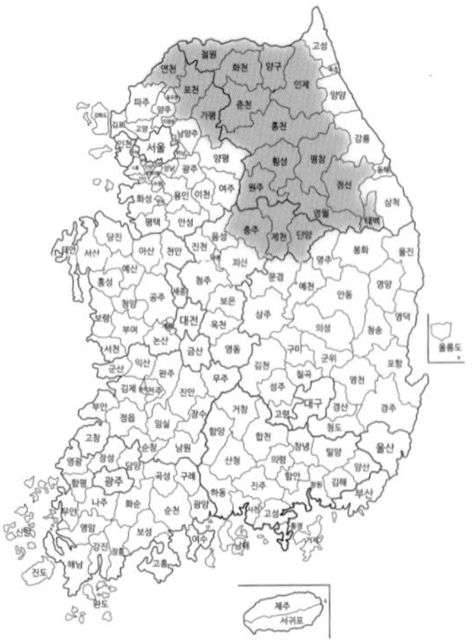

○ 성충 발생 연 1회, 지역에 따라 7~9월에 활동한다.
○ 겨울나기 알
○ 먹이식물 가래나무, 왕가래나무, 긴가래나무(가래나무과)

암컷은 먹이식물의 겨울눈, 줄기, 잔가지 등에 하나에서 여러 개의 알을 낳는다. **알**은 백색의 찐빵 모양으로 정공 부위가 움푹 들어갔으며 표면에 삼각형 모양의 돌기가 일정한 배열로 있다. 알에서 깨어난 **1령애벌레**는 흑색 머리에 몸은 짙은 갈색으로 몸마디에 긴 털이 있다. 애벌레는 부풀어 오른 겨울눈을 파고들어가 잔털이 많은 잎에 구멍을 내가며 활동하며 몸은 매끄러운 유백색으로 변한다. **2령애벌레**는 갈색 머리에 몸은 연한 녹색이다. 등선이 약하게 나타나고 가는 털로 덮인 몸마디가 뚜렸하다. 애벌레는 잎에 큰 구멍을 내가며 먹이활동을 한다. **3령애벌레**는 연한 녹색으로 넓은 가슴에 등선이 짙고 양쪽으로 빗금이 발달한다. 애벌레는 넓은 잎에서 먹이활동을 하며 먹이가 부족하면 부드러운 줄기를 갉아 먹는 모습을 보이기도 한다. **4령애벌레**는 연한 갈색 머리와 몸은 연한 녹색이다. 몸에 난 털은 짧아지고 등선과 빗금이 약해지나 바닥선과 숨구멍은 유백색으로 도드라진다. 애벌레는 왕성한 식욕을 채우기 위해 보다 많은 활동을 하고, 보호색을 가진 잎자루에 붙어 휴식을 갖는다. **전용**이 가까워진 애벌레는 먹이식물에서 내려와 주변 낙엽 사이로 들어가거나 안전한 곳을 찾아 번데기가 된다. **번데기**는 짙은 갈색으로 등선과 숨구멍이 선명하다.

먹이식물(가래나무)

알

알

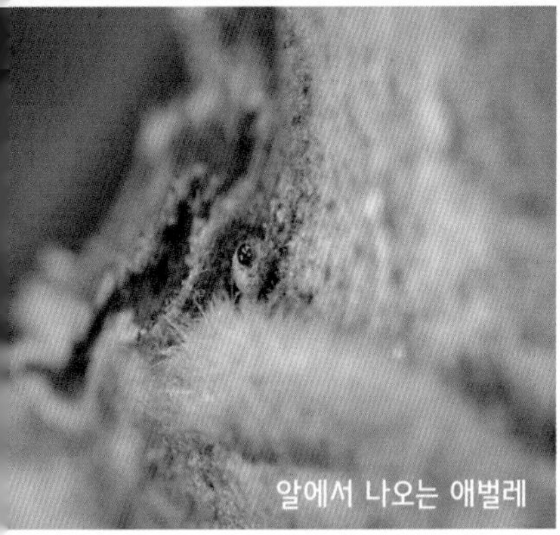
알에서 나오는 애벌레

1령 초

1령

2령

3령

4령

4령

번데기

수컷

31. 물빛긴꼬리부전나비 *Antigius attilia* (Bremer, 1861)

수컷

주년 경과	1월	2월	3월	4월	5월	6월	7월	8월	9월	10월	11월	12월
알												
애벌레												
번데기												
어른벌레												

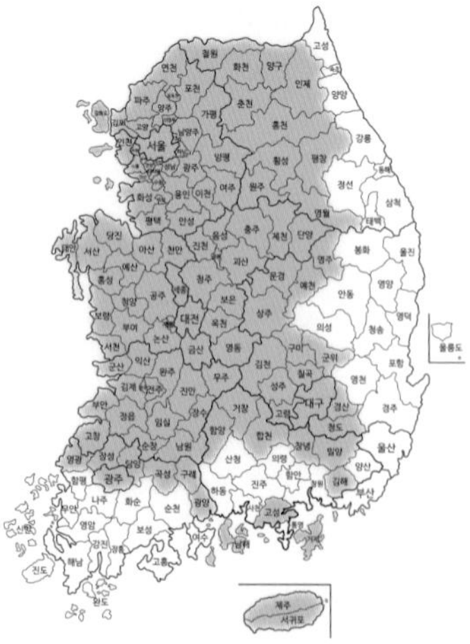

○ 성충 발생 연 1회, 지역에 따라 6~8월에 활동한다. ○ 겨울나기 알

○ 먹이식물 상수리나무, 신갈나무, 졸참나무, 굴참나무 등(참나무과)

암컷은 먹이식물의 줄기나 가지, 껍질 틈 등에 알을 낳는다. **알**은 녹색의 둥글고 납작한 모양으로 정공은 주변 돌기들로 인해 움푹 들어가 보인다. 표면은 다각형으로 돌출된 격자 문양의 줄돌기가 덮여있고 모서리마다 돌기가 있다. 알은 시간이 지나며 갈색으로 변한다. 알에서 깨어난 **1령애벌레**는 흑색 머리에 몸은 유백색으로 일정한 배열의 긴 털이 있다. 애벌레는 부풀어 오르는 겨울눈을 비집고 들어가 활동한다. **2령애벌레**의 몸은 연한 녹색으로 가슴이 넓어지고 백색의 등선이 도드라지며 바닥선도 선명하다. 애벌레는 잎의 주름 사이에 바짝 붙어 먹이활동을 한다. **3령애벌레**는 연한 녹색으로 등선을 따라 빗금이 발달하고 숨구멍이 선명하다. 애벌레는 잎에 둥근 구멍을 내 거나 잎에 끈적한 물질을 남기는 먹이활동을 한다. **4령애벌레**의 몸은 황록색으로 등선을 따라 발달한 돌기에 긴 털이 자라고 바닥선을 따라 백색 털이 있다. 애벌레는 잎의 주맥을 기준으로 한쪽을 먹은 후 다른 한쪽을 먹거나 주맥까지 모두 먹어 치우기도 한다. **전용**이 가까워진 애벌레는 낙엽과 같은 적갈색의 보호색을 가지며 먹이식물에서 내려와 낙엽 사이 배다리가 닿는 면에 실을 치고 몸에 실을 걸어 번데기가 된다. **번데기**는 짙은 갈색으로 배 폭이 넓다. 가슴에 타원형의 백색 반점이 뚜렷하고 숨구멍이 선명하다.

먹이식물(상수리나무)

알

알

1령 초

1령

2령

3령

4령

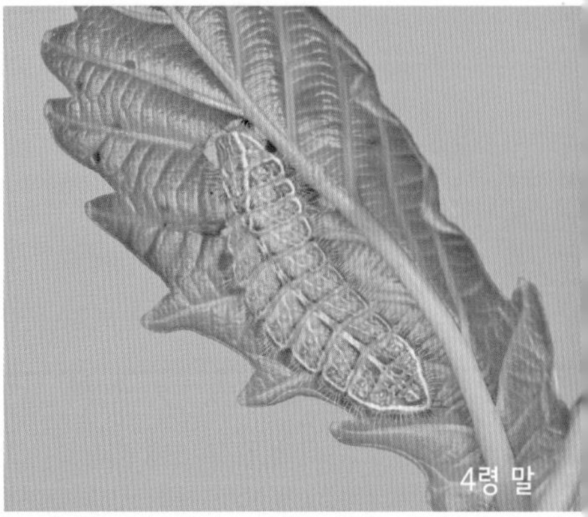

4령 말

전용

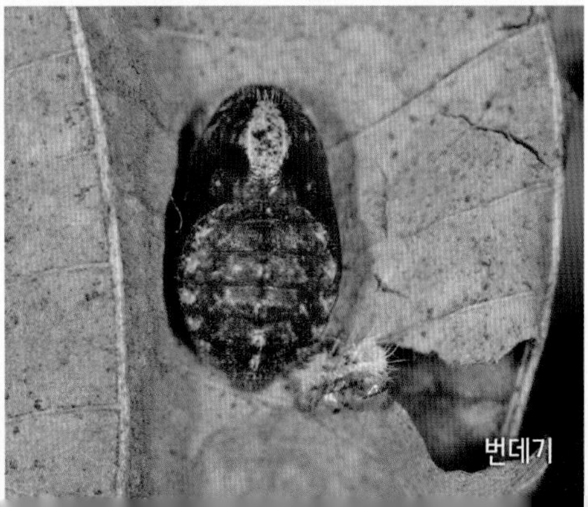

번데기

수컷

32. 담색긴꼬리부전나비 *Antigius butleri* (Fenton, 1882)

주년 경과	1월	2월	3월	4월	5월	6월	7월	8월	9월	10월	11월	12월
알												
애벌레												
번데기												
어른벌레												

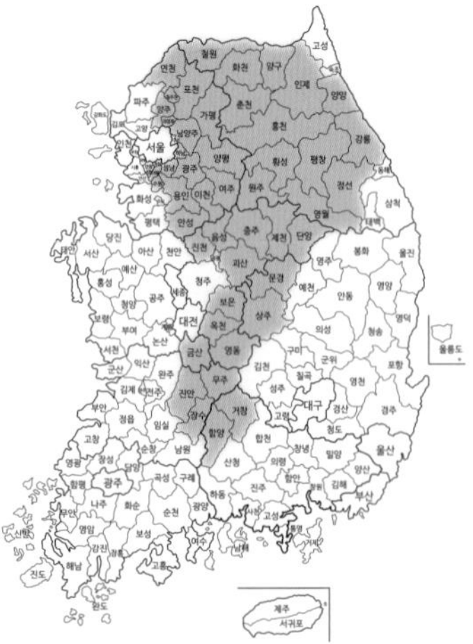

○ 성충 발생　연 1회, 지역에 따라 6~8월에 활동한다.　○ 겨울나기　알

○ 먹이식물　갈참나무, 떡갈나무, 상수리나무, 신갈나무, 굴참나무 등(참나무과)

암컷은 먹이식물의 껍질 틈 깊숙한 곳에 하나에서 여러 개의 알을 낳는다. **알**은 유백색의 찐빵 모양으로 정공 부위가 둥글게 움푹 들어가 있다. 표면은 다각형으로 돌출된 격자 문양의 줄돌기가 덮여있고 모서리마다 돌기가 있다. 알에서 깨어난 **1령애벌레**는 흑색 머리에 몸은 유백색이다. 등선이 선명하고 등옆선이 나타나며 마디에 일정한 배열의 짧은 털이 있다. 애벌레는 이른 봄 부풀어 오르는 겨울눈을 파고들어가 활동한다. **2령애벌레**의 몸은 연한 녹색으로 가슴이 넓어지고 배끝이 납작해진다. 애벌레는 새순과 꽃이삭을 따라 이동하는 모습을 보인다. **3령애벌레**는 배마디에 붉은 등돌기가 발달하고 돌기 끝에 갈색의 긴 털이 있다. 애벌레는 잎 가장자리를 따라 넓게 활동하며 잎의 아랫면 주름 사이에 붙어 쉬기를 반복한다. **4령애벌레**의 몸은 녹색으로 등중앙선을 따라 붉은색 돌기가 발달한다. 몸 마디마다 여러 개의 빗금과 몸 가장자리를 둘러싼 바닥선은 연한 노란색이다. 애벌레의 왕성한 식욕은 잎 전체를 먹어 치우고 다른 잎으로 넘어간다. **전용**이 가까워진 애벌레는 먹이식물에서 내려와 낙엽 사이 배다리가 닿는 면에 실을 치고 몸에 실을 걸어 번데기가 된다. **번데기**는 적갈색으로 가슴에 타원형의 백색 반점과 넓은 배마디가 물빛긴꼬리부전나비 번데기와 비슷한 형태를 보인다.

먹이식물(갈참나무)

알

알

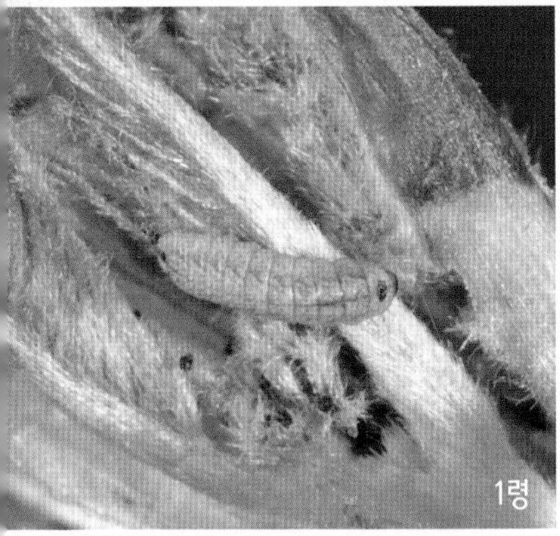
1령

2령

3령

4령

4령

4령 말

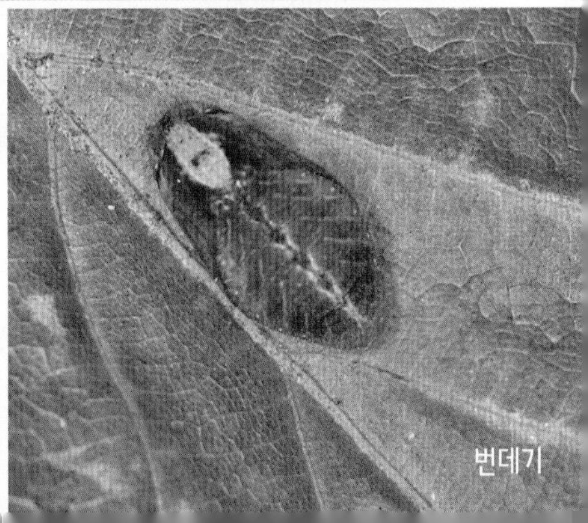
번데기

33. 참나무부전나비 *Wagimo signatus* (Butler, 1882)

암컷

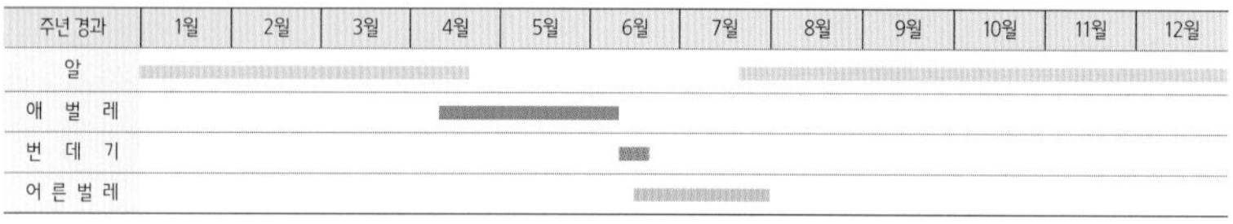

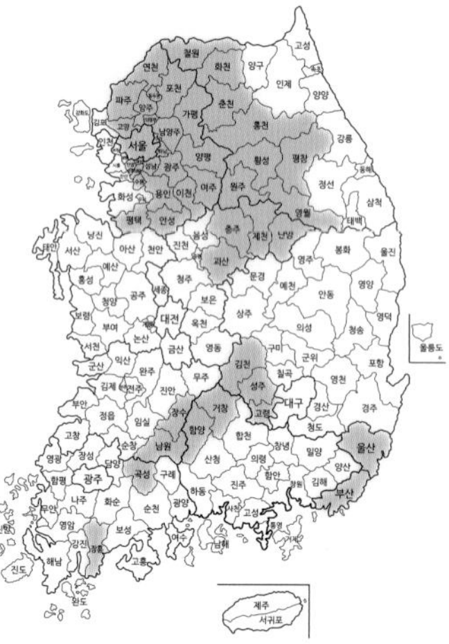

○ 성충 발생 연 1회, 지역에 따라 6~7월에 활동한다. ○ 겨울나기 알

○ 먹이식물 신갈나무, 갈참나무, 떡갈나무, 굴참나무, 졸참나무 등(참나무과)

암컷은 먹이식물의 겨울눈 아래 하나에서 여러 개의 알을 낳는다. **알**은 백색의 찐빵 모양으로 정공 부위가 움푹 들어가 있다. 표면에 다각형으로 돌출된 격자 문양의 줄돌기가 덮여있고 모서리마다 가시돌기가 있다. 알에서 깨어난 **1령애벌레**는 흑색 머리에 몸은 갈색으로 먹이식물의 부풀어 오른 겨울눈을 파고들어 활동한다. 애벌레는 시간이 지나면서 매끈한 체형의 몸을 갖춘다. **2령애벌레**는 가슴이 넓어지고 몸의 매끈함은 사라진다. 붉은색의 등선이 짙어지고 백색의 긴 털이 많아진다. 애벌레는 은신처에 배설물을 붙여 위장해 가며 먹이활동을 한다. **3령애벌레**의 몸은 연한 녹색으로 털은 짧아지고 넓어진 가슴 윗부분과 등선이 백색이다. 몸이 커진 애벌레는 잎에 넓은 구멍을 내기도 하고 잎 가장자리를 따라 넓은 먹이활동을 한다. **4령애벌레**는 녹색으로 등선은 노란색으로 변하고 8번 배마디 양쪽으로 끝이 붉은 돌기가 발달한다. 먹이활동이 왕성해지는 애벌레는 잎 전체를 둥글게 먹는다. 시간이 지나며 몸은 짙은 회청색으로 변한다. **전용**이 가까워진 애벌레는 갈색의 보호색을 가지며 먹이식물을 떠나지 않고 껍질 틈이나 가지에 실을 치고 배끝을 붙여 번데기가 된다. **번데기**는 짙은 갈색 반점이 덮여있고 위험을 느끼면 몸을 세웠다 내리는 위협 행동을 반복한다.

먹이식물(신갈나무)

알

1령 초

1령

2령

3령

4령

4령 말

전용

번데기

번데기

34. 작은녹색부전나비 *Neozephyrus japonicus* (Murray, 1875)

호랑나비과
흰나비과
부전나비과
네발나비과
팔랑나비과

EX
EW
RE
CR
EN
VU 취약
NT
LC
DD
NA
NE

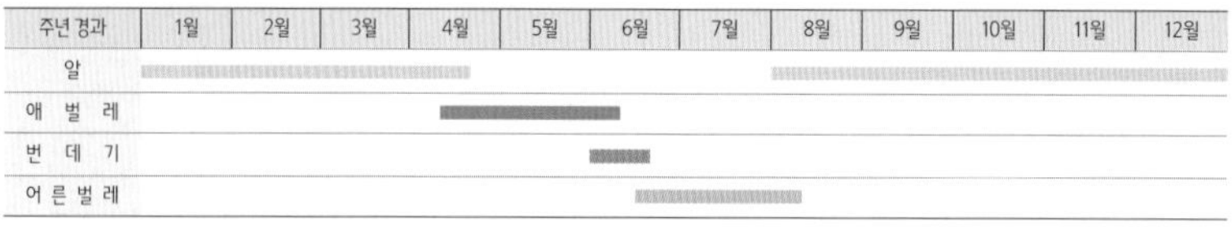

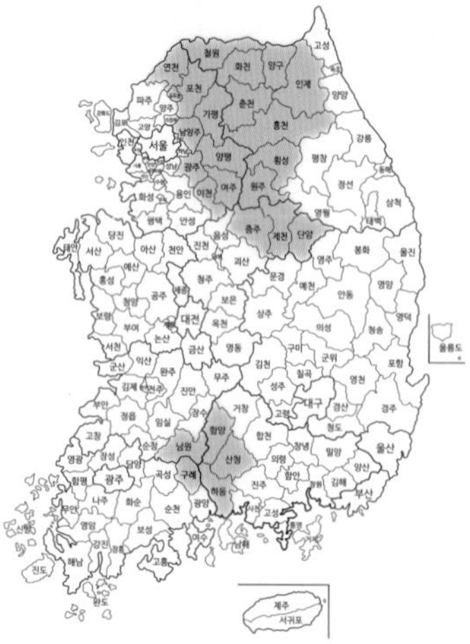

○ 성충 발생 연 1회, 지역에 따라 6~8월에 활동한다. ○ 겨울나기 알

○ 먹이식물 오리나무, 물오리나무 등(자작나무과)

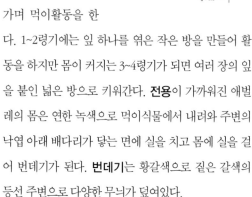

암컷은 먹이식물의 겨울눈 주위나 줄기, 잔가지 등을 가리지 않고 알을 낳으며 1년생 가지를 선호한다. **알**은 백색의 찐빵 모양으로 정공 부위가 움푹 들어가 있다. 표면은 다각형으로 돌출된 격자 문양의 줄돌기가 덮여 있고 모서리마다 돌기가 있다. 알에서 깨어난 **1령애벌레**는 흑색 머리에 몸은 유백색으로 몸마디가 선명하다. 애벌레는 터지는 겨울눈을 파고들어 여린 잎에 실로 엮은 방을 만들어 생활한다. **2령애벌레**의 몸은 연한 녹색으로 몸마디마다 백색 털이 있다. 애벌레는 1령기에 만든 방을 넓혀가며 활동한다. 서식지에서 먹이식물의 잎이 접혀 있거나 여러 장의 잎이 실에 엮어 있는 것을 찾으면 애벌레를 쉽게 볼 수 있다. **3·4령애벌레**의 몸은 연한 녹색으로 등선이 선명하고 유백색의 바닥선을 따라 백색 털이 듬성듬성하다. 애벌레는 먹이식물의 잎맥 사이에 구멍을 내가며 먹이활동을 한다. 1~2령기에는 잎 하나를 엮은 작은 방을 만들어 활동을 하지만 몸이 커지는 3~4령기가 되면 여러 장의 잎을 붙인 넓은 방으로 키워간다. **전용**이 가까워진 애벌레의 몸은 연한 녹색으로 먹이식물에서 내려와 주변의 낙엽 아래 배다리가 닿는 면에 실을 치고 몸에 실을 걸어 번데기가 된다. **번데기**는 황갈색으로 짙은 갈색의 등선 주변으로 다양한 무늬가 덮여있다.

먹이식물(오리나무)

알

알

1령

2령

3령

4령

애벌레 방

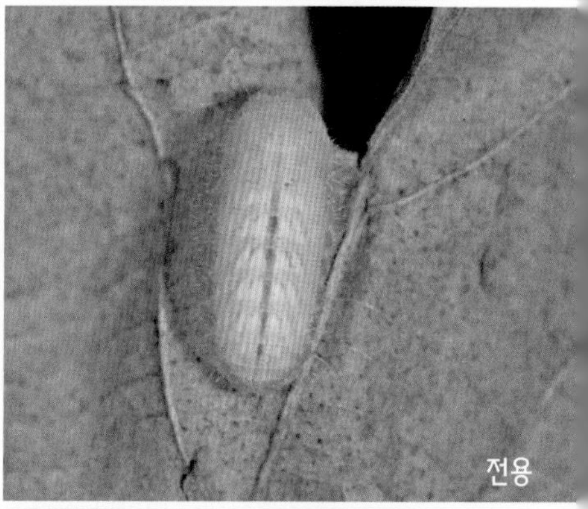

전용

번데기

번데기

암컷

35. 큰녹색부전나비 *Favonius orientalis* (Murray, 1875)

EX
EW
RE
CR
EN
VU
NT
LC
DD
NA
NE

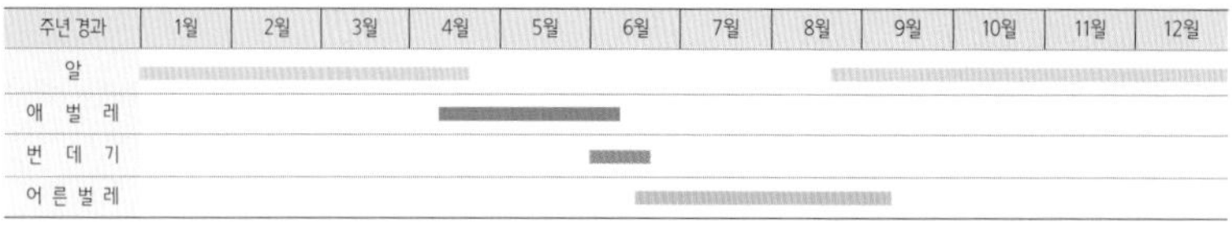

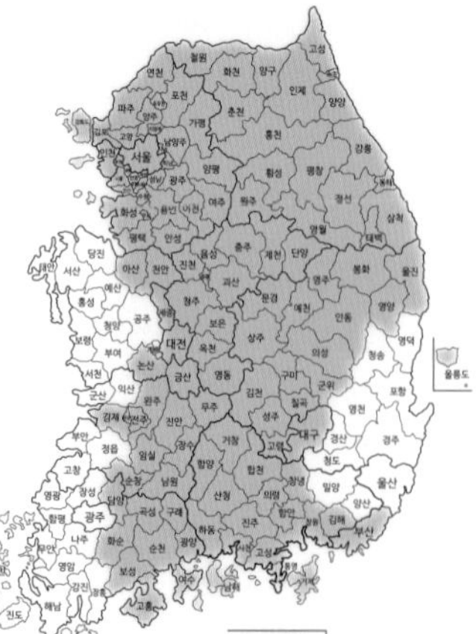

○ 성충 발생 연 1회, 지역에 따라 6~9월에 활동한다. ○ 겨울나기 알
○ 먹이식물 참나무과 신갈나무, 갈참나무, 졸참나무 등(참나무과)

암컷은 산길 주변 먹이식물의 낮은 가지에 알을 낳는다. **알**은 유백색 찐빵 모양으로 정공 부위가 둥글게 움푹 들어가 있다. 표면은 다각형으로 돌출된 격자 문양의 줄돌기가 덮여있고 모서리마다 가시돌기가 있다. 알에서 깨어난 **1령애벌레**는 짙은 갈색 머리와 몸은 갈색으로 흑색 털이 일정한 배열로 있다. 애벌레는 부풀어 오른 겨울눈이나 꽃봉오리를 파고들어 활동하면서 몸은 유백색으로 변한다. **2령애벌레**의 몸은 노란 분홍색이다. 등선을 중심으로 가슴이 넓어지고 좌우 빗금과 등옆선이 백색으로 선명하며 몸에 백색의 긴 털이 나 있다. 애벌레는 여린 잎을 따라 먹이활동을 한다. **3령애벌레**는 반짝이는 흑색 머리에 몸은 연한 갈색으로 숨구멍이 선명해진다. 애벌레는 먹이식물 잎의 윗면 주맥에 실을 치고 자리를 만들어 잎 가장자리를 따라 활동한다. **4령애벌레**는 반짝이는 흑색 머리에 몸은 백색 잔털이 많은 회청색이다. 넓은 가슴에 등선을 따라 굵은 백색 사다리꼴 문양이 화려하다. **전용**이 가까워진 애벌레는 색이 짙어지며 먹이식물에서 내려와 주변 낙엽 사이 배다리 면에 실을 치고 몸에 실을 걸어 번데기가 된다. **번데기**는 연분홍색으로 등선을 따라 유백색 빗금이 대칭으로 발달하고 등옆선은 흑색 점으로 선명하다.

먹이식물(신갈나무)

알

알

1령 초

2령

3령

4령

4령

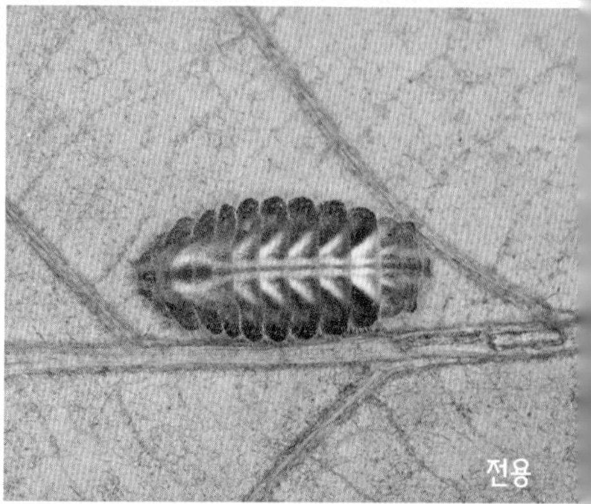

전용

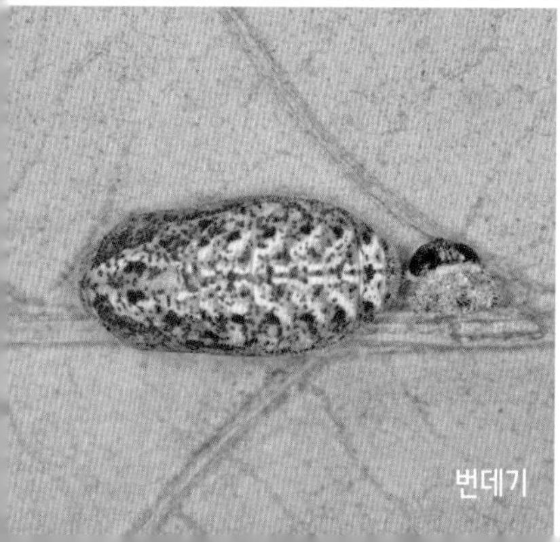

번데기

번데기

암컷

36. 깊은산녹색부전나비 *Favonius korshunovi* (Dubatolov & Sergeev, 1982)

수컷

EX EW RE CR EN VU NT LC DD NA NE

주년 경과	1월	2월	3월	4월	5월	6월	7월	8월	9월	10월	11월	12월
알	■	■	■	■					■	■	■	■
애벌레				■	■	■						
번데기						■						
어른벌레						■	■	■	■			

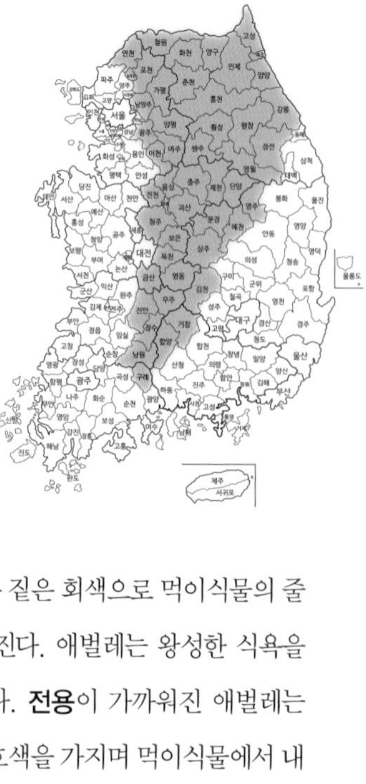

○ 성충 발생 연 1회, 지역에 따라 6~9월에 활동한다. ○ 겨울나기 알
○ 먹이식물 갈참나무, 신갈나무 등(참나무과)

암컷은 먹이식물의 껍질 틈이나 곁가지 사이 등에 알을 낳는다. **알**은 백색의 둥글고 납작한 모양으로 정공이 깊다. 표면은 다각형으로 돌출된 격자 문양의 줄돌기가 덮여있고 모서리마다 가시돌기가 있다. 알에서 깨어난 **1령애벌레**는 반짝이는 흑색 머리에 몸은 갈색으로 몸마디에 일정한 배열의 긴 털이 있다. 몸은 시간이 지나며 먹이식물의 눈비늘과 같은 주황색으로 발달하고 털은 짧아진다. 애벌레는 터지는 겨울눈을 파고 들어가 활동한다. **2령애벌레**의 몸은 연분홍색으로 가슴이 넓어지고 등선과 등옆선의 무늬가 선명하다. 애벌레는 새순과 같은 부드러운 먹이를 찾아 먼 거리를 이동한다. **3령애벌레**는 흑색 머리에 몸은 적갈색이다. 등선을 중심으로 배마디에 사다리꼴 문양이 선명해진다. 애벌레는 잎의 억센 맥을 피해가는 활동을 한다. **4령애벌레**는 흑색 머리에 몸은 회색이다. 등선과 사다리꼴 문양은 짙은 회색으로 먹이식물의 줄기와 같은 보호색을 가진다. 애벌레는 왕성한 식욕을 보이는 먹이활동을 한다. **전용**이 가까워진 애벌레는 주위 환경과 비슷한 보호색을 가지며 먹이식물에서 내려와 주변의 낙엽 아래 배다리가 닿는 면에 실을 치고 몸에 실을 걸어 번데기가 된다. **번데기**는 갈색으로 백색 털이 있으며 짙은 갈색의 반점이 덮여있다.

먹이식물(갈참나무)

알

알

1령

1령 초

2령

3령

4령

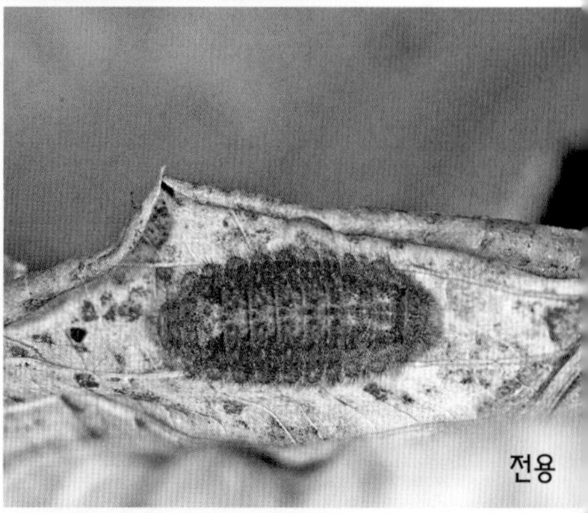
전용

번데기

번데기

수명을 다한 암컷

37. 금강석녹색부전나비 *Favonius ultramarinus* (Fixsen, 1887)

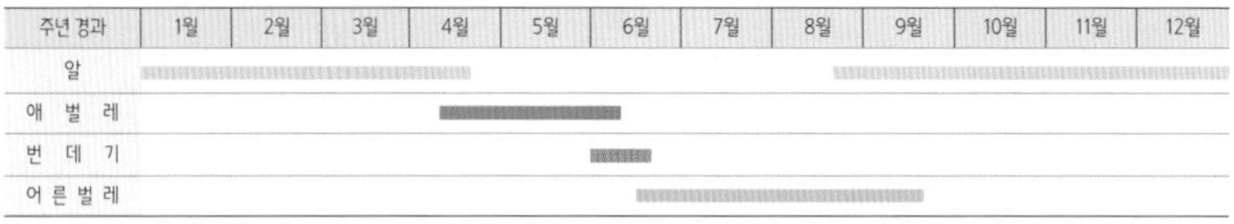

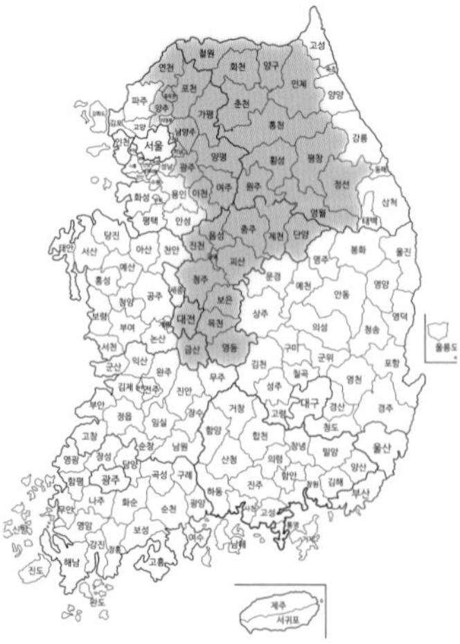

○ 성충 발생 연 1회, 지역에 따라 6~9월에 활동한다. ○ 겨울나기 알

○ 먹이식물 떡갈나무 등(참나무과), 실내사육 및 채란에 신갈나무, 졸참나무, 갈참나무도 가능

암컷은 먹이식물의 겨울눈 주위나 줄기에 알을 낳는다. **알**은 백색의 둥글고 납작한 모양으로 정공이 깊다. 표면은 다각형으로 돌출된 격자 문양의 줄돌기가 덮여있고 모서리마다 가시돌기가 있다. 알에서 깨어난 **1령애벌레**는 흑색 머리에 몸은 짙은 갈색이며 흑색 털이 있다. 시간이 지나며 애벌레는 유백색으로 변한다. 애벌레는 터지는 겨울눈에 들어가 실을 걸어 엉성한 막을 치고 활동한다. **2령애벌레**는 흑색 머리에 몸은 연분홍색이다. 등선을 따라 사다리꼴 문양이 발달하고 갈색 점과 백색 털이 고르게 퍼져 있다. 애벌레는 자라는 새순을 떠나지 않고 쳐놓은 그물막에 배설물을 붙이며 생활한다. **3령애벌레**는 분홍색과 회색이 어우러진 몸으로 백색 털이 빼곡하고 보다 큰 잎으로 이동한다. **4령애벌레**는 흑색 머리에 몸은 연한 회색으로 흑색 등선이 배끝으로 점점이 이어진다. 숨구멍 또한 흑색으로 뚜렷하다. 애벌레는 주맥을 피해 먹이활동을 한 후 눈비늘 틈에서 휴식을 취한다. **전용**이 가까워진 애벌레는 먹이식물에서 내려와 주변의 낙엽 아래에 배다리가 닿는 면에 실을 치고 몸에 실을 걸어 번데기가 된다. **번데기**는 유백색으로 등선과 등옆선을 따라 짙은 갈색 반점이 퍼져 있다. 시간이 지나며 번데기는 주변과 비슷한 보호색을 갖는다.

먹이식물(떡갈나무)

알

알

1령 초

1령

2령

4령

4령 초

4령 말

번데기

번데기

38. 은날개녹색부전나비 *Favonius saphirinus* (Staudinger, 1887)

암컷

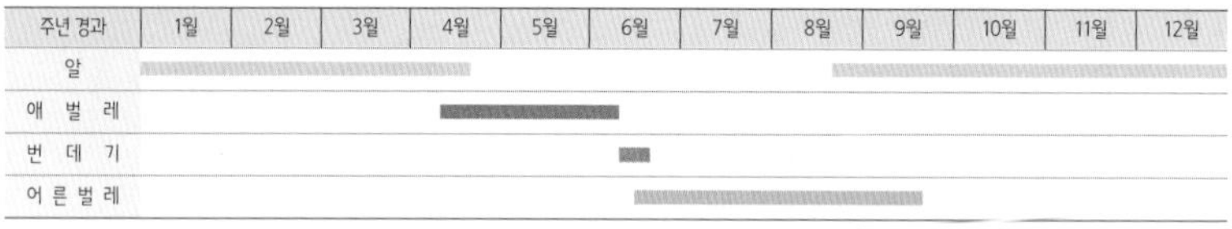

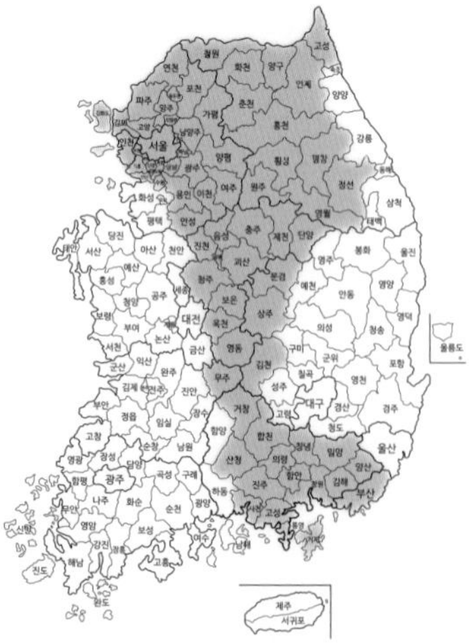

○ 성충 발생 연 1회, 지역에 따라 6~9월에 활동한다. ○ 겨울나기 알

○ 먹이식물 떡갈나무, 신갈나무, 갈참나무, 굴참나무 등(참나무과), 실내사육 및 채란에 상수리나무, 졸참나무도 가능

암컷은 먹이식물의 주변 나뭇가지나 돌, 마른 잎 등에 하나에서 여러 개 알을 모아 낳는다 **알**은 유백색의 둥글고 납작한 모양으로 정공이 작다. 표면은 다각형으로 돌출된 격자 문양의 줄돌기가 덮여있고 모서리마다 가시돌기가 있다. 유백색의 알은 시간이 지나며 백색으로 변한다. 알에서 깨어난 **1령애벌레**는 반짝이는 갈색 머리에 몸은 연한 갈색으로 몸에 털이 듬성듬성 있다. 애벌레는 부풀어 오르는 겨울눈이나 꽃봉오리를 파고들어가 활동한다. **2령애벌레**는 흑색 머리에 몸은 유백색으로 붉은색 등선이 발달하고 투명한 긴 털이 있다. 애벌레는 녹색으로 여린 새순 사이에 숨어 지낸다. **3령애벌레**의 몸은 분홍색으로 털은 짧아지고 등선을 따라 사다리꼴 문양이 선명해진다. 애벌레는 먹이식물의 잎 가장자리를 먹기도 하지만, 잎에 구멍을 내가며 활동한다. **4령애벌레**의 몸은 갈색으로 짙은 갈색의 등선을 중심으로 사다리꼴 문양이 흐릿해진다. 몸 전체적으로 작은 백색 털이 빼곡하다. 애벌레는 먹이활동을 마치면 보호색을 가진 눈비늘에 붙어 휴식을 한다. **전용**이 가까워진 애벌레는 짙은 갈색으로 짙어지며 낙엽 또는 보다 안전한 곳을 찾아 배다리가 닿는 면에 실을 치고 몸에 실을 걸어 번데기가 된다. **번데기**는 초기에 분홍색이 도는 유백색으로 등선이 약해 보이나 시간이 지나며 색이 짙어진다.

먹이식물(떡갈나무)

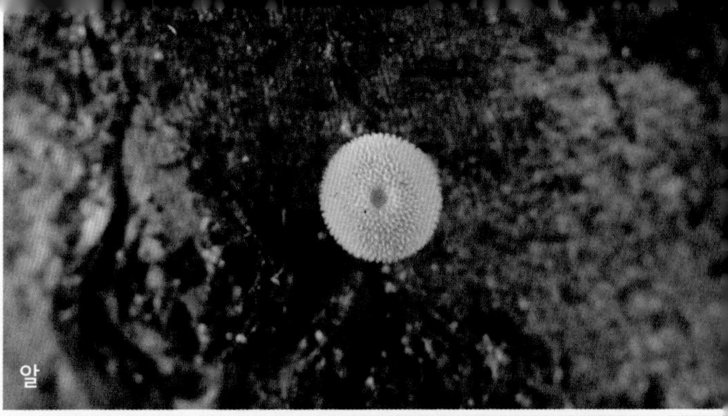
알

알

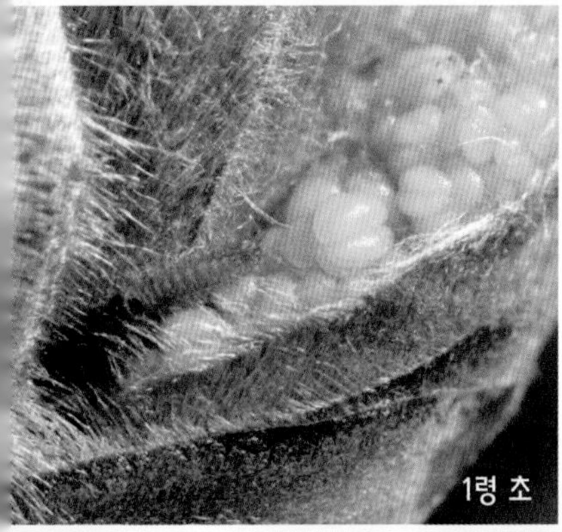
1령 초

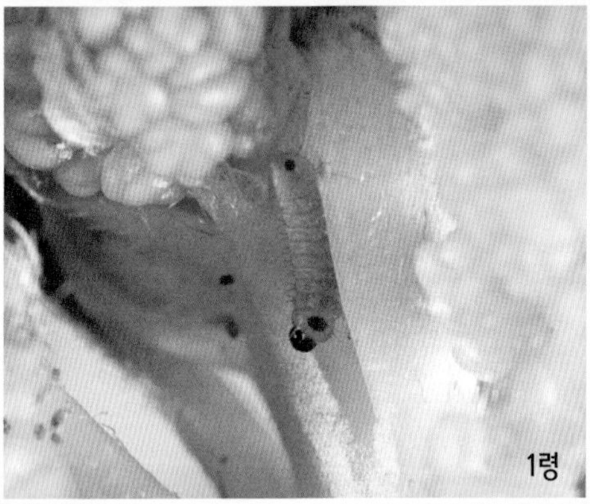
1령

3령

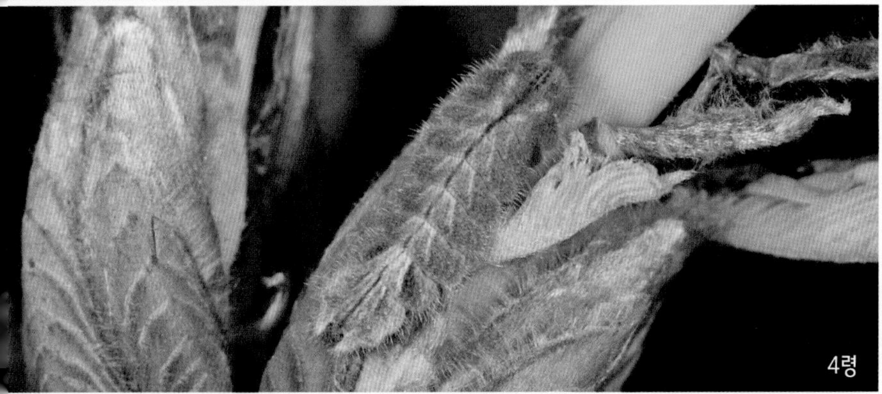
4령

4령 말

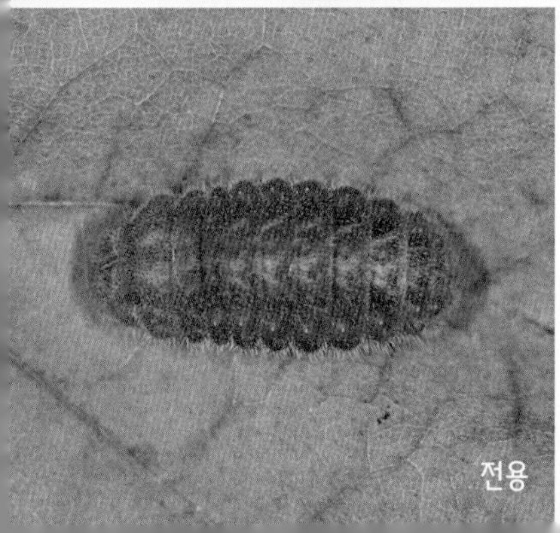
전용

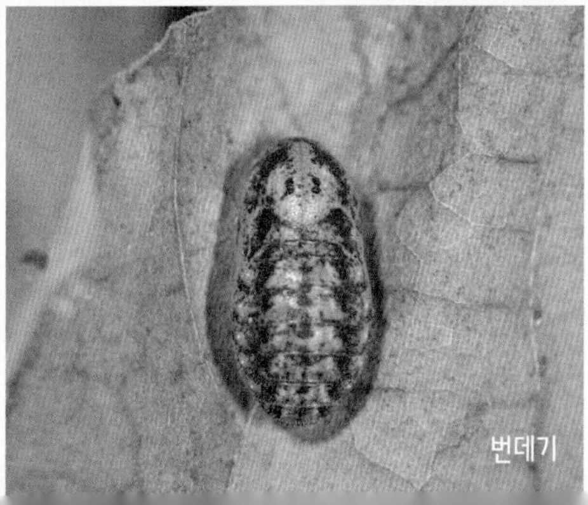
번데기

암컷

39. 넓은띠녹색부전나비 *Favonius cognatus* (Staudinger, 1892)

암컷

주년경과	1월	2월	3월	4월	5월	6월	7월	8월	9월	10월	11월	12월
알												
애벌레												
번데기												
어른벌레												

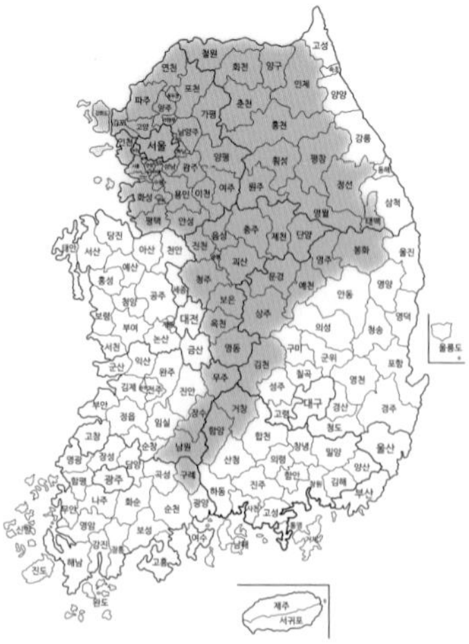

○ 성충 발생 연 1회, 지역에 따라 6~9월에 활동한다. ○ 겨울나기 알

○ 먹이식물 참나무과 신갈나무, 굴참나무, 떡갈나무 등(참나무과)

암컷은 먹이식물의 겨울눈 주위나 가지 등을 가리지 않고 알을 낳는다. **알**은 백색의 둥글고 납작한 모양으로 정공이 깊게 들어가 있다. 표면은 다각형으로 돌출된 격자 문양의 줄돌기가 덮여있고 모서리마다 가시돌기가 있다. 알에서 깨어난 **1령애벌레**는 흑색 머리에 몸은 짙은 갈색으로 털이 있다. 애벌레는 부풀어 오르는 겨울눈을 찾아 활동을 시작한다. **2령애벌레**는 흑색 머리에 몸은 분홍색이다. 짙은 갈색의 등선을 따라 백색 사다리꼴 문양이 있고 몸에 털이 빼곡하다. 애벌레는 여린 잎이나 꽃이삭을 조심스럽게 먹는 모습을 보인다. **3령애벌레**의 몸은 붉은색 기운을 가진 회색이다. 배마디의 등선 돌기에 4개의 검은색 점에 백색 털이 길게 있다. **4령애벌레**의 몸은 전체적으로 밝은 회색이다. 흑색 등선을 감싸고 있는 사다리꼴 문양이 선명하다. 바닥선에 짧아진 백색 털이 균일하게 몸을 감싼다. 왕성한 식욕의 애벌레는 잎 가장자리부터 알뜰하게 먹어 들어온다. 먹이활동을 마치면 머리를 잎자루에 가까이 한 모습으로 휴식을 취한다. **전용**이 가까워진 애벌레는 먹이식물에서 내려와 주변 낙엽 사이 배다리가 닿는 면에 실을 치고 몸에 실을 걸어 번데기가 된다. **번데기**는 유백색으로 등선 옆으로 짙은 갈색 반점이 좌우 대칭으로 있다. 번데기는 시간이 지나며 갈색으로 짙어진다.

먹이식물(신갈나무)

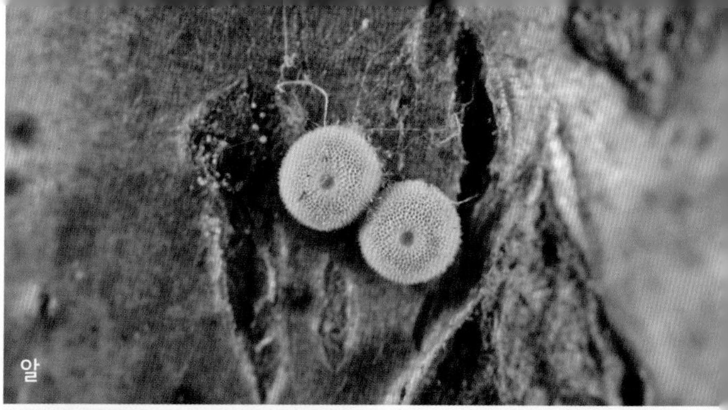
알

알

알에서 나오는 애벌레

1령 초

2령

3령

4령

4령

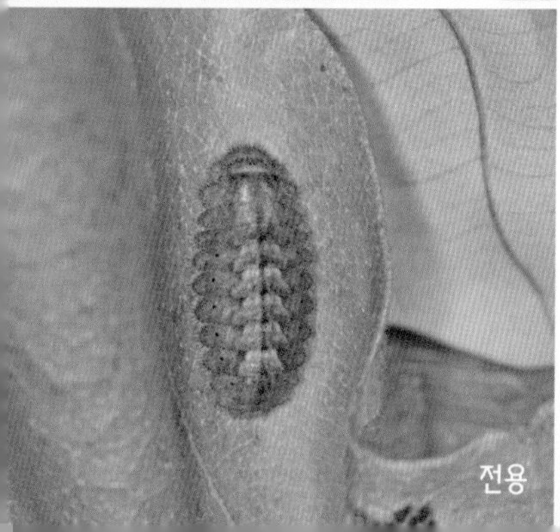
전용

번데기

번데기

40. 산녹색부전나비 *Favonius taxila* (Bremer, 1861)

수컷

주년 경과	1월	2월	3월	4월	5월	6월	7월	8월	9월	10월	11월	12월
알												
애벌레												
번데기												
어른벌레												

○ 성충 발생 연 1회, 지역에 따라 6~9월에 활동한다. ○ 겨울나기 알

○ 먹이식물 참나무과 갈참나무, 신갈나무, 떡갈나무, 졸참나무 등(참나무과)

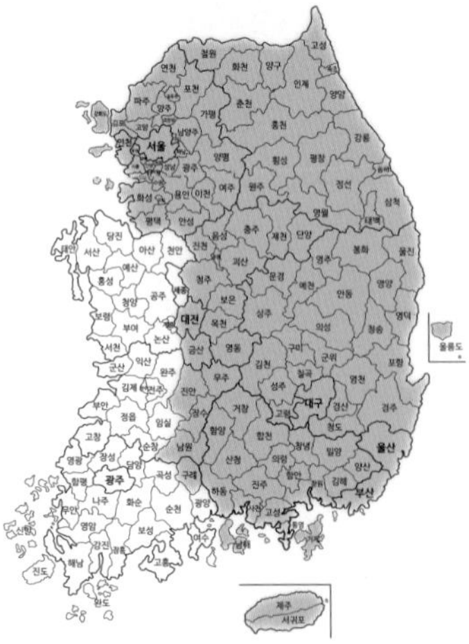

암컷은 먹이식물의 줄기 또는 겨울눈 주위에 알을 낳는다. **알**은 백색의 둥글고 납작한 모양으로 정공 부위가 선명하다. 표면은 다각형으로 돌출된 격자 문양의 줄돌기가 덮여있고 모서리마다 가시돌기가 있다. 알에서 깨어난 **1령애벌레**는 흑색 머리에 몸은 회분홍색으로 등에 사다리꼴 문양이 나타난다. 애벌레는 잎에 실을 친 자리를 만들고 작은 구멍을 내가며 먹이활동을 한다. **2령애벌레**의 몸은 선홍색으로 가슴이 넓어지고 등선이 선명해진다. 백색의 사다리꼴 문양은 배끝으로 이어지고 몸에 백색의 긴 털이 빼곡하게 있다. 애벌레는 작은 잎 가장자리에 상처를 내듯 조심스레 먹이활동을 한다. **3령애벌레**의 몸은 주황색으로 먹이가 부족하면 약한 줄기를 먹기도 한다. 활동을 마친 애벌레는 눈비늘 사이에 들어가 휴식을 취한다. **4령애벌레**의 몸은 주홍색으로 더욱 더 짙어지고 등에 사다리꼴 문양이 선명하다. 또한, 등선을 중심으로 몸마디에 강한 돌기가 나타난다. 애벌레는 잎 가운데 주맥에 자리를 잡고 가장자리부터 안쪽으로 크게 먹이활동을 한다. **전용**이 가까워진 애벌레는 밝은주홍색으로 옅어진다. 먹이식물에서 내려와 주변 낙엽 배다리가 닿는 면에 실을 치고 몸에 실을 걸어 번데기가 된다. **번데기**는 등선을 따라 배마디에 반짝이던 사다리꼴 문양은 시간이 지나며 옅어진다.

먹이식물(신갈나무)

알

알

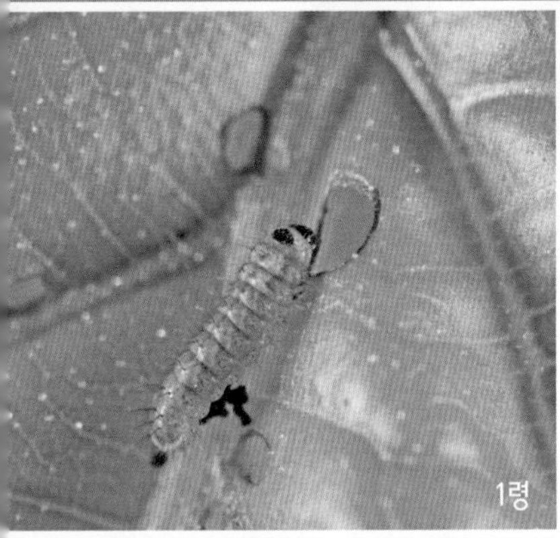

1령

2령

3령

4령

4령

전용

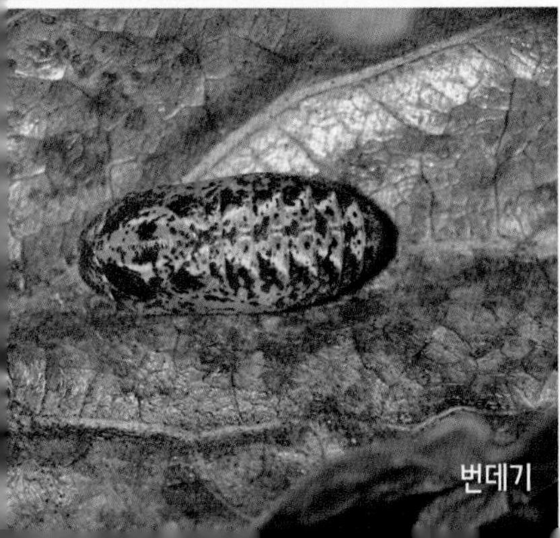

번데기

번데기

암컷

41. 검정녹색부전나비 *Favonius yuasai* Shirôzu, 1947

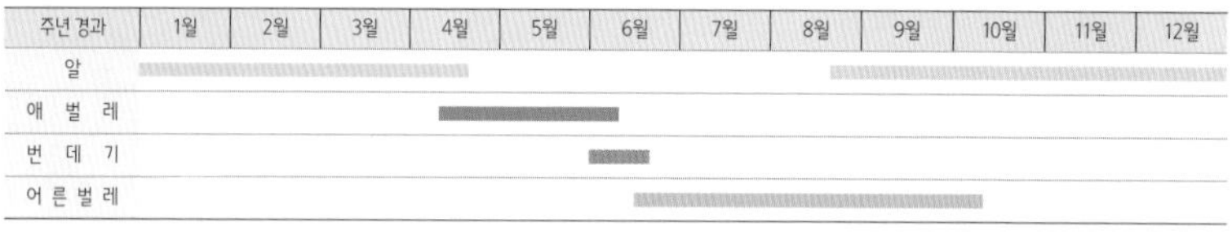

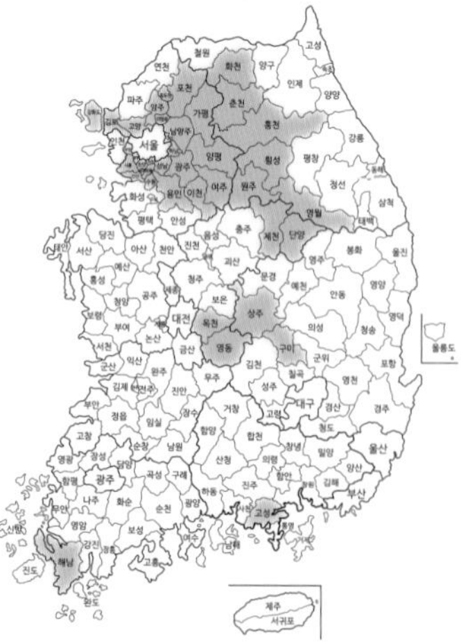

○ 성충 발생 연 1회, 지역에 따라 6~9월에 활동한다.

○ 겨울나기 알

○ 먹이식물 상수리나무, 굴참나무 등(참나무과),
실내사육 및 채란에 신갈나무, 졸참나무, 갈참나무도 가능

암컷은 먹이식물의 겨울눈 주위에 알을 낳는다. **알**은 흰색의 둥글고 납작한 모양으로 움푹 들어간 정공 부위가 선명하다. 표면은 다각형으로 돌출된 격자 문양의 줄돌기가 덮여있고 모서리마다 가시돌기가 있다. 알에서 깨어난 **1령애벌레**는 흑색 머리에 몸은 갈색으로 긴 털이 있다. 시간이 지나며 몸은 주홍색으로 변하고 등선이 선명해지며 털이 짧아진다. 애벌레는 부풀어 오르는 겨울눈을 비집고 들어가 활동한다. **2령애벌레**의 몸은 먹이식물의 짙은 분홍색 눈비늘과 같은 보호색을 가지며 등선과 사다리꼴 문양이 선명하다. 애벌레는 먹이활동을 마치면 눈비늘 사이로 돌아와 휴식을 한다. **3령애벌레**는 갈색 머리에 몸은 연한 회색으로 잔털이 빼곡하다. 등선과 숨구멍을 따라 이어진 사다리꼴 문양도 흑색이다. 애벌레는 왕성한 먹이활동 후 보호색을 가진 줄기에 붙어 휴식을 한다. **4령애벌레**는 흑색 머리에 몸은 유백색으로 등선과 사다리꼴 문양, 숨구멍 모두 흑색으로 변한다. 검정녹색부전나비 애벌레는 령기에 따라 몸의 색이 완전히 다르게 바뀌는 특성을 가진다. **전용**이 가까워진 애벌레는 먹이식물에서 내려와 주변의 낙엽 사이 배다리가 닿는 면에 실을 치고 몸에 실을 걸어 번데기가 된다. **번데기**는 짙은 갈색 무늬가 덮여있고 숨구멍은 백색으로 밝다.

먹이식물(상수리나무)

알

알

1령 초

1령

2령

3령

4령 초

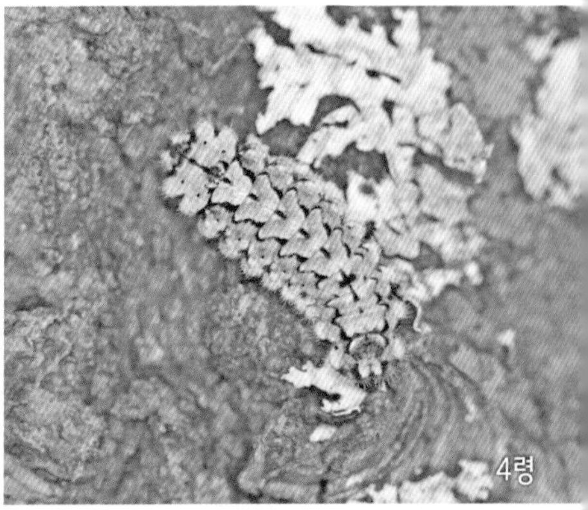

4령

전용

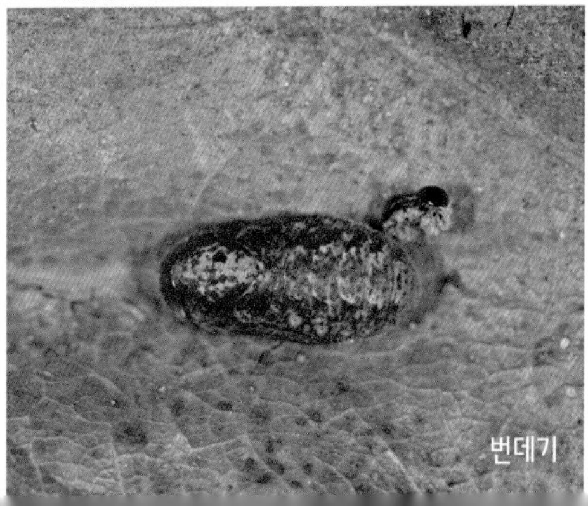

번데기

번데기

42. 우리녹색부전나비 *Favonius koreanus* Kim, 2006

암컷

EX
EW
RE
CR
EN 위기
VU
NT
LC
DD
NA
NE

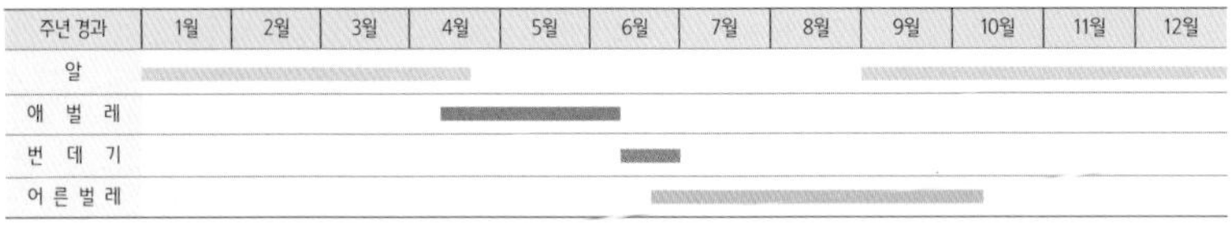

○ 성충 발생 연 1회, 지역에 따라 6~10월에 활동한다. ○ 겨울나기 알
○ 먹이식물 굴참나무(참나무과)

암컷은 40년 이상 굴참나무 어른 팔뚝 굵기의 땅을 향한 가지면에 알을 낳는다. **알**은 백색의 둥글고 납작한 모양으로 움푹 들어간 정공 부위가 선명하다. 표면은 다각형으로 돌출된 격자 문양의 줄돌기가 덮여있고 모서리마다 가시돌기가 있다. 알에서 깨어난 **1령애벌레**는 흑색 머리에 몸은 갈색으로 긴 털이 있다. 시간이 지나며 몸은 분홍색으로 변하고 털은 짧아진다. 애벌레는 부풀어 오른 겨울눈을 파고들어가 활동을 시작한다. **2령애벌레**의 몸도 분홍색으로 백색 털이 빼곡하고 등선과 사다리꼴 문양이 밝다. 애벌레는 많은 활동량을 보이며 새순을 찾아 먼 거리의 이동도 마다하지 않는다. **3령애벌레**는 흑색 머리에 몸은 연한 회색으로 등선을 중심으로 사다리꼴 문양이 더욱 선명해진다. 애벌레는 잎맥을 피해가며 활동한다. **4령애벌레**의 몸은 굴참나무의 껍질과 같은 짙은 회색이다. 등선이 배끝으로 가늘게 이어지고 사다리꼴 문양은 흐릿한 백색이다. 흑색으로 반짝이던 숨구멍에 둥근 테가 발달한다. 애벌레의 왕성한 식욕은 넓은 활동량을 보인다. **전용**이 가까워진 애벌레는 주위 환경과 비슷한 보호색을 가지고 먹이식물에서 내려와 주변 낙엽 아래 배다리가 닿는 면에 실을 치고 몸에 실을 걸어 번데기가 된다. **번데기**는 짙은 갈색으로 숨구멍 주변이 밝다.

먹이식물(굴참나무)

알

알

1령 초

1령

2령 초

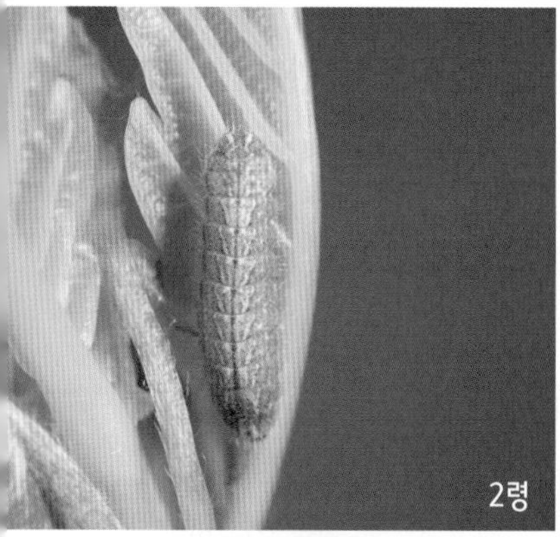
2령

3령 말

4령 초

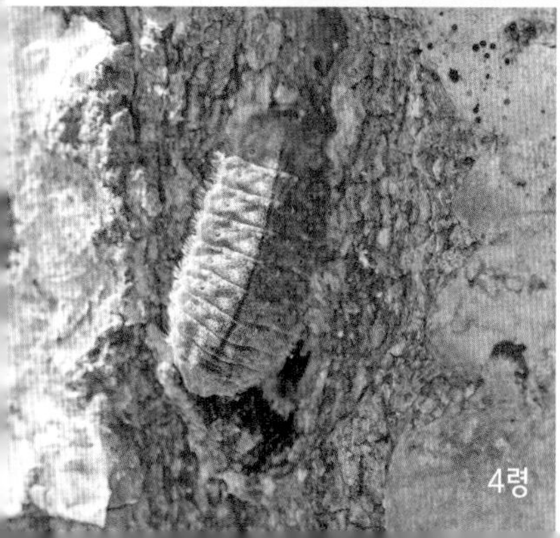
4령

전용

번데기

43. 암붉은점녹색부전나비 Chrysozephyrus smaragdinus (Bremer, 1861)

수컷

EX EW RE CR EN VU NT LC DD NA NE

주년 경과	1월	2월	3월	4월	5월	6월	7월	8월	9월	10월	11월	12월
알												
애벌레												
번데기												
어른벌레												

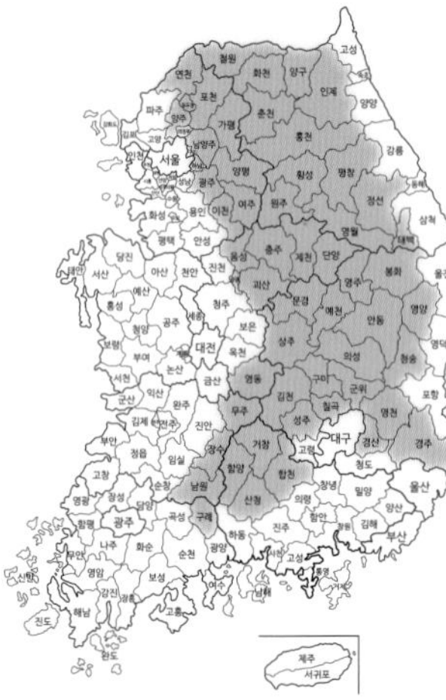

○ 성충 발생 연 1회, 지역에 따라 6~8월에 활동한다. ○ 겨울나기 알
○ 먹이식물 산벚나무, 벚나무 등(장미과)

암컷은 먹이식물의 곁가지나 겨울눈 주위에 알을 낳는다. **알**은 백색의 찐빵 모양으로 정공 부위가 평평하다. 표면에 정공을 둘러싼 여러 개의 납작한 줄돌기가 세로로 있고 사이에 줄돌기가 있다. 알에서 깨어난 **1령애벌레는** 흑색 머리에 몸은 연한 녹색으로 몸마디가 선명하고 갈색의 가는 털이 있다. 애벌레는 겨울눈 보다 먼저 움트는 꽃봉오리를 파고들어가 활동한다. **2령애벌레**는 흑색 머리에 몸은 연한 노란색으로 잔털이 많으며 가슴다리가 흑색이다. 애벌레는 꽃을 주로 먹지만 여린 잎을 찾기도 한다. **3령애벌레**의 몸은 유백색이다. 가슴에서 배끝으로 노란색 등선이 이어지고 바닥선은 백색이다. 몸통이 넓어지며 흑색 숨구멍이 선명하다. 애벌레는 먹이식물의 잎맥에 실을 치고 앉아 배설물을 붙여가며 생활한다. **4령애벌레**의 외부 형태는 3령기와 같다. 왕성한 식욕을 보이는 시기로 주맥을 중심으로 한쪽을 먹고 나서야 다른 쪽을 먹는 모습을 보인다. 서식지의 벚나무류에 먹이활동의 흔적을 찾으면 노란색의 애벌레를 발견할 수도 있다. **전용**이 가까워진 애벌레는 특별한 몸의 변화 없이 먹이식물에서 내려와 주변의 낙엽 아래 배다리가 닿는 면에 실을 치고 번데기가 된다. **번데기**는 노란색이며 등선과 숨구멍, 앞날개 부분이 짙은 갈색으로 어둡다.

먹이식물(산벚나무)

알

알

1령

2령

3령

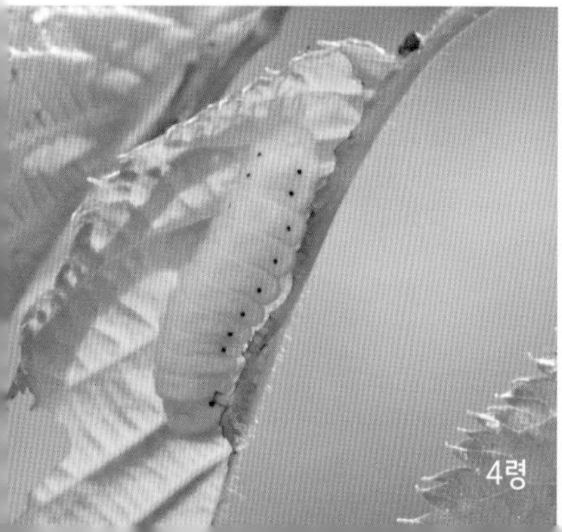
4령

전용

번데기

44. 북방녹색부전나비 *Chrysozephyrus brillantinus* (Staudinger, 1887)

수컷

EX EW RE CR EN VU NT LC DD NA NE

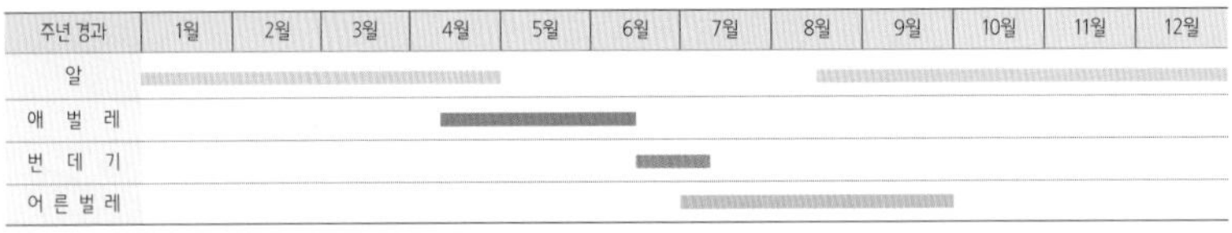

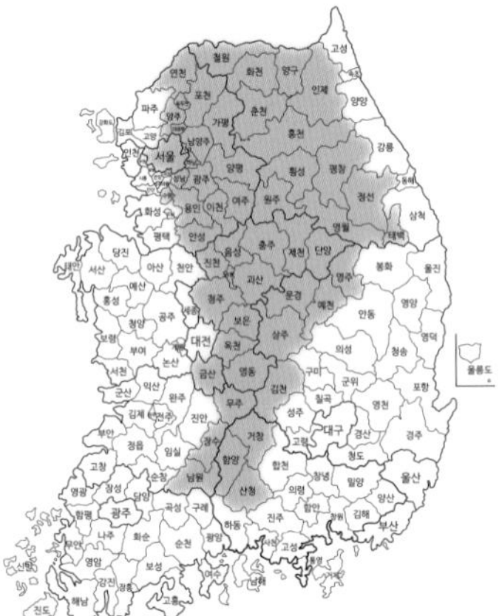

○ 성충 발생 연 1회, 지역에 따라 7~9월에 활동한다. ○ 겨울나기 알

○ 먹이식물 신갈나무, 굴참나무, 갈참나무, 상수리나무, 졸참나무 등(참나무과)

암컷은 먹이식물의 겨울눈 주위에 알을 낳는다. **알**은 백색의 두툼한 찐빵 모양으로 표면에 정공을 둘러싼 여러 개의 납작한 줄돌기가 세로로 있고 사이에 줄돌기가 층층이 있다. 알에서 깨어난 **1령애벌레**는 흑색 머리에 몸은 짙은 갈색으로 부풀어 오른 겨울눈을 비집고 들어가 활동을 한다. 애벌레는 시간이 지나며 몸마디에 검은색 털이 듬성듬성한 유백색의 매끈한 몸으로 변한다. **2령애벌레**의 몸은 눈비늘과 같은 보호색을 가지며 등선 좌우에 빗금이 발달한다. 애벌레는 먹이활동을 마치면 눈비늘 틈에 몸을 숨기고 쉬기를 반복한다. **3령애벌레**는 흑색 머리에 가슴은 붉은 갈색으로 배마디의 탁한 분홍색은 배끝으로 갈수록 색이 밝아진다. 애벌레는 2령기와 같은 행동을 한다. **4령애벌레**는 적갈색의 몸이 더욱 짙어지고 머리를 감싸고 있는 앞가슴은 흑색이다. 등선 좌우의 빗금과 숨구멍이 황토색으로 밝다. 이 시기의 애벌레는 먹이식물의 거친 잎도 가리지 않는 왕성한 식욕을 보인다. **전용**이 가까워진 애벌레는 먹이식물에서 내려와 주변의 나무 틈이나 낙엽 사이 배다리가 닿는 면에 실을 치고 몸에 실을 걸어 번데기가 된다. **번데기**는 등선 좌 · 우배마디에 흑색 반점이 일정한 배열로 나타난다. 번데기는 시간이 지나며주변과 같은 보호색을 가진다.

먹이식물(신갈나무)

알

알

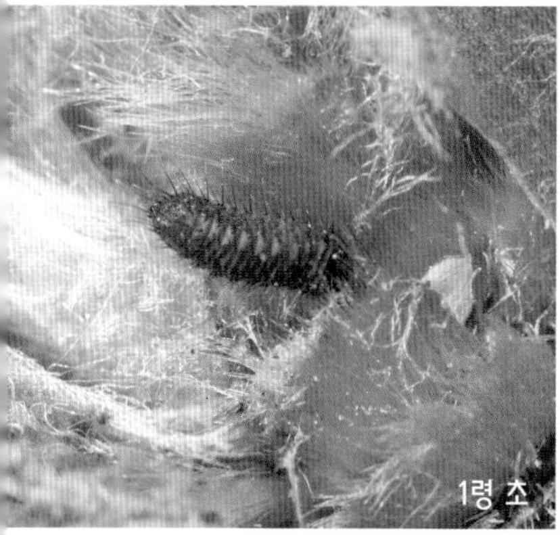
1령 초

1령

2령

3령

4령

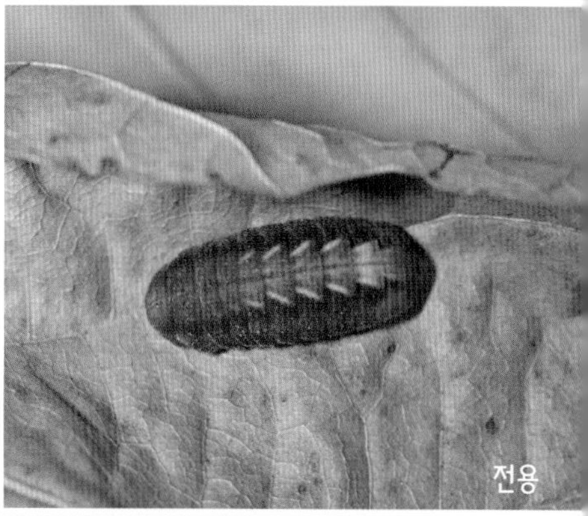
전용

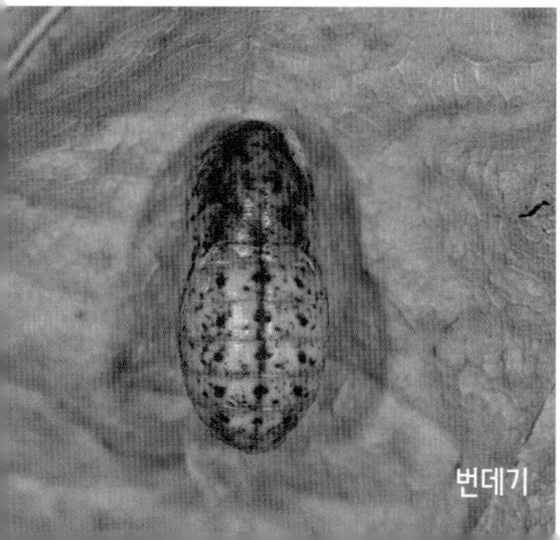
번데기

번데기

암컷

45. 남방녹색부전나비 *Chrysozephyrus ataxus* (Westwood, 1851)

암컷

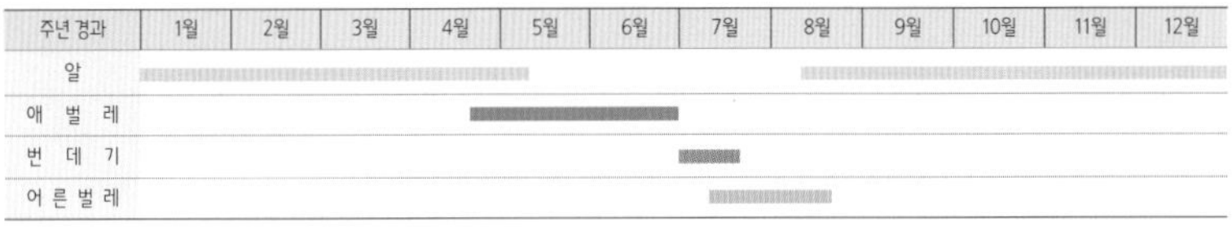

○ 성충 발생 연 1회, 7~8월에 활동한다.

○ 겨울나기 알

○ 먹이식물 붉가시나무(참나무과)

암컷은 붉가시나무의 겨울눈 주위에 하나에서 여러 개의 알을 낳는다. **알**은 백색의 찐빵 모양으로 정공 부위가 움푹 들어갔다. 표면은 다각형으로 돌출된 격자 문양의 줄돌기가 덮여있고 모서리마다 가시돌기가 있다. 알에서 깨어난 **1령애벌레**의 몸은 연노란색으로 먹이식물의 잎 아랫면 잎맥 사이에 자리를 만들어 잎살을 시작으로 먹이활동을 한다. **2령애벌레**의 몸은 매끄러운 연한 녹색이다. 등선 좌우에 빗금이 비치기 시작하고 몸마디마다 백색의 긴 털이 빼곡하게 있다. 애벌레는 새순을 파고들어 가 생활한다. **3령애벌레**는 녹색으로 등선을 중심으로 노란색 등부위가 높게 발달한 체형을 가진다. 애벌레는 여린 잎의 주맥을 중심으로 한쪽 잎을 먹은 후 다른 한쪽을 먹는 습성을 보인다. **4령애벌레**는 황록색의 긴 체형으로 몸마디가 뚜렷하다. 애벌레는 먹이식물에 따라 몸의 색이 달라질 수 있다. 알은 붉가시나무에서만 발견되지만, 사육은 종가시나무 외에 굴참나무 등 여러 종류의 참나무로 가능하다. **전용**이 가까워진 애벌레는 탁한 분홍색으로 변한다. 먹이식물에서 내려온 애벌레는 주변의 낙엽 사이로 들어가 배다리가 닿는 면에 실을 치고 가슴에 실을 걸어 번데기가 된다. **번데기는** 연한 갈색으로 가운데가슴에 1쌍의 반점과 등선이 흑색이다.

먹이식물(붉가시나무)

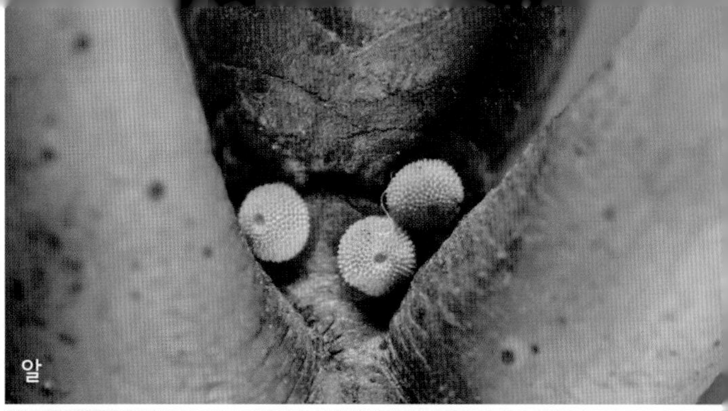
알

알

2령

3령 초

3령

4령 초

4령

전용

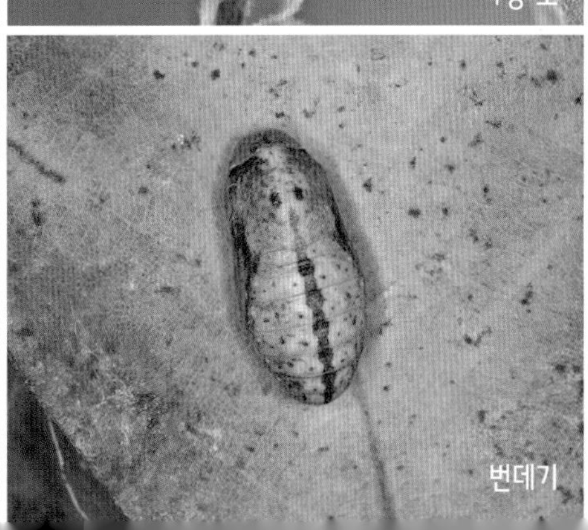
번데기

번데기

46. 범부전나비 *Rapala caerulea* (Bremer & Grey, 1851)

암컷(여름형)

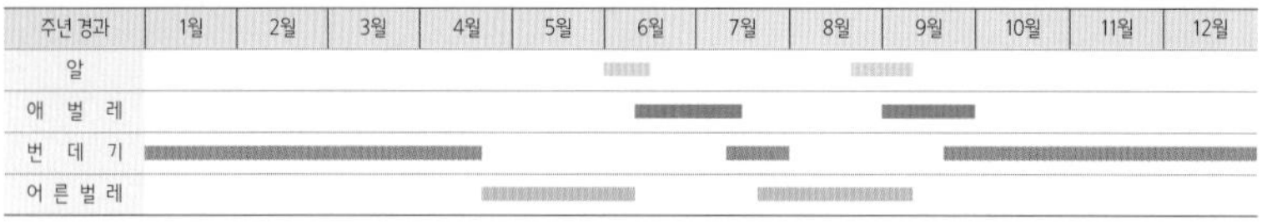

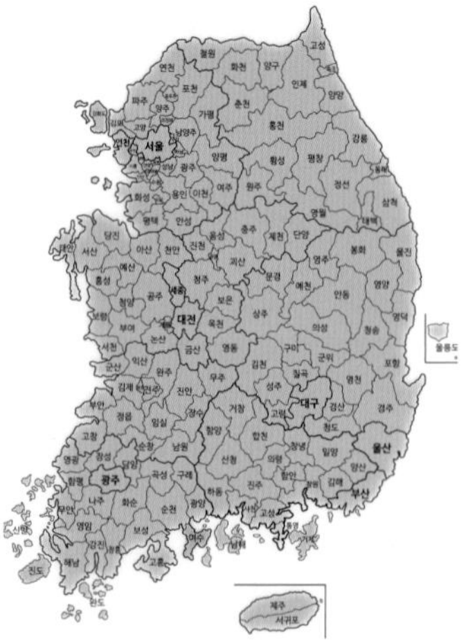

○ 성충 발생 연 1~2회, 지역에 따라 4~9월에 활동한다. ○ 겨울나기 번데기

○ 먹이식물 싸리나무류, 고삼, 아까시나무 등(콩과), 갈매나무 등(갈매나무과)

암컷은 먹이식물의 꽃이삭, 새순, 잎, 줄기 등에 알을 낳는다. **알**은 연한 녹색의 낮은 찐빵 모양으로 정공 부위가 낮게 들어가 있다. 표면에 다양한 모양으로 줄돌기가 덮여있고 만나는 모서리마다 작은 돌기가 있다. 알에서 깨어난 **1령애벌레**는 계절에 따라 꽃봉오리나 여린 잎을 먹으며 생활한다. **2령애벌레**는 갈색 머리에 등선을 따라 등옆선도 배끝으로 이어지고 몸마디에 일정한 배열의 갈색 긴 털이 있다. 애벌레는 꽃받침이나 꽃봉오리에 구멍을 내고 머리를 넣어 씨방이나 꽃술 등을 먹이로 하지만 시간이 지나며 잎이나 꽃을 먹기도 한다. 애벌레의 몸은 먹이에 따라 여러 가지 색을 가진다. **4령애벌레**는 반짝이는 갈색 머리와 몸은 녹색 또는 유백색으로, 등선이 짙어지고 붉은색 숨구멍이 선명하다. 몸에 거친 잔털이 빼곡하고 몸마디에 날카로워 보이는 백색 사다리꼴 문양이 나타난다. 애벌레의 먹이 경쟁은 꽃송이를 찾아 이동하는 애벌레의 움직임이 빨라지게 한다. **전용**이 가까워진 애벌레는 먹이식물에서 내려와 주변의 안전한 곳을 찾아 실을 치고 몸에 실을 걸어 번데기가 된다. **번데기**는 애벌레 시기의 색상과 상관없이 연한 갈색으로 등선이 선명하고 배마디 등옆선을 따라 갈색 점이 있다. 숨구멍은 유백색으로 어렴풋하다.

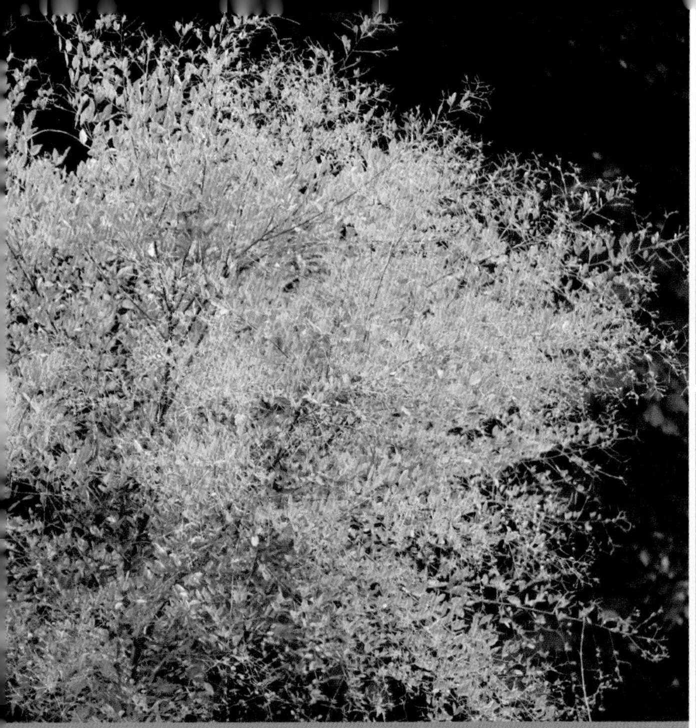
먹이식물(싸리류)

알

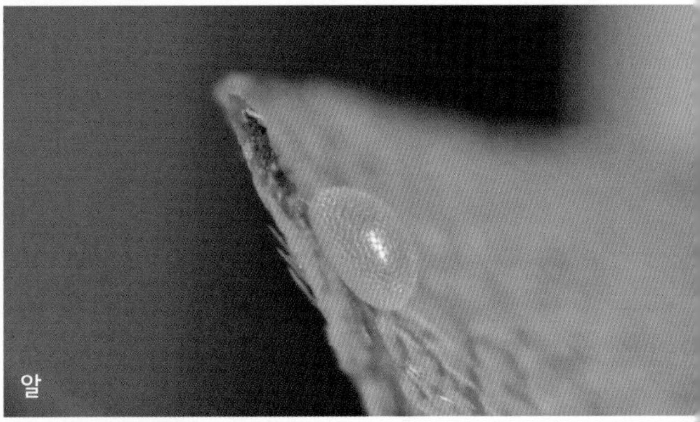
알

3령

4령 초

4령

4령

전용

번데기

번데기

성충(봄형)

알 낳기

47. 남방남색꼬리부전나비 *Arhopala bazalus* (Hewitson, 1862)

EX
EW
RE
CR
EN 위기
VU
NT
LC
DD
NA
NE

주년경과	1월	2월	3월	4월	5월	6월	7월	8월	9월	10월	11월	12월
알					■		■		■			
애벌레					■	■	■	■	■			
번데기						■		■		■		
어른벌레	■	■	■	■	■	■	■	■	■	■	■	■

○ 성충 발생 연 2~3회, 4~11월에 활동한다. ○ 겨울나기 성충

○ 먹이식물 돌참나무, 종가시나무 등(참나무과)

암컷은 먹이식물의 새순이나 여린 잎 등에 알을 낳는다. **알**은 백색의 찐빵 모양으로 정공 부위가 약하게 들어갔다. 표면은 다각형으로 돌출된 격자 문양의 줄돌기가 덮여있고 모서리마다 가시돌기가 있다. 알에서 깨어난 **1령애벌레**의 몸은 연한 노란색으로 납작한 체형이다. 애벌레는 먹이식물의 잎 아랫면 잎맥 사이에 자리를 만든다. 잎살을 시작으로 먹이활동을 하며, 주변의 개미가 관심을 보인다. **2령애벌레**의 머리와 몸은 연한 노란색이다. 몸에 백색 털이 빼곡하게 있고 등선과 등옆선 사이에 노란색 넓은 선이 배끝으로 이어진다. 애벌레는 잎의 한쪽을 말아 만든 공간에 실을 친 방을 만들어 활동한다. **3령애벌레**는 몸에 털이 짧아지고 등옆선 아래로 연한 녹색이 비친다. 애벌레는 만들어 놓은 방의 가장자리를 둥글게 먹기도 하고 잎살을 먹기도 한다. **4령애벌레**는 먹이식물의 잎 아랫면과 같은 황록색의 보호색을 갖는다. 3령기에 선명하던 등선과 등옆선 사이의 노란색 줄무늬가 몸에 묻혀 선명함이 약해진다. **전용**이 가까워진 애벌레는 갈색으로 변한다. 애벌레는 둥글게 말아 만든 방에 실을 치고 배끝 방향을 막은 후 몸에 실을 걸어 번데기가 된다. **번데기**는 연한 갈색으로 갈색 반점이 듬성듬성 있으며 등선과 노란색의 숨구멍이 선명하다. 우리나라는 제주도에서만 볼 수 있다.

먹이식물(돌참나무)

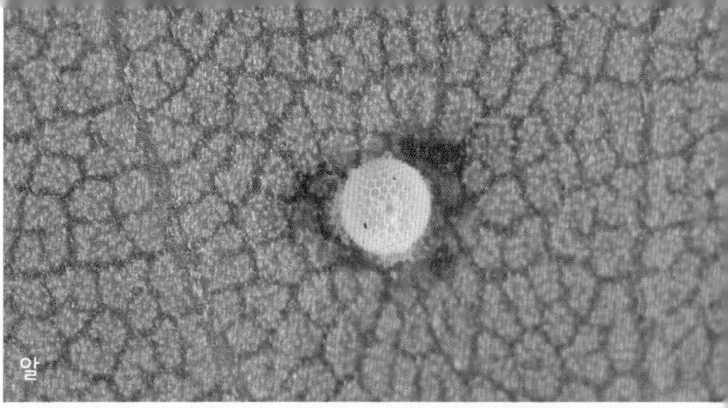
알

알

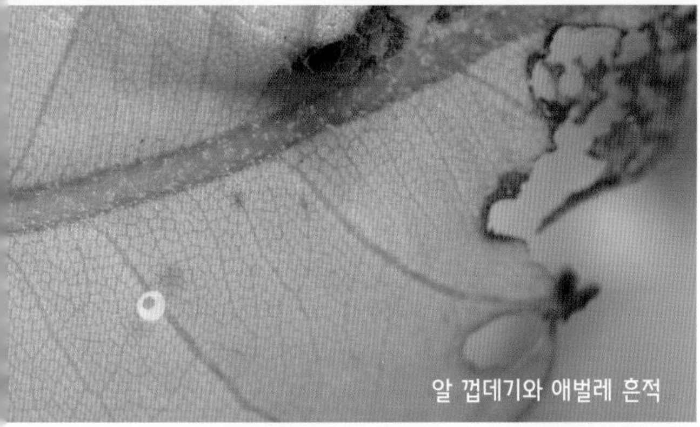
알 껍데기와 애벌레 흔적

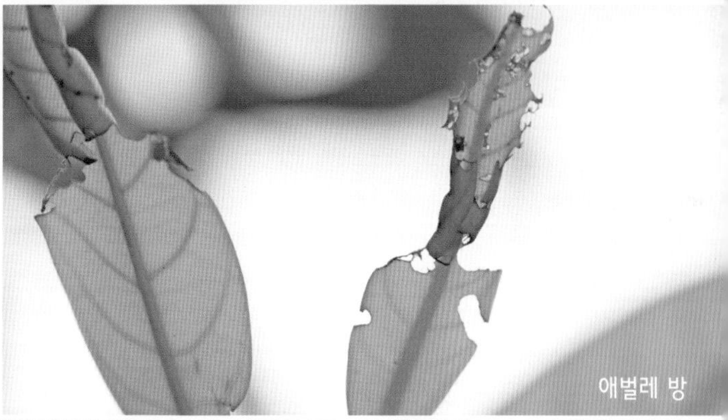
애벌레 방

1령

2령

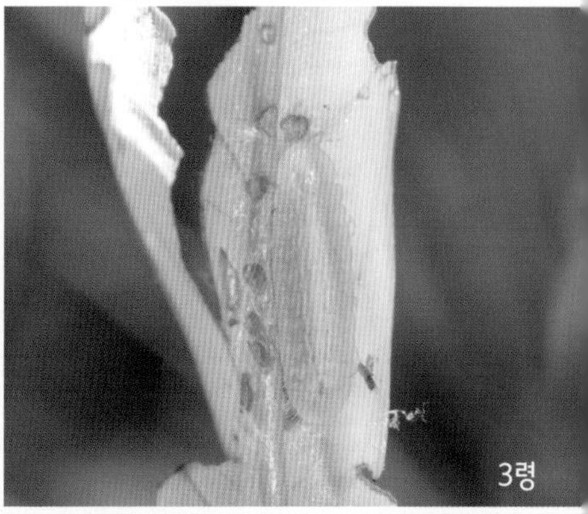
3령

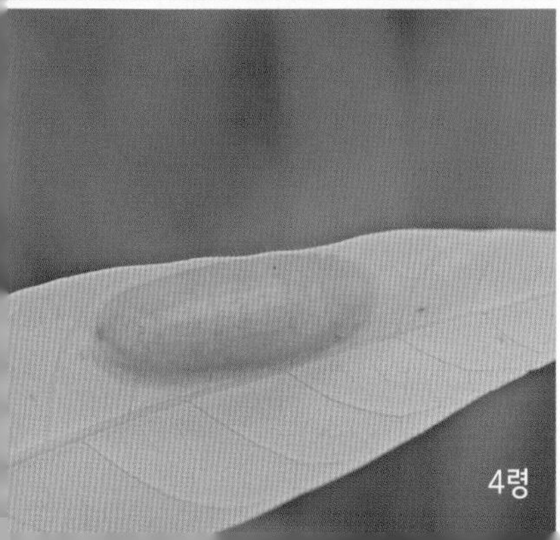
4령

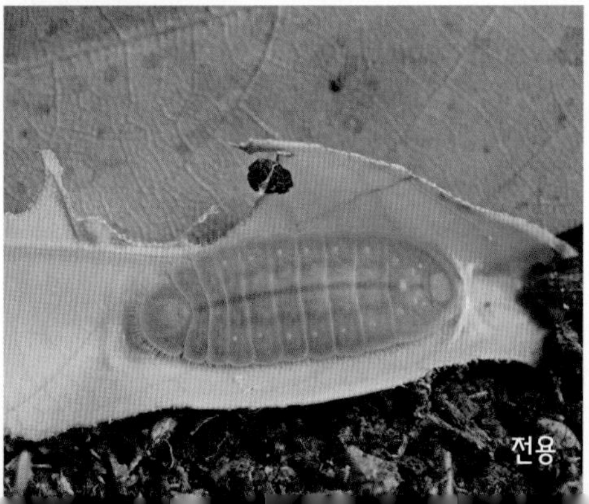
전용

번데기

48. 남방남색부전나비 *Arhopala japonica* (Murray, 1875)

수컷

EX
EW
RE
CR
EN 위기
VU
NT
LC
DD
NA
NE

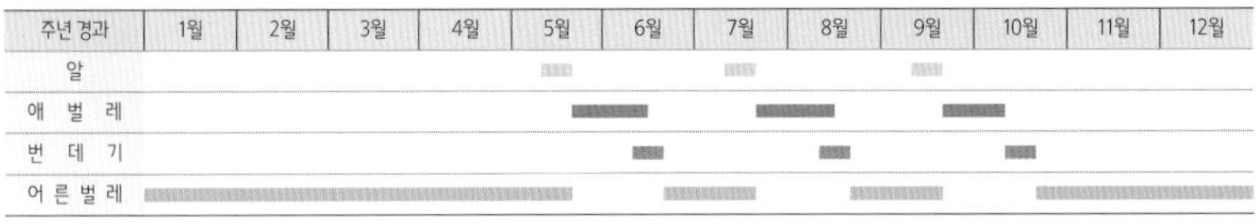

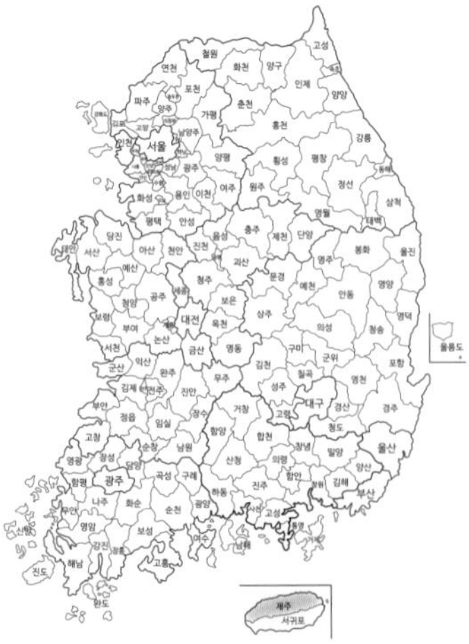

○ 성충 발생 연 2~3회, 4~11월에 활동한다.
○ 겨울나기 성충
○ 먹이식물 종가시나무(참나무과)

암컷은 먹이식물의 새순이나 여린 잎에 알을 낳는다. **알**은 백색의 낮은 찐빵 모양으로 정공 부위가 약하게 들어갔다. 표면에 줄돌기가 사각형 격자 모양으로 덮여 있고 모서리마다 발달한 가시돌기는 남방남색꼬리부전나비 보다 크다. 알에서 깨어난 **1령애벌레**는 앞가슴이 머리를 덮고, 잎의 아랫면 잎맥 사이에 자리를 만들어 잎살을 시작으로 먹이활동을 한다. **2령애벌레**의 몸은 연한 녹색으로 등선과 등옆선이 가슴에서 배끝으로 넓게 이어지고 숨구멍을 둘러싼 점과 몸 가장자리 바닥선이 선명하다. 애벌레는 잎의 주맥을 따라 이동하며 먹이활동 후 자리로 돌아와 쉬기를 반복한다. **4령애벌레**는 유백색 머리에 몸은 연한 황록색으로 등선을 중심으로 등옆선 사이에 노란색 무늬가 넓게 펴져 있다. 애벌레는 실을 이용해 잎을 둥글게 말아 방을 만들고 먹이활동과 휴식을 한다. 애벌레는 시간이 지나며 연한 녹색의 몸이 유백색으로 변한다. **전용**이 가까워진 애벌레는 둥글게 말아 놓은 방에서 번데기가 되거나 먹이식물에서 내려와 낙엽 사이에 실을 친 자리를 만들어 번데기가 된다. **번데기**는 연한 갈색으로 등선과 노란색 숨구멍이 선명하게 나타나고 배마디의 등옆선 자리에 검은색 점이 좌우대칭으로 나타난다. 우리나라는 제주도에서만 볼 수 있다.

먹이식물(종가시나무)

알

알

2령

4령 초

4령

애벌레 방

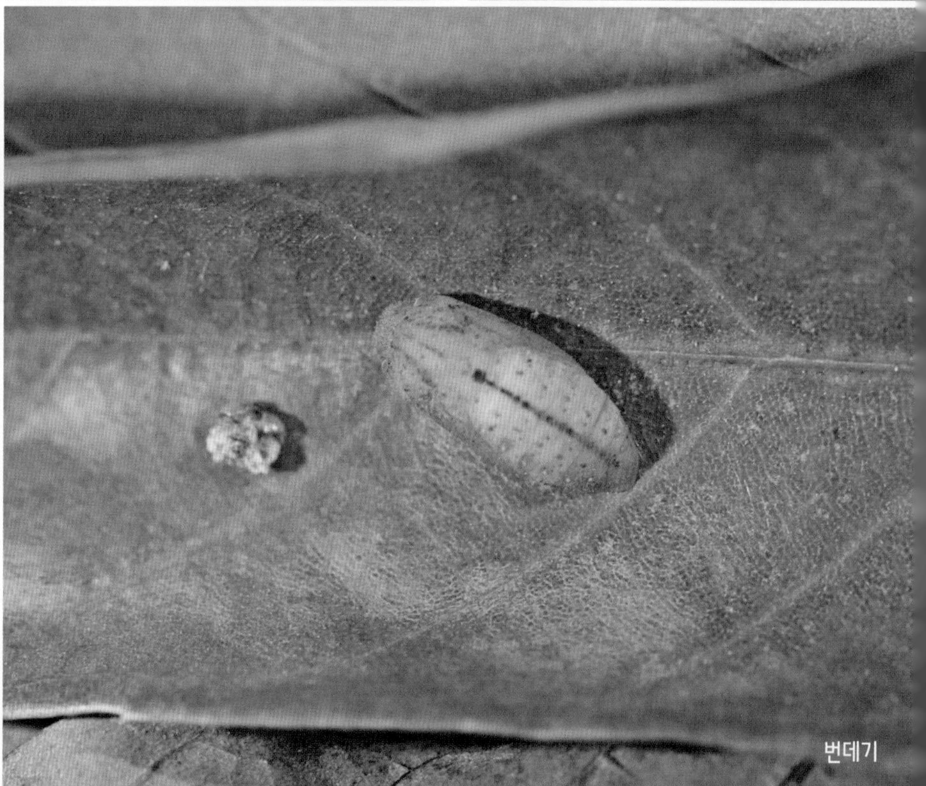
번데기

전용

49. 민꼬리까마귀부전나비 *Satyrium herzi* (Fixsen, 1887)

수컷

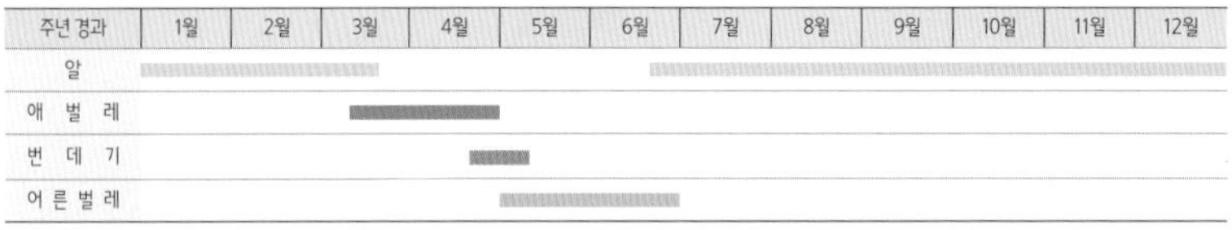

○ 성충 발생 연 1회, 지역에 따라 5~6월에 활동한다. ○ 겨울나기 알
○ 먹이식물 야광나무, 털야광나무, 귀룽나무 등(장미과)

암컷은 먹이식물의 잔가지나 주름 사이에 알을 낳는다. **알**은 연한 갈색의 둥글고 납작한 모양으로 정공 부위가 움푹 들어갔다. 표면에 줄돌기가 다양한 선으로 이어지며 교차하는 점에 돌기가 있다. 알에서 깨어난 **1령애벌레**는 흑색 머리에 몸은 짙은 자주색으로 긴 털을 가진 등옆선 돌기가 강하게 나타나고 몸마디에 일정한 배열의 털이 있다. 애벌레는 터지는 겨울눈이나 꽃봉오리를 파고들어가 생활한다. **2령애벌레**는 연한 황록색의 앞가슴과 2~5번 배마디를 제외하고 붉은색이다. 애벌레는 꽃과 새순을 가리지 않고 먹는 먹이활동을 보인다. **3령애벌레**의 몸은 먹이식물의 잎과 같은 연한 녹색의 보호색을 갖지만, 앞가슴과 배마디에 붉은색은 변함이 없다. 애벌레는 잎맥을 피해 구멍을 내가며 먹이활동을 한다. **4령애벌레**의 머리는 유백색이다. 몸은 연한 녹색으로 몸 가장자리에 노란색의 바닥선이 발달한다. 애벌레는 잎의 주맥에 자리를 만들고 한쪽을 깨끗이 먹은 다음 다른 한쪽을 먹기도 하며 주맥에서 쉬기를 반복한다. **전용**이 가까워진 애벌레는 먹이식물 가지에 실을 치고 몸에 실을 걸어, 머리는 땅을 향해 번데기가 된다. **번데기**는 녹색으로 가슴과 등선, 바닥선, 앞날개 부분이 갈색이다. 숨구멍은 노란색으로 약하다.

먹이식물(야광나무)

알

알

1령 초

2령(사진 김순환)

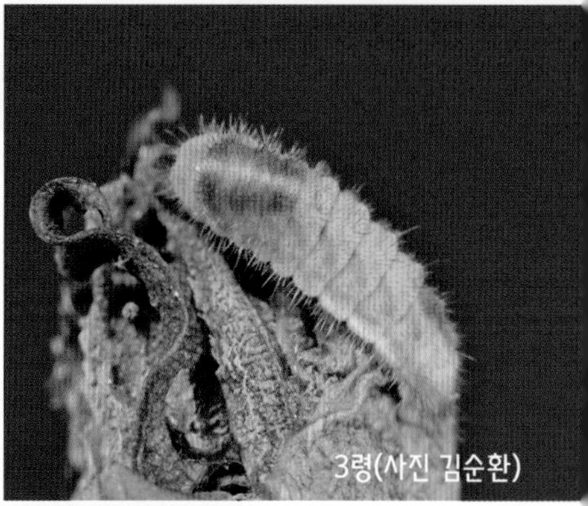
3령(사진 김순환)

4령 초(사진 김순환)

4령(사진 김순환)

전용(사진 김순환)

번데기(사진 김순환)

번데기

50. 벚나무까마귀부전나비 *Satyrium pruni* (Linnaeus, 1758)

암컷

주년 경과	1월	2월	3월	4월	5월	6월	7월	8월	9월	10월	11월	12월
알												
애벌레												
번데기												
어른벌레												

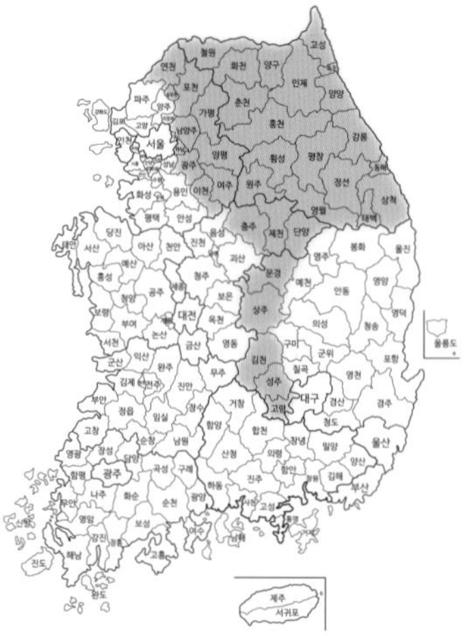

○ 성충 발생 연 1회, 지역에 따라 5~7월에 활동한다. ○ 겨울나기 알

○ 먹이식물 복사나무, 벚나무, 자두나무 등(장미과)

암컷은 먹이식물의 곁가지 주름이나 눈비늘 주변에 알을 낳는다. **알**은 둥글고 납작한 모양으로 정공 부위가 움푹 들어갔다. 표면에 낮은 줄돌기가 어지럽고 덮여있고 모서리마다 가시돌기가 있다. 알은 시간이 지나며 갈색으로 변한다. 알에서 깨어난 **1령애벌레**는 흑색 머리에 몸은 반짝이는 주홍색으로 등선 양옆 몸마디에 한 쌍의 돌기가 나타나고 돌기 끝에 백색의 긴 털이 있다. 애벌레는 터지는 겨울눈이나 꽃봉오리를 파고들어 가 활동한다. **2령애벌레**의 몸은 유백색이다. 3~5절 배마디를 중심으로 가슴과 배끝으로 먹이식물의 꽃받침 같은 붉은 보호색을 가진다. 등선 양옆으로 등옆선이 강해지고 돌기 끝에 백색 털이 흑색으로 변한다. 애벌레는 꽃과 새순을 먹으며 활동한다. **3령애벌레**의 몸은 녹색이다. 등선 양옆으로 붉은색 등옆선이 더욱 강하게 발달한다. 앞가슴과 배끝 가장자리는 분홍색이며 바닥선은 백색이다. 애벌레는 먹이식물과 같은 보호색을 가지고 있어 줄기에 붙어 있는 애벌레를 찾기가 쉽지 않다. **4령애벌레**는 유백색 머리에 몸은 녹색으로 분홍색 등선과 등옆선이 배끝으로 이어진다. **전용**이 가까워진 애벌레는 먹이식물의 줄기에 실을 길게 치고 몸에 실을 걸어 번데기가 된다. **번데기**는 갈색으로 새의 배설물 형태의 은폐의태를 보인다.

먹이식물(복사나무)

알

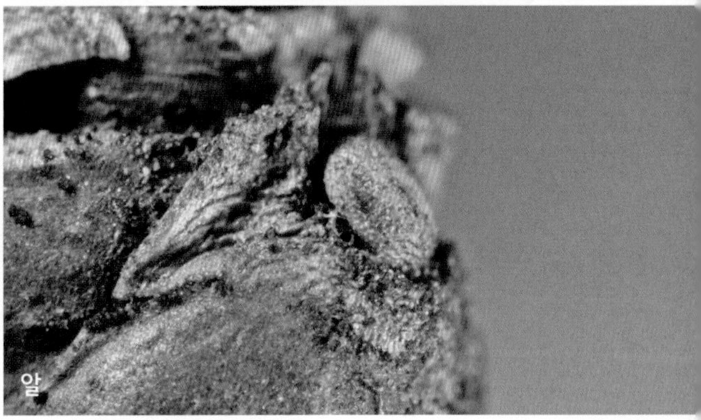
알

1령

1령

2령

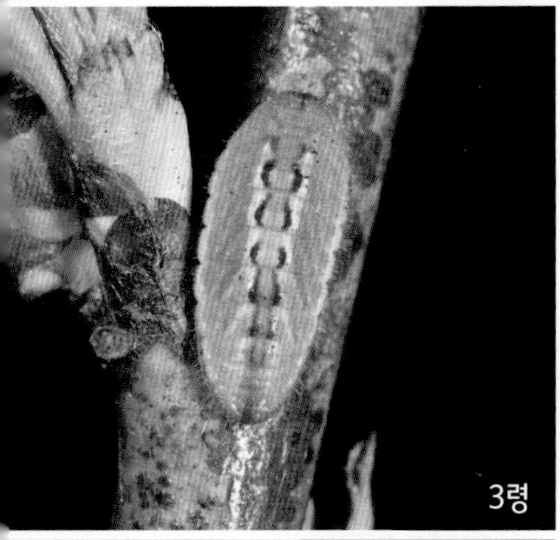
3령

4령

전용

번데기

번데기

51. 북방까마귀부전나비 *Satyrium latior* (Fixsen, 1887)

수컷

EX
EW
RE
CR
EN 위기
VU
NT
LC
DD
NA
NE

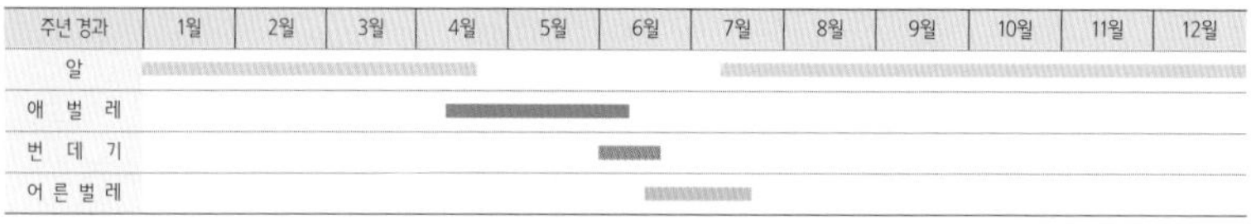

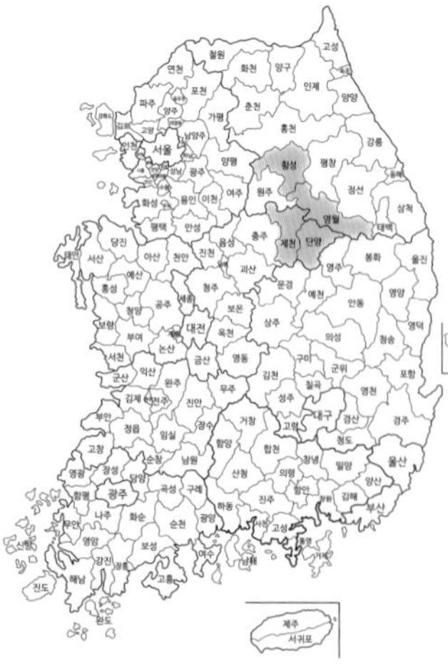

○ 성충 발생　연 1회, 지역에 따라 6~7월에 활동한다.
○ 겨울나기　알
○ 먹이식물　갈매나무, 참갈매나무 등(갈매나무과)

암컷은 먹이식물의 가지 사이나 줄기에 1개에서 여러 개의 알을 모아 낳는다. **알**은 백색의 둥글고 납작한 모양으로 정공 부위가 살짝 들어갔다. 표면에 다양한 문양의 줄돌기가 덮여있고 모서리마다 가시돌기가 있다. 알에서 깨어난 **1령애벌레**는 짙은 갈색으로 몸마디 돌기마다 백색의 긴 털이 있다. 유백색 등옆선은 시간이 지나면서 분홍색으로 변한다. 애벌레는 터지는 겨울눈이나 꽃봉오리를 파고들어 가 생활한다. **2령애벌레**는 흑색 머리에 몸은 분홍색이다. 몸마디에 붉은색 등선과 유백색의 등옆선이 도드라진다. 애벌레는 새순과 눈비늘 사이에 실을 친 자리를 만들어 생활한다. **3령애벌레**의 몸은 녹색이다. 유백색의 등옆선 돌기가 배끝으로 이어지고 몸 가장자리에 바닥선이 보이기 시작한다. 애벌레는 잎맥을 피해 넓은 구멍을 내가며 먹이활동을 한다. **4령애벌레**의 몸은 연한 녹색으로 잔털이 빼곡하고 노란색 등옆선이 점선으로 발달한다. 애벌레는 잎 아랫면에 실을 치고 쉴 자리를 만들기도 하고, 주맥을 피하는 먹이활동으로 남은 주맥에 매달려 쉬기도 한다. **전용**이 가까워진 애벌레는 거북이 등딱지 같은 딱딱한 느낌이다. 먹이식물에서 내려와 주변의 낙엽이나 안전한 곳을 찾아 실을 치고 몸에 실을 걸어 번데기가 된다. **번데기**는 짙은 갈색으로 백색 잔털이 빼곡하고 숨구멍이 선명하다.

먹이식물(갈매나무)

알

알

1령

1령 말

2령

3령

4령

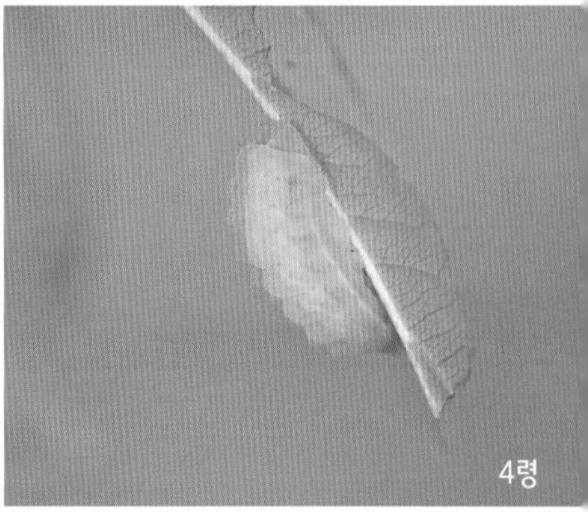
4령

전용

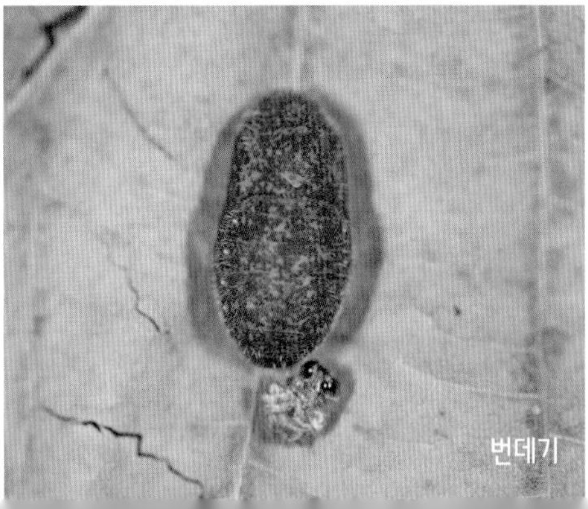
번데기

번데기

52. 까마귀부전나비 *Satyrium w-album* (Knoch, 1782)

암컷

주년 경과	1월	2월	3월	4월	5월	6월	7월	8월	9월	10월	11월	12월
알												
애벌레												
번데기												
어른벌레												

○ 성충 발생 연 1회, 지역에 따라 6~7월에 활동한다. ○ 겨울나기 알

○ 먹이식물 느릅나무, 참느릅나무, 홍느릅나무 등(느릅나무과)

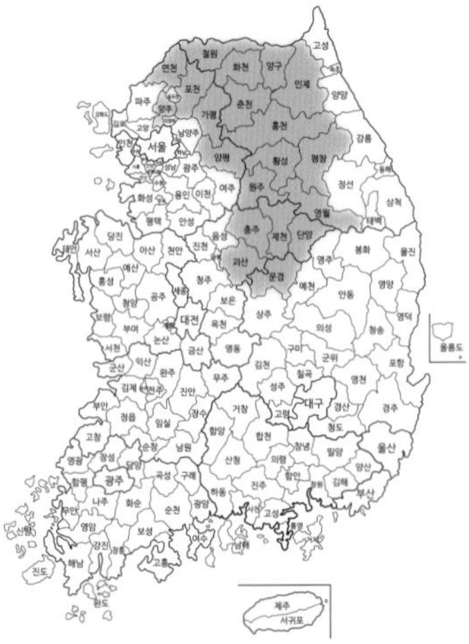

암컷은 먹이식물의 잎이 떨어진 자리나 겨울눈 주위, 잔가지 등에 알을 낳는다. **알**은 백색의 공갈빵 모양으로 아랫면이 살짝 들려 있으며 정공 주위가 선명하다. 표면에 다양한 모양으로 백색 줄돌기가 덮여있고 모서리마다 가시돌기가 있다. 알에서 깨어난 **1령애벌레**는 흑색 머리에 몸은 짙은 갈색으로 긴 털이 있다. 애벌레는 꽃눈과 새순을 파고들어 가 생활하며 시간이 지나며 갈색으로 변한다. **2령애벌레**의 몸은 먹이식물의 새순과 같은 연한 녹색으로 녹색의 등선이 발달한다. 애벌레는 먹이활동 후 눈비늘 사이에 숨어 지내기도 한다. **3령애벌레**의 몸에 백색 털이 많아지고 등옆선이 지나는 몸 마디마다 황록색 돌기가 발달한다. 애벌레는 잎맥을 피해 조심스럽게 잎에 구멍을 만들어 가며 먹이활동을 한다. **4령애벌레**는 연한 녹색이다. 몸에 빗금이 옅어지고 몸마디의 털이 짧아진다. 애벌레의 왕성한 식욕은 잎 전체를 먹기도 하고 시간이 지나며 몸은 팥죽색으로 짙어진다. **전용**이 가까워진 애벌레는 먹이식물에서 내려와 낙엽 아래 배다리가 닿는 면에 실을 치고 몸에 실을 걸어 번데기가 된다. **번데기**는 적갈색으로 백색 잔털이 빼곡하고 등선과 등옆선이 선명하다. 숨구멍은 흑색으로 짙다.

먹이식물(느릅나무)

알

알

1령 초

1령

2령

3령

4령

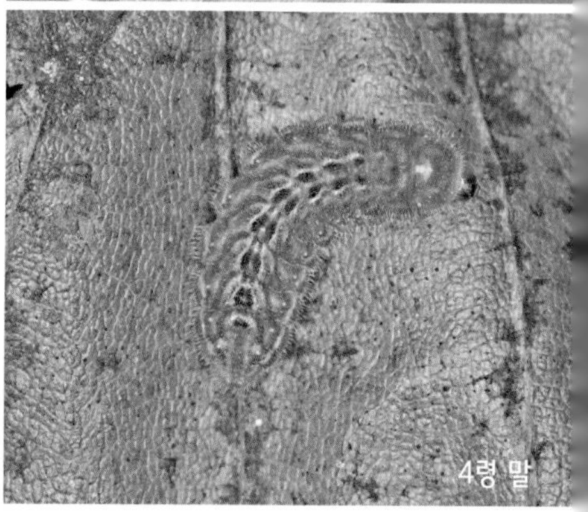
4령 말

전용

번데기

수컷

53. 참까마귀부전나비 *Satyrium eximia* (Fixsen, 1887)

수컷

EX
EW
RE
CR
EN
VU
NT
LC
DD
NA
NE

주년 경과	1월	2월	3월	4월	5월	6월	7월	8월	9월	10월	11월	12월
알	■	■	■	■			■	■	■	■	■	■
애벌레				■	■							
번데기						■						
어른벌레						■	■					

○ 성충 발생 연 1회, 지역에 따라 6~7월에 활동한다. ○ 겨울나기 알
○ 먹이식물 참갈매나무, 갈매나무, 짝자래나무, 떡갈매나무 등(갈매나무과)

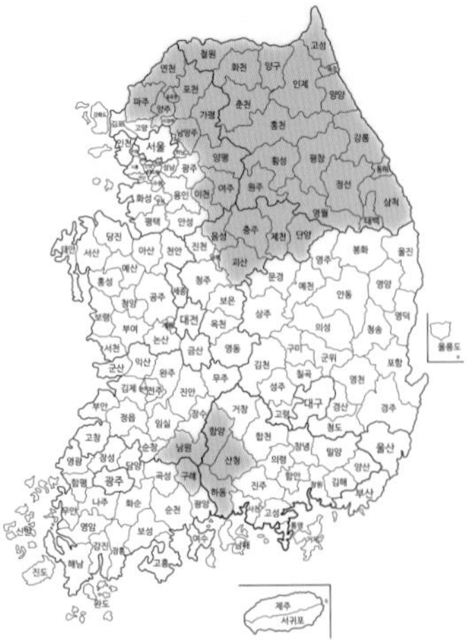

암컷은 먹이식물의 잔가지 사이나 줄기에 하나에서 여러 개의 알을 모아 낳는다. **알**은 연한 회색의 찐빵 모양으로 정공 부위가 움푹 들어갔다. 표면에 다양한 모양으로 줄돌기가 덮여있고 모서리마다 가시돌기가 있다. 알에서 깨어난 **1령애벌레**는 머리와 몸은 갈색으로 등선 양옆으로 백색 털이 길게 있다. 애벌레는 터지는 겨울눈이나 꽃봉오리를 파고들어가 생활한다. **2령애벌레**의 몸은 정면에서 보면 사다리꼴 모양으로 등선과 등옆선이 돋아 오른다. 애벌레는 덜 펴진 여린 잎 사이에 들어가 실을 친 방을 만들어 잎살을 먹으며 생활한다. **3령애벌레**는 반짝이는 갈색 머리에 몸은 연한 녹색으로 등옆선이 백색으로 발달한다. 애벌레는 잎 위로 올라와 실을 친 자리를 만들고 구멍을 내가며 먹이활동을 한다. **4령애벌레**의 몸은 연한 황록색이다. 가운데가슴 아래 머리와 앞가슴이 들어가 불룩 튀어나와 보인다. 애벌레는 잎의 아랫면으로 내려와 가장자리부터 폭넓게 활동하는 왕성한 식욕을 보인다. **전용**이 가까워진 애벌레는 탁한 분홍색으로 먹이식물에서 내려와 낙엽이나 보다 안전한 곳을 찾아 배다리가 닿는 면에 실을 치고 몸에 실을 걸어 번데기가 된다. **번데기**는 흑색 반점이 가득한 갈색으로 흰색 잔털이 빼곡하며 숨구멍도 백색으로 밝다.

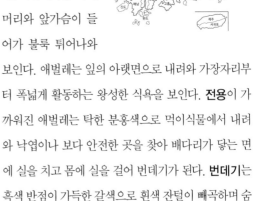

먹이식물(참갈매나무)

알

알

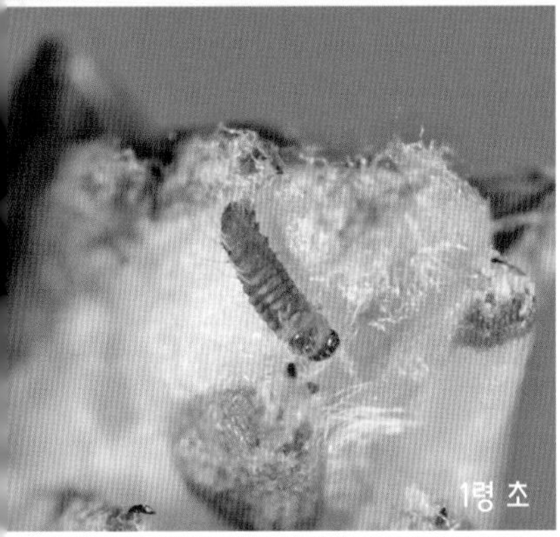
1령 초

1령

2령

3령

4령

4령

전용

번데기

번데기

54. 꼬마까마귀부전나비 *Satyrium prunoides* (Staudinger, 1887)

수컷

주년경과	1월	2월	3월	4월	5월	6월	7월	8월	9월	10월	11월	12월
알												
애벌레												
번데기												
어른벌레												

○ 성충 발생 연 1회, 지역에 따라 5~7월에 활동한다. ○ 겨울나기 알

○ 먹이식물 조팝나무류(장미과)

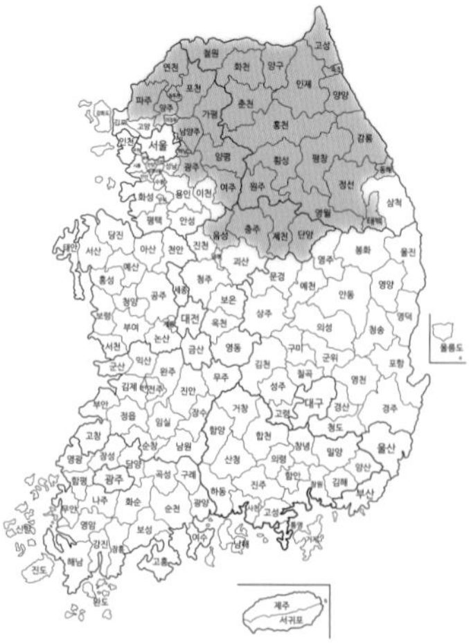

암컷은 먹이식물의 잔가지 틈이나 줄기에 알을 낳는다. **알**은 연한 갈색의 찐빵 모양으로 정공 부위가 움푹 들어가 있다. 표면에 다양한 모양으로 줄돌기가 덮여있고 모서리마다 가시돌기가 있다. 알에서 깨어난 **1령애벌레**는 흑색 머리에 몸은 갈색으로 몸마디에 일정한 배열의 백색 털이 있다. 애벌레는 터지는 겨울눈이나 꽃봉오리를 파고들어 가 생활한다. **2령애벌레**의 몸은 유백색으로 등선 양옆으로 등옆선이 백색으로 돋아있다. 애벌레는 잎 윗면에 실을 친 자리를 만들고 주변 여린 잎을 찾아 활동한다. **3령애벌레**의 몸은 연한 녹색에 등선이 짙은 녹색이며 백색의 등옆선과 바닥선이 선명해진다. 애벌레는 잎을 녹여 먹은 듯한 흔적을 보인다. **4령애벌레**는 흑색 머리에 몸은 연한 녹색으로 몸에 빗금과 등선, 등옆선, 바닥선이 모두 밝은 백색이다. 애벌레는 부드러운 잎을 따라 줄기 끝으로 이동하여 가지만 남기는 왕성한 식욕을 보이기도 한다. **전용**이 가까워진 애벌레는 먹이식물의 잎 아랫면이나 줄기 또는 먹이식물에서 내려와 주변 낙엽 아래 배다리가 닿는 면에 실을 치고 몸에 실을 걸어 번데기가 된다. **번데기**는 적갈색으로 1쌍의 노란색 등옆선이 뒷가슴에서 배끝으로 나타나지만, 시간이 지나며 몸에 스민다.

먹이식물(조팝나무)

알

알

1령 초

1령

2령

3령

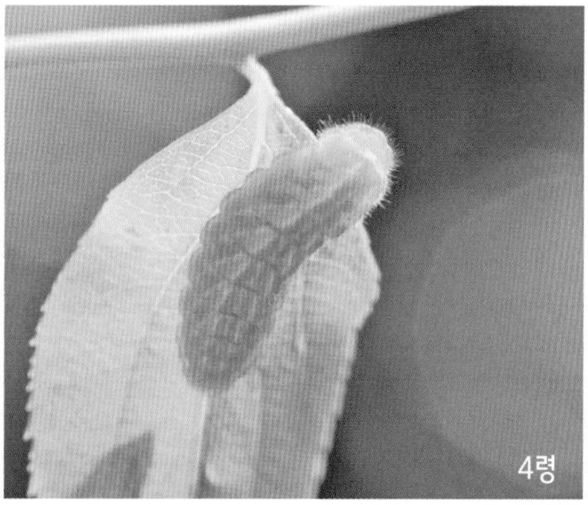
4령

4령

전용

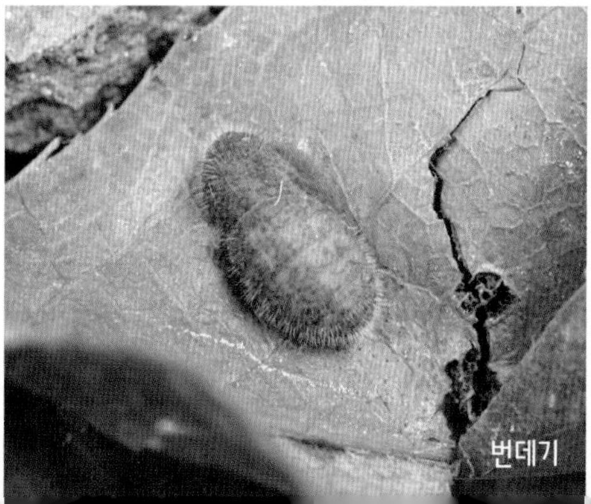
번데기

번데기

55. 쇳빛부전나비 *Callophrys ferrea* (Butler, 1866)

수컷

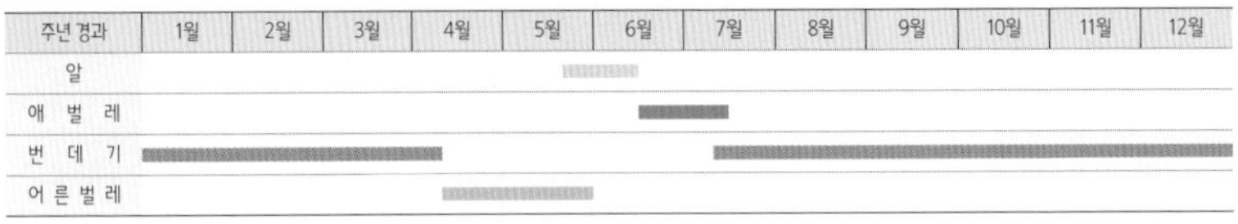

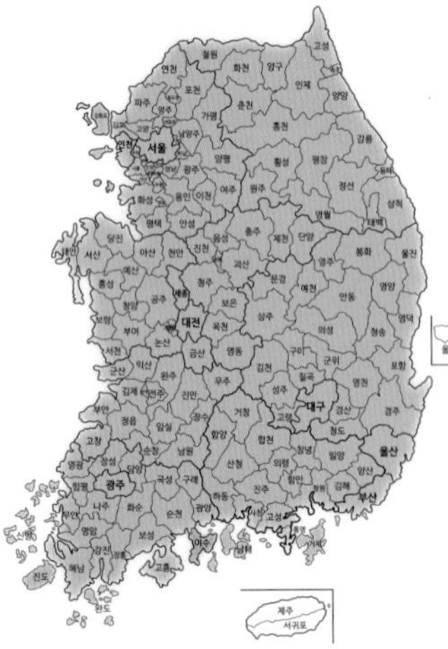

○ 성충 발생 연 1회, 지역에 따라 4~5월에 활동한다. ○ 겨울나기 번데기
○ 먹이식물 진달래, 철쭉(진달래과), 조팝나무류(장미과), 고추나무(고추나무과)

암컷은 먹이식물의 꽃받침이나 꽃자루 또는 여린 잎에 알을 낳는다. **알**은 녹색의 찐빵 모양으로 정공 부위가 움푹 들어가고 표면에 삼각형 모양으로 이어진 줄돌기가 교차하는 점에 작은 돌기가 있다. 알에서 깨어난 **1령 애벌레**는 갈색 머리에 몸은 유백색이다. 등선 양쪽으로 등옆선이 발달하고 아래로 분홍색 빗금과 바닥선이 나타난다. 애벌레는 꽃에 들어가 꽃술과 씨방을 먹으며 생활한다. **2령애벌레**는 연한 녹색으로 등선이 선명하고 등옆선이 흐려진다. 몸에 갈색 잔털이 빼곡하다. 애벌레는 잔털이 많은 꽃받침을 먹기도 하고 그 주변에 숨어 휴식을 갖기도 한다. **4령애벌레**는 연한 녹색이다. 몸에 선들이 약해지고 털도 짧아진다. 몸마디는 북방쇳빛부전나비보다 부드러우며 갈색 숨구멍이 원형으로 도드라진다. 진달래꽃을 먹이로 하는 애벌레는 꽃이 떨어지기 전 모든 성장을 마치기 위해 빠르게 움직인다. 이 시기 애벌레가 선호하는 것은 꽃받침으로 1~2령기에 즐겨 먹던 꽃잎을 더는 찾지 않는다. **전용**이 가까워진 애벌레는 갈색으로 짙어지고 먹이식물에서 내려와 낙엽 아래 또는 다른 안전한 곳을 찾아 배다리 면에 실을 치고 몸에 실을 걸어 번데기가 된다. **번데기**는 광택이 있는 짙은 갈색으로 등선과 등옆선의 반점이 선명하고 숨구멍은 밝은 유백색이다.

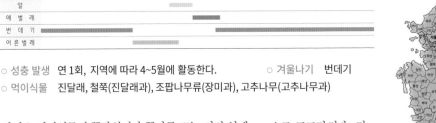

먹이식물(진달래)

알

알

1령

2령

4령

4령

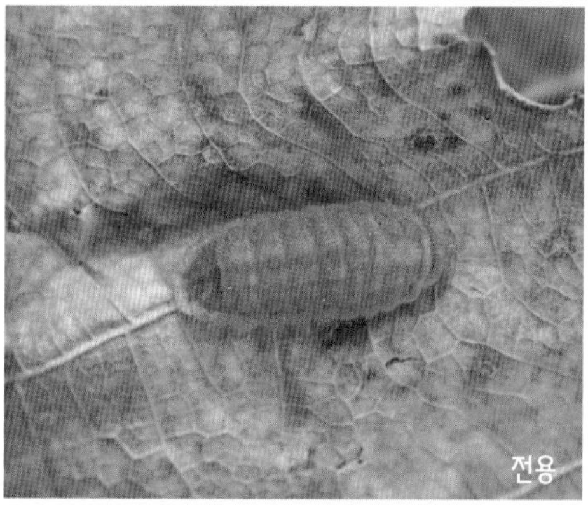
전용

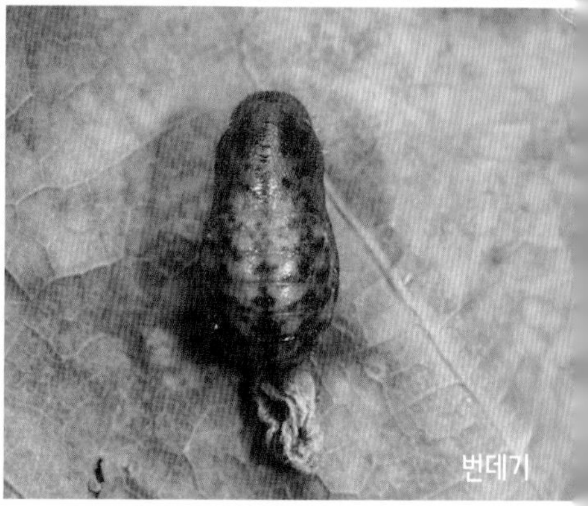
번데기

번데기

수컷

알 낳기

56. 북방쇳빛부전나비 *Callophrys frivaldszkyi* (Kindermann, 1853)

EX EW RE CR EN VU NT LC DD NA NE

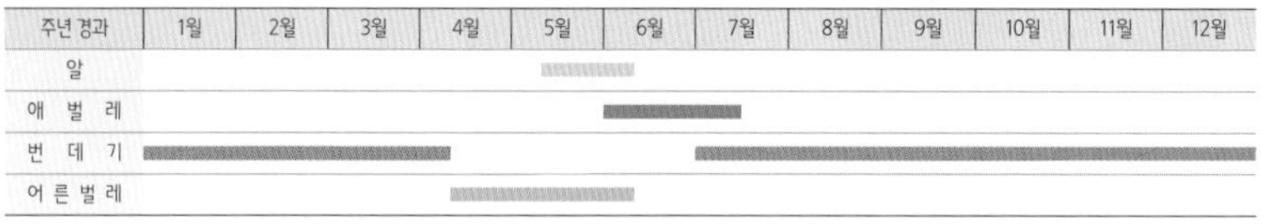

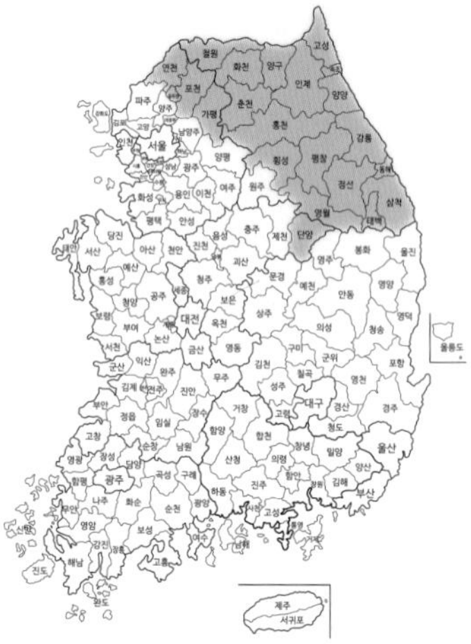

○ 성충 발생　연 1회, 지역에 따라 4~6월에 활동한다.　○ 겨울나기　번데기

○ 먹이식물　산조팝나무 외 여러 조팝나무(장미과)

암컷은 먹이식물의 꽃봉오리나 주변 꽃자루, 꽃줄기 등에 알을 낳는다. **알**은 연한 녹색의 찐빵 모양으로 정공 부위가 들어가 있다. 표면에 백색의 줄돌기가 어지럽게 이어지고 교차하는 점에 약한 돌기가 있다. 알에서 깨어난 **1령애벌레**는 흑색 머리에 몸은 유백색으로 몸마디에 일정한 배열의 흑색 털이 있다. 애벌레는 꽃자루를 따라 꽃봉오리에 구멍을 내가며 먹이활동을 한다. **2령애벌레**의 몸은 연한 녹색으로 등선 양쪽으로 발달한 등옆선이 지나가는 몸 마디에 1쌍의 흑색 털이 있다. 애벌레는 하루에 여러 개의 꽃봉오리를 옮겨 다닌다. **3령애벌레**는 반짝이는 흑색 머리에 몸은 짙은 녹색이며, 등옆선 몸 마디에 붉은색 점이 발달하고 백색의 바닥선이 가슴에서 배끝으로 이어진다. 애벌레는 배다리로 꽃자루를 붙들고 머리를 꽃봉오리 속으로 넣어 씨방을 먹는다. **4령애벌레**의 머리와 몸은 녹색이다. 등선과 바닥선이 보다 짙어지고 등옆선의 붉은색 점은 더욱 더 화려해진다. 거칠어 보이는 몸마디가 주변에 위압감을 주기도 한다. 이 시기의 애벌레는 먹이식물의 꽃과 잎을 가리지 않고 먹으며 몸을 키워간다. **전용**이 가까워진 애벌레는 먹이식물에서 내려와 번데기가 된다. **번데기**는 유백색의 털이 있는 갈색으로 시간이 지나며 색이 짙어지고 흑색 반점이 몸을 덮는다.

먹이식물(산조팝나무)

알(기생당한 알, 먹이활동 흔적)

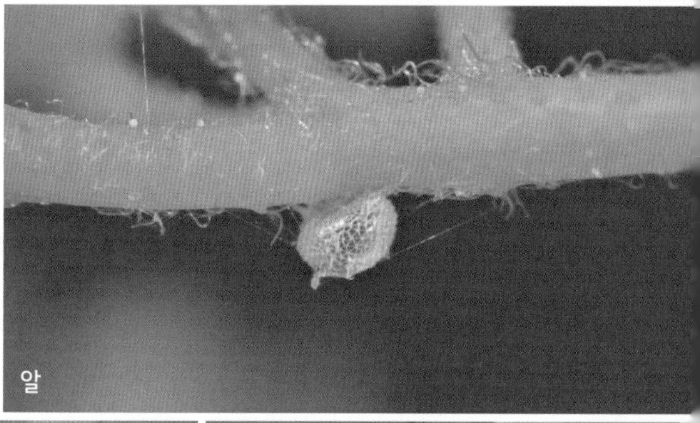
알

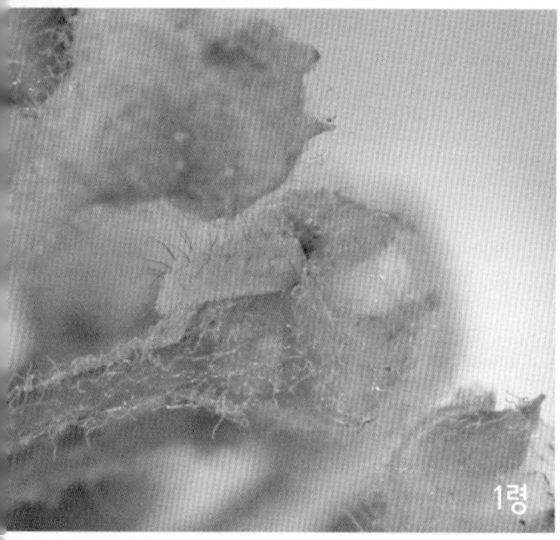
1령

2령

3령

4령

4령

전용

번데기

번데기

암컷

57. 쌍꼬리부전나비 *Spindasis takanonis* (Matsumura, 1906)

EX
EW
RE
CR
EN
VU 취약
NT
LC
DD
NA
NE

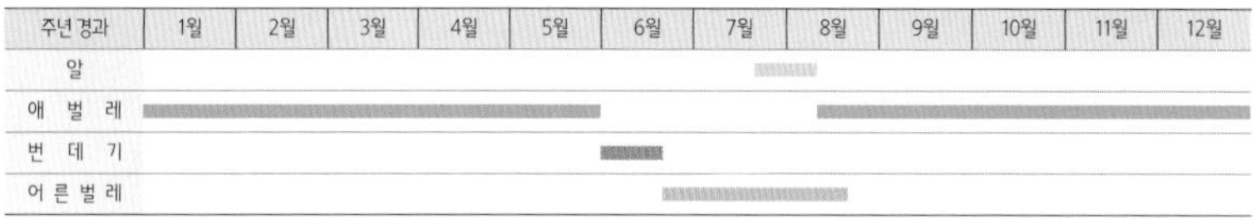

○ 성충 발생 연 1회, 지역에 따라 6~8월에 활동한다. ○ 겨울나기 애벌레
○ 먹이식물 마쓰무라꼬리치레개미의 보육

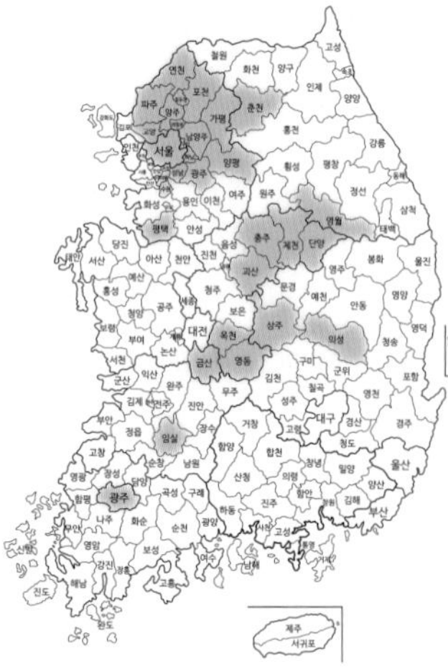

암컷은 마쓰무라꼬리치레개미가 다니는 길목에 알을 낳는다. **알**은 적갈색의 찐빵 모양으로 정공 부위가 움푹 들어가 있다. 표면에 오목하게 패인 문양이 덮여있고 모서리마다 돌기가 약하게 있다. 알은 시간이 지나며 백색으로 변한다. 알에서 깨어난 **1령애벌레**는 연한 갈색 머리에 몸은 유백색으로 앞가슴에 털이 발달한다. 이 시기에 개미는 더듬이를 이용해 애벌레를 집으로 몰고 가거나 직접 물고 들어간다. 개미집에 들어간 애벌레는 개미가 주는 먹이를 받아먹으며 생활한다. **2령애벌레**는 갈색 머리에 몸은 연분홍색으로 등선이 선명해지고 백색의 작은 점들이 발달한다. 애벌레는 8절 배마디 돌기에 촉수를 이용해 개미를 모으고 머리를 흔들어 먹이를 보채는 행동으로 개미의 보살핌을 받는다. **4령애벌레**의 몸은 갈색으로 나무껍질과 같은 보호색을 가진다. 애벌레는 낮에 가끔 개미집을 나와 일광욕을 하며 불안을 느끼면 바로 들어가기도 한다. 주변에 항상 많은 개미가 애벌레를 감싸며 보호하는 모습을 볼 수 있다. **전용**이 가까워진 애벌레는 개미집 주변 나무 틈이나 팬 곳에 엉성한 고치를 짓고 몸에 실을 걸어 번데기가 된다. **번데기**는 갈색으로 다른 부전나비류 번데기보다 배가 유난히 길고 크다. 번데기가 된 후에도 개미는 주위를 떠나지 않고 보호한다.

먹이(마쓰무라꼬리치레개미 보육)

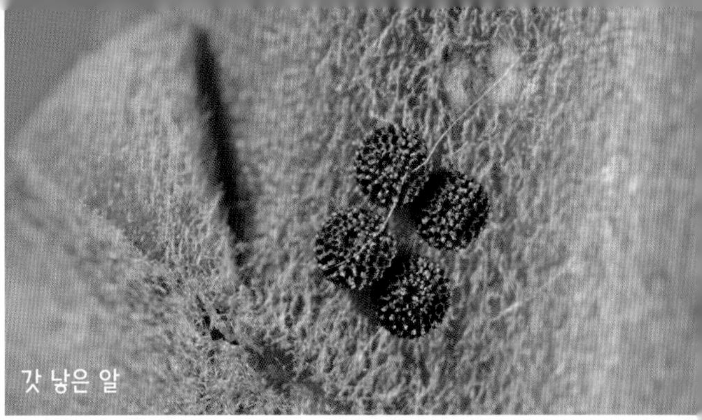
갓 낳은 알

알

1령

2령

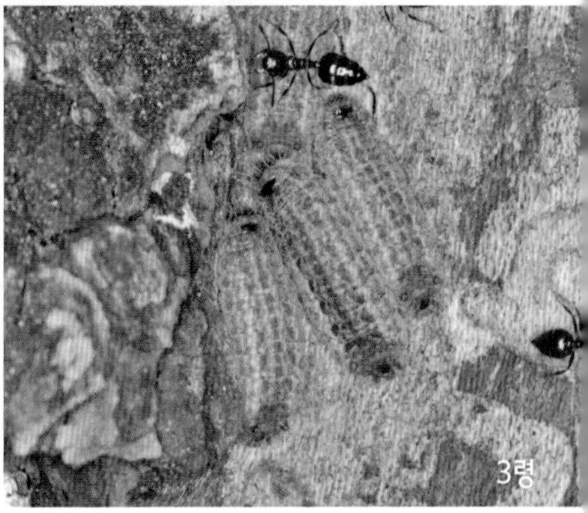
3령

4령

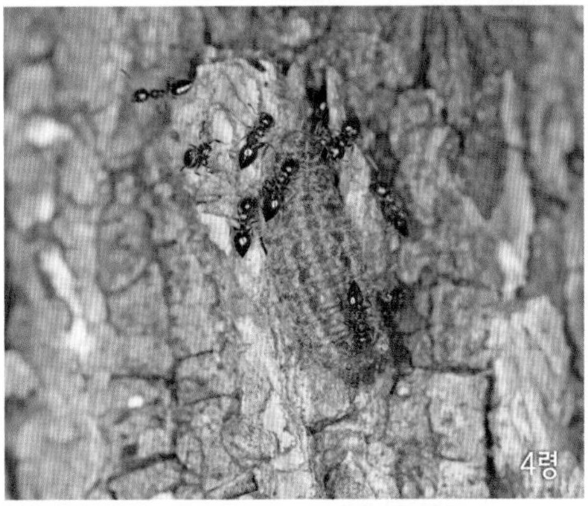
4령

전용

번데기

알 낳는 행동

암컷

CHAPTER
04

Nymphalidae
네발나비과

1. 뿔나비 *Libythea lepita* Moore, 1858

호랑나비과 흰나비과 부전나비과 네발나비과 팔랑나비과

EX EW RE CR EN VU NT LC DD NA NE

주년 경과	1월	2월	3월	4월	5월	6월	7월	8월	9월	10월	11월	12월
알				■								
애벌레				■	■							
번데기					■							
어른벌레	■	■	■	■		■	■	■	■	■	■	■

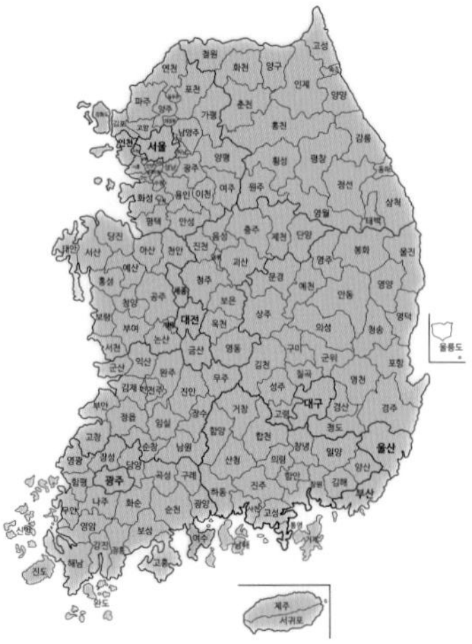

○ 성충 발생 연 1회, 지역에 따라 5월~ 이듬해 3월에 활동한다. ○ 겨울나기 성충
○ 먹이식물 팽나무, 풍게나무, 왕팽나무 등(느릅나무과)

암컷은 먹이식물의 겨울눈 틈이나 잔가지에 하나에서 여러 개의 알을 낳는다. **알**은 유백색 포탄형으로 정공에서 여러 개의 줄돌기가 세로로 약하게 있고 사이에 작은 줄돌기가 층층이 이어진다. 알은 시간이 지나며 분홍색이 비친다. 알에서 깨어난 **1령애벌레**는 흑색 머리에 몸은 잔주름이 많고 반짝이는 유백색이다. 애벌레는 알껍데기를 먹고 새순에 모여 실을 치면서 활동한다. **2령애벌레**는 분홍색으로 몸에 연한 노란색 등선과 등옆선이 발달하고 흑색 잔털이 많아진다. **3령애벌레**는 몸에 털이 길게 자라고 가슴다리와 배다리가 흑색이다. 애벌레는 무리를 지어 새잎을 찾아 이동한다. **4령애벌레**는 흑색 머리에 잔털이 빼곡하다. 몸은 회색으로 등선과 등옆선은 변함없다. **5령애벌레**의 몸은녹색으로 노란색 점과 흑색 잔털이 빼곡하다. 등옆선은 노란색으로 가슴에서 배끝으로 길게 이어진다. 애벌레의 왕성한 식욕은 산중에 잎이 없는 앙상한 풍게나무를 만나기도 한다. **전용**이 가까워진 애벌레는 먹이식물 또는 먹이식물을 떠나 보다 안전한 곳을 찾아 실을 치고 배끝을 붙여 번데기가 된다. **번데기**는 갈색형과 녹색형으로 머리에서 발달한 노란색 선이 양쪽 앞날개 둘레선의 일부를 따라 1번 배마디에서 등선으로 이어진다. 긴장하면 배끝을 붙인 면에 몸을 바짝 붙이는 행동을 한다.

먹이식물(팽나무)

알

알

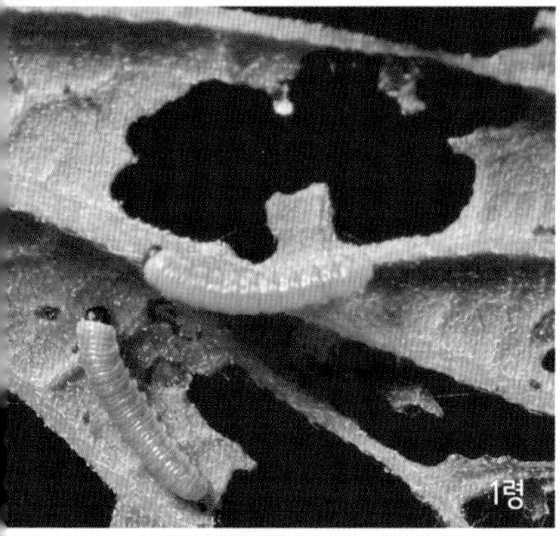
1령

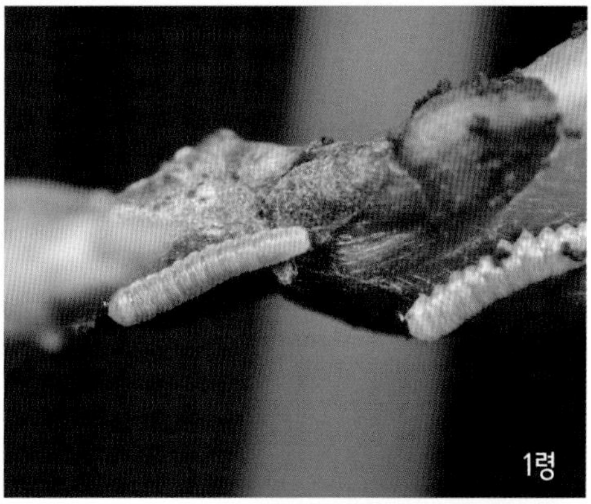
1령

2령

3령

4령

5령

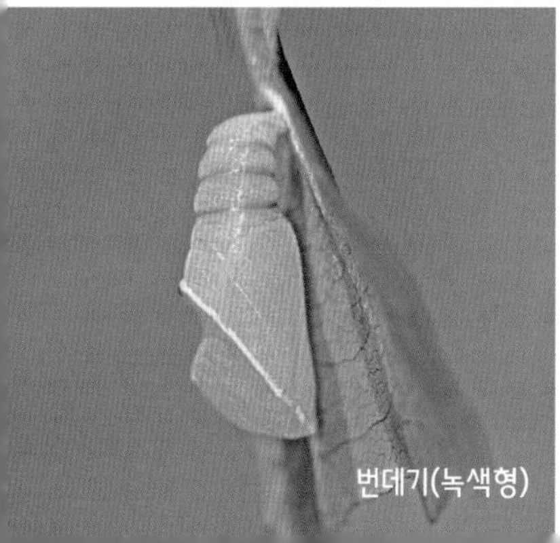
번데기(녹색형)

번데기(갈색형)

암컷

2. 왕나비 *Parantica sita* (Kollar, 1844)

주년 경과	1월	2월	3월	4월	5월	6월	7월	8월	9월	10월	11월	12월
알												
애벌레												
번데기												
어른벌레												

○ 성충 발생 **미접**으로 연2~3회 지역에 따라 3~ 9월에 활동한다. ○ 겨울나기 **성충**
○ 먹이식물 박주가리, 큰조롱, 나도은조롱 등(박주가리과)

암컷은 먹이식물의 잎이나 줄기에 알을 낳는다. **알**은 백색의 포탄형으로 정공에서 여러 개의 줄돌기가 세로로 약하게 있고, 사이에 작은 줄돌기가 층층이 이어진다. 알에서 깨어난 **1령애벌레**는 흑색 머리에 몸은 연한 회색으로 가운데가슴과 8번 배마디에 약하게 1쌍의 돌기가 있다. 애벌레는 먹이식물을 둥글게 마름질하며 먹이활동을 한다. **2령애벌레**의 가운데가슴과 8번 배마디에 1쌍의 부드러운 돌기는 탈피하며 보다 길게 자란다. 1~3령애벌레는 먹이식물의 잎을 둥글게 마름질한 후 유액(독소)의 흐름을 줄이고 먹이활동을 한다. 먹이 섭취량이 많아지는 **4·5령애벌레**는 백색점이 있는 흑색 머리에 몸은 등선을 중심으로 백색과 연한 파랑색, 노란색 등의 다양한 색의 반점이 좌우 대칭으로 화려하다. 애벌레는 유액를 차단하는 방법으로 잎에 마름질이 아닌 잎자루를 꺾어 유액의 흐름을 줄인 후 넓은 잎 가장자리부터 잎자루로 향해 차근차근 먹어 들어온다. **전용**이 가까워진 애벌레의 몸은 연한 녹색과 노란색을 띠지만 주변 환경에 따라 체색이 달라진다. 애벌레는 잎이나 줄기에 실을 촘촘히 치고 배끝을 붙여 번데기가 된다. **번데기**는 광택이 있는 매끈한 녹황색으로 3·8번 배마디에 흑색 점선이 보이고, 등선 좌우로 가슴과 앞날개에 반짝이는 돌기가 있다.

먹이식물(박주가리)

알

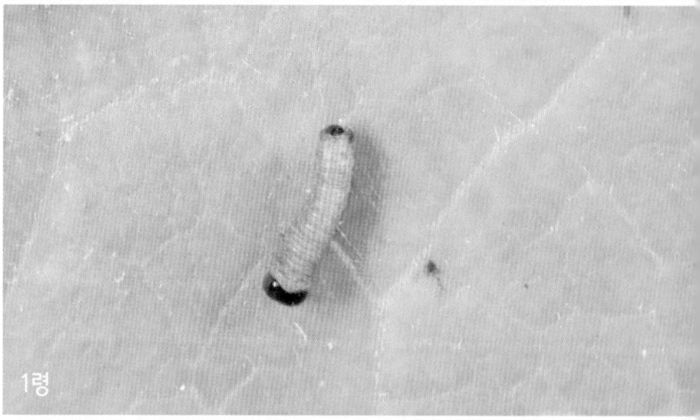
1령

3령

4령(잎자루를 꺾는 애벌레)

3령

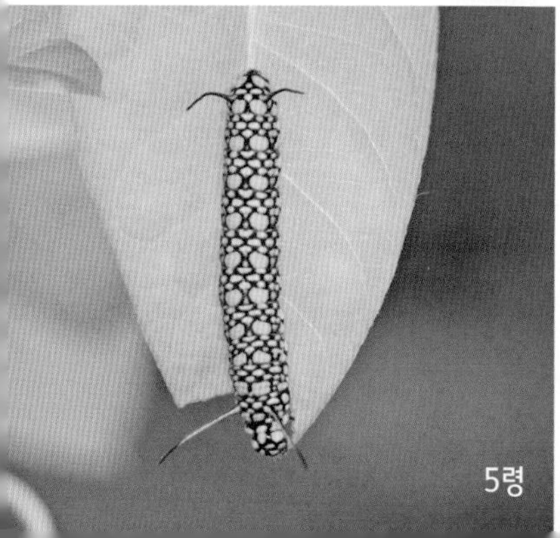
5령

전용

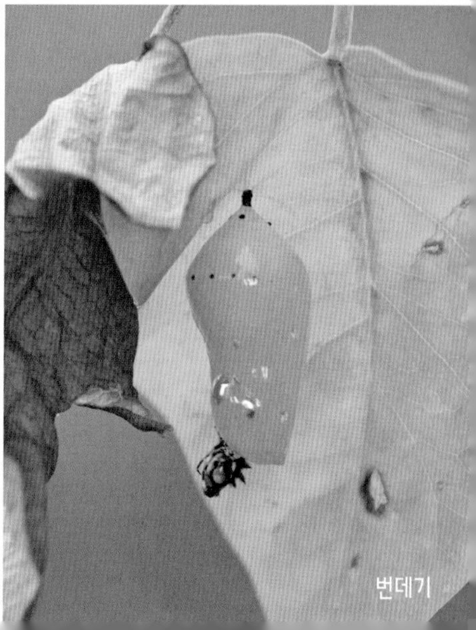
번데기

3. 별선두리왕나비 *Danaus genutia* (Cramer, 1779)

EX
EW
RE
CR
EN
VU
NT
LC
DD
NA
NE

주년경과	1월	2월	3월	4월	5월	6월	7월	8월	9월	10월	11월	12월
알												
애벌레												
번데기												
어른벌레												

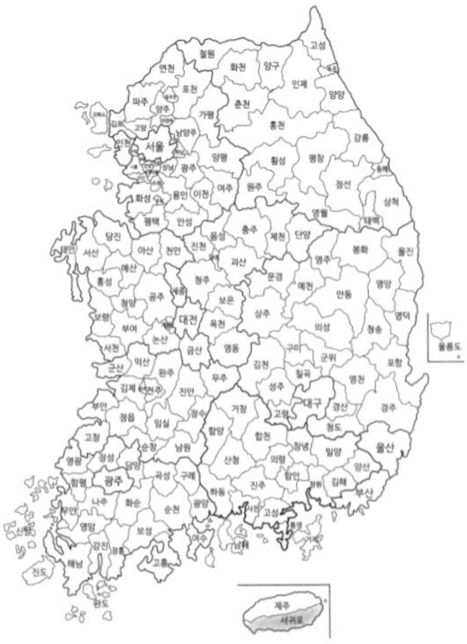

○ 성충 발생 **미접**으로 7~9월에 활동한다. ○ 겨울나기 **성충**

○ 먹이식물 박주가리, 하수오, 큰조롱, 나도은조롱 등(박주가리과)

암컷은 먹이식물의 잎 아랫면이나 줄기, 꽃받침 등에 알을 낳는다. **알**은 백색의 포탄형으로 정공에서 여러 개의 줄돌기가 세로로 약하게 있고 사이에 작은 줄돌기가 층층이 이어진다. 알은 시간이 지나며 흑색 작은 반점이 나타난다. 알에서 깨어난 **1령애벌레**는 흑색 머리에 몸은 반투명한 녹색으로 가운데가슴과 2·8번 배마디에 1쌍의 돌기가 있다. 애벌레는 먹이식물을 둥글게 마름질하며 활동한다. **2령애벌레**는 유백색으로 흑색 점과 노란색 점이 일정한 배열로 있다. **3령애벌레**의 흑색 몸에 등선과 숨구멍을 따라 노란색 반점이 커지고 흑색 돌기가 길게 발달한다. 애벌레는 먹이식물 잎자루에 상처를 내 거나, 잎 마름질로 먹이식물 유액(독소)의 흐름을 줄이고 먹이활동을 한다. **4령애벌레**는 노란색과 백색 반점들의 발달로 몸이 화려하며 가슴과 배마디돌기의 아랫부분이 붉은색으로 변한다. **5령애벌레**의 몸은 4령기와 달리 노란색이 약해지고 흑색이 발달하며 가운데가슴돌기가 더듬이 모양으로 길게 발달한다. 애벌레의 왕성한 식욕은 먼 거리를 이동하며 잎과 줄기를 가리지 않고 먹는다. **전용**이 가까워진 애벌레는 먹이식물 잎 아랫면 주맥 또는 줄기에 실을 치고 배끝을 붙여 번데기가 된다. **번데기**는 황록색으로 3번 배마디에 반짝이는 돌기는 점으로 이어진다.

먹이식물(박주가리)

알

1령

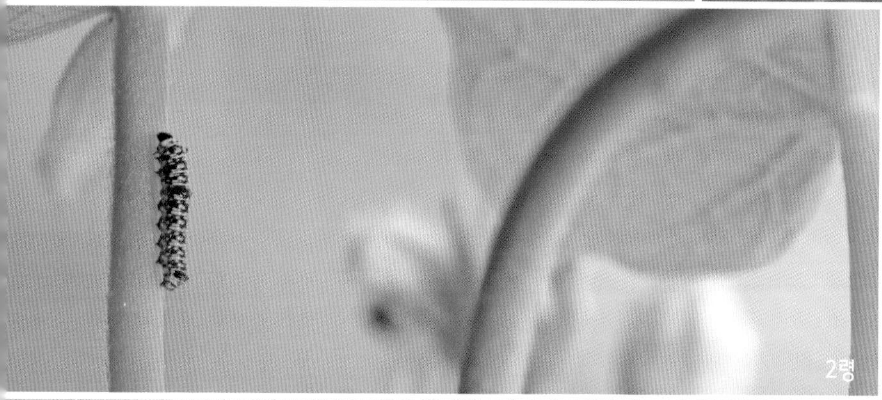
2령

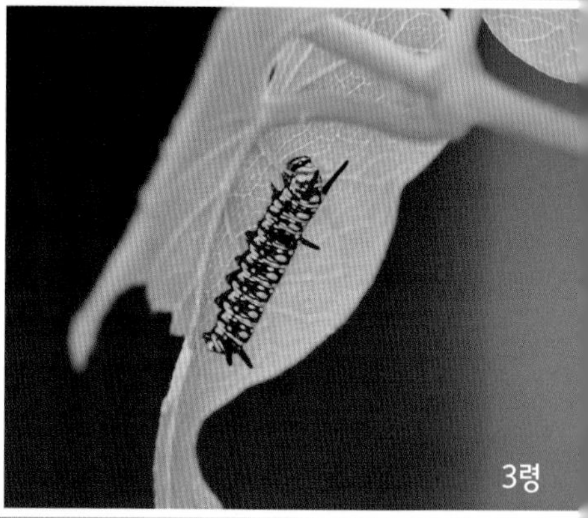
3령

4령

5령(줄기에 상처를 낸 애벌레)

전용

번데기

수컷

4. 끝검은왕나비 *Danaus chrysippus* (Linnaeus, 1758)

짝짓기

주년 경과	1월	2월	3월	4월	5월	6월	7월	8월	9월	10월	11월	12월
알												
애벌레												
번데기												
어른벌레								▬	▬			

○ 성충 발생 **미접**으로 8~9월에 활동한다. ○ 겨울나기 성충
○ 먹이식물 금관화, 박주가리, 하수오 등(박주가리과)

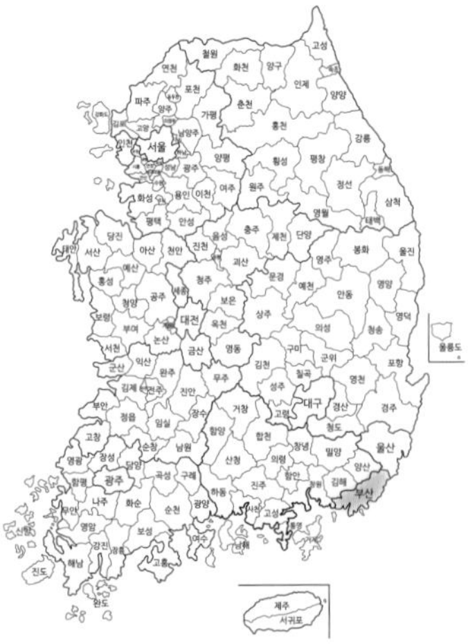

암컷은 먹이식물의 잎이나 줄기, 꽃잎 등에 알을 낳는다. **알**은 백색의 포탄형으로 정공에서 여러 개의 줄돌기가 세로로 약하게 있고 사이에 작은 줄돌기가 층층이 이어진다. 알에서 깨어난 **1령애벌레**는 흑색 머리에 몸은 연한 녹색으로 흑색 털이 있다. 가운데가슴과 2·8번 배마디에 1쌍의 돌기가 있다. 애벌레는 알껍데기를 먹고 먹이식물에 구멍을 내가며 활동한다. **2령애벌레**의 몸은 유백색이다. 등선이 흑색 점으로 이어지고 양옆으로 노란색 타원형 반점이 있다. 몸의 털이 짧아지고 돌기는 흑색으로 잔털이 있다. 애벌레는 먹이식물의 잎 주맥을 꺾는 상처를 내 유액(독소)의 흐름을 줄이고 먹이활동을 한다. **3령애벌레**는 연한 청색의 세로줄 무늬를 가진 머리와 흑색 몸에 백색과 노란색의 무늬가 일정한 배열로 있다. 숨구멍을 따라 발달한 노란색 무늬가 선명해지고 흑색 돌기가 길어진다. 이러한 외부 형태는 5령애벌레까지 이어진다. **전용**이 가까워진 애벌레 몸에 화려하던 무늬는 어두운 녹색으로 변하고, 느릿느릿 먹이식물 잎 아랫면으로 내려와 주맥에 실을 두껍게 치고 배끝을 붙여 번데기가 된다. **번데기**는 황록색으로 3번 배마디에 발달한 흑색 돌기가 왕나비의 점선과 다르게 선으로 이어지고 좌우 대칭으로 반짝이는 노란색 반점이 있다.

먹이식물(금관화)

알

1령

2령(주맥을 꺾은 애벌레)

3령, 4령

4령

5령(주맥을 꺾은 애벌레)

전용

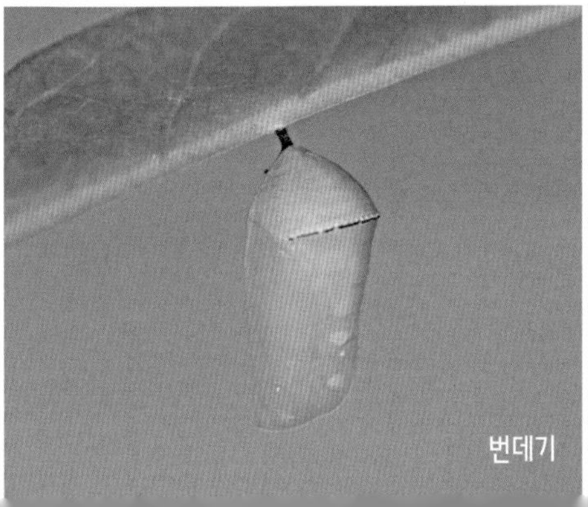
번데기

알 낳기

5. 먹그늘나비 *Lethe diana* (Butler, 1866)

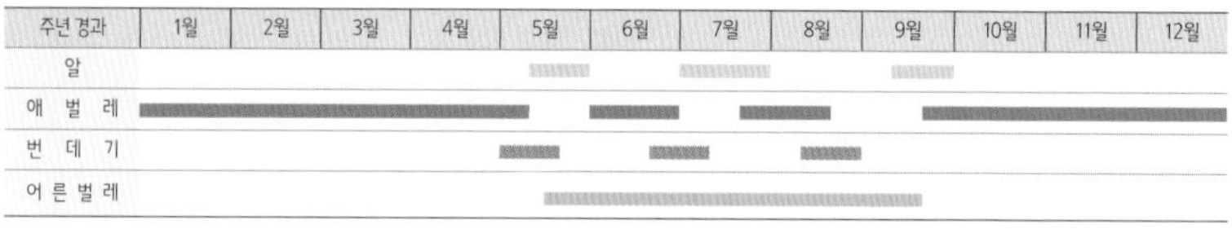

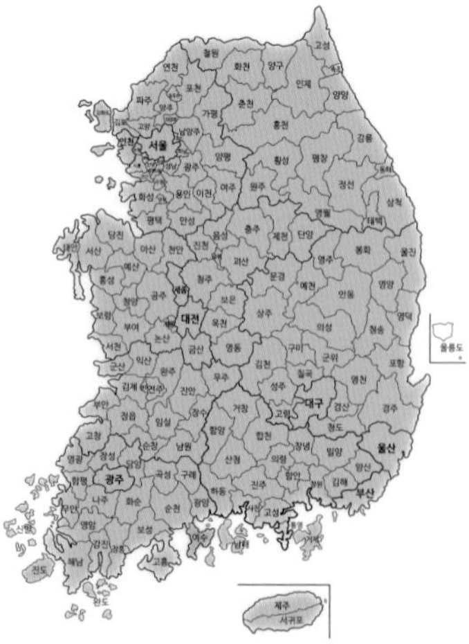

○ 성충 발생 연 2~3회, 지역에 따라 5~9월에 활동한다. ○ 겨울나기 3~4령애벌레
○ 먹이식물 조릿대, 달뿌리풀, 이대, 억새 등(벼과)

암컷은 먹이식물의 잎이나 줄기, 마른 잎 등에 하나에서 여러 개의 알을 낳는다. **알**은 연한 비취색의 공 모양으로 표면에 약하게 패인 자국이 있고, 시간이 지나며 얼룩 반점이 나타난다. 알에서 깨어난 **1령애벌레**는 알껍데기를 먹고 잎 아랫면 주맥을 따라 이동한다. 애벌레는 흑색 머리에 1쌍의 둥근 돌기가 있다. 몸은 연한 녹색으로 등선을 따라 백색 선들이 발달한다. **2령애벌레**는 유백색 머리에 갈색돌기가 있으며 몸은 연한 녹색이다. 노란색 등선과 등옆선이 배끝돌기로 이어진다. 애벌레는 잎 아랫면에 실을 친 자리를 만들고 날이 어두워지면 활동한다. **3령애벌레**는 갈색 머리에 몸은 짙은 녹색으로 백색 등옆선이 선명해진다. 3·4령기에 겨울나기에 들어가는 애벌레는 갈잎의 먹이식물을 이불 삼거나 먹이식물주변에 보다 좋은 환경을 찾아 이동하기도 한다. 움직임 없이 겨울을 보내고 이른 봄 먹이활동 없이 탈피한 애벌레는 왕성한 먹이활동으로 몸을 키워간다. **전용**이 가까워진 애벌레는 분홍색으로 먹이식물 잎 아랫면이나 주변 안전한 곳에 실을 치고 배끝을 붙여 번데기가 된다. **번데기**는 연한 갈색으로 가운데가슴과 앞 날개선이 발달한다. 배마디 등선 양옆으로 약한 돌기가 노란색 선을 따라 이어지며 갈색 점이 듬성듬성하다. (애벌레는 3~4령기에 갈색형과 녹색형으로 나뉜다)

먹이식물(달뿌리풀)

알

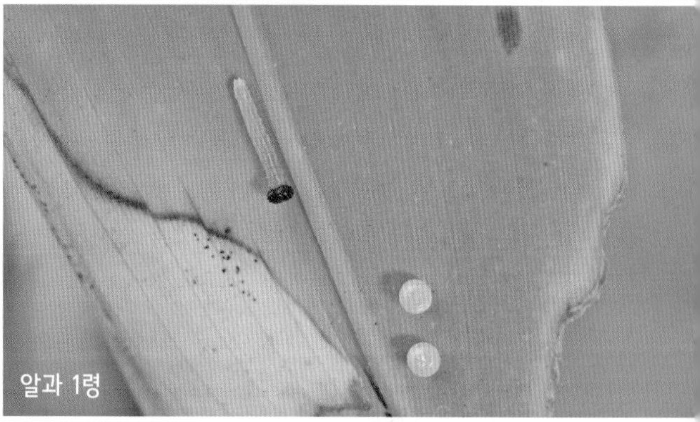
알과 1령

1령 말

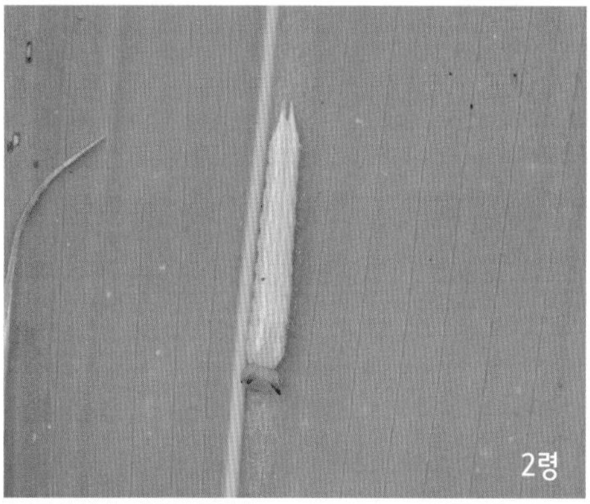
2령

3령

4령(녹색형)

4령(겨울나기)

5령(갈색형)

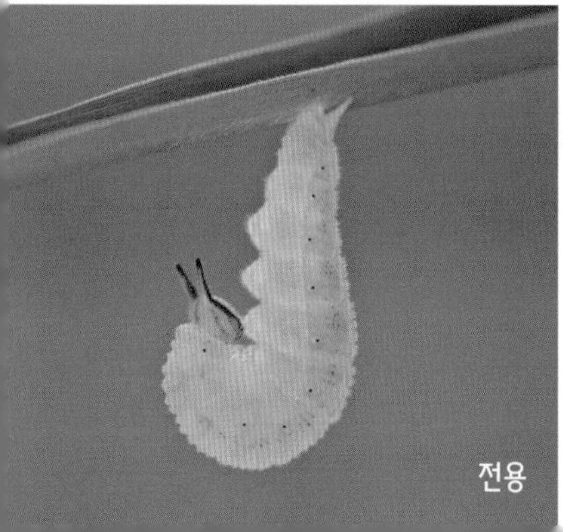
전용

번데기

암컷

6. 왕그늘나비 *Ninguta schrenckii* (Ménétriès, 1859)

수컷

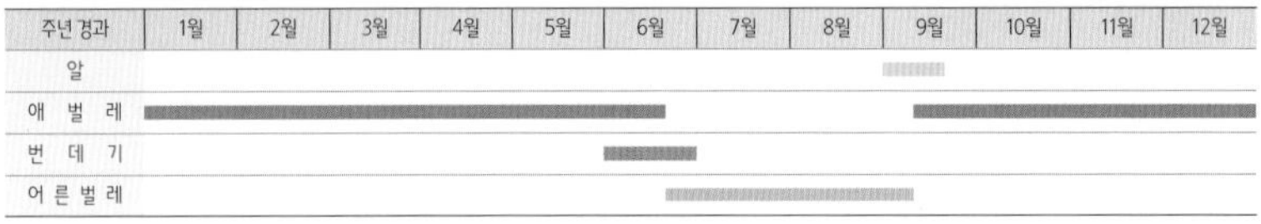

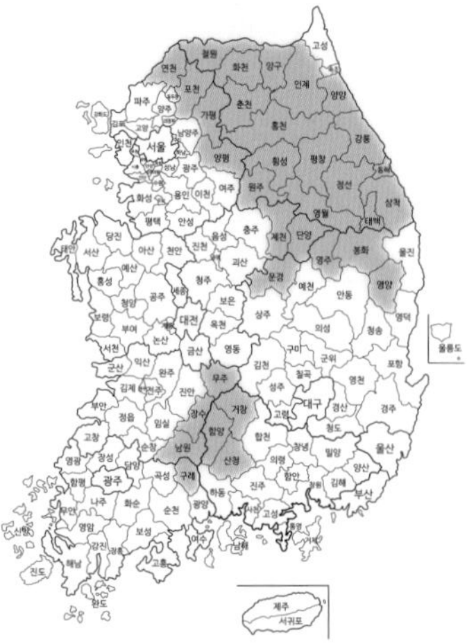

○ 성충 발생 연 1회, 지역에 따라 6~9월에 활동한다. ○ 겨울나기 2~3령애벌레
○ 먹이식물 흰이삭사초, 삿갓사초, 비늘사초, 방울고랭이 등(사초과)

암컷은 먹이식물의 잎에 하나에서 여러 개의 알을 낳는다. **알**은 유백색의 찐빵 모양으로 표면에 광택이 있으며 확대해 보면 정공에서 여러 개의 줄돌기가 세로로 약하게 있고 사이에 작은 줄돌기가 층층이 이어진다. 알은 시간이 지나며 흑색 반점이 비쳐 보인다. 먹이식물 뿌리부근에서 겨울을 보내고 깨어난 **3령애벌레**의 머리와 몸은 녹색으로 가슴에서 시작된 등선과 머리돌기에서 내려오는 등옆선이 배끝으로 길게 이어지고, 그 외 여러 개의 선들도 가슴에서 배끝으로 이어진다. 애벌레는 활동 후 먹이식물 아랫면에 실을 치고 만든 자리에 내려와 쉬기를 반복한다. **4령애벌레**의 몸은 보다 짙은 녹색으로 등선을 따라 이어지는 선들은 노란색이다. 애벌레의 체형은 3령기보다 길어지나 먹이식물 잎을 벗어나지 않을 정도의 폭을 가진다. 애벌레의 먹이활동은 잎끝에서 안으로 먹어 들어오며 잎의 주맥이나 줄기에 붙어 쉬기도 한다. **5령애벌레**의 몸은 황록색으로 선명한 녹색의 등선을 제외한 다른 선들은 몸에 스며들어 어렴풋하다. **전용**이 가까워진 애벌레는 먹이식물 줄기에 실을 치고 배끝을 붙여 번데기가 된다. **번데기**는 연한 녹색으로 등선과 등옆선이 배끝으로 이어진다. 앞날개 둘레선 일부가 붉은 백색이다.

먹이식물(흰이삭사초)

알

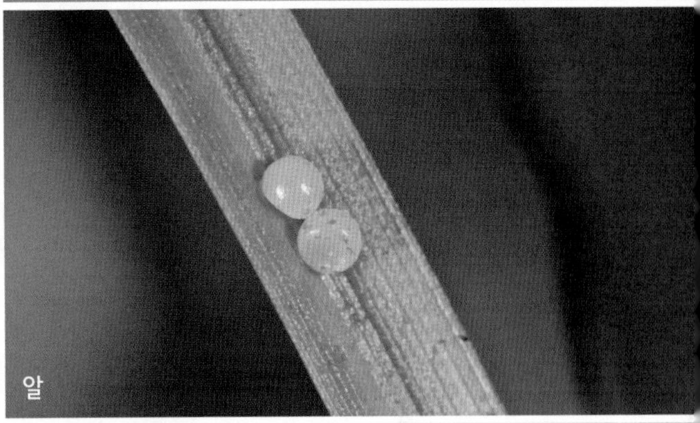
알

3령(겨울을 지낸 애벌레)

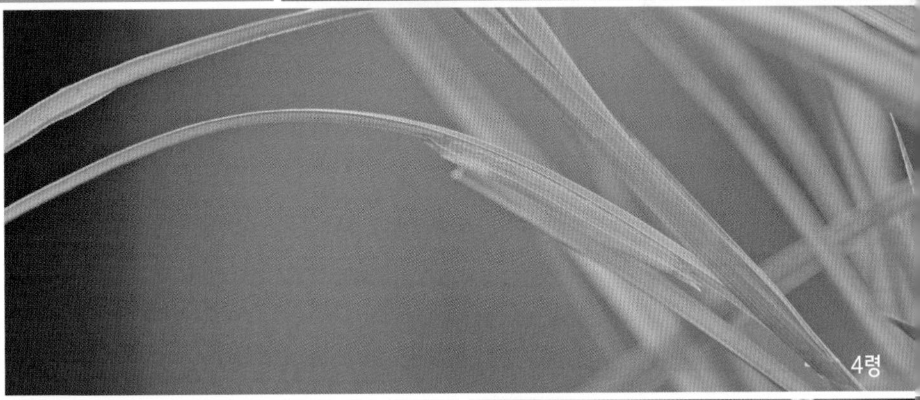
4령

5령

5령 머리

전용

번데기

수컷

7. 황알락그늘나비 *Kirinia epaminondas* (Staudinger, 1887)

수컷

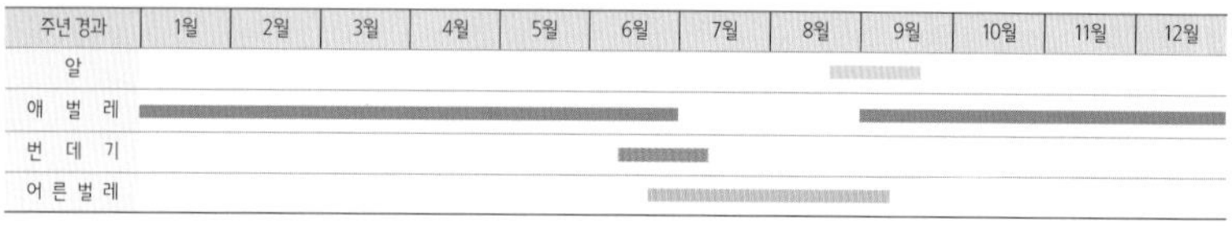

○ **성충 발생** 연 1회, 지역에 따라 6~9월에 활동한다.
○ **겨울나기** 1령애벌레
○ **먹이식물** 기름새, 큰기름새, 새, 개밀, 포아풀, 바랭이 등(벼과)

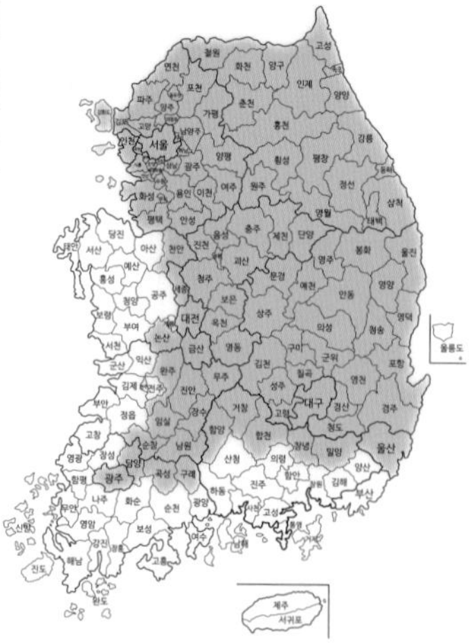

암컷은 먹이식물이나 주변 갈잎에 하나에서 여러 개의 알을 모아 낳는다. **알**은 백색의 공 모양으로 정공에서 여러 개의 줄돌기가 세로로 약하게 있고 사이에 작은 줄돌기가 층층이 이어진다. 알에서 깨어난 **1령애벌레**는 연한 갈색으로 몸마디에 일정한 배열의 긴 털이 있다. 애벌레는 먹이활동 없이 겨울을 보낸다. 이른 봄에 활동하는 애벌레는 잎의 가장자리를 먹으며 보호색을 갖는다. **2령애벌레**는 연한 녹색으로 머리에 1쌍의 돌기와 배끝에 1쌍의 돌기가 발달하고 몸에 여러 개의 가는 선이 가슴에서 배끝으로 이어진다. 애벌레는 먹이식물에 실을 친 자리를 만들고 먹이활동 후 돌아와 쉬기를 반복한다. **3령애벌레**의 몸은 연한 녹색으로 녹색의 등선이 선명하게 배끝으로 이어지고, 머리돌기에서 내려온 등옆선도 배끝돌기로 이어진다. 애벌레는 먹이식물 주맥과 상관없이 잎을 가로로 먹는다. **4·5령애벌레**의 머리돌기는 백색으로 배끝돌기와 같은 색이다. 애벌레는 잎 가장자리를 길게 먹기도 하고 먹이활동이 끝나면 잎 뒤에 붙어 쉬기도 한다. **전용**이 가까워진 애벌레의 몸은 먹이식물과 같은 녹색으로 잎 아랫면 주맥에 실을 치고 배끝을 붙여 번데기가 된다. **번데기**는 녹색으로 배마디 등선 양옆으로 노란색 점과 앞날개 둘레선 일부에 노란색 선이 발달한다.

먹이식물(기름새)

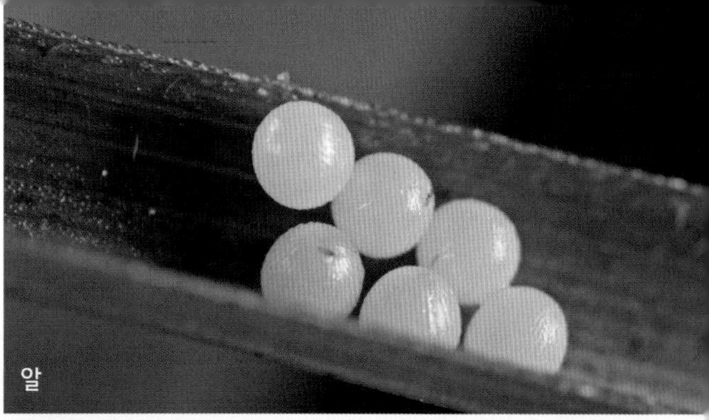
알

1령(여름)

1령 말

1령 초(봄)

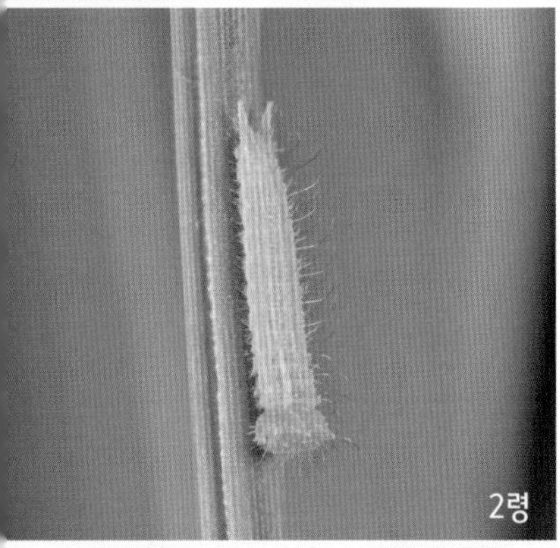
2령

3령

4령

5령

전용

번데기

8. 눈많은그늘나비 *Lopinga achine* (Scopoli, 1763)

수컷(사진 최원교)

EX
EW
RE
CR
EN
VU
NT
LC
DD
NA
NE

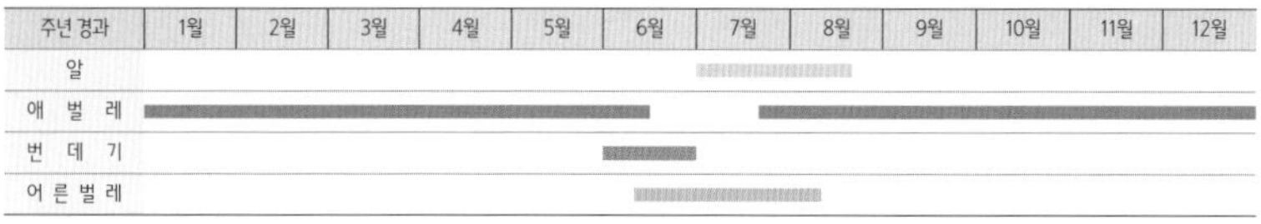

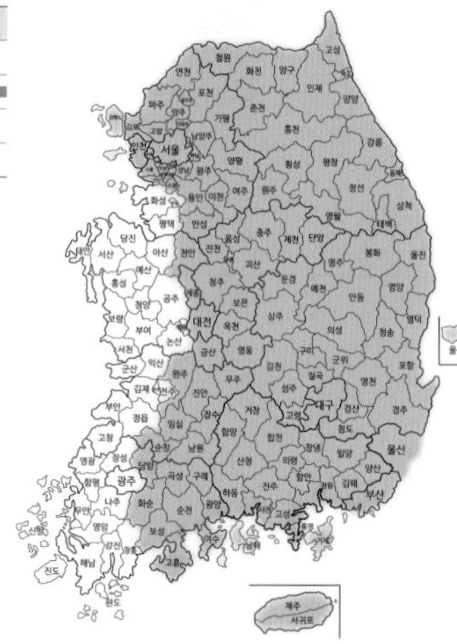

○ 성충 발생 연 1회, 지역에 따라 6~8월에 활동한다. ○ 겨울나기 3령애벌레

○ 먹이식물 산괭이사초(사초과), 기름새, 큰기름새, 갈풀, 실새풀, 포아풀, 등(벼과)

암컷은 먹이식물의 주변 마른 잎이나 지면에 알을 뿌려 낳는다. **알**은 노란색 매끄러운 고깔 모양으로 아랫면이 움푹 들어가 있다. 알에서 깨어난 **1령애벌레**는 갈색 머리에 몸은 연한 녹색으로 등선을 따라 몸마디에 일정한 배열의 긴 털이 있다. 애벌레는 잎 가장자리를 따라 활동한다. **2령애벌레**의 몸은 녹색으로 등선을 중심으로 등옆선, 숨구멍선, 바닥선이 백색으로 가슴에서 배끝으로 이어진다. 몸마디에 일정한 배열의 둥근 돌기가 있고 돌기에 1쌍의 긴 털이 있다. **3령애벌레**는 몸에 갈색 털이 빼곡하다. 애벌레는 낮에는 먹이식물의 잎이나 줄기에 붙어 움직임이 없고, 어두워지면 이동해 잎의 끝부분부터 먹어가는 야행성이다. 3령기에 겨울나기를 하는 애벌레는 촉촉한 뿌리 부근으로 내려와 겨울을 지낸다. **4·5령애벌레**의 머리와 몸은 연한 녹색으로 녹색의 등선이 선명하고 등옆선과 노란색의 바닥선이 꼬리돌기로 이어진다. 몸 전체에 백색의 긴 털이 빼곡해진다. 활동 범위가 좁은 애벌레는 서식지에서 먹이활동 흔적이 보이면 쉽게 찾을 수 있다. **전용**이 가까워진 애벌레는 먹이식물에 실을 치고 배끝을 붙여 번데기가 된다. **번데기**는 연한 녹색으로 등선이 어렴풋하다. 배마디에 1쌍의 노란색 돌기와 앞날개 둘레선 일부가 돋아있다.

먹이식물(산광이사초)

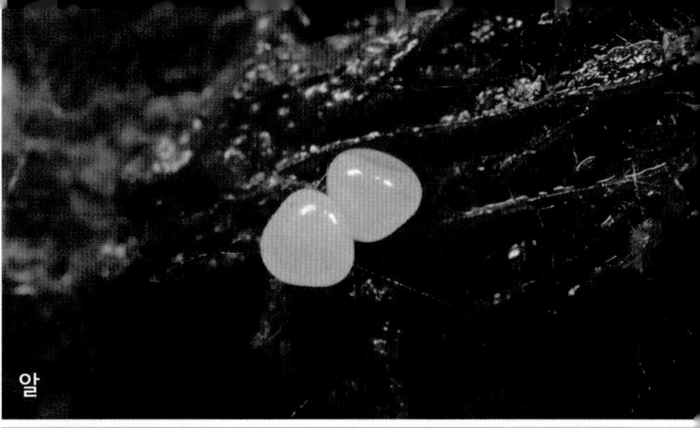
알

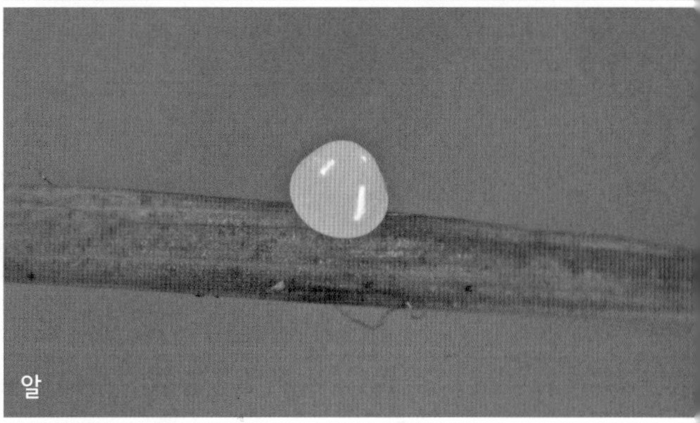
알

1령

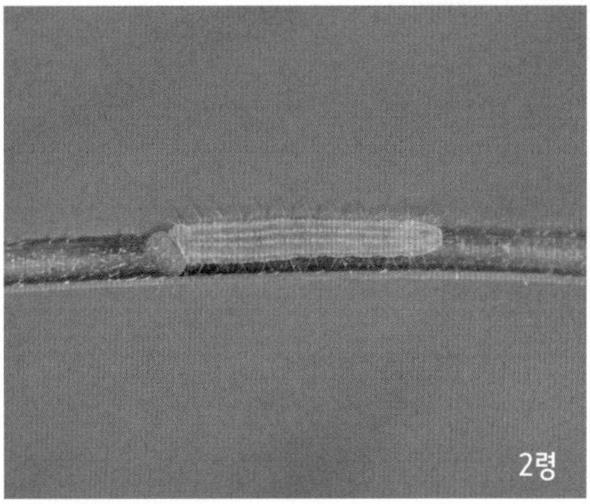
2령

3령(봄)

3령(가을)

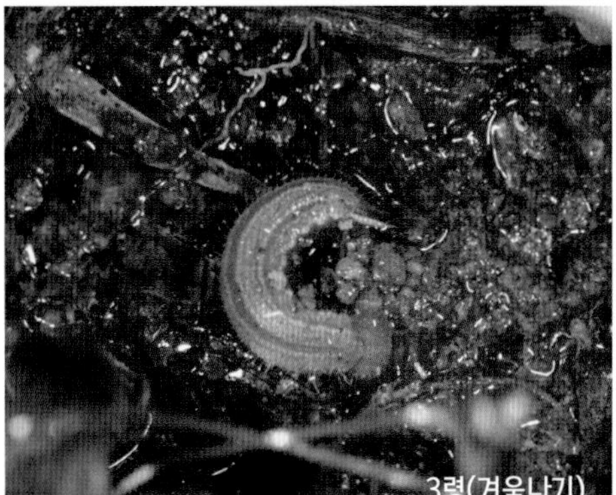
3령(겨울나기)

4령

5령

전용

번데기

9. 뱀눈그늘나비 *Lopinga deidamia* (Eversmann, 1851)

수컷

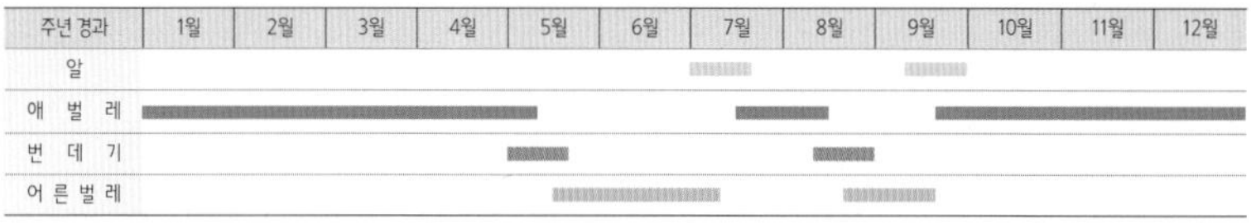

○ 성충 발생 연 2회, 지역에 따라 5~9월에 활동한다. ○ 겨울나기 4령애벌레
○ 먹이식물 기름새, 바랭이, 포아풀, 귀리, 잔디 등(벼과)

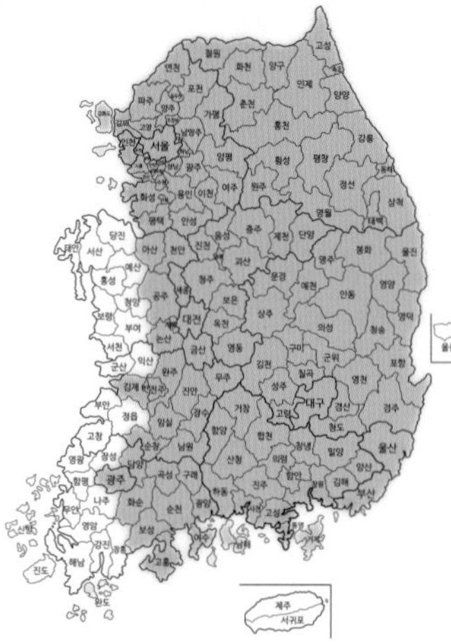

암컷은 먹이식물의 잎 윗면에 알을 낳는다. **알**은 연한 노란색의 북 모양이다. 정공에서 여러 개의 줄돌기가 세로로 약하게 있고 사이에 작은 줄돌기가 층층이 이어진다. 알에서 깨어난 **1령애벌레**는 흑색 머리에 몸은 연한 녹색이다. 등선을 따라 등옆선과 바닥선이 가슴에서 배끝으로 이어진다. 애벌레는 잎 가장자리를 길이로 먹는다. **2령애벌레**는 털이 있는 연한 갈색 머리에 몸은 녹색이다. 등선을 따라 몸마디에 일정한 배열의 털이 있다. 애벌레는 날이 어두워지면 활동하고 낮에는 먹이식물 잎 아랫면 주맥에 몸을 붙이고 휴식을 취한다. **5령애벌레**의 머리는 흑색 털이 있는 녹색이다. 몸은 연한 녹색으로 백색 잔털이 빼곡하다. 짙은 녹색의 등선과 백색의 등옆선, 바닥선이 가슴에서 배끝돌기로 이어진다. 애벌레는 몸을 세워 잎을 붙들고 가로로 먹는 습성이 있다. 이에 서식지의 먹이식물 잎이 듬성듬성 잘려 나간 것을 볼 수 있다. **전용**이 가까워진 애벌레는 먹이식물의 잎 아랫면이나 먹이식물을 떠나 주변 안전한 곳을 찾아 배다리가 닿는 면에 실을 두껍게 치고 배끝을 붙여 번데기가 된다. **번데기**는 연한 녹색으로 시간이 지나며 녹색으로 짙어진다. 긴 체형의 번데기는 등선을 따라 배마디 양옆으로 일정한 배열의 노란색 돌기가 나 있다.

먹이식물(기름새)

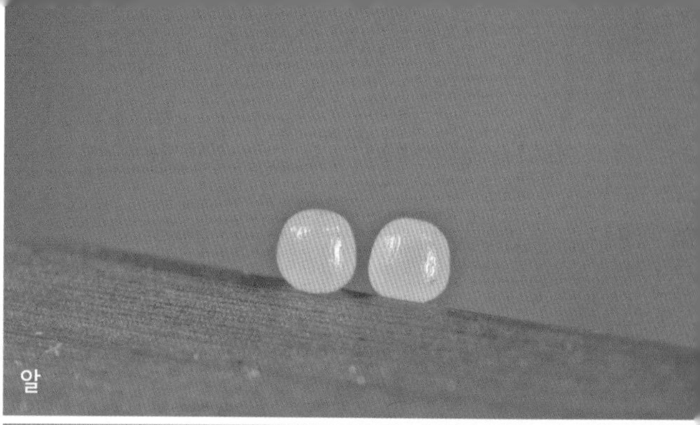

알

알

2령

5령

전용

번데기

암컷

10. 부처사촌나비 *Mycalesis francisca* (Stoll, 1780)

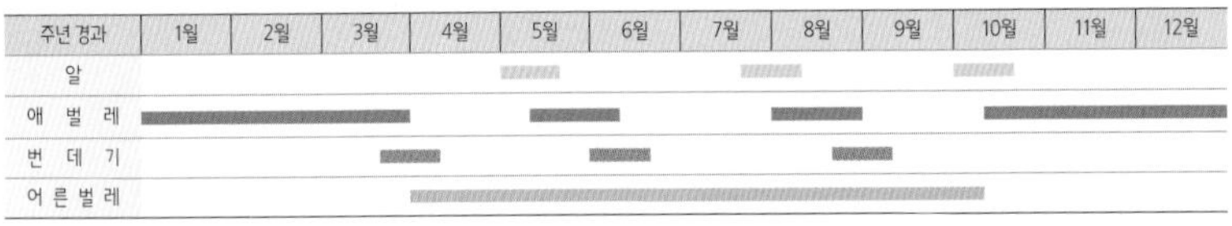

○ 성충 발생 연 2~3회, 지역에 따라 4~10월에 활동한다. ○ 겨울나기 5령애벌레
○ 먹이식물 강아지풀, 피, 김의털 등(벼과)

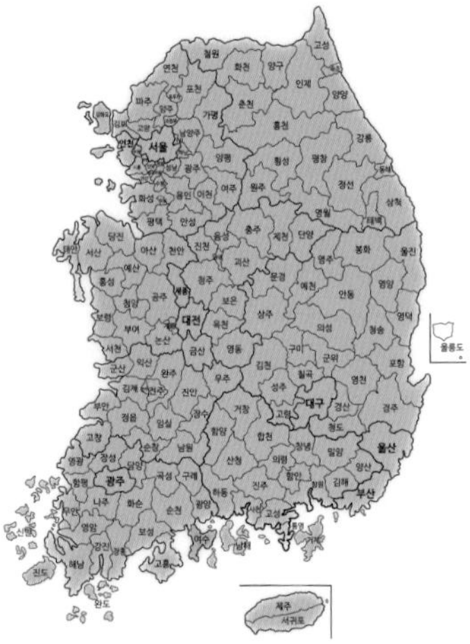

암컷은 먹이식물의 잎 위에 하나에서 여러 개의 알을 낳는다. **알**은 유백색의 공 모양으로 표면이 매끈해 보이나 확대해 보면 가는 줄돌기가 만들어 낸 작은 문양이 덮여있다. 알에서 깨어난 **1령애벌레**는 흑색 머리에 몸은 녹색이다. 등선을 따라 몸마디에 일정한 배열로 끝이 뭉툭한 털이 나 있고 배끝에 1쌍의 돌기가 있다. **2령애벌레**는 연한 녹색으로 머리에 돌기가 발달하고, 7~9번 배마디는 유백색이며 등선이 녹색이나 배끝으로 갈수록 붉은색이다. **3령애벌레**는 갈색 머리에 몸은 녹색으로 등선 양옆으로 가는 선들이 붉은색의 배끝돌기로 이어진다. **4령애벌레**는 갈색 머리에 몸은 유백색이다. 등선은 배끝으로 갈수록 붉은색이 짙어진다. 머리돌기에서 내려온 등옆선도 약하게 배끝돌기로 이어진다. **5령애벌레**는 갈색 머리에 몸은 연한 갈색으로 등선 아래 빗금이 발달한다. 애벌레의 먹이활동은 주로 해가 진 후에 이루어지고 낮에는 실을 이용해 만든 자리에서 휴식을 갖는다. 이 시기에 겨울나기를 준비하는 애벌레는 짙은 갈색으로 먹이식물 뿌리 부근으로 내려와 겨울을 지내고 봄이 오면 먹이활동 없이 번데기가 된다. **전용**이 가까워진 애벌레는 먹이식물 주변 안전한 곳에 실을 치고 배끝을 붙여 번데기가 된다. **번데기**는 연한 녹색의 통통한 체형으로 윗날개 끝에 검은색 점이 발달한다.

먹이식물(강아지풀)

알

1령

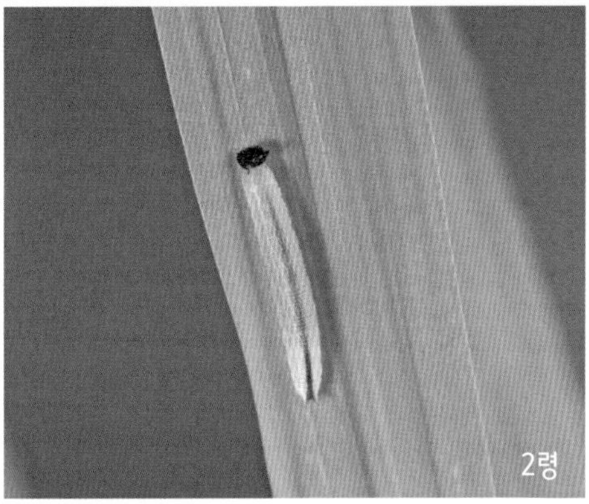

2령

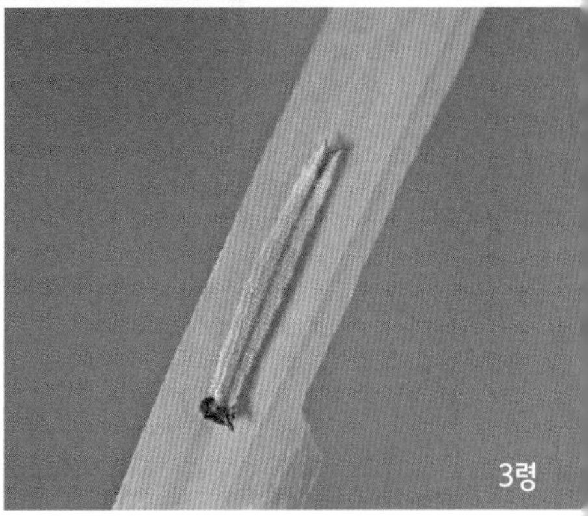

3령

4령

5령

5령(겨울나기)

5령

전용

번데기

11. 부처나비 *Mycalesis gotama* Moore, 1857

수컷

EX
EW
RE
CR
EN
VU
NT
LC
DD
NA
NE

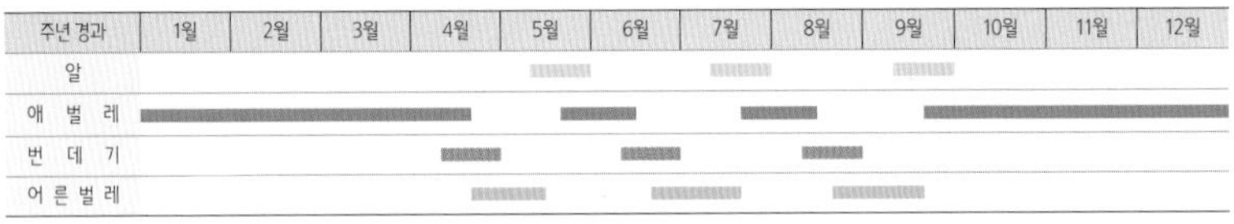

○ 성충 발생 연 3회, 지역에 따라 4~9월에 활동한다. ○ 겨울나기 4령애벌레
○ 먹이식물 강아지풀, 기름새, 포아풀, 구리, 달뿌리풀 등(벼과)

암컷은 먹이식물의 잎에 알을 낳는다. **알**은 비취색 공 모양으로 표면이 매끈해 보이나 확대해 보면 낮게 패인 다각형 문양이 덮여있다. **1령애벌레**는 반짝이는 짙은 갈색 머리에 1쌍의 둥근 돌기가 있고 몸은 연한 녹색이다. 녹색의 등선과 백색의 등옆선이 배끝으로 이어진다. **2령애벌레**는 머리돌기가 날카로워지고 몸에 백색의 작은 털이 빼곡하다. 애벌레는 잎가장자리부터 둥글게 먹으며 몸이 짙어진다. **3령애벌레**는 갈색 머리에 돌기는 보다 커지고 연한 녹색의 몸에 선들이 가늘어진다. 애벌레는 부처사촌나비와 같은 야행성으로 낮에는 먹이식물 아래서 휴식을 취하고 해가 지면 활동한다. **4령애벌레**의 몸에 화려하던 여러 개의 선들은 몸에 스며들어 어렴풋하다. 애벌레는 먹이식물과 같은 보호색으로 서식지에서 가까이 있는 애벌레를 찾기가 쉽지 않다. **5령애벌레**의 머리는 갈색 귀를 가진 고양이 모습이다. 긴 체형의 몸은 통통해지고 황록색으로 변하지만 꼬리돌기는 백색이다. 애벌레는 먹이식물의 잎을 띄엄띄엄 오랜 시간을 두고 먹는다. **전용**이 가까워진 애벌레는 먹이식물의 잎 아랫면에 실을 치고 배끝을 붙여 번데기가 된다. **번데기**는 백색 분을 바른 듯한 백녹색으로 등선을 중심으로 3·4번 배마디 양쪽으로 백색의 작은 점이 있다.

먹이식물(강아지풀)

알

1령

2령

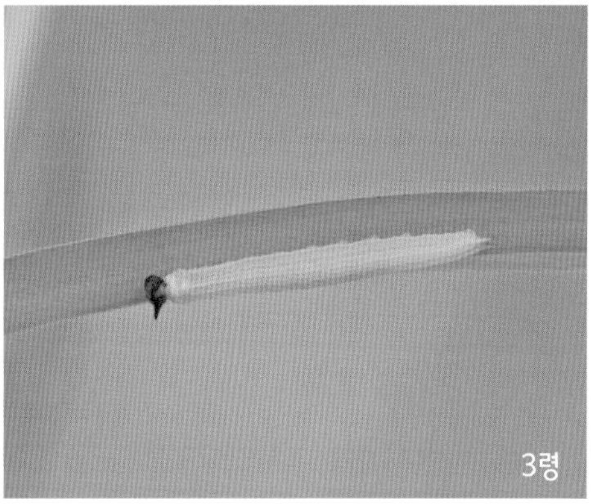
3령

4령

5령

5령(머리)

전용

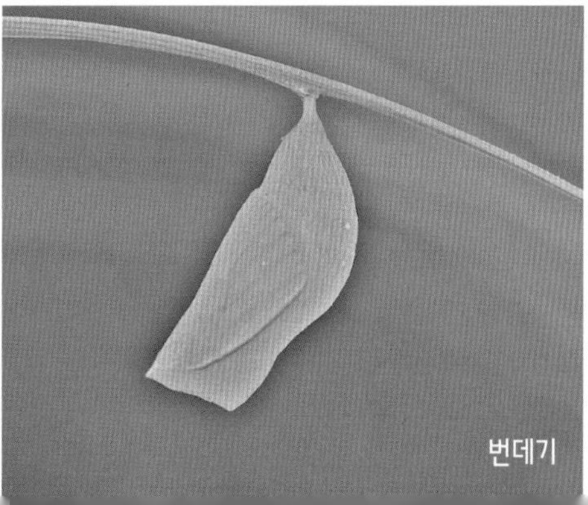
번데기

수컷

12. 도시처녀나비 *Coenonympha hero* (Linnaeus, 1761)

수컷

주년 경과	1월	2월	3월	4월	5월	6월	7월	8월	9월	10월	11월	12월
알							■					
애벌레	■	■	■	■	■	■	■	■	■	■	■	■
번데기					■	■						
어른벌레					■	■	■					

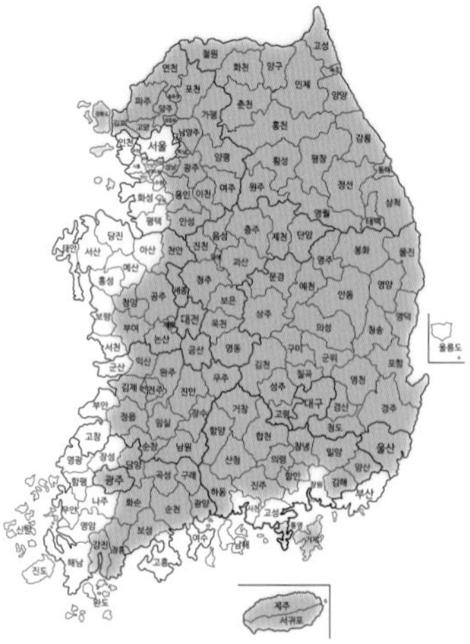

○ 성충 발생 연 1회, 지역에 따라 5~7월에 활동한다. ○ 겨울나기 4령애벌레
○ 먹이식물 가는잎그늘사초, 왕그늘사초, 그늘사초, 층실사초 등(사초과)

암컷은 먹이식물의 잎에 알을 낳는다. **알**은 연한 녹색의 윗면이 평평한 북 모양으로 정공 부위가 살짝 올라와 있으며 봄처녀나비 알보다 갸름하다. 정공에서 여러 개의 줄돌기가 세로로 있고 사이에 작은 줄돌기가 층층이 이어진다. 알에서 깨어난 **1령애벌레**는 연한 갈색 머리에 몸은 녹색이다. 갈색 등선과 등옆선이 가슴에서 배끝으로 이어지고, 배끝에는 갈색 털이 있는 1쌍의 꼬리돌기가 있다. **3령애벌레**의 몸은 밝은 녹색으로 녹색의 등선과 가슴에서 배끝으로 이어지는 노란색 등옆선과 바닥선이 화려하다. 애벌레는 탈피할 때마다 등선과 바닥선의 색이 달라진다. 애벌레는 가슴다리와 배다리로 가는 잎을 붙들고 먹이식물 잎끝에서 부터 차근차근 먹어 들어온다. 4령기에 겨울나기를 준비하는 애벌레의 몸은 녹색이 짙어지고 밝았던 등옆선이 어두워진다. **5령애벌레**는 등선과 그 주변이 보라색으로 변한다. 머리보다 굵어진 몸통에 작은 흰색 점이 빼곡하다. 애벌레는 야행성으로 낮에는 가는 잎 사이에서 움직임이 없다가 해가 지면 활발히 움직인다. **전용**이 가까워진 애벌레는 먹이식물의 갈잎이나 주맥에 실을 치고 배끝을 붙여 번데기가 된다. **번데기**는 연한 백록색으로 머리와 앞날개 등에 검은색 줄무늬가 화려하다.

EX
EW
RE
CR
EN
VU 취약
NT
LC
DD
NA
NE

먹이식물(가는잎그늘사초)

알

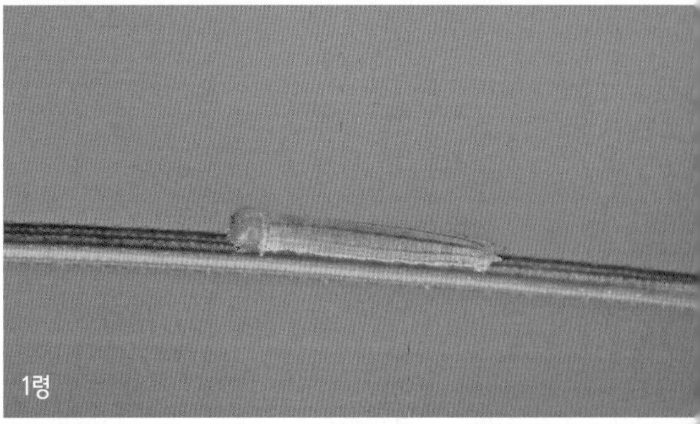
1령

3령

4령

5령

전용

암컷

번데기

13. 봄처녀나비 *Coenonympha oedippus* (Fabricius, 1787)

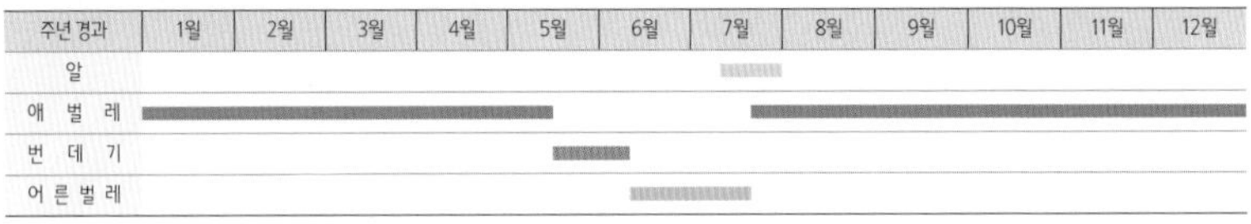

○ 성충 발생　연 1회, 지역에 따라 6~7월에 활동한다.　○ 겨울나기　3령애벌레
○ 먹이식물　가는잎그늘사초, 그늘사초, 왕그늘사초 등(사초과)

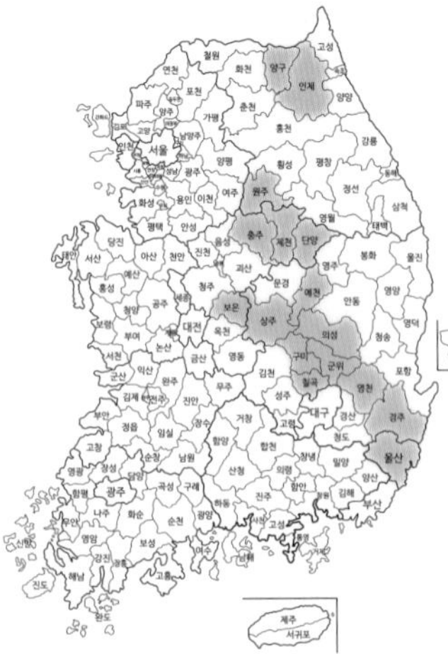

암컷은 먹이식물의 잎이나 주변 마른 풀에 알을 낳는다. **알**은 연한 녹색의 위아래 면이 평평한 북 모양으로 정공에서 약한 줄돌기가 세로로 여러 개 있고 사이에 작은 줄돌기가 층층이 이어진다. 알은 시간이 지나며 투명해지고 애벌레가 비쳐 보인다. 알에서 깨어난 **1령애벌레**는 연한 갈색의 머리에 몸은 연한 녹색이다. 등선 옆으로 여러 개의 선이 가슴에서 배끝으로 이어지고, 배끝에 1 쌍의 돌기에 백색 털이 있다. 애벌레는 먹이식물 가는 잎의 주맥을 피해 먹이활동을 한다. **2·3령애벌레**의 몸은 녹색으로 짙어지고 등선과 주변의 가는 선들이 바닥선과 같은 노란색으로 변한다. 3령기에 겨울나기를 준비하는 애벌레의 몸은 연분홍색으로 등선과 여러 개의 갈색 선들이 가슴에서 배끝으로 이어진다. 겨울을 지내고 탈피한 **4령애벌레**의 머리와 몸은 3령기보다 연한 녹색으로 노란색의 바닥선이 보다 짙어진다.

애벌레는 먹이식물의 뿌리 부근에 자리를 만들고 어두워지면 활동하는 야행성이다. **5령애벌레**의 몸은 연한 녹색으로 바닥선이 가늘다. **전용**이 가까워진 애벌레는 먹이식물이나 주변의 안전한 곳에 실을 치고 배끝을 붙여 번데기가 된다. **번데기**는 연한 녹색의 갸름한 체형으로 가는 선들이 가슴에서 배끝으로 이어지고 앞날개 둘레선 일부가 살짝 돌아있다.

먹이식물(가는잎그늘사초)

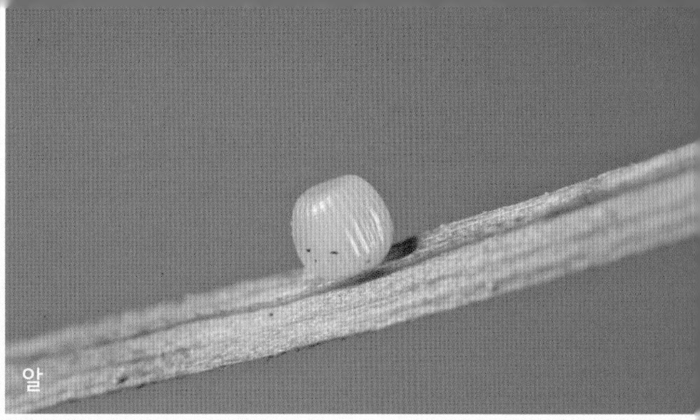
알

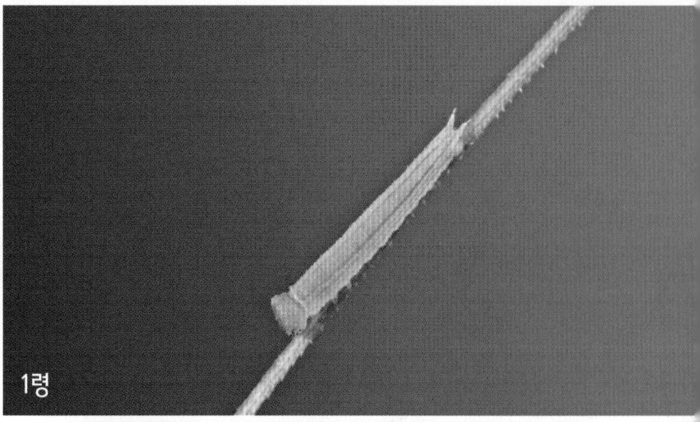
1령

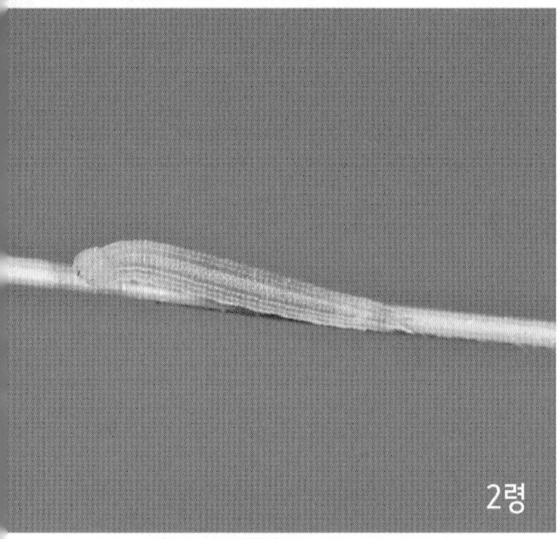
2령

3령

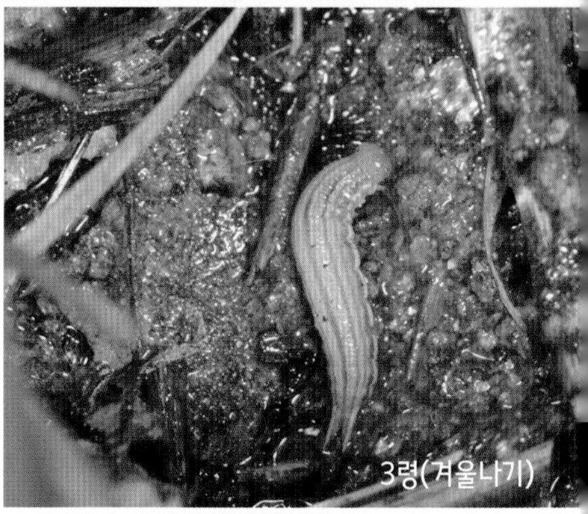
3령(겨울나기)

4령

5령

전용

번데기

수컷

14. 시골처녀나비 *Coenonympha amaryllis* (Stoll, 1782)

수컷

EX
EW
RE
CR
EN
VU 취약
NT
LC
DD
NA
NE

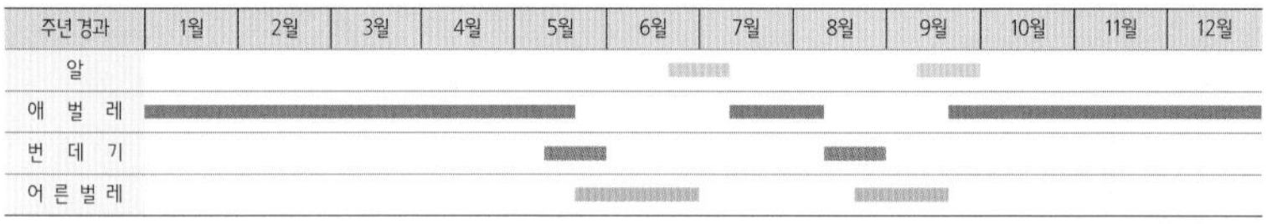

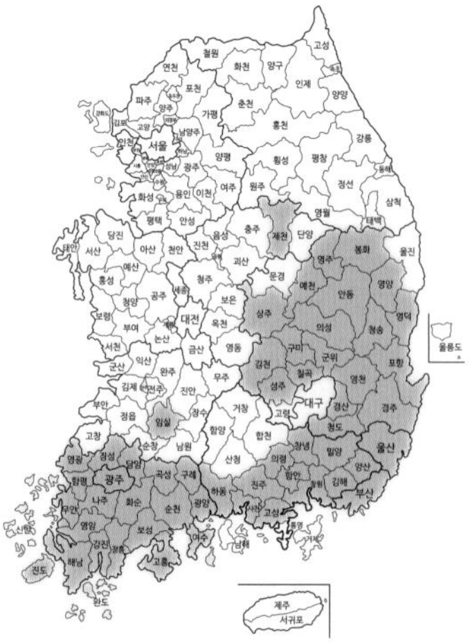

○ **성충 발생** 연 2회, 지역에 따라 5~9월에 활동한다.

○ **겨울나기** 3령애벌레

○ **먹이식물** 가는잎그늘사초, 좀황새풀 등(사초과)

암컷은 먹이식물의 잎이나 줄기에 하나에서 여러 개의 알을 낳는다. **알**은 회분홍색의 북 모양으로 정공에서 여러 개의 줄돌기가 세로로 약하게 있고 사이에 작은 줄돌기가 층층이 이어진다. 알은 시간이 지나며 투명해지고 애벌레가 비친다. 알에서 깨어난 **1령애벌레**는 분홍색 머리에 몸은 연한 녹색으로 가슴에서 배끝으로 이어지는 등선과 등옆선이 선명하다. 애벌레는 먹이식물의 가는 잎의 주맥을 피해 가장자리를 먹는다. **2·3령애벌레**는 유백색 머리에 몸은 녹색으로 숨구멍 아래 노란색의 바닥선이 선명해진다. 애벌레는 1령기와 같이 먹이식물 잎 가장자리를 길게 먹어간다. **4령애벌레**의 머리와 몸은 먹이식물과 같은 녹색이다. 등선과 등옆선이 짙어지고 바닥선은 노란색으로 변함이 없다. 애벌레는 1~3령기와 같이 잎의 주맥을 남기는 먹이활동을 한다. **5령애벌레**는 가슴에서 배끝으로 이어지는 짙은 녹색의 등선을 포함한 여러 개의 선은 노란색이나 연한 녹색의 보호색을 갖는다. 애벌레는 먹이활동을 마치면 먹이식물 잎에 매달려 쉬기를 즐겨한다. **전용**이 가까워진 애벌레는 먹이식물 잎 아랫면에 실을 두껍게 치고 배끝을 붙여 번데기가 된다. **번데기**는 매끄러운 연한 녹색으로 가운데가슴이 발달하고 앞날개 둘레선 일부가 녹색으로 돋아있다.

먹이식물(가는잎그늘사초)

알

1령(사진 김순환)

2령(사진 김순환)

3령(사진 김순환)

4령(사진 김순환)

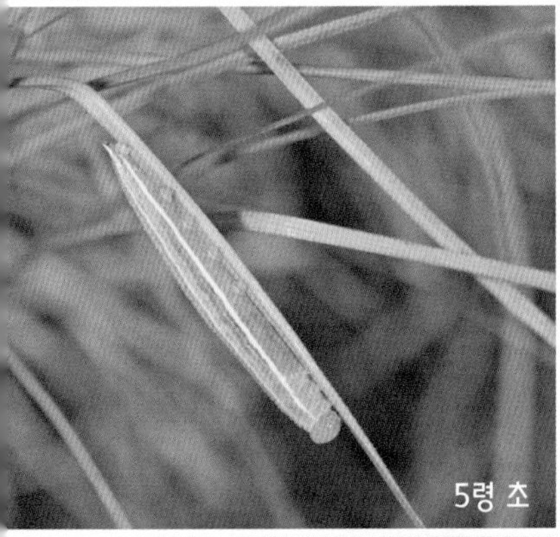
5령 초

5령

전용

번데기

수컷

15. 외눈이지옥나비 *Erebia cyclopius* (Eversmann, 1844)

EX
EW
RE
CR
EN
VU 취약
NT
LC
DD
NA
NE

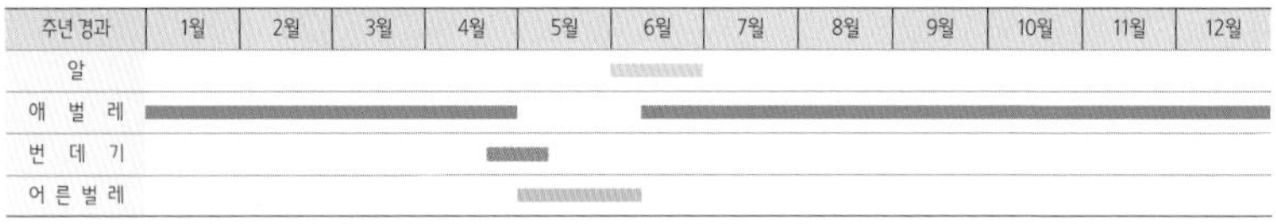

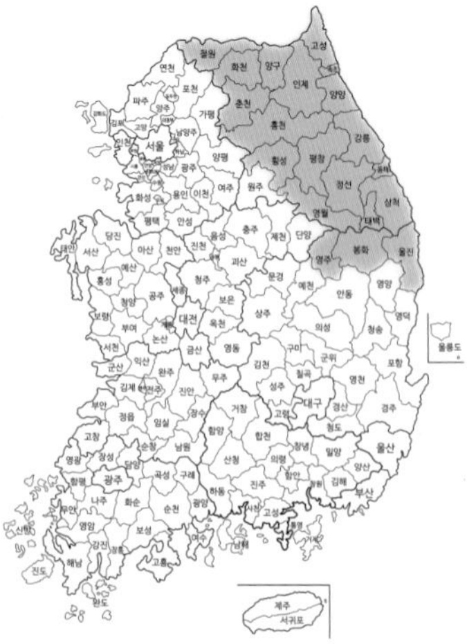

○ 성충 발생　연 1회, 지역에 따라 5~6월에 활동한다.
○ 겨울나기　4령애벌레
○ 먹이식물　흰이삭사초, 가는잎그늘사초 등(사초과)

암컷은 먹이식물이나 주변 갈잎 또는 마른 가지 등에 알을 낳는다. **알**은 유백색의 타원형으로 정공에서 여러 개의 줄돌기가 세로로 있고 사이에 작은 줄돌기가 층층이 이어진다. 알에서 깨어난 **1령애벌레**는 연분홍색 머리에 몸은 백녹색이다. 등선 양옆으로 여러 개의 선이 가슴에서 배끝으로 이어진다. 애벌레는 먹이식물의 가는 잎 주맥을 피해 길이로 먹는다. **2령애벌레**는 녹색으로 노란색의 등선과 등옆선, 바닥선이 선명해진다. 애벌레는 가는 잎을 붙들고 잎끝부터 먹으며 뒷걸음질로 내려오는 모습을 보이기도 한다. **3령애벌레**의 몸은 황녹색으로 짙은 갈색의 등선을 따라 녹색과 백색 선들이 발달한 보호색을 갖는다. 겨울나기를 준비하는 **4령애벌레**의 몸은 연한 황갈색으로 통통한 체형이다. 몸에 잔털이 많아지고 가는 선들도 갈잎에 숨기 좋은 다양한 보호색을 갖는다. **5령애벌레**는 갈색의 통통한 체형으로 몸 마디에 잔주름이 발달하고 약해진 등선과 달리 연한 갈색의 바닥선이 선명하다. 애벌레는 해가 진 후에 활동하며 왕성한 식욕은 먹이식물에 넓은 흔적을 남긴다. **전용**이 가까워진 애벌레는 먹이식물 사이에 실을 이용한 엉성한 고치를 짓고 몸을 세워 번데기가 된다.

먹이식물(흰이삭사초)

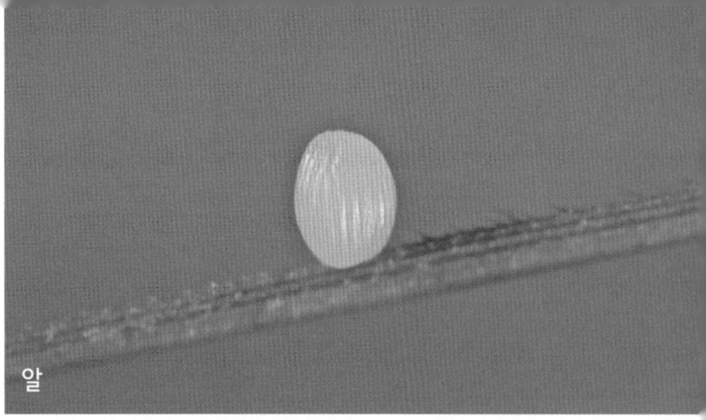

알

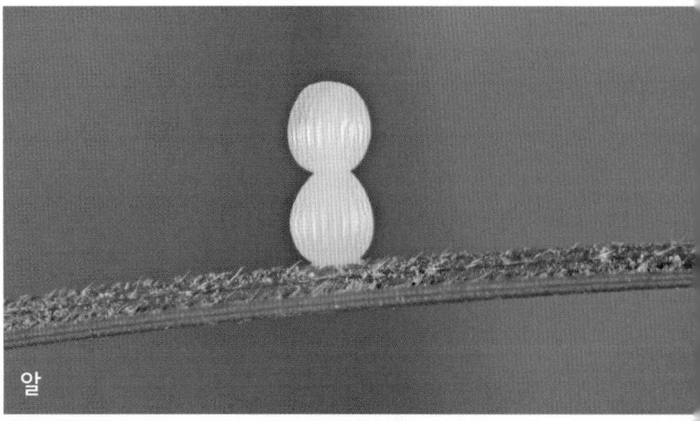

알

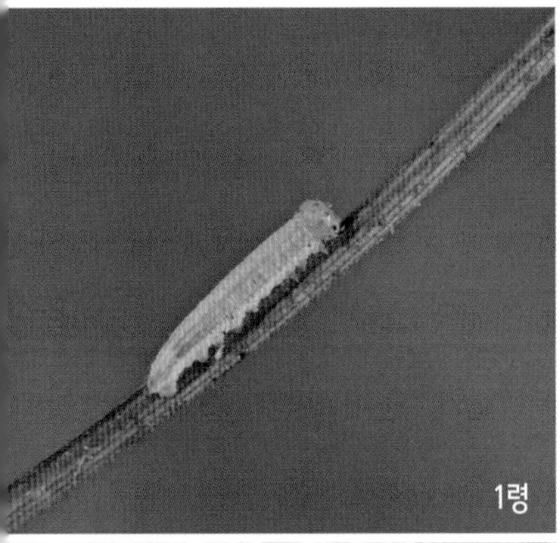

1령

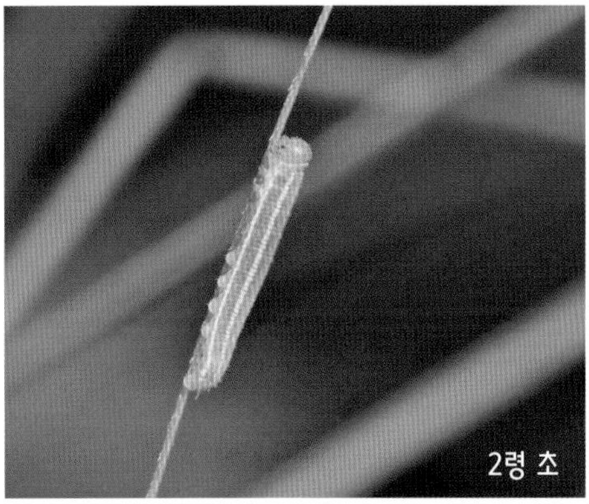

2령 초

2령

3령

4령

5령

5령

전용

암컷

16. 외눈이지옥사촌나비 *Erebia wanga* Bremer, 1864

EX
EW
RE
CR
EN
VU 취약
NT
LC
DD
NA
NE

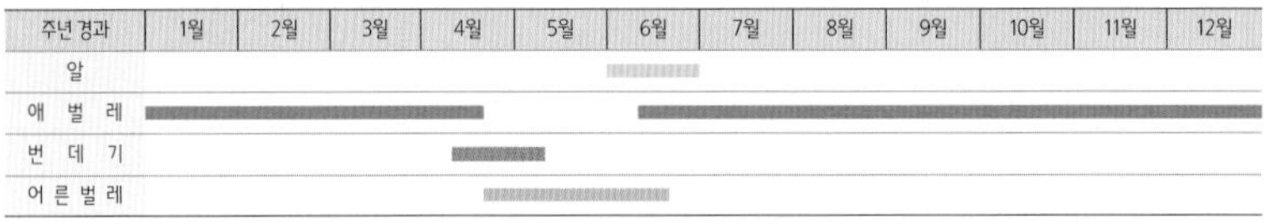

○ 성충 발생 연 1회, 지역에 따라 5~6월에 활동한다. ○ 겨울나기 4령애벌레
○ 먹이식물 가는잎그늘사초 등(사초과)

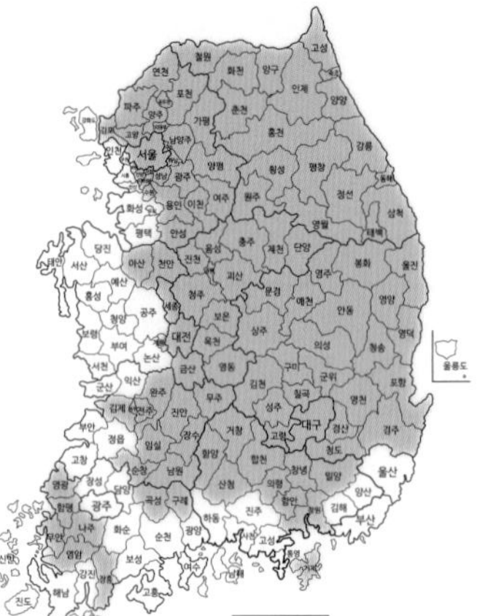

암컷은 먹이식물의 잎에 알을 낳는다. 알은 연분홍색의 타원형으로 정공에서 여러 개의 줄돌기가 세로로 있고 사이에 작은 줄돌기가 층층이 이어진다. **알**은 시간이 지나며 분홍색의 작은 점들이 발달한다. 알에서 깨어난 **1령애벌레**는 연한 갈색 머리와 몸은 회분홍색으로 바닥선과 숨구멍이 선명하다. 애벌레는 먹이식물의 가는 잎을 길이로 갉아 먹는 생활을 한다. **2령애벌레**는 외눈이지옥나비와 달리 등옆선이 약하게 보이지만 바닥선은 유백색으로 넓게 나타난다. 애벌레는 흔들리는 가는 잎을 모든 다리를 이용해 붙들고 먹이활동을 한다. **3령애벌레**의 몸은 녹색으로 짙은 녹색의 등선을 따라 여러 선들이 배끝으로 길게 이어진다. **4령애벌레**는 황갈색이다. 등선과 등옆선, 바닥선은 탁한 분홍색으로 몸에 잔털이 빼곡하다. 이 시기에 겨울나기를 준비하는 애벌레는 기온이 오르면 적게나마 먹이활동을 하면서 겨울을 보낸다. **5령애벌레**는 황갈색으로 바닥선이 짙어진다. 애벌레는 잎을 잘라 먹으며 잎 사이를 배회 하기도 하고 위험을 느끼면 빠른 움직임으로 뿌리 부근으로 내려와 몸을 숨긴다. **전용**이 가까워진 애벌레는 먹이식물 사이에 엉성한 고치를 짓고 몸을 세워 번데기가 된다. **번데기**는 연한 갈색으로 흐릿한 등선을 따라 배마디에 점이 있다.

서식지
먹이식물(가는잎그늘사초)

알

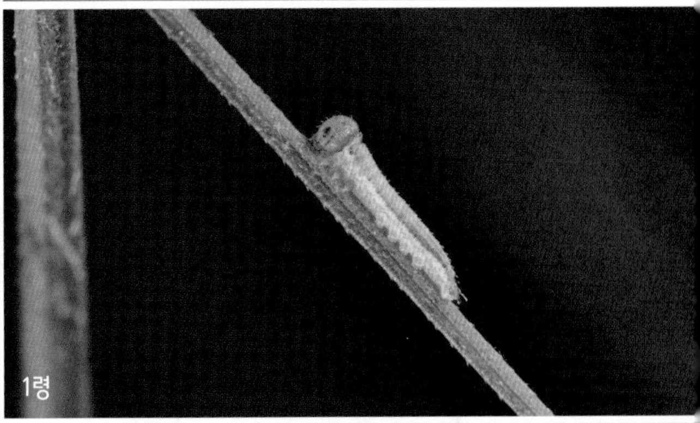
1령

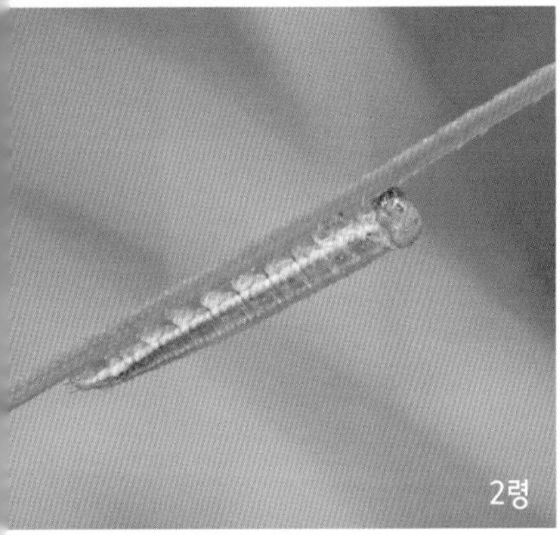
2령

3령

4령

5령

전용

번데기

번데기

17. 가락지나비 *Aphantopus hyperantus* (Linnaeus, 1758)

수컷

EX
EW
RE
CR
EN
VU 취약
NT
LC
DD
NA
NE

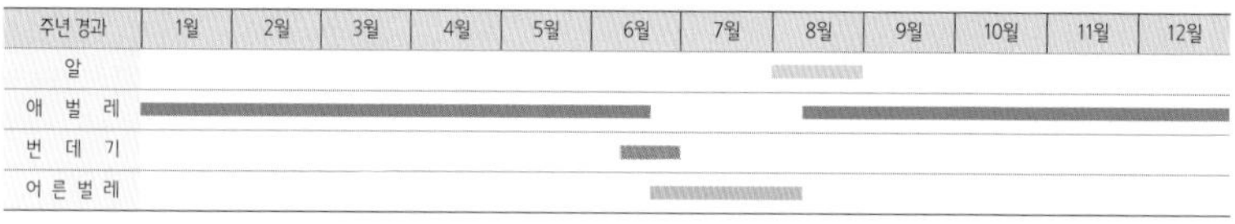

○ **성충 발생** 연 1회, 6~8월에 활동한다.
○ **먹이식물** 김의털, 포아풀 등(벼과)
○ **겨울나기** 4령애벌레

암컷은 먹이식물의 주변에 흩어 뿌리듯 알을 낳는다. **알**은 노란색의 찐빵 모양으로 정공과 아랫면이 움푹 들어가 있다. 알에서 깨어난 **1령애벌레**는 연한 갈색 머리에 몸은 회분홍색으로 긴 털이 있다. 등선과 숨구멍선이 진한 분홍색이다. 애벌레는 본능적으로 먹이식물을 찾아 오른다. **2령애벌레**의 머리와 몸은 유백색으로 투명한 털이 있고 등선과 등옆선, 숨구멍 윗선은 짙은 녹색이다. 애벌레는 잎끝을 붙잡고 길이로 먹이활동을 한다. **3령애벌레**는 분홍색 머리와 몸은 유백색으로 털이 더욱 길어진다. 활동량이 많아지는 애벌레는 먹이식물의 여린 잎을 찾아 잦은 이동한다. 겨울나기를 준비하는 **4령애벌레**는 머리와 몸 모두 마른 잎과 같은 연한 갈색으로 등선을 제외한 몸의 선들이 약해진다. 애벌레는 먹이식물 주변 축축히 젖은 갈잎에서 겨울을 지낸다. **5령애벌레**는 분홍색 몸에 갈색 털이 빼곡하고 등선과 숨구멍 그리고 바닥선이 선명하다. 몸을 맞은 애벌레는 먹이식물의 새싹을 크게 잘라 먹는 왕성한 식욕을 보이며 위험을 느끼면 갈잎 사이로 빠르게 몸을 숨긴다. **전용**이 가까워진 애벌레는 먹이식물 뿌리 부근에 잎을 모아 엉성한 고치를 짓고 몸을 뉘여 **번데기**가 된다. 번데기는 연한 갈색으로 몸에 여러 개의 갈색 줄무늬가 있다.

먹이식물(김의털)

알

알

1령

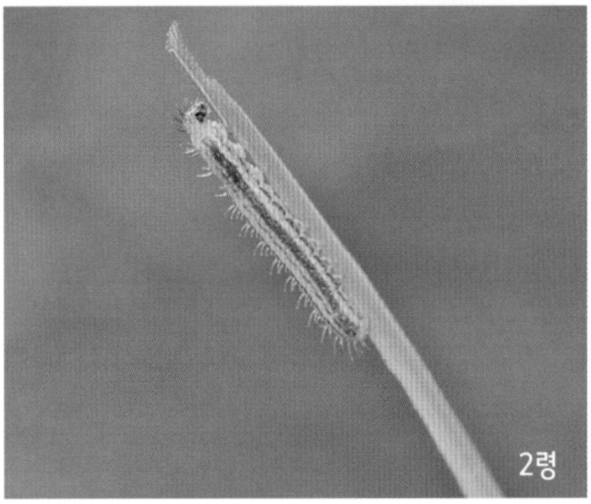
2령

3령 초

3령

4령

5령

전용

번데기

암컷

18. 조흰뱀눈나비 *Melanargia epimede* Staudinger, 1892

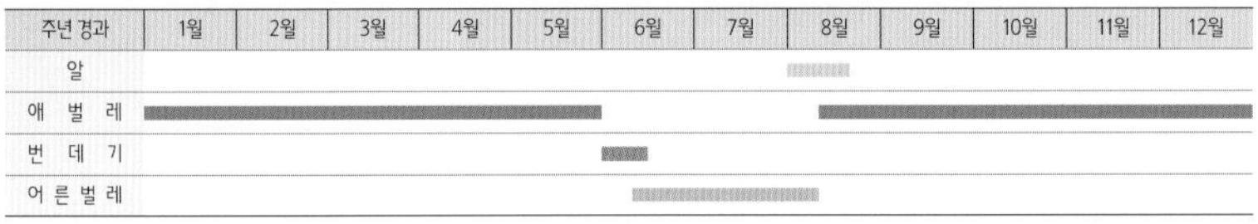

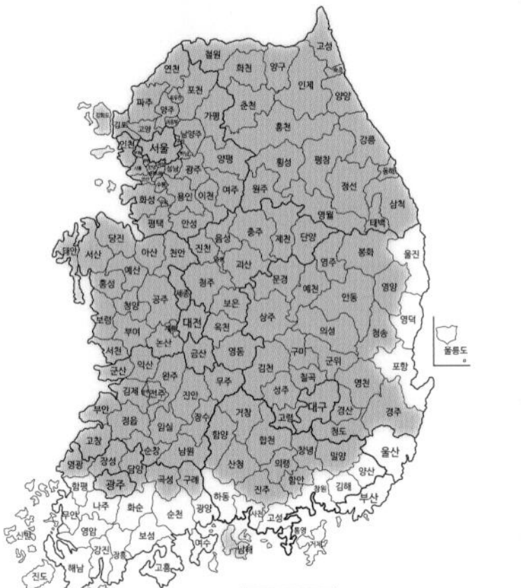

○ 성충 발생 연 1회, 지역에 따라 6~8월에 활동한다. ○ 겨울나기 1령애벌레

○ 먹이식물 기름새, 김의털, 겨이삭, 억새 등(벼과)

암컷은 먹이식물의 잎이나 주변 마른 잎, 줄기 등에 하나에서 여러 개의 알을 모아 낳는다. **알**은 유백색으로 윗면과 아랫면이 둥근 원통 모양이다. 정공 주변과 바닥 면에 작은 돌기들이 있으며 표면에 여러 개의 줄돌기가 세로로 있고 사이에 작은 돌기가 점선으로 층층이 이어진다. 알은 시간이 지나며 연분홍색으로 변하고 갈색 문양이 나타난다. 알에서 깨어난 **1령애벌레**의 몸은 연한 갈색으로 등선과 등옆선이 선명하고 일정한 배열의 털이 있다. 애벌레는 알껍데기를 먹은 후 먹이활동 없이 은신처를 찾아 이동하여 여름과 가을, 겨울을 1령으로 보내고 이듬해 봄에 활동한다. 애벌레는 낮에는 먹이식물 뿌리 부근에서 휴식을 갖고 해가 지면 움직이는 야행성이다. 애벌레는 자라면서 갈색형과 녹색형으로 나뉘는데 하나의 암컷에서 두가지 색의 애벌레를 모두 볼 수 있다. 애벌레 몸의 등선과 등옆선, 바닥선 등 그 외 모두 같은 외부 형태를 가지고 있지만, 몸의 색상만 다르다. **전용**이 가까워진 애벌레는 먹이식물 뿌리 부근 흙으로 내려와 실을 내 거나 고치를 짓는 행동 없이 등을 바닥에 대고 번데기가 된다. **번데기**는 녹색형과 갈색형 모두 연한 주황색으로 등선을 따라 가슴과 배 양쪽에 일정한 배열의 흑색 점들이 있다.

먹이식물(기름새)

알

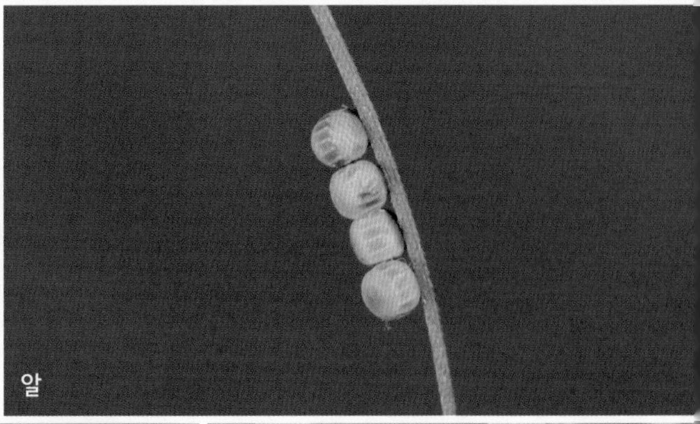
알

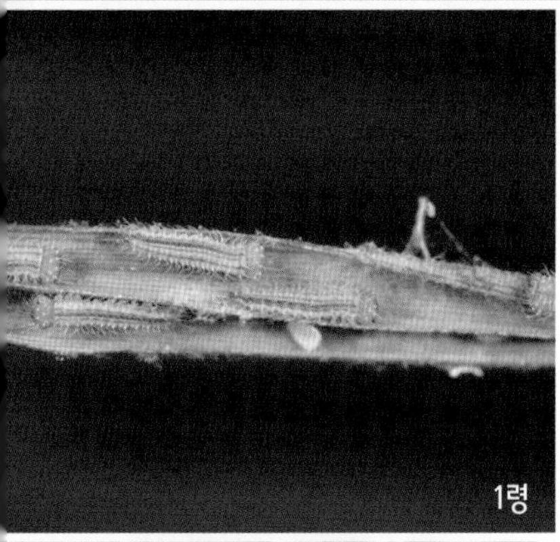
1령

3령

4령(갈색형)

4령(녹색형)

5령(갈색형)

5령(녹색형)

전용(갈색형)

전용(녹색형)

번데기

번데기

19. 굴뚝나비 *Minois dryas* (Scopoli, 1763)

수컷

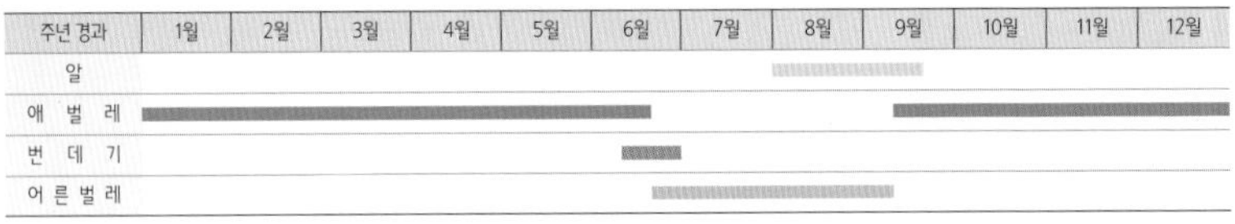

○ 성충 발생 연 1회, 지역에 따라 6~9월에 활용한다. ○ 겨울나기 1령애벌레
○ 먹이식물 억새 , 김의털,기름새, 벼, 포아풀, 잔디 등(벼과)

암컷은 먹이식물 주변에 알을 흩어서 뿌리듯 낳는다. **알**은 연한 미색의 정공 부위가 둥근 고깔 모양으로 표면이 매끄럽다. 시간이 지나면서 연한 분홍색에 갈색 무늬가 나타나는데, 알에서 깨어나는데 걸리는 시간이 1개월 이상이다. 알에서 깨어난 **1령애벌레**는 연한 분홍색의 머리에 몸은 연한 녹색으로 등선을 따라 여러 개의 선들이 가슴에서 배끝으로 이어진다. 애벌레는 10월 말까지도 먹이활동을 한다. 겨울을 지낸 1령애벌레는 머리에 흑색 줄무늬가 짙어지고 지난 가을 녹색의 몸은 연한 갈색으로 변한다. 애벌레는 잎 가장자리를 따라 활동을 한다. **2령애벌레** 몸은 연한 녹색으로 등선과 등옆선은 갈색, 숨구멍선은 유백색이다. 애벌레는 먹이식물 잎 가장자리를 표시 나지 않게 하려는 듯 아주 조금씩 먹는다. **3~5령애벌레**는 머리에 6개의 검은색 줄무늬가 있고, 몸은 분홍색으로 등선을 따라 흑색과 갈색등의 선들이 다양한 형태로 가슴에서 배끝으로 이어진다. 활동 중에 외부 충격을 느낀 애벌레는 바로 땅으로 떨어져 몸을 동그랗게 말아 죽은 시늉을 하며 위기를 피한다. 밤에 활동하는 애벌레는 먹이활동을 제외한 대부분의 시간을 실을 쳐서 만들어 놓은 은신처에서 휴식을 취하며 숨어지낸다. **전용**이 가까워진 애벌레는 땅을 낮게 파고들어 가 번데기가 된다. **번데기**는 짙은 자주색의 오뚜기 모양이다.

먹이식물(억새)

알

알

1령(가을)

1령(봄)

3령

4령 초

5령(머리)

5령

전용

번데기

암컷

20. 산굴뚝나비 *Hipparchia autonoe* (Esper, 1784)

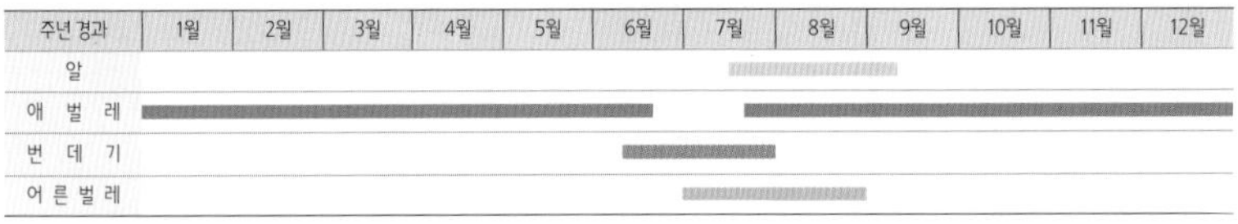

○ 성충 발생 연 1회 7~8월에 활동한다.

○ 먹이식물 김의털 (벼과)

○ 겨울나기 3령애벌레

암컷은 먹이식물의 잎 또는 갈잎에 알을 낳는다. **알**은 유백색의 공 모양으로 정공부위에서 아래로 줄돌기가 발달하고 줄돌기 사이 표면이 거칠다. 알은 시간이 지나며 연한 흰분홍색으로 변한다. 알에서 깨어난 **1령애벌레**는 머리와 몸이 연한 분홍색이다. 등선과 등아랫선, 숨구멍윗선이 연한 갈색으로 선명하다. 또한 등선을 중심으로 1~9번 배마디에 1쌍의 갈색 반점이 있으며 배끝에도 1쌍의 돌기가 있다. 애벌레의 몸은 먹이활동을 하며 녹색으로 변해 간다. **2령애벌레**의 머리는 연한 분홍색, 몸은 유백색이다. 머리와 배끝돌기에 긴 털이 발달하고, 등선이 가슴에는 실선으로 배마디는 굵은 점선이 배끝으로 이어지며 숨구멍윗선이 굵고 선명하다. **3령애벌레**의 몸은 유백색으로 몸에 발달한 등선과 숨구멍윗선이 가슴을 지나 배끝으로 갈수록 짙어지며 선명해지나 등아랫선은 약해진다. 애벌레의 머리는 살구색으로 몸에서 정수리를 타고 넘은 밝은 갈색선들이 나타난다. 2령기에 머리와 꼬리돌기에 보였던 긴 털들은 보이지 않는다. **4령애벌레**의 머리와 몸은 밝은 갈색으로 가슴과 배마디가 굵게 발달하나 배끝으로 갈수록 가늘어진다. 또한 가슴에 점선으로 나타나던 등중앙선이 흑갈색의 굵은 실선으로 선명해지고, 등아랫선과 숨구멍윗선도 보다 짙어진다. **5령애벌레**의 몸 체색과 외부형태는 4령기와 같다.

서식지
먹이식물(김의털)

알

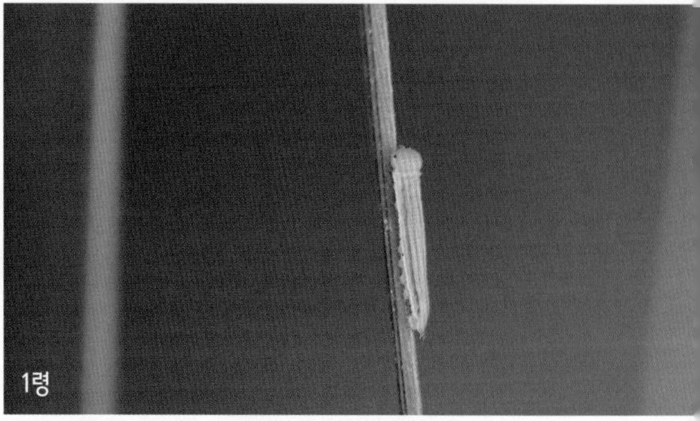
1령

2령(초기)

2령

3령(초기)

3령

암컷

21. 참산뱀눈나비 *Oeneis mongolica* (Oberthür, 1876)

수컷

EX EW RE CR EN VU 취약 NT LC DD NA NE

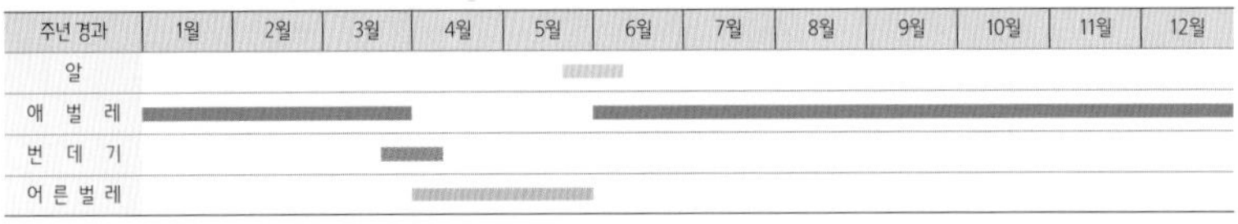

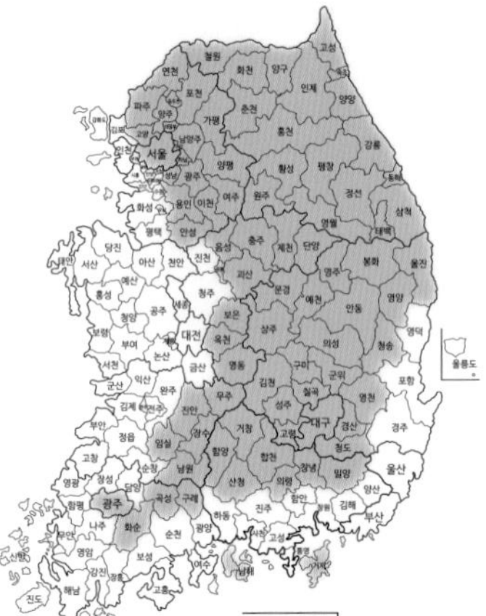

○ 성충 발생 연 1회, 지역에 따라 4~5월에 활동한다.
○ 겨울나기 5령애벌레
○ 먹이식물 가는잎그늘사초 등(사초과)

암컷은 먹이식물이나 그 주변에 알을 낳는다. **알**은 윗면이 아랫면보다 좁은 흰색의 타원형으로 정공 주변에 돌기가 점점이 있으며 여러 개의 굵은 줄돌기가 세로로 있고 사이에 작은 줄돌기가 층층이 이어진다. 알은 시간이 지나면서 분홍색으로 변한다. 알에서 깨어난 **1령애벌레**의 몸은 녹색으로 등선을 포함한 여러 개의 갈색 선들이 가슴에서 배끝으로 이어진다. 애벌레는 알껍데기를 먹고, 가는 잎의 주맥을 피해 먹이활동을 한다. **2령애벌레**는 연분홍색의 머리와 몸은 연한 녹색으로 등선과 등옆선, 바닥선이 짙어진다. 애벌레는 먹이식물의 잎 가장자리를 길게 먹어가며 활동한다. **3령애벌레**는 연한 갈색으로 등선을 따라 연한 녹색의 등옆선이 짙어지고 백색의 바닥선은 보다 밝아진다. **5령애벌레**는 연한 갈색으로 짙은 갈색의 등선과 숨구멍 윗선이 선명하다. 이 시기에 겨울나기를 준비하는 애벌레는 기온이 오르면 적게나마 먹이활동을 하면서 겨울을 지낸다. **전용**이 가까워진 애벌레는 먹이식물 뿌리 부근에 약하게 실을 친 타원형의 고치를 만들어 번데기가 된다. (제주도와 강원도 고산 지역에서 보이는 함경산뱀눈나비는 진홍청 농업과학기술원의 DNA 분석 결과 참산뱀눈나비와 차이가 없고, 북한산 함경산뱀눈나비와 외부형태가 달라 본 도감에는 같은 종으로 보고 제외하였다)

서식지
먹이식물(가는잎그늘사초)

알

1령

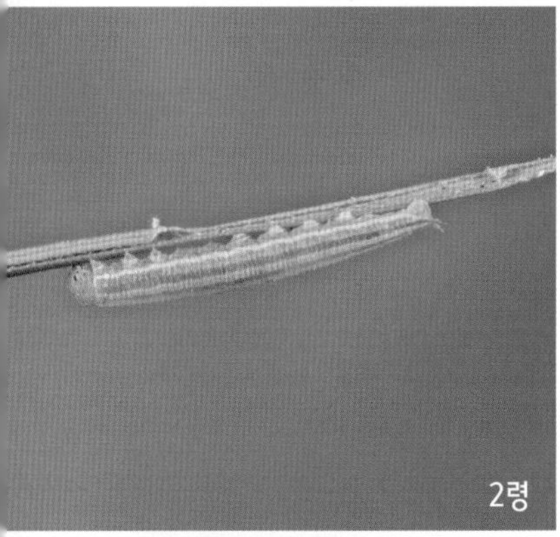
2령

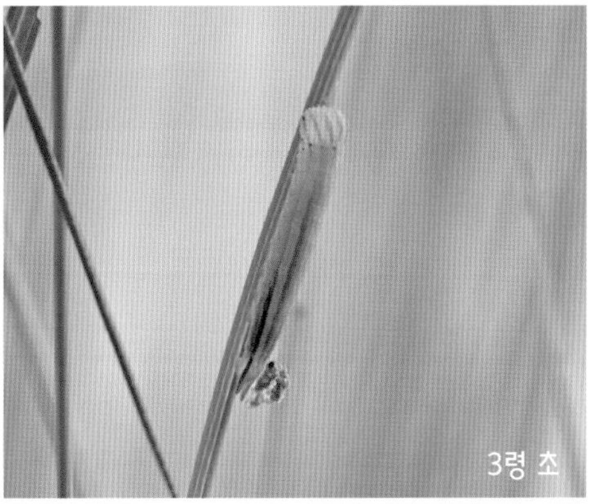
3령 초

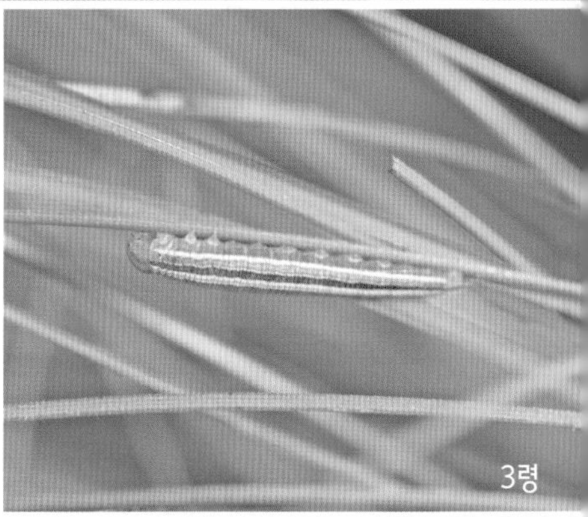
3령

5령

5령

전용

번데기

번데기

수컷

22. 애물결나비 *Ypthima baldus* (Fabricius, 1775)

수컷

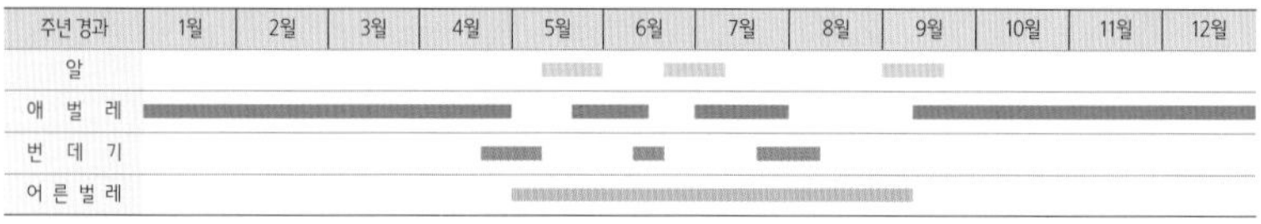

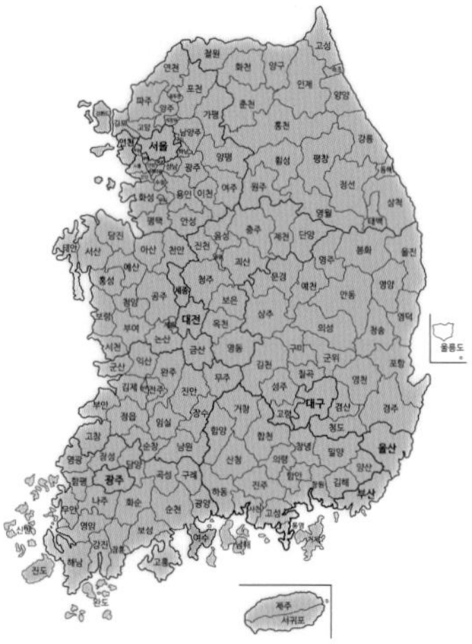

○ 성충 발생 연 2~3회, 지역에 따라 5~9월에 활동한다. ○ 겨울나기 4령애벌레
○ 먹이식물 강아지풀, 잔디, 김의털 등(벼과)

암컷은 먹이식물이나 그 주변에 알을 낳는다. **알**은 비취색의 공 모양으로 표면에 다각형으로 낮게 패인 문양이 열을 지어 세로로 있다. 알은 시간이 지나며 분홍색으로 변한다. 알에서 깨어난 **1령애벌레**는 갈색의 머리에 1쌍의 둥근 돌기가 있고 몸은 분홍색이다. 몸의 긴 털은 샘털 기능이 있어 주변 잡다한 것을 털에 붙여 다니기도 한다. 애벌레는 알껍데기를 먹고 이동하여 먹이식물의 잎 가장자리를 길게 먹으며 몸은 연한 녹색으로 변한다. 샘털 기능이 퇴화한 **2령애벌레**의 몸은 연한 녹색으로 등선이 선명하고 등옆선과 바닥선은 백색이다. 애벌레는 먹이활동 범위를 좁게 가진다. **3령애벌레**는 연한 분홍색의 머리에 몸은 녹색으로 등선과 등옆선 사이가 황록색이다. 여러 개의 선들이 가슴에서 배끝돌기로 길게 이어지며 바닥선은 유백색이다. 애벌레는 잎 아랫면을 따라 먹이활동과 쉬기를 반복한다. **4령애벌레**의 유백색 몸은 시간이 지나며 전체적으로 갈색으로 변한다. **5령애벌레**는 머리돌기에서 이어진 등옆선 자리에 검은색 점이 점점이 이어지고 바닥선은 짙은 갈색이다. **전용**이 가까워진 애벌레는 잎 아랫면 주맥에 실을 치고 배끝을 붙여 번데기가 된다. **번데기**는 짙은 갈색으로 몸 둘레선이 날카로운 각을 가지며 시간이 지나며 체색이 짙어진다.

먹이식물(강아지풀)

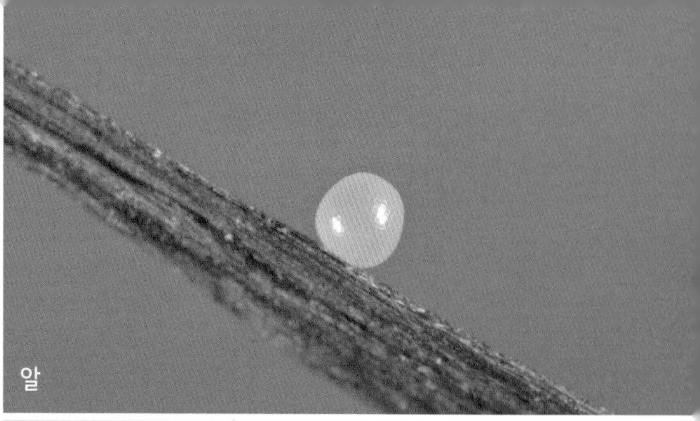
알

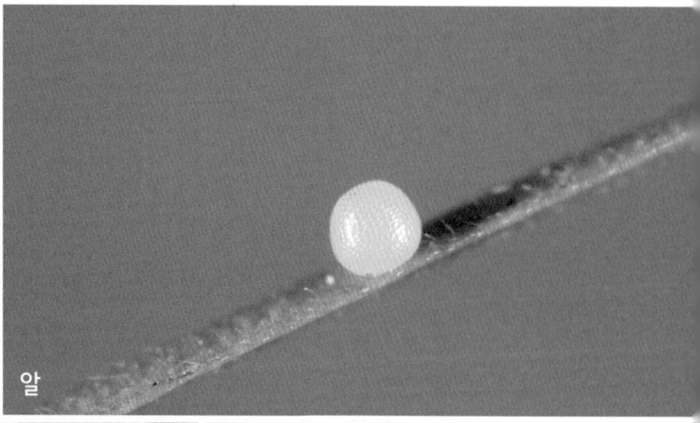
알

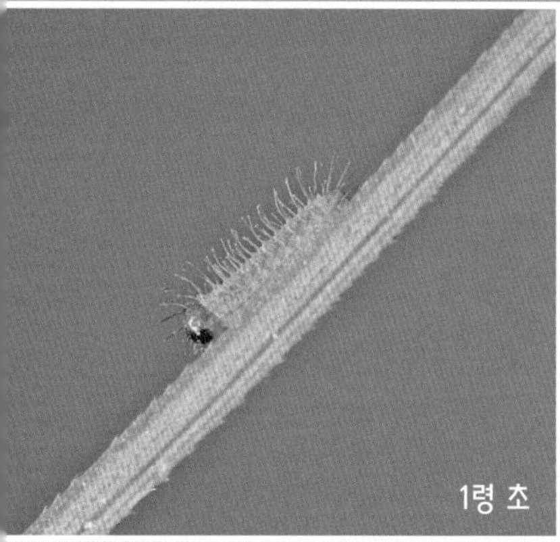
1령 초

1령

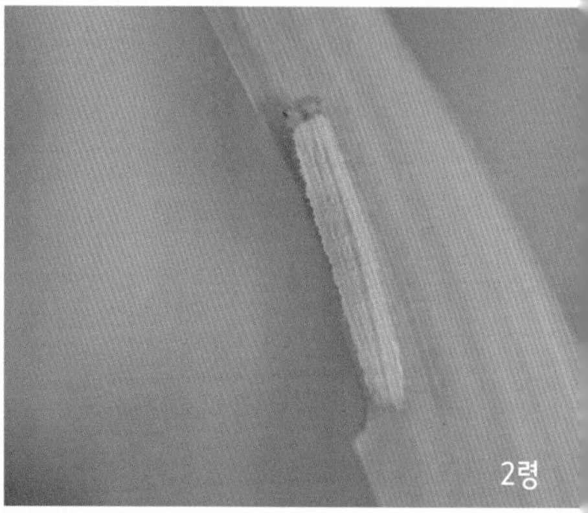
2령

3령

4령

5령

전용

번데기

23. 석물결나비 *Ypthima motschulskyi* (Bremer & Grey, 1853)

짝짓기

EX EW RE CR EN VU NT LC DD NA NE

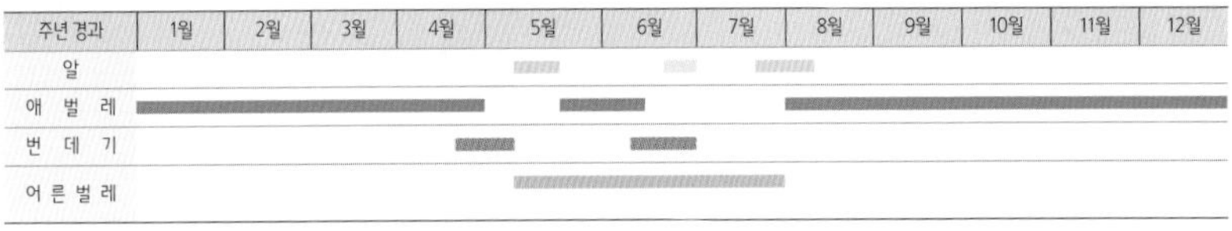

○ 성충 발생 연 1~2회, 지역에 따라 5~8월에 활동한다. ○ 겨울나기 3령애벌레

○ 먹이식물 강아지풀, 기름새, 억새, 김의털 등(벼과)

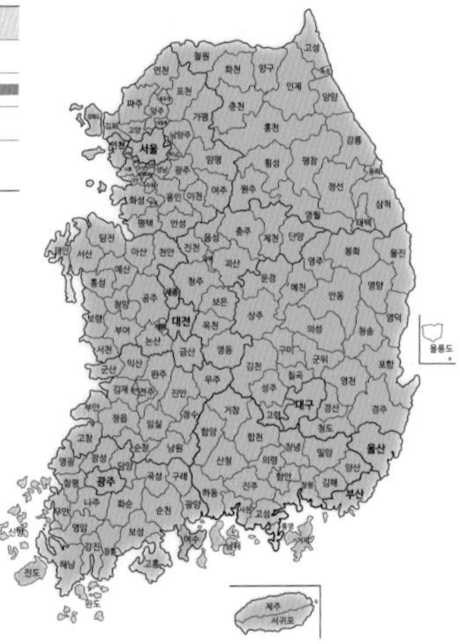

암컷은 먹이식물의 잎이나 꽃에 알을 낳는다. **알**은 유백색의 위가 좁은 공 모양으로 표면에 다각형으로 낮게 패인 문양이 열을 지어 세로로 있다. 알은 시간이 지나며 갈색 반점이 생기고 알에 애벌레 얼굴이 비친다. 알에서 깨어난 **1령애벌레**는 1쌍의 둥근 돌기가 있는 갈색 머리에 몸은 분홍색이다. 몸에 샘털 기능을 가진 털이 있다. 애벌레는 알껍데기를 먹고 이동해 잎의 가장자리를 먹으며 몸은 연한 녹색으로 변한다. **2령애벌레**는 분홍색 머리에 몸은 연한 녹색으로 등선이 선명하다. 1령기의 샘털 기능은 퇴화하고 잔털이 빼곡해진다. 애벌레는 먹이활동 후 먹이식물의 잎이나 줄기에 실을 친 자리에서 쉬기를 반복한다. **3령애벌레**의 몸은 연한 녹색으로 털이 길어지고 등선을 따라 가는 선들이 배끝으로 이어진다. 배끝 돌기는 연한 분홍색이다. **4령애벌레**는 연한 녹색 머리에 몸은 황녹색으로 털이 짧아지고 바닥선은 백색이다. 애벌레는 먹이식물의 잎을 가로로 잘라 먹기 시작한다. **5령애벌레** 몸은 황록색으로 굵어진 배마디에 가슴이 상대적으로 좁아 보인다. **전용**이 가까워진 애벌레는 먹이식물 잎 아랫면 주맥에 실을 치고 배끝을 붙여 번데기가 된다. **번데기**는 연한 녹색으로 앞날개 둘레선 일부에 자주색 줄돌기가 선명하고 앞날개 부위 중앙에 갈색 점이 있다.

먹이식물(강아지풀)

알

1령

2령

3령

4령

5령

전용

번데기

24. 물결나비 *Ypthima multistriata* Butler, 1883

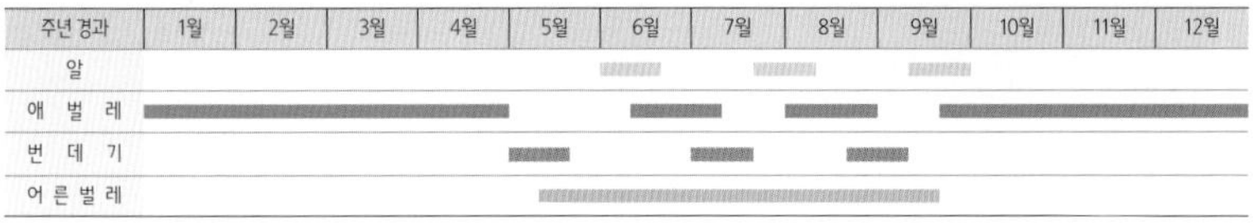

○ 성충 발생 연 2~3회, 지역에 따라 5~9월에 활동한다. ○ 겨울나기 3-4령애벌레
○ 먹이식물 방동사니, 구슬사초 등(사초과), 강아지풀, 바랭이, 김의털 등(벼과)

암컷은 먹이식물이나 그 주변에 알을 낳는다. **알**은 비취색의 공 모양으로 표면에 다각형으로 낮게 패인 문양이 열을 지어 세로로 있다. 시간이 지나며 알은 분홍색으로 변하고 애벌레의 얼굴이 비친다. 알에서 깨어난 **1령애벌레**는 분홍색 머리에 1쌍의 둥근 돌기가 있고 몸은 연한 분홍색으로 샘털이 있다. 애벌레는 잎 가장자리부터 먹으며 몸은 연한 녹색으로 변한다. 샘털의 기능도 활발해 털끝에 투명한 방어물질이 선명하다. **2령애벌레**의 머리와 몸은 녹색으로 백색 털이 빼곡하고 등선을 따라 여러 개의 선들이 배끝으로 이어진다. 애벌레는 1령기의 샘털 기능이 퇴화되어 보이지 않는다. **3령애벌레**는 몸의 털이 짧아지며 등선 양옆으로 노란색 선들이 발달한다. 이 시기에 겨울을 준비하는 애벌레는 먹이식물 뿌리 부근에서 먹이 활동 없이 4령으로 탈피하여 겨울을 지낸다. **4령애벌레**는 밝은 녹색으로 머리에 1쌍의 작고 둥근 돌기가 있고 몸에 백색 털이 빼곡하다. **5령애벌레**는 흰 녹색으로 몸에 잔털이 길어진다. 애벌레는 잎의 주맥을 따라 길게 먹어 들어가는 왕성한 식욕을 보인다. **전용**이 가까워진 애벌레는 먹이식물 잎 아랫면에 실을 치고 배끝을 붙여 번데기가 된다. **번데기**는 연한 녹색으로 가운데가슴과 앞날개 둘레선 일부와 3·4번 배마디가 돌아있다.

먹이식물(방동사니)

알

1령 초

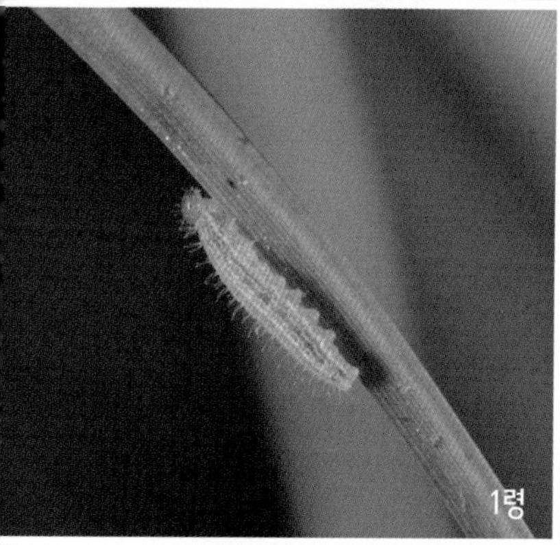

1령

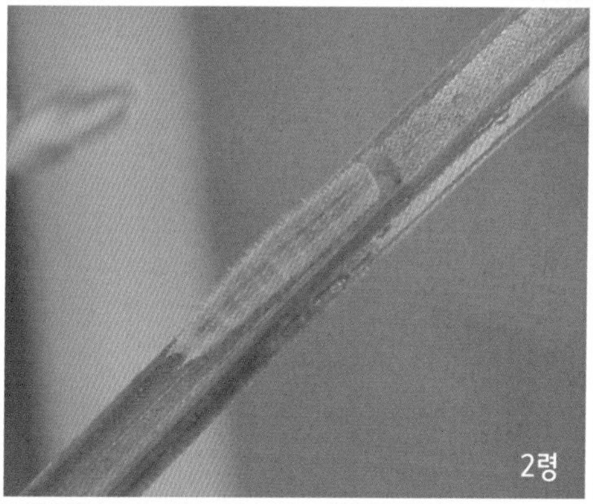

2령

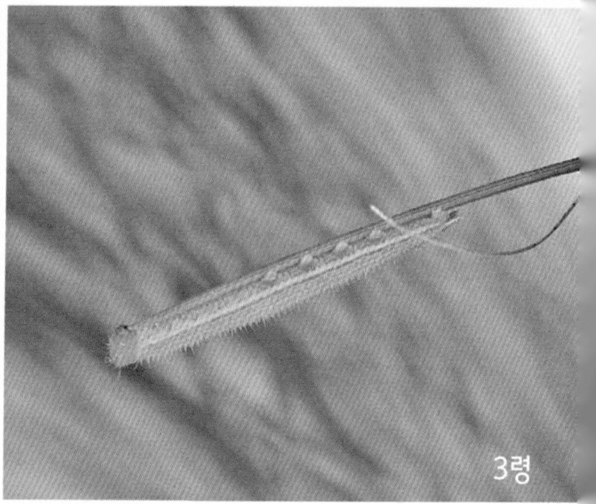

3령

4령(겨울나기)

5령

전용

번데기

수컷

25. 북방거꾸로여덟팔나비 *Araschnia levana* (Linnaeus, 1758)

주년 경과	1월	2월	3월	4월	5월	6월	7월	8월	9월	10월	11월	12월
알					■			■				
애 벌 레					■	■		■	■			
번 데 기	■	■	■	■		■			■	■	■	■
어 른 벌 레				■	■	■	■	■	■			

○ **성충 발생** 연 2회, 지역에 따라 4~9월에 활동한다. ○ **겨울나기** 번데기

○ **먹이식물** 쐐기풀, 가는잎쐐기풀 등(쐐기풀과)

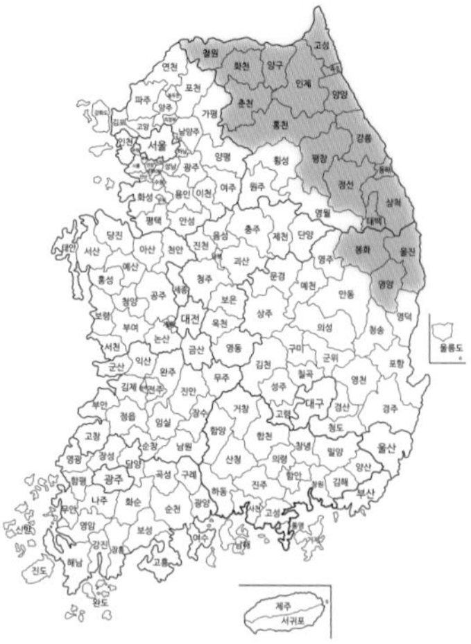

암컷은 먹이식물의 잎이나 줄기에 여러 개의 알을 1줄로 쌓아 낳는다. **알**은 녹색의 원통형으로 표면에 여러 개의 줄돌기가 세로로 있고 사이에 작은 줄돌기가 층층이 이어진다. 알은 시간이 지나며 정공 주변이 흑색으로 변하고 애벌레 머리가 비친다. 알에서 깨어난 **1령애벌레**는 흑색 머리와 몸은 연한 녹색으로 일정한 배열의 털이 있다. 애벌레는 여러 마리가 모여 행동하며 먹이식물 상태에 따라 황록색으로 보이기도 한다. **2·3령애벌레**는 흑색 머리에 1쌍의 돌기가 발달하고 몸의 털이 있던 자리도 가시가 많은 흑색 돌기가 발달한다. **4령애벌레**의 몸은 통통한 갈색으로 등선을 따라 주변에 연분홍색이 돋보인다. 애벌레는 여러 마리가 모여 활동하며, 탈피 또한 같은 시기에 이루어진다. **5령애벌레** 몸의 흑색 돌기가 4령기 보다 좀 더 날카로워진다. 등선이 선명해지고 숨구멍 아래 바닥선도 선명하다. 애벌레들은 서로 멀리 떨어지지 않은 곳에서 개별 활동을 하며 생활한다. **전용**이 가까워진 애벌레는 먹이식물이나 그 주변에 실을 치고 배끝을 붙여 번데기가 되지만 겨울나기를 해야 하는 번데기는 좀 더 좋은 환경을 찾아 이동한다. **번데기**는 갈색으로 머리에 1쌍의 돌기와 가운데가슴이 발달하고 등선을 따라 몸마디에 반짝이는 돌기가 있다.

먹이식물(가는잎쐐기풀)

알

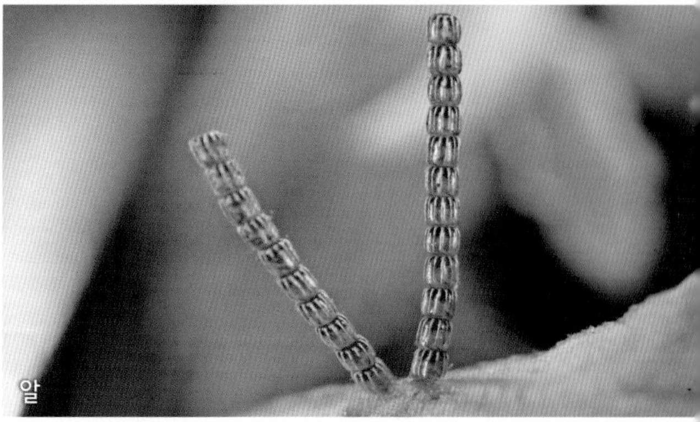
알

1령

2령~3령

3령

3~4령

5령

전용

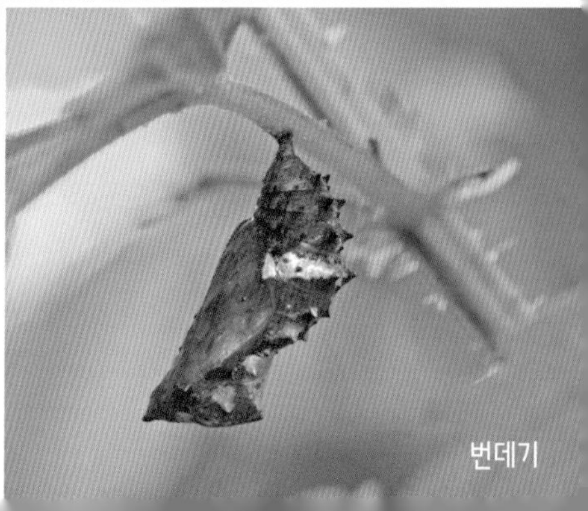
번데기

26. 거꾸로여덟팔나비 *Araschnia burejana* Bremer, 1861

수컷

EX
EW
RE
CR
EN
VU
NT
LC
DD
NA
NE

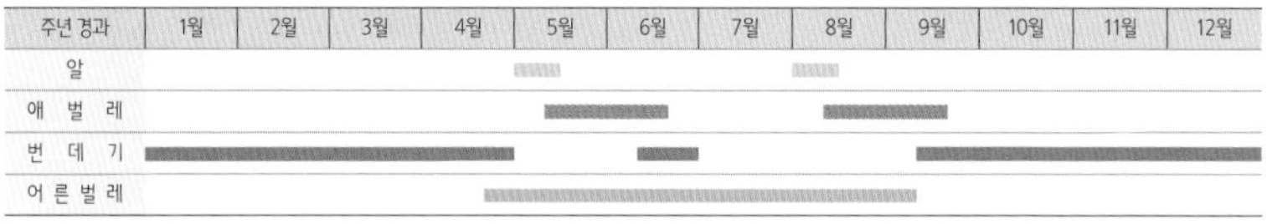

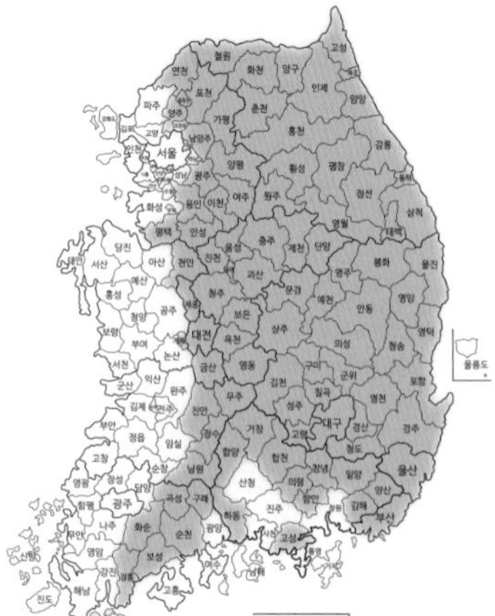

○ 성충 발생 연 2~3회, 지역에 따라 4~9월에 활동한다. ○ 겨울나기 번데기

○ 먹이식물 거북꼬리, 풀거북꼬리, 모시풀 등(쐐기풀과)

암컷은 먹이식물의 잎이나 줄기에 여러 개의 알을 1줄로 쌓아 낳는다. **알**은 녹색으로 아랫면보다 윗면이 좁은 종 모양으로 정공을 둘러싸고 있는 여러 개의 줄돌기가 세로로 강하게 있고 사이에 작은 줄돌기가 층층이 이어진다. 알은 시간이 지나며 녹색이 짙어지고 애벌레가 비쳐 보인다. 알에서 깨어난 **1령애벌레**는 흑색 머리에 긴 털이 있으며 몸은 황녹색으로 마디에 일정한 배열의 털을 가진 돌기가 있다. 애벌레는 잎에 구멍을 내가며 활동한다. **2령애벌레**는 흑색 머리에 1쌍의 돌기가 발달하고 1령기에 털을 가진 돌기는 가시가 많은 돌기로 발달한다. **4령애벌레**는 흑색 머리에 1쌍의 돌기가 더욱 커진다. 몸은 회색으로 등선을 따라 화려한 무늬가 발달하고 몸의 돌기는 백색으로 변한다. 숨구멍 아랫선이 주홍색으로 밝다. 애벌레가 위험을 느끼면 몸을 갈고리 모양으로 말고 배끝을 들어 올리는 행동을 보인다. **5령애벌레**는 몸에 광택이 나며 앞가슴이 가늘어지고 배마디가 통통해진다. 애벌레는 날카로운 돌기를 과시하듯 넓게 움직이며 왕성한 식욕을 보인다. **전용**이 가까워진 애벌레는 먹이식물이나 주변 은신처를 찾아 실을 치고 배끝을 붙여 번데기가 된다. **번데기**는 갈색과 금빛 광택이 어우러지고 몸 가장자리 선이 날카롭다. 가운데가슴이 발달하고 머리에 1쌍의 돌기와 배마디의 돌기가 강하게 나타난다.

먹이식물(거북꼬리)

알

2령 초

4령

5령 초

5령

5령 말

전용

번데기

27. 큰멋쟁이나비 *Vanessa indica* (Herbst, 1794)

수컷

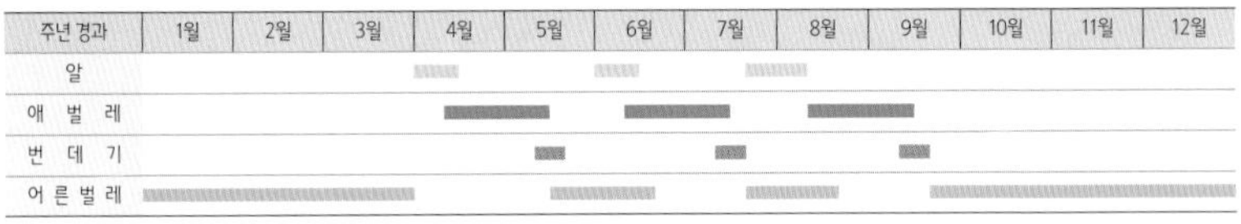

○ 성충 발생 연 2~4회, 지역에 따라 3~11월에 활동한다. ○ 겨울나기 성충
○ 먹이식물 모시풀, 가는잎쐐기풀, 거북꼬리, 왜모시풀 등(쐐기풀과), 느릅나무 등(느릅나무과)

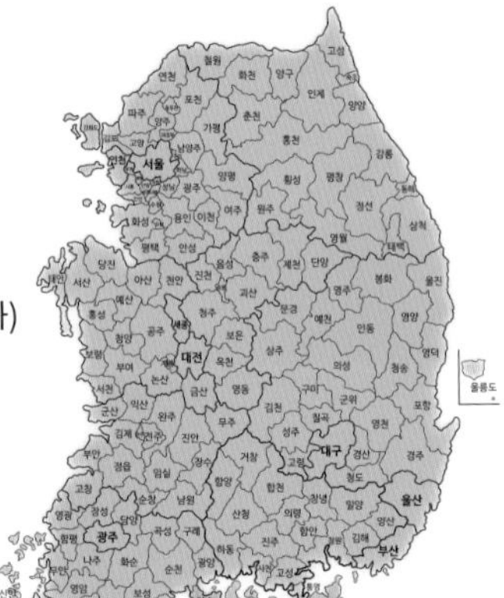

암컷은 먹이식물의 잎에 알을 낳는다. **알**은 녹색의 공 모양으로 정공 주변을 둘러싸고 있는 여러 개의 줄돌기가 세로로 강하게 있고 사이에 작은 줄돌기가 층층이 이어진다. 알은 시간이 지나며 짙은 녹색으로 변한다. 알에서 깨어난 **1령애벌레**는 흑색 머리에 몸은 갈색으로 몸마디에 일정한 배열의 돌기에 털이 있다. 애벌레 사육에서 보면 여러 마리가 모여 행동하는 모습도 보이지만 보통은 개별로 잎을 실로 엮은 방을 만들어 활동한다. **2령애벌레**의 몸마디 돌기는 가시가 많은 돌기로 발달하고 2·4·6번 배마디의 등선 좌우 돌기가 노란색으로 화려하다. **3령애벌레**는 흑색 머리에 몸은 회색으로 2령기의 노란색 돌기는 주홍색으로 변한다. 애벌레는 공기순환을 위해 은신처에 여러개의 작은 구멍을 낸다. **4령애벌레**는 등선을 따라 몸마디에 노란색 점이 발달하고 숨구멍 아래 바닥선 또한 노란색이다.

애벌레의 몸이 커지며 몸에 맞는 큰 잎을 찾아 이동한다. **5령애벌레**는 등 부위의 노란색이 넓어지고 등선이 흑색 점으로 이어지며 몸 마디의 돌기가 강해진다. 애벌레가 공기순환을 위해 만든 구멍의 수가 많아진다. **전용**이 가까워진 애벌레는 잎을 말아 만든 방의 윗면에 실을 두껍게 치고 배끝을 붙여 번데기가 된다. **번데기**는 밝은회색으로 머리돌기와 등선 양옆으로 금빛 돌기가 반짝인다.

먹이식물(모시풀)

알

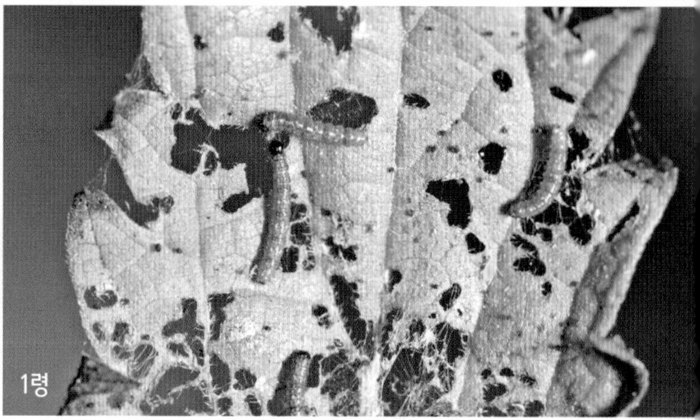
1령

2령

3령

애벌레 방

4령

5령

번데기

번데기

28. 작은멋쟁이나비 *Vanessa cardui* (Linnaeus, 1758)

EX
EW
RE
CR
EN
VU
NT
LC
DD
NA
NE

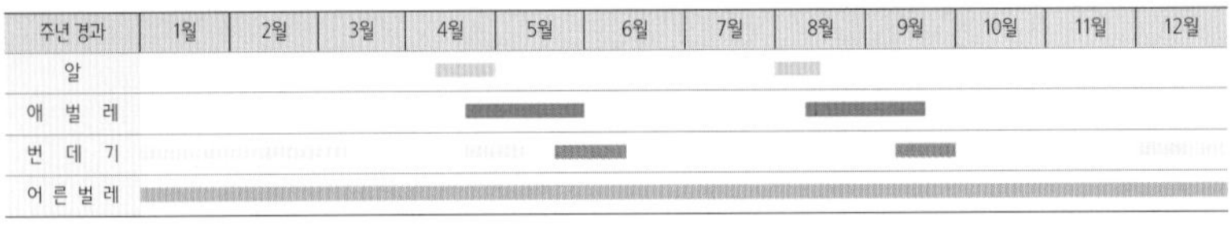

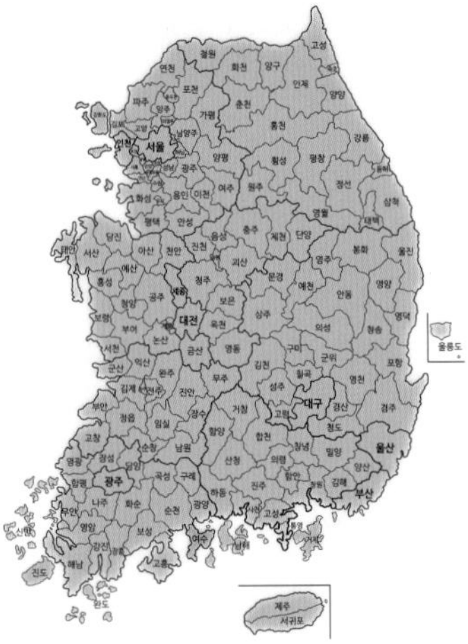

○ 성충 발생 연 수회, 지역에 따라 3~11월에 활동한다. ○ 겨울나기 성충
○ 먹이식물 쑥, 떡쑥, 가시엉겅퀴 등(국화과), 아욱 등(아욱과)

암컷은 먹이식물의 잎에 알을 낳는다. **알**은 녹색으로 아랫면보다 윗변이 좁은 종 모양이다. 정공 주변을 둘러싸고 있는 여러 개의 줄돌기가 세로로 강하게 있고 사이에 작은 줄돌기가 층층이 이어진다. 알은 시간이 지나며 짙은 녹색으로 변한다. 알에서 깨어난 **1령애벌레**는 갈색 몸에 일정한 배열의 긴 털이 있다. 애벌레는 실을 이용해 잎을 말아 붙인 방에서 생활한다. **2령애벌레**는 몸마디에 털이 가시가 많은 돌기로 발달하고 2·4·6번 배마디의 등선 좌우 돌기가 노란색이다. **3령애벌레**는 몸에 가시가 많은 돌기와 함께 백색 털이 있고 몸마디에 여러 개의 선이 발달한다. 애벌레는 실로 엮어 만든 방을 중심으로 낮에 휴식을 갖고 밤을 이용해 먹이활동을 한다. **4령애벌레**는 흑색으로 배마디 등선이 선명해지고 숨구멍 아래 바닥선이 노란색으로 넓다. **5령애벌레**의 몸은 흑색으로 노랑색과 주홍색 등 여러 색의 작은 반점으로 덮여있고, 가시가 많은 바닥선의 돌기는 연한 주황색으로 변한다. 애벌레는 방을 엮은 그물막에 배설물을 쌓아놓기도 한다. **전용**이 가까워진 애벌레는 생활하던 먹이식물이나 주변 안전한 곳에 실을 치고 배끝을 붙여 번데기가 된다. **번데기**는 분홍색이 도는 갈색으로 머리에 1쌍의 돌기와 가운데 가슴이 발달하고 배마디에 좌우 대칭으로 노란색 돌기가 있다.

먹이식물(쑥)

알

4령(쑥)

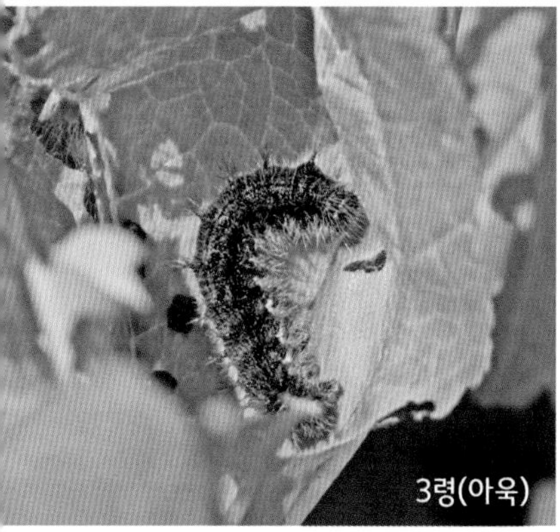

3령(아욱)

3령(쑥)

4령(아욱)

5령(가시엉겅퀴)

애벌레 방

전용

번데기

암컷

29. 들신선나비 *Nymphalis xanthomelas* (Denis & Schiffermüller, 1775)

EX
EW
RE
CR
EN
VU 취약
NT
LC
DD
NA
NE

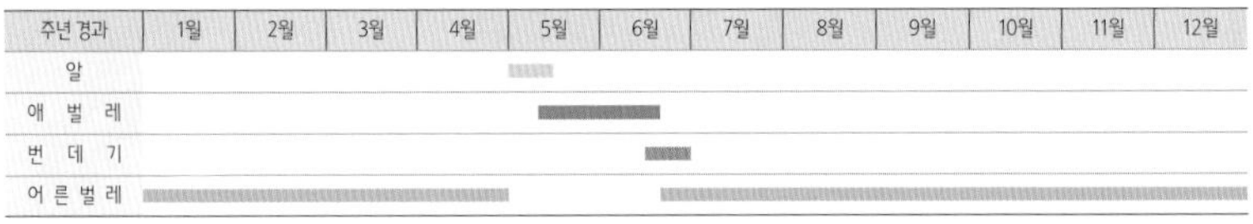

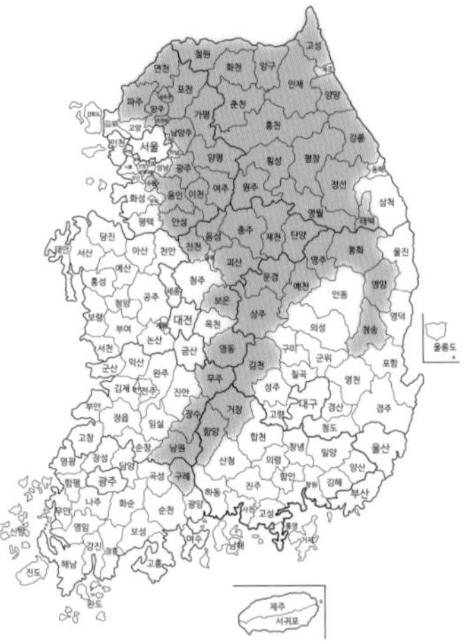

○ 성충 발생 연 1회, 지역에 따라 6~이듬해 5월에 활동한다. ○ 겨울나기 성충
○ 먹이식물 버드나무류(버드나무과), 느릅나무, 풍게나무, 팽나무 등(느릅나무과)

암컷은 먹이식물의 줄기 또는 새순에 여러 개의 알을 덩어리 형태로 모아 낳는다. **알**은 초기에 유백색의 종 모양으로 정공을 둘러싸고 있는 여러 개의 줄돌기가 세로로 강하게 있고 사이에 작은 줄돌기가 층층이 이어진다. 알은 시간이 지나며 주홍색으로 짙어진다. 알에서 깨어난 **1령애벌레**는 반짝이는 흑색 머리에 몸은 분홍색이 비치는 갈색으로 몸마디에 일정한 배열의 돌기에 긴 털이 있다. 애벌레는 여러 마리가 무리를 지어 실을 이용해 은신처를 만들어가며 생활한다. **2·3령애벌레**는 흑색 머리에 등선과 등옆선이 몸마디의 선과 함께 사각형을 이룬다. **4령애벌레**는 흑색 머리에 몸은 짙은 회색이다. 등선 주변이 밝아지고 보다 선명해지며, 돌기 끝부분이 반투명하다. 이 시기에 애벌레는 여러 무리로 흩어지며 활동 영역이 넓어진다. **5령애벌레**는 가슴부위가 배마디보다 가늘어 보인다. 백색의 잔털이 빼곡한 몸에 흑색 돌기가 반짝이고 노란색의 등옆선이 배끝으로 향한다. 배다리는 밝은 주홍색이다. 왕성한 식욕의 애벌레는 홀로 생활하며 주맥을 피해 먹이활동을 한다. **전용**이 가까워진 애벌레는 먹이식물이나 주변 안전한 곳을 찾아 실을 치고 배끝을 붙여 번데기가 된다. **번데기**는 분홍색이 감도는 갈색으로 머리에 1쌍의 돌기와 가슴이 크게 발달하고 등선 좌우에 돌기가 날카롭다.

먹이식물(버드나무)

알

1령

2령

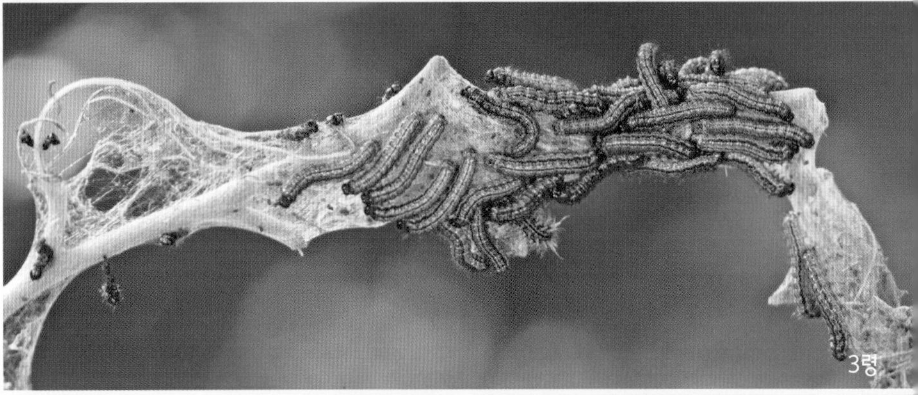
3령

4령

5령

5령

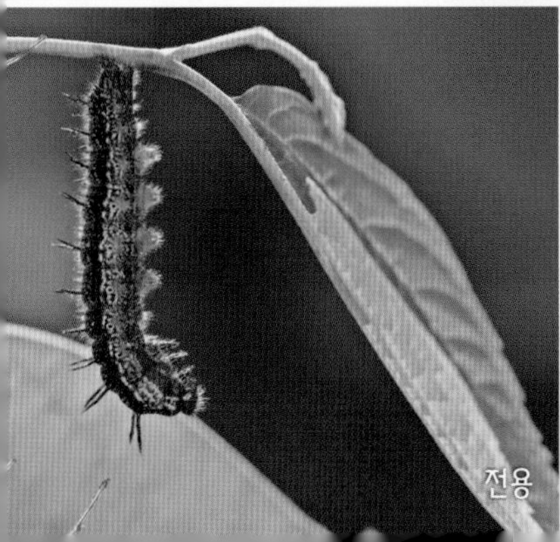
전용

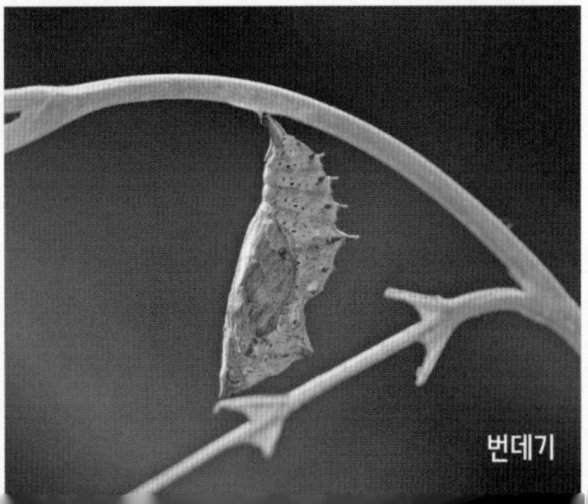
번데기

암컷

30. 쐐기풀나비 *Aglais urticae* (Linnaeus, 1758)

암컷

EX
EW
RE
CR
EN
VU 취약
NT
LC
DD
NA
NE

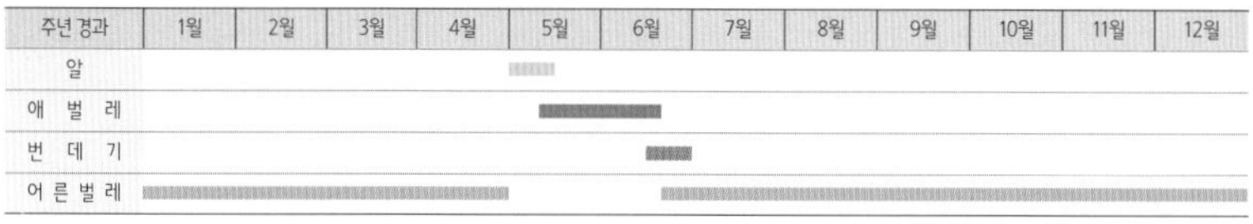

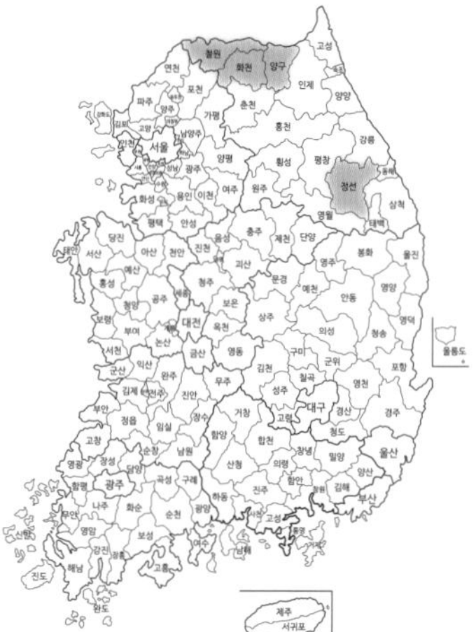

○ 성충 발생 연 1회, 지역에 따라 6월~이듬해 5월까지 활동한다. ○ 겨울나기 성충
○ 먹이식물 가는잎쐐기풀 등(쐐기풀과), 삼 등(삼과), 홉 등(뽕나무과)

암컷은 먹이식물의 잎 아랫면에 여러 개의 알을 덩어리 형태로 모아 낳는다. **알**은 녹색의 종 모양으로 정공을 둘러싸고 있는 여러 개의 줄돌기가 세로로 강하게 있고 사이에 작은 줄돌기가 층층이 이어진다. 알은 시간이 지나며 갈색으로 변한다. 알에서 깨어난 **1령애벌레**는 갈색 머리에 몸은 연한 녹색으로 갈색의 긴 털이 반짝인다. 애벌레는 무리를 지어 활동하고 주위 잎을 모아 실로 엮은 은신처를 만들어가며 생활한다. **2령애벌레**의 머리에 1쌍의 돌기가 있고 등선을 중심으로 흑색 무늬가 대칭으로 일정하게 배열되어 있다. 애벌레는 1령기보다 실을 조밀하게 엮는다. **3령애벌레**는 몸의 노란색이 엷어지고 흑색 반점이 커지며 가시가 많은 돌기는 크게 발달한다. 이 시기에 애벌레들은 실로 엮어 만든 은신처를 벗어나 활동하기 시작한다. **4령애벌레**의 몸은 흑색으로 등선과 숨구멍 윗선이 배끝으로 이어진다. **5령애벌레**의 흑색 몸에 노란색 선들이 넓게 퍼져 있다. 숨구멍을 둘러싼 노란색 무늬가 눈동자 모양을 나타낸다. 먹는 양이 많아지는 애벌레는 무리를 떠나 홀로 먹이활동을 하며 지나갈 자리에 미리 실을 치는 행동을 보인다. **전용**이 가까워진 애벌레는 먹이식물이나 주변 안전한 곳을 찾아 실을 치고 배끝을 붙여 번데기가 된다. **번데기**는 머리에 1쌍의 돌기와 가운데가슴이 발달하고 배마디 돌기가 날카롭다.

먹이식물(가는잎쐐기풀)

알

알

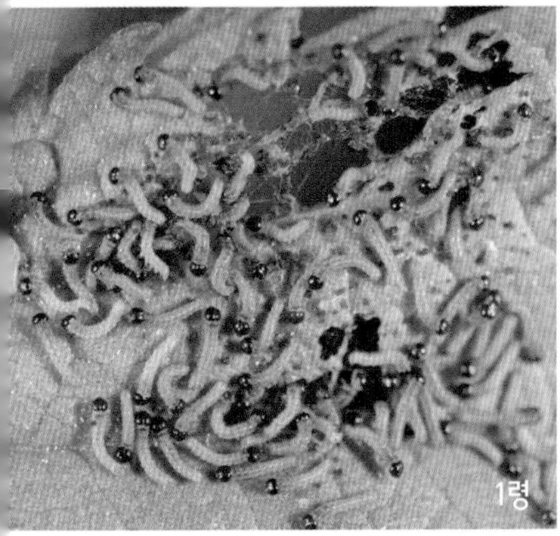

1령

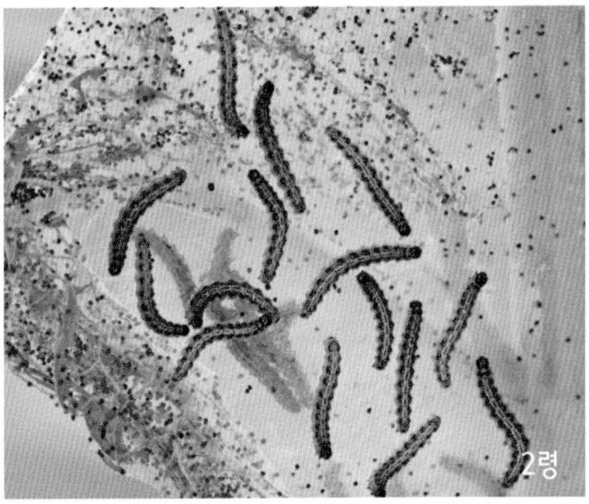

2령

3령

4령

5령

전용

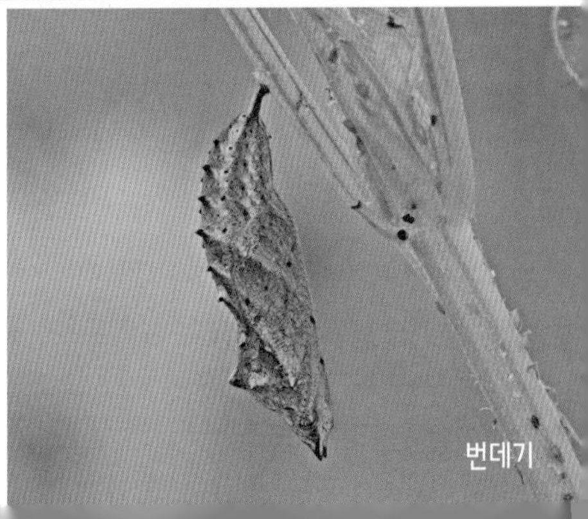

번데기

31. 공작나비 *Inachis io* (Linnaeus, 1758)

EX
EW
RE
CR
EN
VU 취약
NT
LC
DD
NA
NE

주년경과	1월	2월	3월	4월	5월	6월	7월	8월	9월	10월	11월	12월
알												
애벌레												
번데기												
어른벌레												

○ 성충 발생 연 1회, 지역에 따라 6월~이듬해 5월에 활동한다. ○ 겨울나기 성충
○ 먹이식물 가는잎쐐기풀 등(쐐기풀과), 환삼덩굴(뽕나무과)

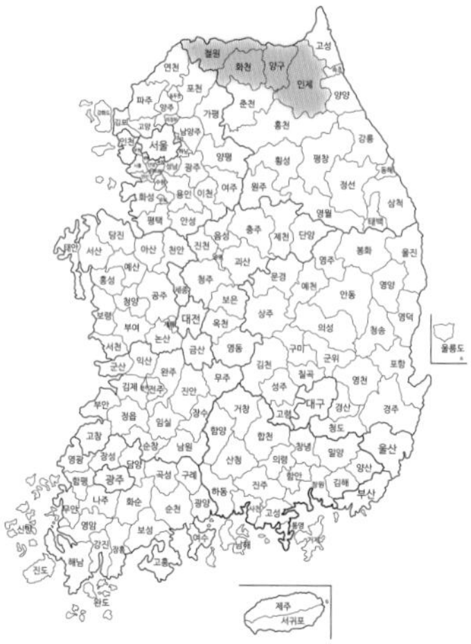

암컷은 먹이식물의 잎 아랫면에 여러 개의 알을 덩어리 형태로 모아 낳는다. **알**은 녹색의 종 모양으로 정공을 둘러싸고 있는 여러 개의 줄돌기가 세로로 강하게 있고 사이에 작은 줄돌기가 층층이 이어진다. 알은 시간이 지나며 투명해지고 흑색 머리가 비쳐 보인다. 알에서 깨어난 **1령애벌레**는 반짝이는 흑색 머리에 몸은 갈색으로 몸마디에 흑색 털을 가진 돌기가 일정한 배열로 있다. 애벌레들은 촘촘하게 실을 친 은신처를 만들어가며 활동한다. **2령애벌레**의 몸은 흑색 털이 있던 돌기가 발달하고 가슴은 짙은 갈색으로 변한다. 애벌레들은 은신처에서 먹이활동과 탈피를 하면서 자란다. **3령애벌레**는 돌기에 가시가 많아지고 은신처를 나와 그물막 없이 모여 생활하기 시작한다. **4령애벌레**는 몸에 백색 점과 돌기가 보다 크게 발달한다. 애벌레는 3령기 이후 집단을 이루는 숫자는 줄어들지만 집단의 개체가 늘어 애벌레들의 활동 영역이 넓어진다. **5령애벌레**는 가슴보다 배마디가 굵어지고 일정한 배열의 백색 점들이 선명해진다. 애벌레는 시간이 지나며 개별 행동을 한다. **전용**이 가까워진 애벌레는 먹이식물의 줄기나 잎 또는 주변 안전한 곳을 찾아 실을 치고 배끝을 붙여 번데기가 된다. **번데기**는 연노란색으로 머리에 1쌍의 돌기가 발달하고 등선 양옆으로 4~7번 배마디의 돌기가 날카롭다.

먹이식물(가는잎쐐기풀)

알

1령

2령

3령

4령

4령

5령

전용

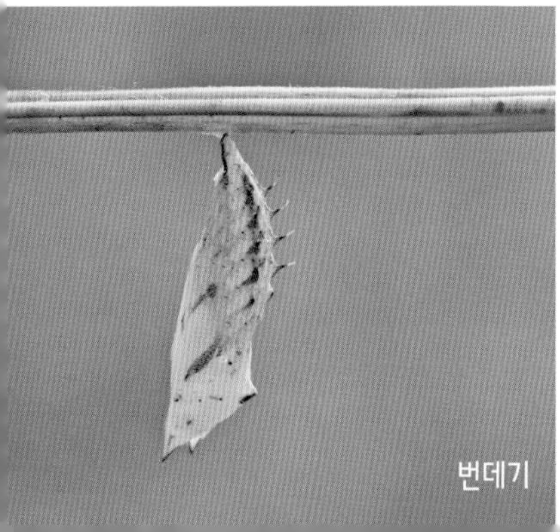
번데기

산란

천적

32. 청띠신선나비 *Kaniska canace* (Linnaeus, 1763)

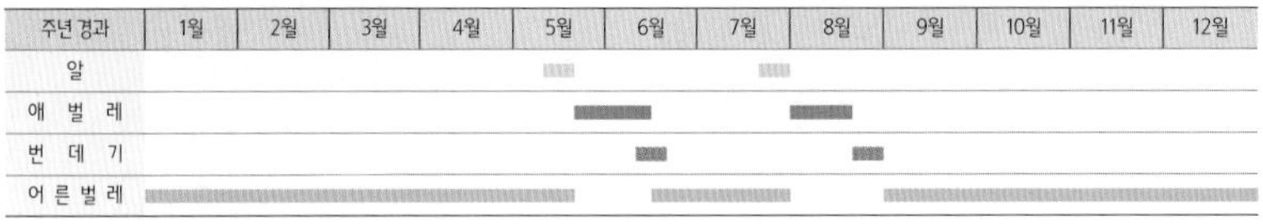

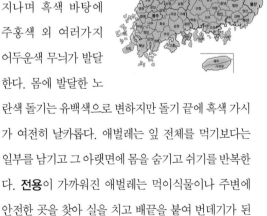

○ 성충 발생 연 2~3회, 지역에 따라 6월~이듬해 5월에 활동한다. ○ 겨울나기 성충
○ 먹이식물 청가시덩굴, 청미래덩굴 등(백합과)

암컷은 먹이식물의 잎이나 줄기에 알을 낳는다. **알**은 녹색의 종 모양으로 정공을 둘러싸고 있는 여러 개의 줄돌기가 세로로 강하게 있고 사이에 작은 줄돌기가 층층이 이어진다. 알은 시간이 지나며 짙은 갈색으로 투명해진다. 알에서 깨어난 **1령애벌레**는 흑색 머리에 털이 있으며 몸은 갈색으로 긴 털을 가진 돌기가 일정한 배열로 있다. 애벌레는 알껍데기를 먹고 잎에 구멍을 내면서 생활을 시작한다. **3·4령애벌레**는 머리에 1쌍의 흑색 돌기가 있고 몸은 비취색이다. 몸마디에 선이 여러 개 발달하고 노란색 돌기 끝이 흑색으로 날카롭다. 애벌레는 먹이식물을 둥글게 먹으며 꼬리다리를 이용해 몸을 고정시키고 먹이활동 후 몸을 둥글게 말아 천적을 피하기도 한다. **5령애벌레**의 몸은 초기에 밝은 주홍색이지만 시간이 지나며 흑색 바탕에 주홍색 외 여러가지 어두운색 무늬가 발달한다. 몸에 발달한 노란색 돌기는 유백색으로 변하지만 돌기 끝에 흑색 가시가 여전히 날카롭다. 애벌레는 잎 전체를 먹기보다는 일부를 남기고 그 아랫면에 몸을 숨기고 쉬기를 반복한다. **전용**이 가까워진 애벌레는 먹이식물이나 주변에 안전한 곳을 찾아 실을 치고 배끝을 붙여 번데기가 된다. **번데기**는 갈색으로 머리에 1쌍의 돌기와 가운데가슴이 발달하고 뒷가슴과 1번 배마디에 1쌍의 금빛 반점이 있다.

먹이식물(청미래덩굴)

알

1령 초

3령

4령

5령 초

5령

기생당한 5령

번데기

33. 네발나비 *Polygonia c-aureum* (Linnaeus, 1758)

암컷(겨울나기)

EX EW RE CR EN VU NT LC DD NA NE

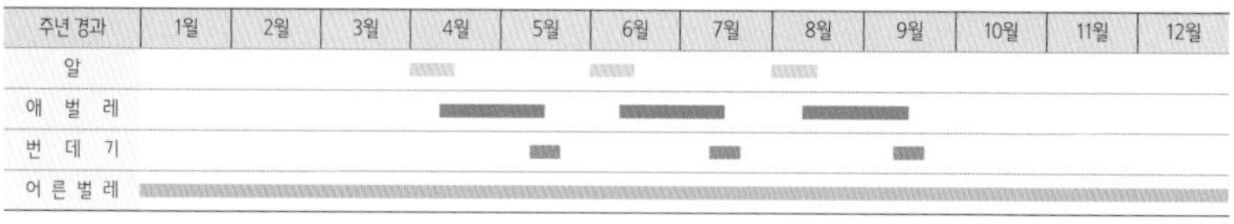

○ 성충 발생 연 수회, 지역에 따라 3~12월에 활동한다. ○ 겨울나기 성충

○ 먹이식물 환삼덩굴, 삼 등(뽕나무과), 가는잎쐐기풀, 쐐기풀 등(쐐기풀과)

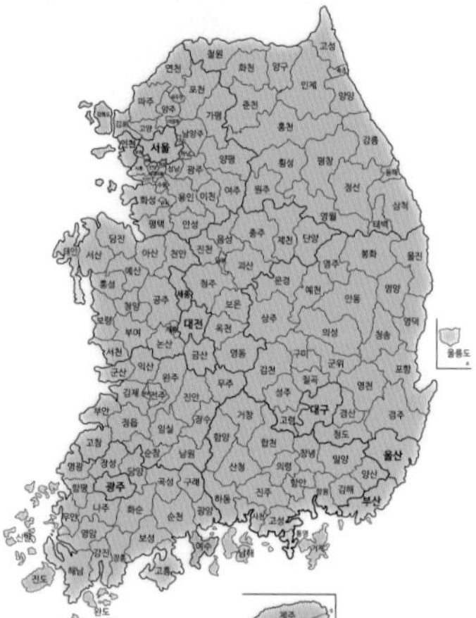

암컷은 먹이식물이나 그 주변에 알을 낳는다. **알**은 녹색의 종 모양으로 표면에 여러 개의 줄돌기가 세로로 강하게 있다. 알은 시간이 지나며 갈색으로 변한다. 알에서 깨어난 **1령애벌레**는 짙은 갈색 머리에 몸마디에 긴 털을 가진 돌기가 일정한 배열로 있다. 애벌레는 알껍데기를 먹고 갈라진 잎을 모아 붙여 몸에 맞는 방을 만들어 생활을 한다. **2령애벌레**는 흑색 머리에 1쌍의 작은 돌기가 있고 몸에 긴 털을 가진 돌기는 가시가 많은 돌기로 발달한다. 애벌레는 낮에 방에서 쉬고 주로 밤에 먹이활동을 한다. **3령애벌레**는 머리에 1쌍의 돌기가 있고 흑색 몸마디에 가로로 여러 개의 백색 선이 있다. 돌기는 연한 녹색으로 흑색 가시가 날카롭다. **4령애벌레**의 몸은 가슴보다 배마디가 통통하고 돌기가 화려한 주홍색이다. 애벌레는 공들여 만든 방을 모두 먹으면 다른 곳으로 옮겨 새로운 방을 만든다. **5령애벌레**의 몸에 광택이 있으며 주홍색 돌기 아랫면에 붉은색 무늬가 어지럽게 나타난다. 서식지의 애벌레는 먹이식물의 오그라진 잎을 찾으면 쉽게 볼 수 있다. **전용**이 가까워진 애벌레는 생활하던 방에서 번데기가 되거나 주변 안전한곳에 배끝을 붙여 번데기가 된다. **번데기**의 체색은 계절에 따라 다르게 나타난다. 머리에 1쌍의 돌기와 가운데가슴이 발달하고, 등선 좌우 배마디에 돌기가 날카롭다.

먹이식물(환삼덩굴)

알

2령

3령

4령

5령

애벌레 방

전용

번데기

수컷

34. 산네발나비 *Polygonia c-album* (Linnaeus, 1758)

수컷

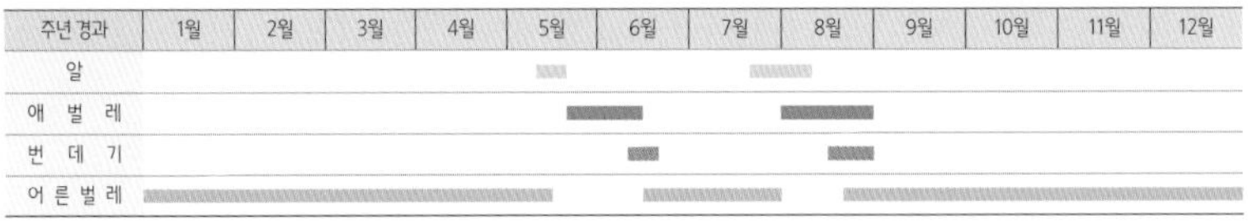

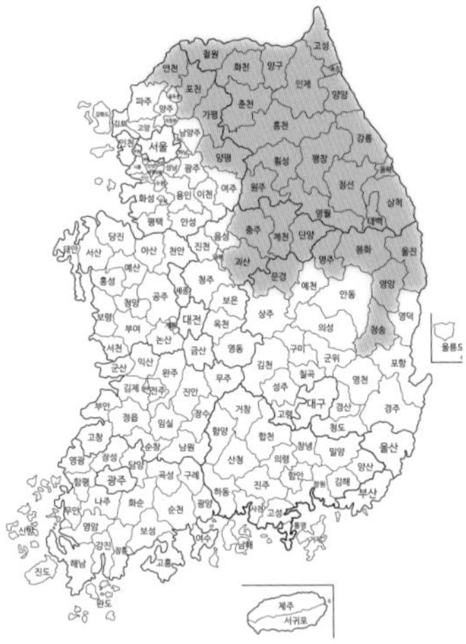

○ 성충 발생 연 2회, 지역에 따라 6월~이듬해 5월에 활동한다. ○ 겨울나기 성충
○ 먹이식물 느릅나무류, 비술나무 등(느릅나무과), 쐐기풀 등(쐐기풀과)

암컷은 먹이식물의 새순이나 턱잎, 잎 가장자리에 알을 낳는다. **알**은 녹색의 종 모양으로 정공을 감싸는 줄돌기가 세로로 강하게 있고 사이에 작은 줄돌기가 층층이 이어진다. 알에서 깨어난 **1령애벌레**는 광택이 나는 흑색 머리에 몸은 갈색이다. 등선을 중심으로 백색 반점과 긴 털을 가진 돌기가 일정한 배열로 있다. 애벌레는 알껍데기를 먹고 잎 아랫면으로 내려가 잎맥 사이에 구멍을 내는 먹이활동을 하며 생활한다. **2령애벌레**의 머리에 1쌍의 돌기가 있고 몸에 긴 털을 가진 돌기는 가시가 많은 돌기로 발달한다. **3·4령애벌레**는 등선을 중심으로 등은 주홍색으로 변하고, 좌우 돌기는 투명하게 보이는 백색이다. 애벌레는 먹이활동을 마치면 잎 아랫면에 실을 치고 몸을 고리 모양으로 구부려 휴식을 갖는다. **5령애벌레**의 가슴과 1·2번 배마디는 주홍색이고, 3~8번 배마디와 돌기는 백색이다. 또한, 백색 테를 두른 숨구멍을 주홍색 숨구멍선이 감싸돌며 배끝으로 이어진다. 애벌레의 왕성한 식욕은 잎 전체를 먹어 치우고 먹이식물의 앙상한 가지만 남긴다. **전용**이 가까워진 애벌레의 돌기가 투명해 지고 먹이식물의 줄기나 잎 아랫면에 실을 친 다음 배끝을 붙여 번데기가 된다. **번데기**는 갈색으로 머리에 1쌍의 돌기와 가운데가슴이 발달하고 배마디의 등선 양옆으로 돌기가 있다. 숨구멍선은 짙은 갈색이다.

먹이식물(느릅나무)

알

1령

2령

3령

4령

5령

5령

전용

번데기

수컷

수컷

35. 남방남색공작나비 *Junonia orithya* (Linnaeus, 1758)

수컷

주년 경과	1월	2월	3월	4월	5월	6월	7월	8월	9월	10월	11월	12월
알												
애벌레												
번데기												
어른벌레								▬	▬			

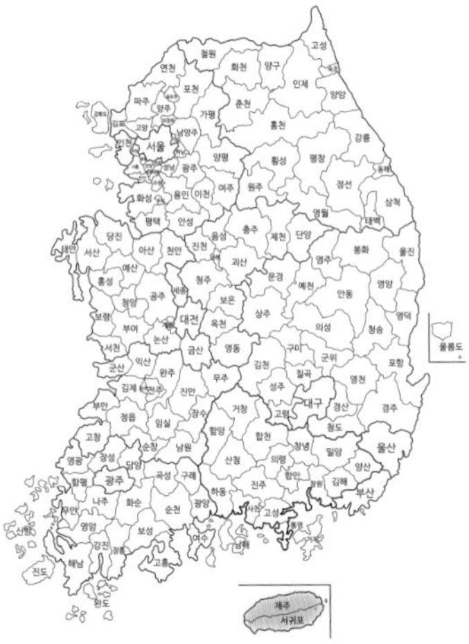

○ 성충 발생 **미접**으로 8~9월경 가끔 제주도에 나타난다. ○ 겨울나기 성충
○ 먹이식물 질경이, 왕질경이 등(질경이과)

암컷은 먹이식물의 잎에 알을 낳는다. **알**은 녹색의 찐빵 모양으로 정공이 살짝 들어가 있으며 표면에 여러 개의 줄돌기가 세로로 있다. 알에서 깨어난 **1령애벌레**는 갈색으로 몸마디에 일정한 배열로 흑색 털을 가진 돌기가 있다. 애벌레는 알껍데기를 먹고 이동하여 잎살을 먹으며 활동한다. **2령애벌레**의 몸은 회색으로 앞가슴은 주홍색, 등선은 흑색 돌기가 점점이 이어진다. 또한 1령기 돌기가 있던 자리에 가시가 많은 돌기가 발달한다. 애벌레는 잎맥을 피해 먹이활동을 한다. **3령애벌레**는 바닥선을 따라 이어지는 돌기의 아랫부분이 주홍색이다. **4령애벌레**의 몸은 회색으로 바닥선이 선명해지고 등선은 가늘게 나타난다. 애벌레의 왕성한 식욕은 잎과 잎자루를 가리지 않고 먹어 치운다. **5령애벌레**는 흑색으로 돌기가 짧아지고 돌기 아랫부분이 청색으로 변하며 선명해진 등선에 백색의 작은 점들이 박혀 있다. 애벌레의 식욕은 부족한 먹이를 찾아 먼 거리를 마다않고 이동한다. **전용**이 가까워진 애벌레는 먹이식물이나 주변의 안전한 곳을 찾아 실을 치고 배끝을 붙여 번데기가 된다. **번데기**는 흑색 점이 있는 짙은 갈색으로 배마디에 백색 반점이 흩어져 있고 돌기 또한 백색이다.

먹이식물(질경이)

2령

3령 초

3령, 4령

4령

5령

5령

전용

번데기

수컷

암컷

36. 남방오색나비 *Hypolimnas bolina* (Linnaeus, 1758)

수컷

주년 경과	1월	2월	3월	4월	5월	6월	7월	8월	9월	10월	11월	12월
알												
애벌레												
번데기												
어른벌레												

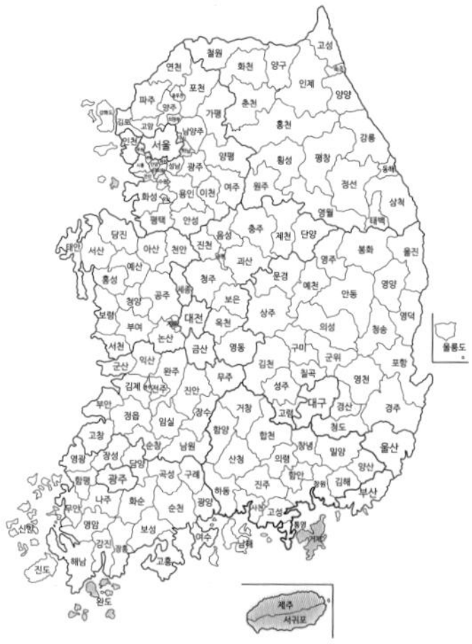

○ 성충 발생 **미접**으로 8~9월경 제주도, 거제도 등 남부지방 섬과 남부 내륙에 가끔 나타난다.

○ 겨울나기 성충

○ 먹이식물 고구마, 메꽃, 나팔꽃 등(메꽃과)

암컷은 먹이식물의 잎과 줄기에 알을 낳는다. **알**은 유백색의 종 모양으로 정공이 살짝 들어가 있으며 정공 주변에서 아래로 내려오는 11개의 줄돌기가 강하고 사이에 가로줄이 있다. **1령애벌레**는 갈색 머리에 긴 털이 성글게 있고, 매끄러운 몸은 배끝으로 갈수록 색이 옅어지는 가늘고 긴 원통형이다. 가슴마디와 배마디에 규칙적으로 발달한 긴 털이 성글다. **2령애벌레**의 머리는 갈색으로 1쌍의 돌기와 몸에 규칙적인 돌기가 발달하며, 1~8번 배마디에 등선을 따라 돌기가 발달한다. 또한 등아랫선과 숨구멍아랫선에도 돌기가 날카롭다. **3령애벌레**의 머리는 갈색, 몸은 짙은 흑갈색으로 2령기보다 돌기가 커지지만 몸의 형태는 2령기와 비슷하다. **4령애벌레**의 몸은 전체적으로 3령기와 비슷하나 밝은 회색의 바닥선이 나타난다. 머리와 몸에 각각의 돌기는 주홍색으로 변하면서 여러개의 새로운 가지돌기가 발달하는 특징을 가진다. 숨구멍아랫선의 돌기가 몸에 발달한 돌기 중에 가장 작다. **5령애벌레**는 4령기의 애벌레와 몸에 형태와 체색은 변함이 없으나 몸에 돌기와 숨구멍아랫선이 주홍색으로 짙어진다. **6령애벌레**는 5령기와 몸의 형태는 같으나 체색이 밝아지고 돌기가 유백색으로 변한다. **번데기**는 황갈색으로 흑갈색의 반점이 많으며 머리에 돌기가 발달하고 몸의 돌기 중 3·4번 배마디의 돌기가 가장 크다.

먹이식물(고구마)

알

1령

2령

3령

4령

5령

6령

전용

번데기

암컷

37. 금빛어리표범나비 *Euphydryas davidi* (Oberthür, 1881)

성충

주년 경과	1월	2월	3월	4월	5월	6월	7월	8월	9월	10월	11월	12월
알							■					
애벌레	■	■	■	■	■		■	■	■	■	■	■
번데기					■							
어른벌레					■	■						

○ 성충 발생 연 1회, 지역에 따라 5~6월에 활동한다. ○겨울나기 4령애벌레
○ 먹이식물 솔체꽃(산토끼과), 인동덩굴(인동과)

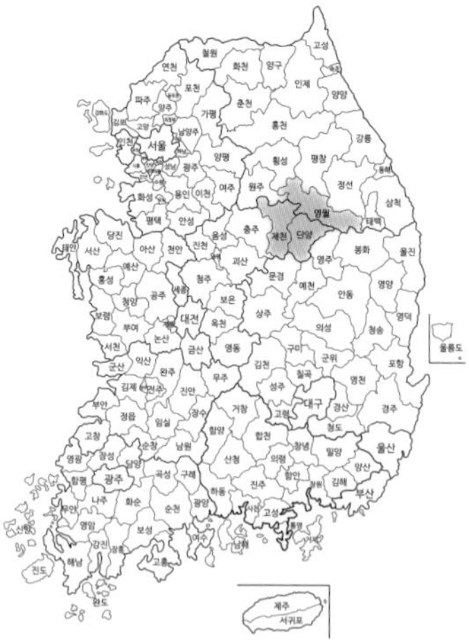

암컷은 먹이식물의 잎 아랫면에 단을 쌓거나 넓게 펼쳐 알을 낳는다. **알**은 오랜지색 공 모양으로 정공 주변이 살짝 솟아 있으며 표면에 여러 개의 줄돌기가 세로로 나있고 사이에 작은 줄돌기가 층층이 이어진다. 알에서 깨어난 **1령애벌레**는 흑색 머리와 몸은 백색의 긴 털이 일정한 배열로 있다. 애벌레는 무리를 지어 그물막을 만들고 잎살을 먹으며 생활한다. **2령애벌레**는 흑색 머리에 몸은 유백색이다. 연한 분홍색의 가시가 많은 돌기가 온몸에 빼곡하고 어렴풋한 등선 양옆으로 갈색 등옆선이 배끝으로 이어진다. 애벌레는 은신처를 넓히거나 이동하며 먹이활동과 탈피를 이어간다. **3령애벌레**의 몸은 흑색으로 가시가 많아지고 등선 양옆으로 비취색 점들이 약하게 이어진다. 겨울나기를 준비하는 애벌레는 모여 생활하던 먹이식물을 보다 견고하게 말아 붙인 방을 만들어 4령으로 탈피하며 겨울을 지낸다.

5령애벌레는 숨구멍 주변의 노란색 점들이 배끝으로 이어진다. 이 시기에 홀로 활동하는 애벌레는 먹이식물을 찾아 먼 거리를 이동하기도 한다. **7령애벌레**는 등선 양옆으로 노란색 반점들이 선으로 이어진다. **전용**이 가까워진 애벌레는 주변 안전한 곳을 찾아 실을 치고 배끝을 붙여 번데기가 된다. **번데기**는 백색으로 등선을 따라 돌기와 반점들이 좌우대칭으로 있다.

EX
EW
RE
CR
EN
VU 취약
NT
LC
DD
NA
NE

먹이식물(솔체꽃)

알

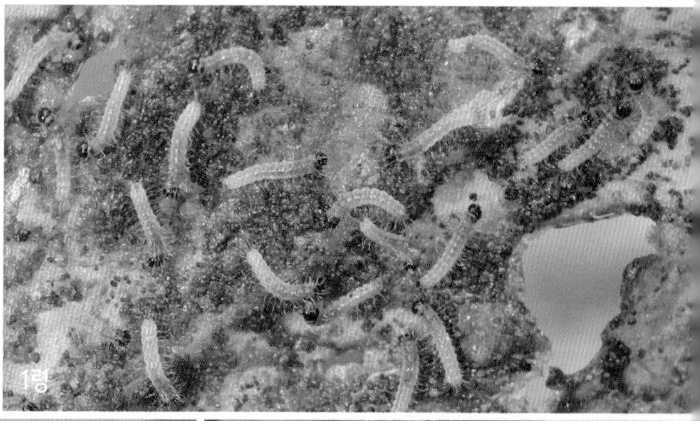
1령

2령

3령

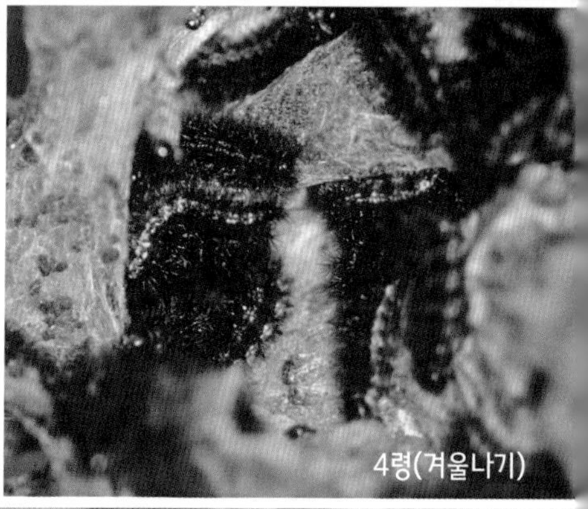
4령(겨울나기)

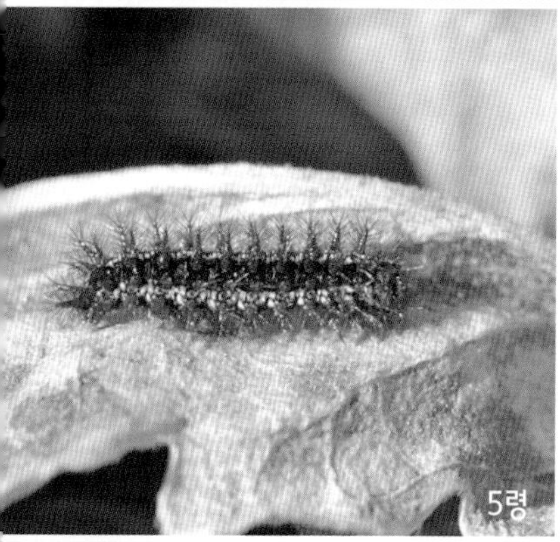
5령

번데기

7령

38. 여름어리표범나비 *Melitaea ambigua* Ménétriès, 1859

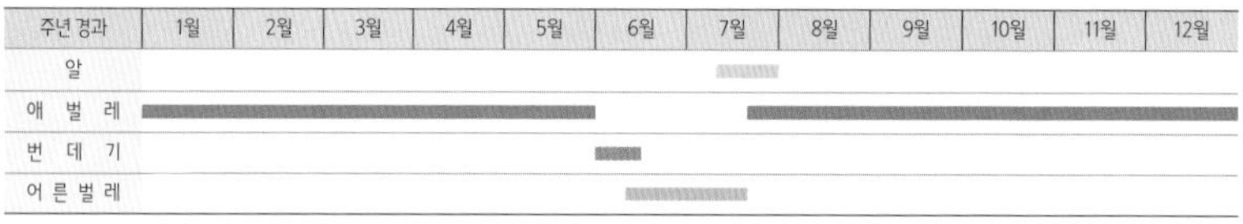

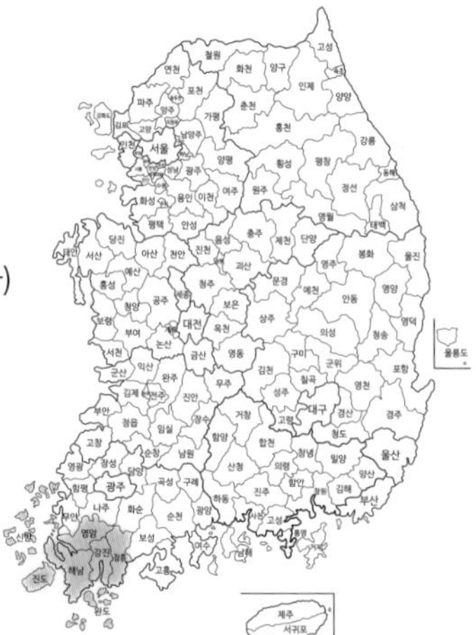

○ 성충 발생 연 1회, 지역에 따라 6~7월에 활동한다. ○ 겨울나기 4령애벌레

○ 먹이식물 털냉초, 냉초, 큰개불알풀, 수염며느리밥풀 등(현삼과), 질경이, 왕질경이 등(질경이과)

암컷은 먹이식물의 잎 아랫면에 알을 넓게 펼쳐 낳는다. **알**은 유백색의 종 모양으로 정공 주변이 살짝 솟아 있으며 표면에 약해 보이는 여러 개의 줄돌기가 세로로 있고 사이에 작은 줄돌기가 층층이 이어진다. 알에서 깨어난 **1령애벌레**는 연한 갈색으로 몸마디에 긴 털을 가진 돌기가 일정한 배열로 있다. 애벌레는 무리를 지어 그물막을 만들고 잎살을 먹으며 생활한다. **2령애벌레**는 흑색 머리에 몸은 갈색의 등선과 바닥선이 가슴에서 배끝으로 이어지고 긴 털을 가진 돌기는 가시가 많은 돌기로 발달한다. 애벌레는 그물막을 나와 잎을 둥글게 먹어 가며 활동하기도 한다. **3령애벌레**의 몸은 짙은 갈색으로 돌기는 주홍색으로 변한다. 겨울나기를 준비하는 애벌레는 생활하던 방에서 4령으로 겨울을 보내고 봄이 되면 지난해 먹던 먹이식물 외에 여러 종류의 먹이식물을 찾아 이동하기도 한다. 해가 지면 여러 마리의 애벌레가 모여 밤을 보낸다. **5령애벌레**는 백색의 바닥선이 발달한다. 5령기부터 홀로 활동하는 애벌레는 먹이식물에 엉성한 방을 만들어 생활하기도 한다. **6령애벌레**의 몸이 나타나는 선은 흑색, 주홍색, 흰색의 각기 다른색을 가진다. **7령애벌레**의 돌기는 주황색과 백색 두 가지 색상을 가진다. **번데기**는 백색으로 등선을 따라 좌우대칭으로 흑색 점들이 발달한다.

먹이식물(털냉초)

알

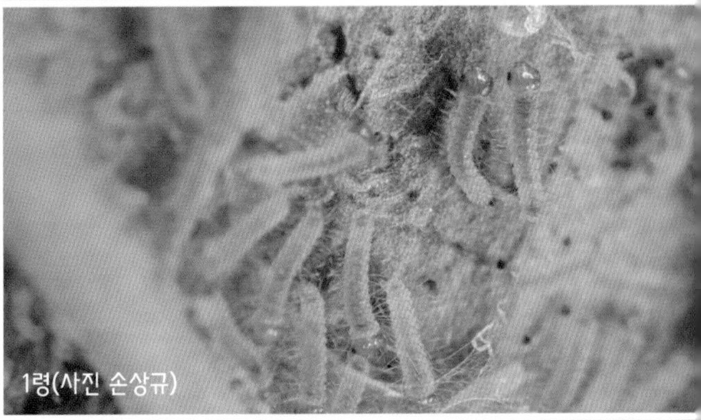
1령(사진 손상규)

2령(사진 손상규)

3령(사진 손상규)

4령

4령(겨울나기)

5령

6령

7령

전용

번데기

39. 담색어리표범나비 *Melitaea protomedia* Ménétriès, 1859

수컷

주년경과	1월	2월	3월	4월	5월	6월	7월	8월	9월	10월	11월	12월
알								■				
애벌레	■	■	■	■	■			■	■	■	■	■
번데기						■						
어른벌레						■	■					

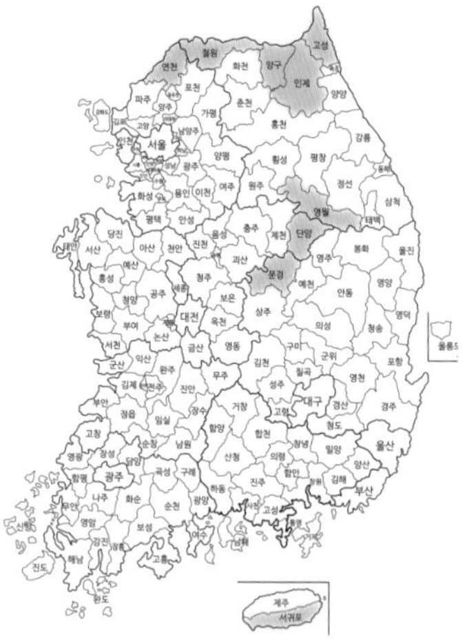

○ **성충 발생** 연 1회, 지역에 따라 6~7월에 활동한다.
○ **겨울나기** 4령애벌레
○ **먹이식물** 쥐오줌풀, 마타리(마타리과), 냉초 등(현삼과)

암컷은 먹이식물의 잎 아랫면에 여러 개의 알을 펼쳐 낳는다. **알**은 유백색의 갸름한 종 모양으로 정공이 살짝 솟아 있으며 표면에 여러 개의 줄돌기가 세로로 있고 사이에 작은 줄돌기가 층층이 이어진다. 알에서 깨어난 **1령애벌레**의 몸은 유백색으로 반투명하다. 몸마디에 일정한 배열의 돌기에 투명한 털이 있다. 애벌레는 무리를 지어 그물막을 만들고 잎살을 먹으며 생활한다. **2령애벌레**의 몸에 갈색 선들이 나타나고 몸마디의 돌기는 가시가 많은 돌기로 발달한다. **3령애벌레**는 흑색 머리에 몸은 짙은 갈색이다. 돌기는 연한 갈색으로 변한다. 3령기에 겨울나기를 준비하는 애벌레는 먹이식물이나 다른 안전한 곳에 여러 겹의 그물막 방을 만들고 4령으로 탈피한 짤막한 몸으로 겨울을 지낸다. **4령애벌레**는 흑색 가시가 많은 돌기가 온몸을 덮고 있다. 일찍 잠에서 깬 애벌레는 해바라기를 하며 먹이식물이 있던 자리를 찾아 새순이 올라오기를 기다리기도 한다. **5~7령애벌레**의 몸은 흑색으로 령기가 더 할수록 돌기가 굵어지며 회색으로 옅어진다. 애벌레 사육에서 보면 **4~7령애벌레**들은 먹이활동을 마치면 모여서 해바라기를 반복한다. **전용**이 가까워진 애벌레는 안전한 곳을 찾아 실을 치고 배끝을 붙여 번데기가 된다. **번데기**는 백색으로 등선을 따라 좌우대칭으로 흑색 반점이 일정하게 있다.

먹이식물(쥐오줌풀)

알

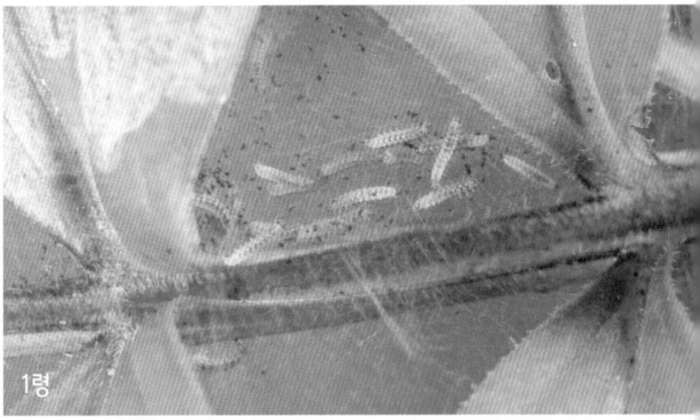
1령

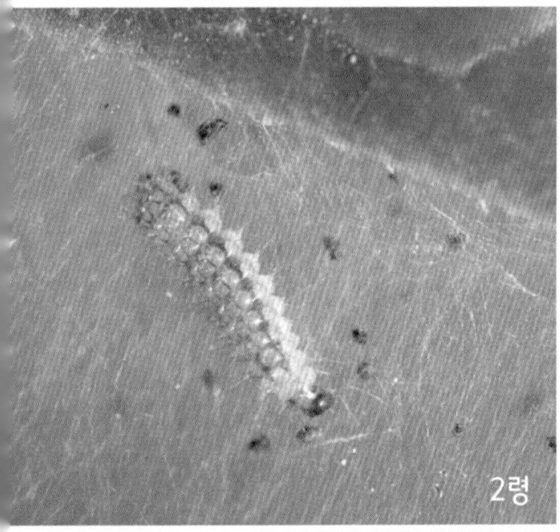
2령

3령

4령

4령(월동 후)

5령

6령

7령

전용

번데기

40. 암어리표범나비 *Melitaea scotosia* Butler, 1878

암컷

주년 경과	1월	2월	3월	4월	5월	6월	7월	8월	9월	10월	11월	12월
알							■					
애벌레	■	■	■	■	■			■	■	■	■	■
번데기						■						
어른벌레						■	■					

○ 성충 발생　연 1회, 지역에 따라 6~7월에 활동한다.　○ 겨울나기　4령애벌레

○ 먹이식물　뻐꾹채, 산비장이, 각시취, 큰수리취등(국화과)

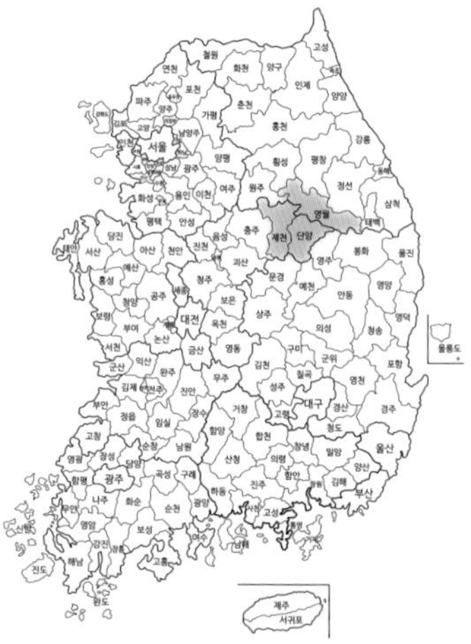

암컷은 먹이식물의 잎 아랫면에 여러 개의 알을 펼쳐 낳는다. **알**은 노란색의 갸름한 종 모양으로 반짝이는 정공이 살짝 솟아 있다. 표면에 여러 개의 줄돌기가 세로로 있고 사이에 작은 줄돌기가 층층이 이어진다. 알에서 깨어난 **1령애벌레**는 흑색 머리에 몸은 황갈색으로 반투명하다. 일정한 배열로 발달한 돌기마다 갈색의 긴 털이 있다. 애벌레는 무리를 지어 그물막을 만들고 잎살을 먹으며 생활한다. **2령애벌레**의 몸은 갈색으로 돌기 자리에 가시가 많은 연한 갈색의 돌기가 발달하여 거칠어 보인다. 애벌레는 그물막 안에 여러 마리가 모여 먹이활동과 탈피를 하는 공동생활을 한다. **4령애벌레**는 체형이 길어지고 숨구멍윗선이 주황색으로 짙다. **5령애벌레**는 몸은 통통하고 날카로운 가시가 많은 돌기가 온몸을 감싸고 있다. 숨구멍윗선과 숨구아랫선의 돌기에 주황색이 비친다. **7령애벌레** 몸은 흑색으로 흰색 점이 빼곡하고 유백색 돌기 아랫부분이 연한 주황색으로 보다 넓어지며 색이 옅어진다. 애벌레는 먹이식물의 주맥을 피해 길게 갉아먹는 행동을 하며 주맥 아래에 붙어 쉬는 시간을 갖는다. **전용**이 가까워진 애벌레는 먹이식물 주변 은신처를 찾아 실을 치고 배끝을 붙여 번데기가 된다. **번데기**는 백색으로 가슴 부위에 흑색 반점이 발달하고 배마디에 갈색 띠무늬가 위장의 효과를 본다.

EX
EW
RE
CR
EN 위기
VU
NT
LC
DD
NA
NE

먹이식물(뻐꾹채)

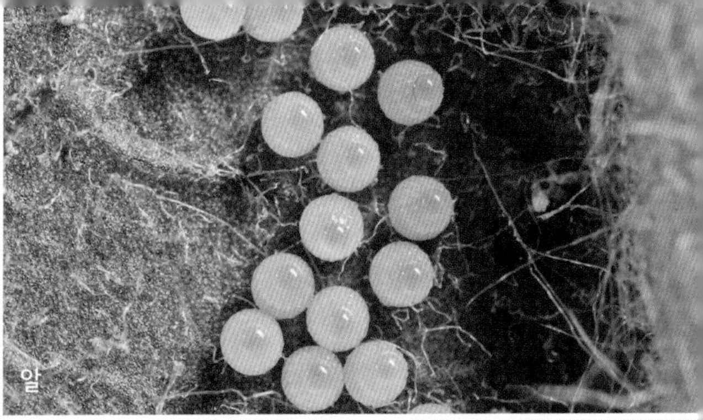
알

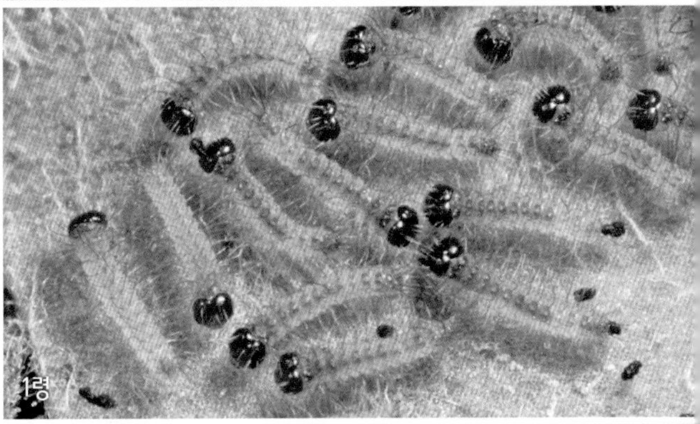
1령

2령

5령

5령

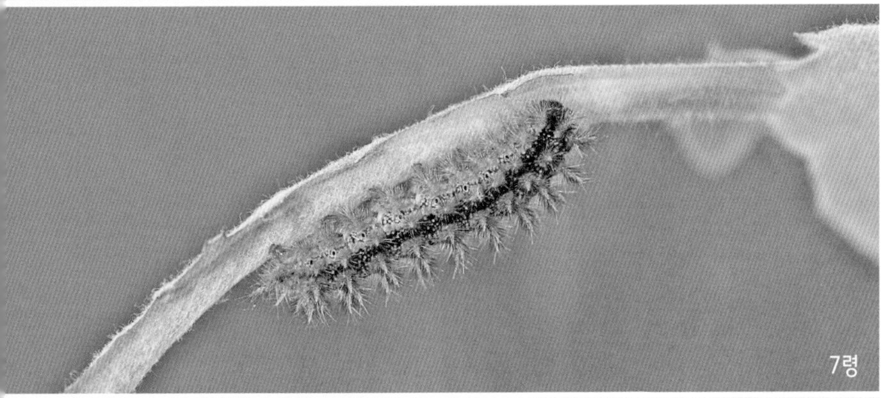
7령

번데기

번데기

짝짓기

41. 돌담무늬나비 *Cyrestis thyodamas* Boisduval, 1846

수컷

주년 경과	1월	2월	3월	4월	5월	6월	7월	8월	9월	10월	11월	12월
알												
애벌레												
번데기												
어른벌레												

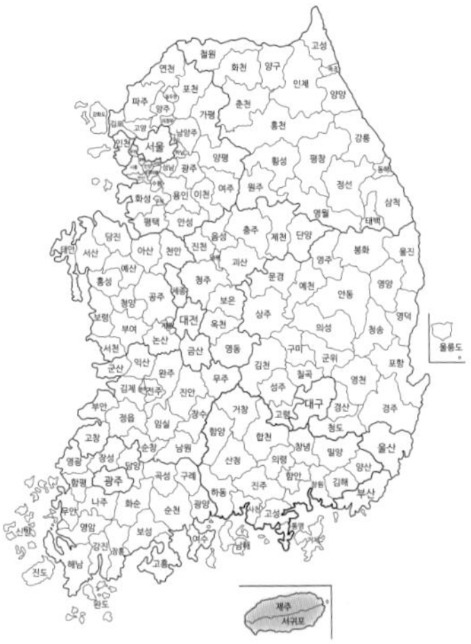

○ 성충 발생 **미접**으로 8~9월 사이에 보인다.
○ 겨울나기 성충
○ 먹이식물 벤자민고무나무, 무화과 등(뽕나무과)

암컷은 먹이식물의 여린 잎에 알을 낳는다. **알**은 노란색의 찐빵 모양으로 정공 주변을 감싸는 여러 개의 줄돌기가 세로로 있고 사이에 작은 줄돌기가 층층이 이어진다. 알은 시간이 지나며 정공을 중심으로 갈색 반점이 나타나고 애벌레의 털이 비친다. 알에서 깨어난 **1령애벌레**는 흑색 머리와 매끈한 몸을 가지고 있으며 몸마디에 털이 일정한 배열로 있다. 애벌레는 잎 끝으로 이동해 자리를 잡고 잎자루 방향으로 먹이활동을 한다. **2령애벌레**는 흑색 머리에 1쌍의 돌기가 있고 몸은 연한 갈색으로 2·9번 배마디에 흑색 돌기가 발달한다. 애벌레는 1령기와 같이 주맥을 피해 먹이활동한다. **3령애벌레**의 머리와 몸은 연한 갈색으로 흑색 돌기가 보다 길게 발달하다. 애벌레는 주맥을 중심으로 좌우 잎을 먹는 행동을 보이고 먹이활동을 마치면 잎자루에 돌아와 휴식을 한다. **4령애벌레**의 배마디돌기 주변과 바닥선 아래 가슴다리와 배다리가 붉은색이다. **5령애벌레**는 먹이식물과 같은 보호색을 가지며 머리와 몸의 돌기는 위협적인 형태로 더욱 크게 발달하고 잎자루를 꺾은 후 시든 잎을 먹는 모습을 보이기도 한다. **전용**이 가까워진 애벌레는 잎 아랫면이나 주변 가지에 실을 치고 배끝을 붙여 번데기가 된다. **번데기**는 연한 갈색으로 1쌍의 긴 머리돌기와 2번 배마디가 크게 발달한다.

먹이식물(벤자민고무나무)

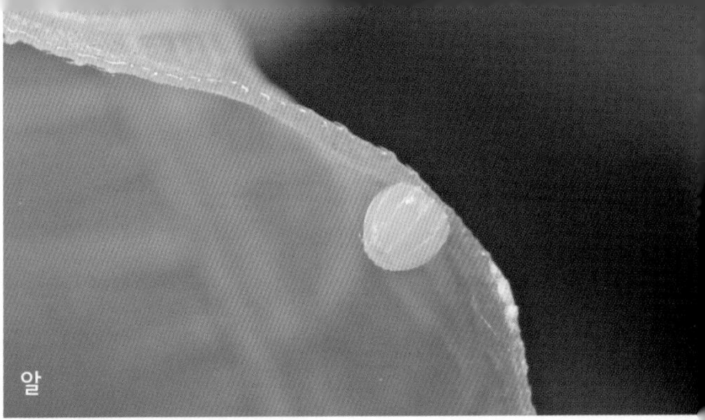
알

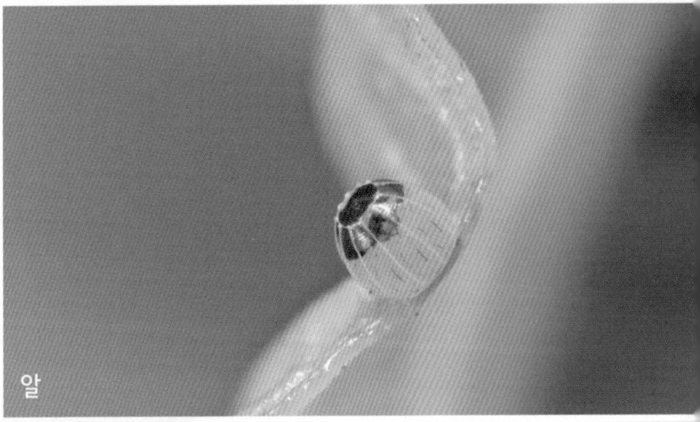
알

1령

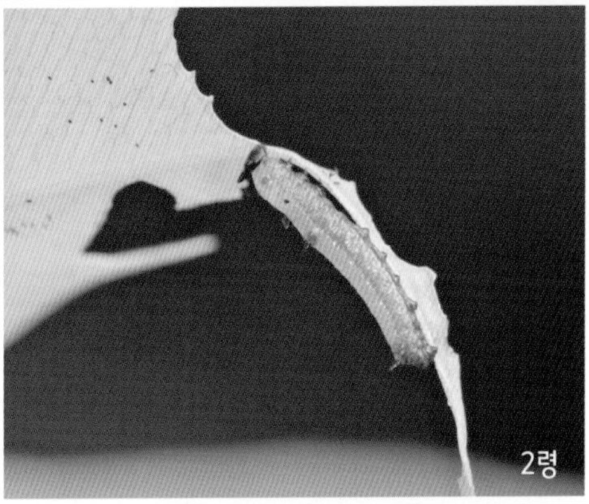
2령

3령

4령

5령

번데기

알 낳기

42. 먹그림나비 *Dichorragia nesimachus* (Doyère, 1840)

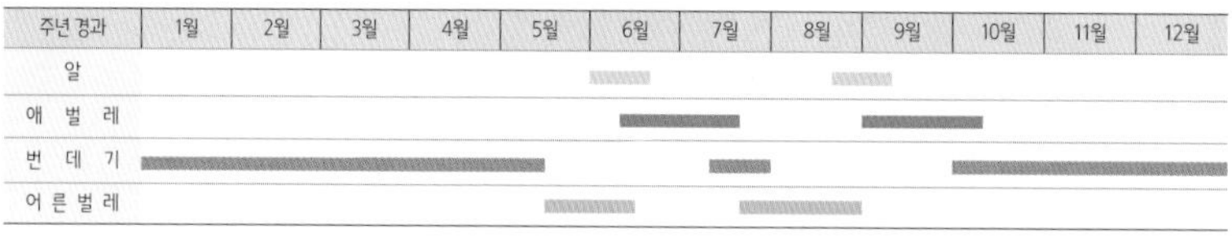

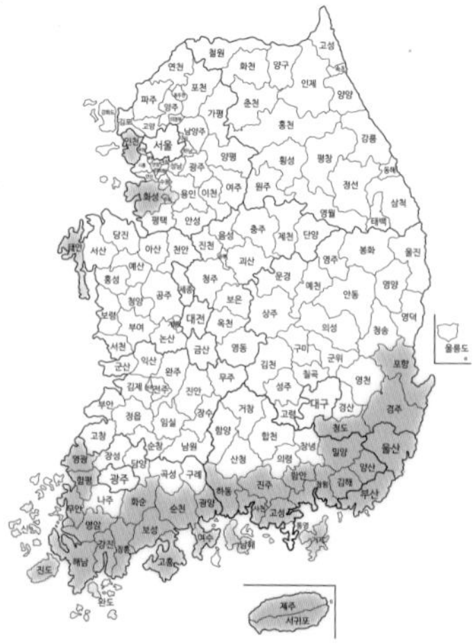

○ 성충 발생 연 2회, 지역에 따라 5~8월에 활동한다.
○ 겨울나기 번데기
○ 먹이식물 나도밤나무, 합다리나무(나도밤나무과)

암컷은 먹이식물의 잎 아랫면에 알을 낳는다. **알**은 유백색의 공 모양으로 정공을 중심으로 여러 개의 줄돌기가 세로로 있고 사이에 작은 줄돌기가 층층이 이어진다. 알은 시간이 지나면서 갈색 반점이 생긴다. 알에서 깨어난 **1령애벌레**는 갈색 머리에 몸은 짙은 녹색으로 바닥선이 가슴에서 배끝으로 이어진다. 1·3·5번 배마디에 백색의 굵은 빗금을 가진다. 애벌레는 잎 가장자리로 이동해 주맥을 중심으로 잎을 마름질하며 먹이활동을 한다. **2~4령애벌레**의 머리는 분홍색으로 1쌍의 갈색 돌기가 발달하고 굵은 빗금은 등선에 가까이 닿는다. 8번 배마디의 돌기가 크게 발달한다. 애벌레는 마름질한 먹이를 실로 엮어 주맥에 줄줄이 걸쳐 자신을 위장한다. **5령애벌레**의 머리에 길게 발달한 1쌍의 돌기는 머리와 같은 짙은 갈색으로 끝이 뭉툭하고 정면에서 보면 바깥으로 휘었다. 가슴과 1·2번 배마디는 붉은색이고 등선을 중심으로 3~8번 배마디는 연한 갈색이다. 애벌레는 먹이식물 주맥에 실을 친 자리를 만들어 머리를 가슴에 넣고 납작 엎드려 휴식을 갖는다. **전용**이 가까워진 애벌레는 먹이식물 줄기나 잎자루에 실을 치고 배끝을 붙여 번데기가 된다. **번데기**는 연한 갈색으로 가운데가슴과 1·2번 배마디가 발달하여 옆에서 보면 둥근 고리 모양이다.

먹이식물(나도밤나무)

알

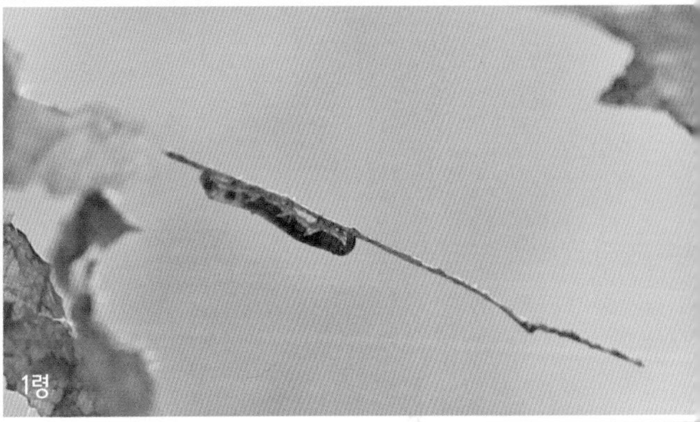
1령

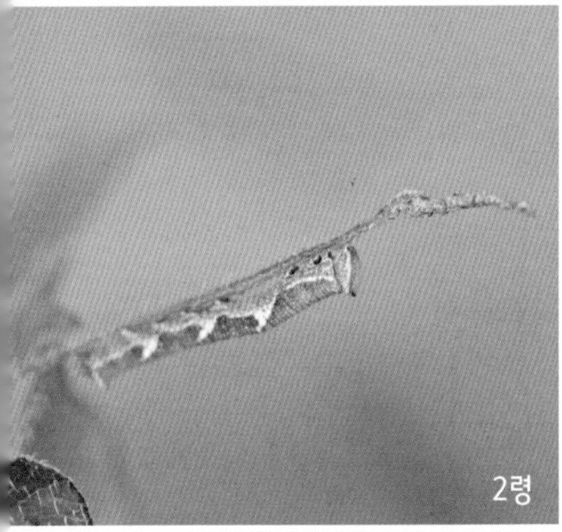
2령

3령

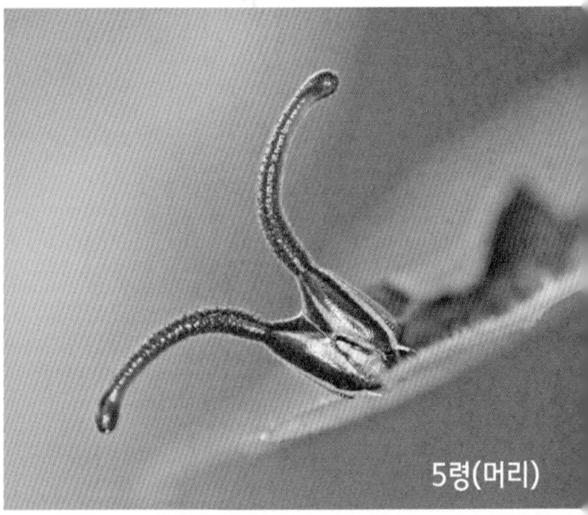
5령(머리)

5령

5령

전용

번데기

43. 번개오색나비 *Apatura iris* (Linnaeus, 1758)

수컷

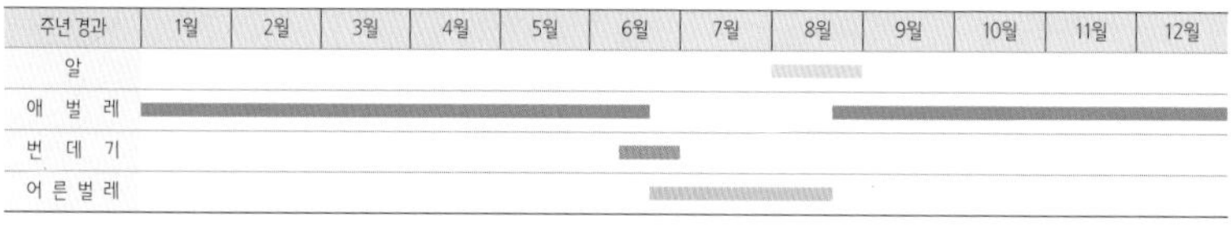

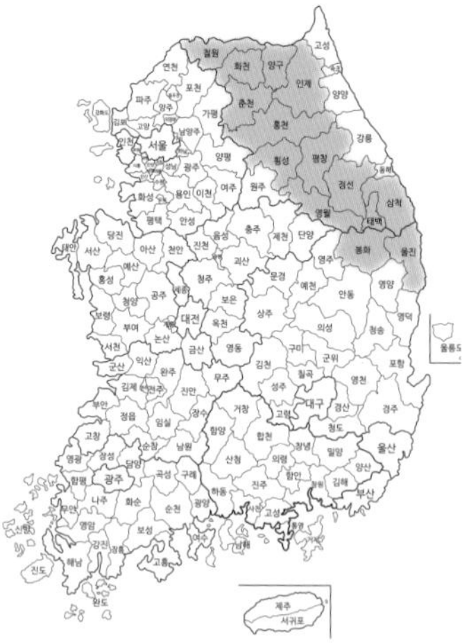

○ 성충 발생 연 1회, 지역에 따라 6~8월에 활동한다. ○ 겨울나기 3령애벌레

○ 먹이식물 호랑버들, 버드나무류(버드나무과)

암컷은 먹이식물의 잎에 알을 낳는다. **알**은 연한 녹색의 종 모양으로 정공을 중심으로 여러 개의 줄돌기가 세로로 있다. 알은 시간이 지나면서 색이 짙어지고 아랫부분에 갈색 띠 문양이 발달한다. 알에서 깨어난 **1령애벌레**는 갈색 머리에 몸은 연한 녹색으로 노란색과 갈색의 작은 점들이 비쳐 보인다. 애벌레는 알껍데기를 먹고 주맥에 실을 치면서 잎끝으로 이동해 자리를 만들어 활동한다. **2령애벌레**는 짙은 갈색 머리에 갈라진 1쌍의 돌기가 발달한다. 몸은 녹색으로 가슴에서 등옆선이 내려오고 4번 배마디에 등선 양쪽으로 노란색 돌기가 있다. 애벌레는 1령기에 자리 잡은 곳을 떠나지 않고 주맥을 따라 활동한다. 겨울나기를 준비하는 **3령애벌레**의 몸은 잔털이 많은 갈색으로 변하며 먹이식물 줄기 또는 지면의 낙엽 아래 붙어 겨울을 지낸다. **4령애벌레**는 갈색 머리에 몸은 녹색으로, 겨울을 나던 줄기에서 탈피하며 탈피 후에도 은신처로 계속 이용하기도 한다. **5령애벌레**의 머리돌기에서 노란색 등옆선이 내려오고 4번 배마디 돌기는 오색나비에 비해 작다. 애벌레는 잎 위에 자리를 잡고 휴식을 갖는다. **전용**이 가까워진 애벌레는 잎 아랫면 주맥에 실을 치고 배끝을 붙여 번데기가 된다. **번데기**는 연한 녹색으로 머리에 1쌍의 돌기가 발달하고 배마디의 구분이 선명하다.

먹이식물(버드나무)

알

1령

2령

3령

3령(겨울나기)

3령(봄)

4령

5령

전용

번데기

수컷

44. 오색나비 *Apatura ilia* (Denis & Schiffermüller, 1775)

수컷

EX
EW
RE
CR
EN
VU 취약
NT
LC
DD
NA
NE

주년경과	1월	2월	3월	4월	5월	6월	7월	8월	9월	10월	11월	12월
알												
애벌레												
번데기												
어른벌레												

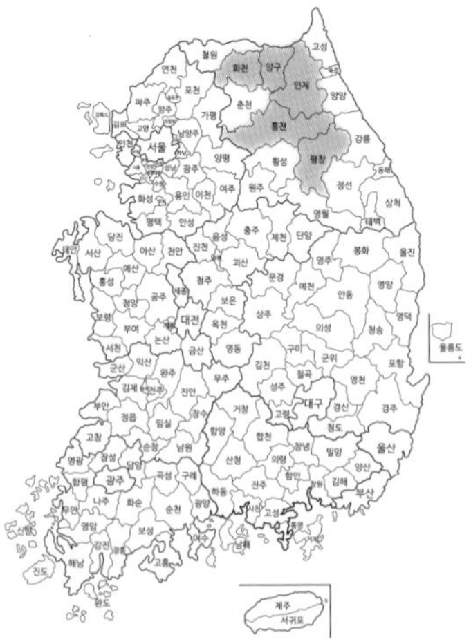

○ 성충 발생 연 1회, 지역에 따라 6~8월에 활동한다. ○ 겨울나기 3령애벌레
○ 먹이식물 버드나무류, 사시나무, 황철나무 등(버드나무과)

암컷은 먹이식물의 잎에 알을 낳는다. **알**은 연한 녹색의 종 모양으로 정공을 중심으로 여러 개의 줄돌기가 세로로 있다. 알은 시간이 지나며 갈색으로 짙어지고 짙은 갈색 띠 문양이 발달하여 점차 넓어진다. 알에서 깨어난 **1령애벌레**는 짙은 갈색 머리에 몸은 연한 녹색으로 등선과 등옆선이 어렴풋하다. 애벌레는 잎끝 주맥에 자리를 만들고 잎 가장자리를 둥글게 먹어가는 활동한다. **2령애벌레**의 갈색 머리는 끝이 갈라진 1쌍의 돌기가 발달하고 4번 배마디에 등선 양쪽으로 노란색 돌기가 있다. **3령애벌레**의 몸은 갈색으로 갈라진 머리 돌기가 뭉툭하다. 이 시기에 겨울나기를 준비하는 애벌레는 먹이식물 가지 사이나 줄기 또는 먹이식물에서 내려와 낙엽 아래 붙어 겨울을 보낸다. **4령애벌레**는 연한 갈색 머리와 몸은 녹색으로 머리 돌기는 2령기와 같이 끝이 갈라진다. 머리 돌기에서 내려오는 노란색 등옆선은 4번 배마디 돌기에 와닿는다. 또한 몸 옆으로 여러 개의 빗금이 등선을 향한다. **5령애벌레**는 녹색 머리를 제외한 외부 형태는 4령기과 같다. 애벌레는 버드나무 잎을 한 번에 여러 장을 먹어 치울 정도의 왕성한 식욕을 보인다. **전용**이 가까워진 애벌레는 먹이식물 잎 아랫면 주맥에 실을 치고 배끝을 붙여 번데기가 된다. **번데기**는 연한 녹색으로 머리에 1쌍의 돌기와 등선을 따라 배마디가 선명하다.

먹이식물(버드나무)

알

1령

2령

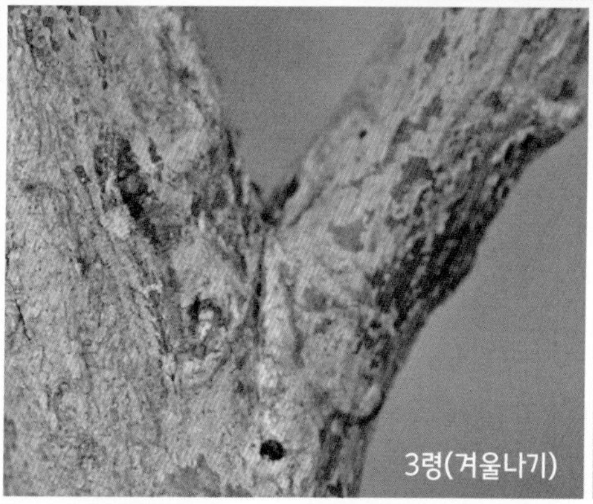
3령(겨울나기)

3령(봄)

3령(가을)

3령

4령

5령

전용

번데기

45. 황오색나비 *Apatura metis* Freyer, 1829

수컷

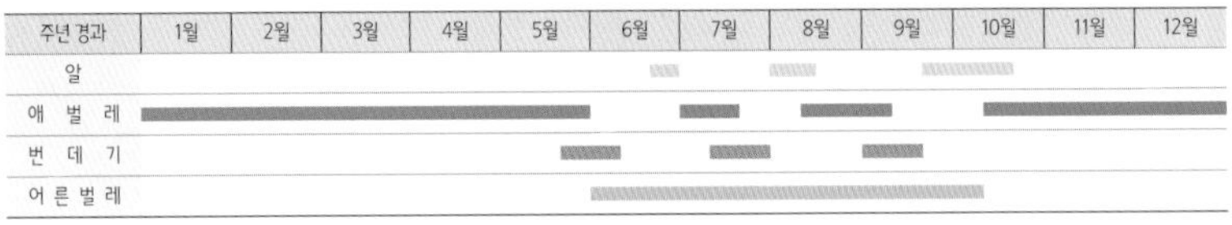

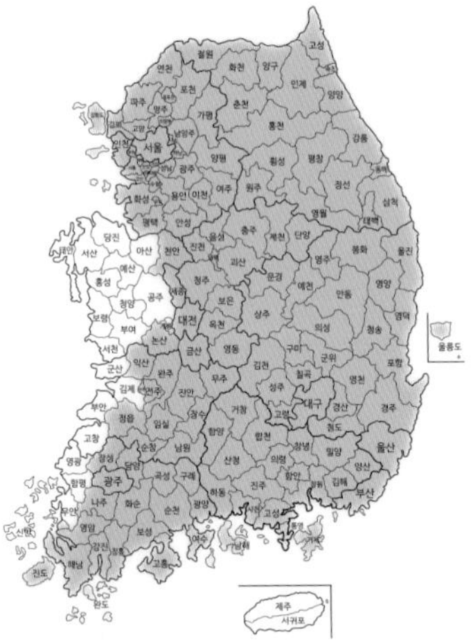

○ 성충 발생 연 1~3회, 지역에 따라 6~10월에 활동한다.
○ 먹이식물 버드나무류, 사시나무, 황철나무 등(버드나무과)
○ 겨울나기 3령애벌레

암컷은 먹이식물의 잎에 알을 낳는다. **알**은 연한 녹색의 아랫면이 살짝 퍼진 종 모양으로 정공을 중심으로 여러 개의 줄돌기가 세로로 있다. 알은 시간이 지나며 짙은 갈색 문양이 나타난다. 알에서 깨어난 **1령애벌레**는 짙은 갈색 머리에 몸은 연한 녹색으로 노란색 등선과 갈색의 작은 점들이 있으며 배끝에 1쌍의 꼬리돌기가 있다. 애벌레는 알껍데기를 먹고 잎 가장자리 또는 주맥 끝에 실을 친 자리를 만들어 활동한다. **2령애벌레**의 갈색 머리에 끝이 갈라진 1쌍의 돌기와 등선을 따라 몸마디마다 1쌍의 노란색 돌기가 배끝으로 이어진다. 애벌레는 잎맥을 피해 가며 먹이활동을 하고 주맥에 쉴 곳을 만들어 휴식을 갖한다. **3령애벌레**의 머리돌기에서 내려오는 등옆선이 4번 배마디에서 멈춘다. 3령기에 겨울나기를 준비하는 애벌레는 머리 돌기에 갈라진 흔적이 있고 몸은 연한 갈색으로 먹이식물 껍질 틈이나 줄기, 뿌리 부근으로 내려와 겨울을 보낸다. **4·5령애벌레**는 녹색 머리에 갈색의 돌기 끝부분이 갈라진다. 애벌레의 먹이활동량이 많아지며 주맥에 실을 치고 잎자루 방향으로 머리를 두고 쉬기를 반복한다. **전용**이 가까워진 애벌레는 잎 아랫면에 실을 치고 배끝을 붙여 번데기가 된다. **번데기**는 흰 녹색으로 머리에 1쌍의 돌기가 발달하고 배마디의 구분이 오색나비보다 약하다.

먹이식물(버드나무)

알

알

1령

2령

3령

4령

5령

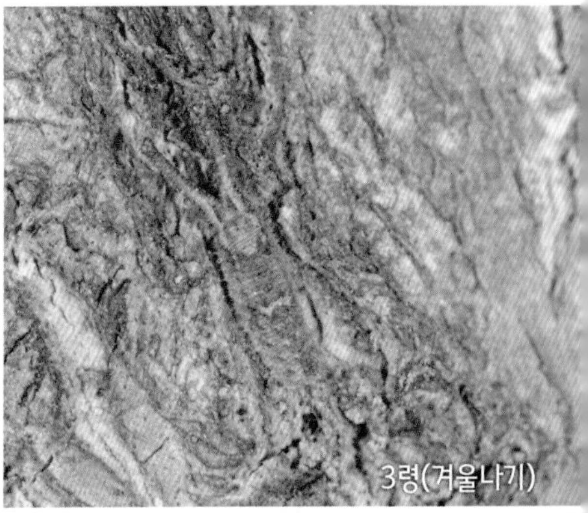
3령(겨울나기)

번데기

수컷

수컷

46. 은판나비 *Mimathyma schrenckii* (Ménétriès, 1859)

수컷

EX EW RE CR EN VU NT LC DD NA NE

주년 경과	1월	2월	3월	4월	5월	6월	7월	8월	9월	10월	11월	12월
알								■	■			
애벌레	■	■	■	■	■	■			■	■	■	■
번데기						■						
어른벌레						■	■	■				

○ 성충 발생 연 1회, 지역에 따라 6~8월에 활동한다. ○ 겨울나기 3령애벌레
○ 먹이식물 느릅나무, 참느릅나무, 느티나무, 난티나무 등 (느릅나무과)

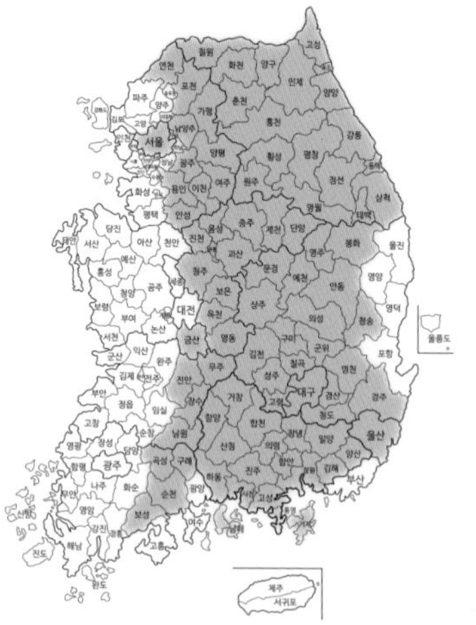

암컷은 먹이식물의 잎 가장자리에 알을 낳는다. **알**은 연한 녹색의 아랫면이 평평한 공 모양으로 정공을 중심으로 여러 개의 줄돌기가 세로로 있다. 알은 시간이 지나며 녹색이 짙어지고 정공은 갈색으로 변한다. 알에서 깨어난 **1령애벌레**는 갈색 머리에 몸은 녹색으로 배끝에 1쌍의 꼬리돌기가 있다. 애벌레는 잎 가장자리 잎맥에 실을 쳐서 자리를 만들고 잎맥을 피해 먹이활동을 한다. **2령애벌레**는 갈색 머리에 끝이 갈라진 1쌍의 돌기가 발달하고 몸은 녹색으로 노란색 작은 점들이 빼곡하다. 등선을 따라 2·4·7번 배마디에 1쌍의 노란색 돌기가 있고 배끝에 1쌍의 꼬리돌기도 노란색이다. **3령기**에 겨울나기를 준비하는 애벌레는 갈색 머리돌기 끝이 뭉툭해지고 몸에 백색 잔털이 많은 연한 회색이다. 애벌레는 몸에 맞는 줄기 틈에 박히거나 분지 또는 가지에 가슴을 세운 모습으로 겨울을 지내기도 한다. **4·5령애벌레**는 녹색 머리에 끝이 갈라진 1쌍의 돌기가 있다. 배마디의 노란색 돌기가 여러 개로 갈라지고 몸 옆으로 노란색 빗금이 발달한다. 애벌레는 주맥에 실을 치고 은신처를 만들어 먹이활동 후 돌아와 휴식을 취한다. **전용**이 가까워진 애벌레는 잎 아랫면 주맥에 실을 치고 배끝을 붙여 번데기가 된다. **번데기**는 흰녹색으로 머리에 1쌍의 돌기와 등선을 따라 발달한 배마디가 거칠다.

서식지

먹이식물(느릅나무)

알

2령

3령(겨울나기)

4령

5령

3령(겨울나기)

번데기

동물 배설물에 모인 성충들

47. 밤오색나비 *Mimathyma nycteis* (Ménétriès, 1859)

수컷

EX
EW
RE
CR
EN
VU 취약
NT
LC
DD
NA
NE

주년 경과	1월	2월	3월	4월	5월	6월	7월	8월	9월	10월	11월	12월
알								■				
애벌레	■	■	■	■	■	■		■	■	■	■	■
번데기						■						
어른벌레						■	■	■				

○ 성충 발생 연 1회, 지역에 따라 6~8월에 활동한다. ○ 겨울나기 3령애벌레

○ 먹이식물 느릅나무과 느릅나무, 참느릅나무, 비술나무 등(느릅나무과)

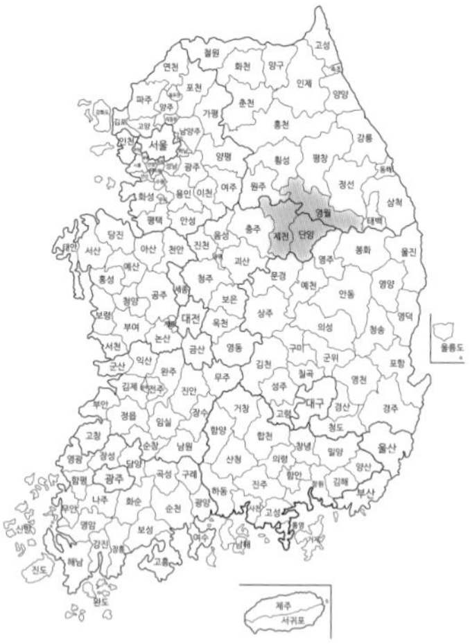

암컷은 먹이식물의 잎에 알을 낳는다. **알**은 연한 녹색의 공 모양으로 정공을 중심으로 여러 개의 줄돌기가 세로로 있다. 알은 시간이 지나며 정공은 주황색으로 변하고 정공 주변은 짙은 갈색 반점이 나타난다. 알에서 깨어난 **1령애벌레**는 갈색 머리에 몸은 연한 녹색으로 몸마디마다 일정한 배열로 돋은 노란색 돌기에 백색 털이 있고 배끝에 1쌍의 꼬리돌기가 있다. 애벌레는 알껍데기를 먹고 잎 가장자리로 이동해 실을 친 자리를 만들어 활동한다. **2령애벌레**는 짙은 갈색 머리에 끝이 갈라진 1쌍의 돌기가 오색나비보다 작다. 몸은 녹색으로 2·4·7번 배마디에 노란색 돌기가 발달한다. 애벌레가 위험을 느끼면 가슴을 들어 위압감을 주는 행동을 한다. **3령기**에 겨울나기를 준비하는 애벌레의 몸은 갈색으로 배마디의 돌기에 백색 점들이 발달한다. 애벌레는 먹이식물을 내려와 낙엽 아래에서 겨울을 지낸다. **5령애벌레**의 머리돌기는 짙은 분홍색으로 4령기의 머리돌기와 달리 곁가지돌기가 있다. 몸은 짙은 녹색의 보호색을 가진다. 애벌레는 잎에 실을 치고 자리를 만든 후 활동하며 가슴과 배를 들어 몸을 크게 보이려는 행동을 자주 한다. **전용**이 가까워진 애벌레는 잎 아랫면 주맥에 실을 치고 배끝을 붙여 번데기가 된다. **번데기**는 연한 녹색으로 머리에 1쌍의 돌기와 등선을 따라 배마디에 연한 갈색 돌기가 있다.

먹이식물(느릅나무)

알

1령

2령

3령(겨울나기)

3령(겨울나기)

3령(봄)

4령

5령

5령(머리)

번데기

48. 수노랑나비 *Chitoria ulupi* (Doherty, 1889)

암컷

주년 경과	1월	2월	3월	4월	5월	6월	7월	8월	9월	10월	11월	12월
알								■				
애벌레	■	■	■	■	■	■		■	■	■	■	■
번데기						■						
어른벌레						■	■	■				

○ 성충 발생 연 1회, 지역에 따라 6~8월에 활동한다. ○ 겨울나기 3령애벌레

○ 먹이식물 풍게나무, 팽나무, 왕팽나무 등(느릅나무과)

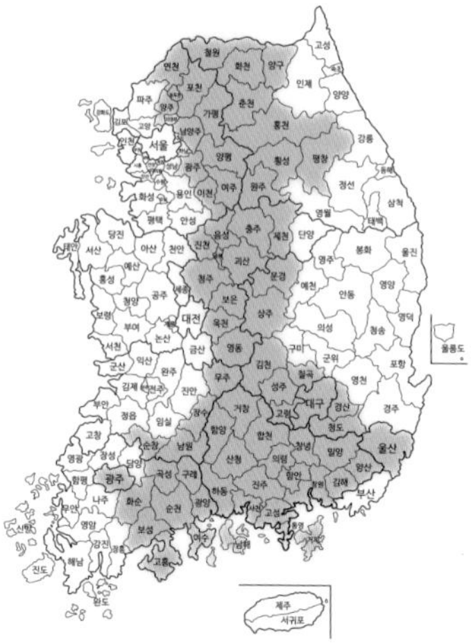

암컷은 먹이식물의 잎 아랫면에 여러 층의 단을 쌓듯 알을 낳는다. **알**은 백색의 공 모양으로 정공을 중심으로 여러 개의 줄돌기가 세로로 있다. 알은 시간이 지나며 정공에 갈색 반점이 나타난다. 알에서 깨어난 **1령애벌레**는 흑색 머리에 몸은 녹색으로 노란색 등옆선이 가슴에서 배끝으로 이어진다. 애벌레는 무리를 지어 행동한다. **2령애벌레**의 머리에 곁가지가 많은 1쌍의 돌기와 4번 배마디 등선 좌우에 1쌍의 돌기가 발달한다. 애벌레는 몸을 S자 모양으로 만들어 쉬기를 즐겨한다. **3령기**에 겨울나기를 준비하는 애벌레의 몸은 짙은 갈색으로 몸통이 굵어지고 4번 배마디 돌기가 백색으로 변한다. 애벌레는 먹이식물에서 내려와 주변 갈잎에 실을 치고 무리를 지어 겨울을 보낸다. **4령애벌레**의 머리에 잔털이 많아지고 갈색선이 돌기에서 홑눈으로 이어진다. 머리 뒷면은 분홍색으로 밝다. 몸은 황록색으로 잎 아랫면에 S자 모양으로 매달려 먹이활동을 한다. **5령애벌레**는 연한 녹색으로 등선 좌우에 노란색의 등옆선이 머리돌기에서 꼬리돌기로 이어지며 바닥선도 가슴에서 배끝으로 이어진다. **전용**이 가까워진 애벌레는 잎 아랫면 주맥이 넓게 실을 치고 배끝을 붙여 번데기가 된다. **번데기**는 연한 녹색으로 머리에 1쌍의 돌기가 있고 노란색의 등선이 선명하다.

먹이식물(풍게나무)

알

1령, 2령

2령

3령(겨울나기)

4령

5령

4령

번데기

49. 유리창나비 *Dilipa fenestra* (Leech, 1891)

암컷

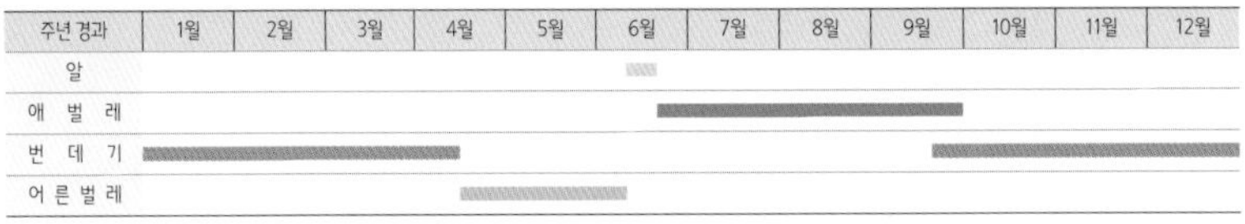

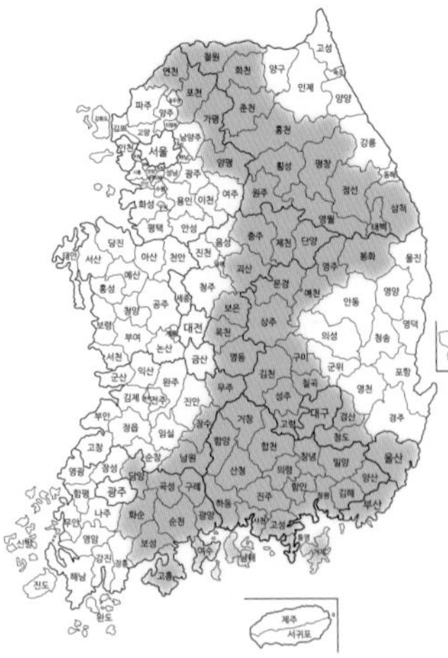

○ 성충 발생 연 1회, 지역에 따라 4~6월에 활동한다. ○ 겨울나기 번데기

○ 먹이식물 풍게나무, 팽나무, 왕팽나무 등(느릅나무과)

암컷은 먹이식물의 잎에 알을 낳는다. **알**은 연한 녹색의 종 모양으로 정공을 중심으로 여러 개의 줄돌기가 세로로 있고 사이에 작은 줄돌기가 층층이 이어진다. 알은 시간이 지나며 애벌레의 머리가 갈색으로 비친다. 알에서 깨어난 **1령애벌레**는 흑색 머리에 몸은 연한 녹색으로 배끝에 1쌍의 꼬리돌기가 있다. 애벌레는 알껍데기를 먹고 잎 가장자리로 이동해 자리를 잡는다. **2령애벌레**는 흑색 머리에 여러 개의 돌기가 발달하고 몸은 연한 녹색이다. 애벌레는 잎을 엮어 붙인 방을 만들어 그 안에서 생활한다. **3령애벌레**의 머리와 돌기는 주홍색으로 변하고, 등옆선이 가슴에서 꼬리돌기로 이어진다. 애벌레는 몸에 맞는 방을 위해 여러 장의 잎을 모아 붙여 생활한다. **4·5령애벌레**는 짙은 녹색 머리의 돌기 끝이 노란색이다. 몸은 황록색으로 가슴에서 꼬리돌기로 이어지는 등옆선은 노란색으로 선명하고 몸에 노란색 점들이 빼곡하다. 애벌레는 먹이식물의 잎을 모아 붙여 방을 만들고 먹이로도 활용한다. **전용**이 가까워진 애벌레는 생활하던 방에 실을 치고 배끝을 붙여 번데기가 되거나 집을 떠나 다른 안전한 곳을 찾아 번데기가 된다. **번데기**는 연한 녹색이나 시간이 지나며 연한 갈색으로 변한다. 머리에 1쌍의 돌기가 있고 갈색 반점이 약하게 보이는 삼각형(측면) 모양이다.

먹이식물(풍게나무)

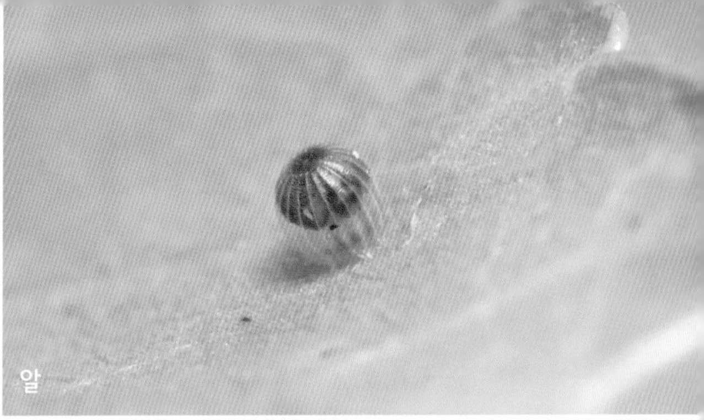
알

1령

2령

3령

4령

5령

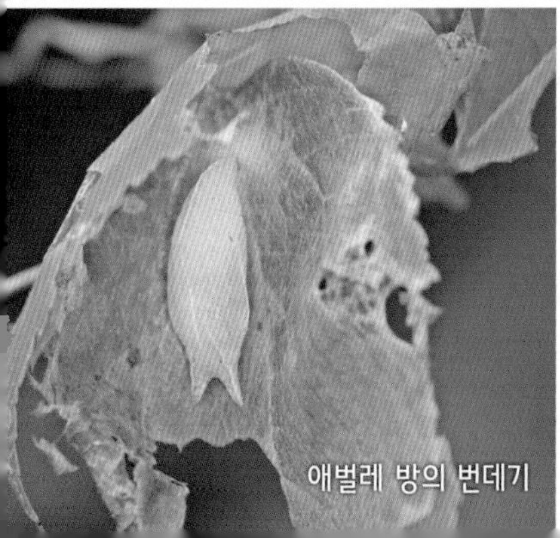
애벌레 방의 번데기

번데기

수컷

50. 흑백알락나비 *Hestina japonica* (C. & R. Eelder, 1862)

수컷(여름형)

EX EW RE CR EN VU NT LC DD NA NE

주년경과	1월	2월	3월	4월	5월	6월	7월	8월	9월	10월	11월	12월
알						■		■				
애벌레	■	■	■	■	■	■	■	■	■	■	■	■
번데기					■		■					
어른벌레					■	■	■	■				

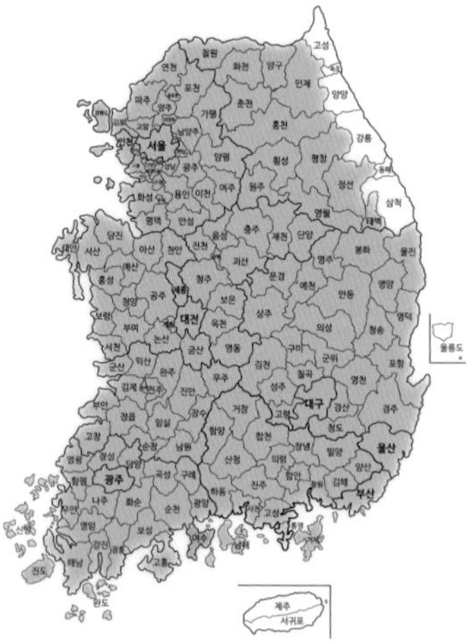

○ 성충 발생 연 2회, 지역에 따라 5~8월에 활동한다. ○ 겨울나기 3령애벌레
○ 먹이식물 풍게나무, 팽나무, 왕팽나무 등(느릅나무과)

암컷은 먹이식물의 잎에 알을 낳는다. **알**은 녹색의 아랫면이 평평한 공 모양으로 정공을 중심으로 여러 개의 줄돌기가 세로로 있고 사이에 작은 줄돌기가 층층이 이어진다. 알은 시간이 지나며 투명해지고 애벌레가 비쳐 보인다. 알에서 깨어난 **1령애벌레**는 갈색 머리에 몸은 녹색으로 일정한 배열로 털이 있다. 애벌레는 주맥 끝에 실을 친 자리를 만들어 생활한다. **2령애벌레**는 갈색 머리에 끝이 갈라진 1쌍의 돌기가 길다. 몸은 녹색으로 노란색 반점이 빼곡하고 4번 배마디 등선 좌우로 1쌍의 돌기와 배끝에 1쌍의 꼬리돌기가 있다. 애벌레는 1령기에 만든 자리를 중심으로 먹이활동을 한다. **3령기**에 겨울나기를 준비하는 애벌레는 갈색으로 몸에 털이 빼곡하며 가운데 가슴과 4·7번 배마디의 돌기가 발달한다. 그중 4번 배마디의 돌기가 가장 크다. 애벌레는 먹이식물에서 내려와 주변 낙엽 아래 붙어 겨울을 지낸다. **5령애벌레**는 녹색으로 머리에 1쌍의 돌기가 있고, 가운데가슴과 4·7번 배마디의 돌기와 바닥선이 노란색이다. 몸이 무거워진 애벌레는 잎자루 가까이 주맥에 실을 치고 자리를 만들어 휴식을 갖는다. **전용**이 가까워진 애벌레는 잎 아랫면 잎자루 가까운 주맥 또는 가지에 실을 치고 배끝을 붙여 번데기가 된다. **번데기는** 연한 녹색으로 머리에 1쌍의 돌기가 발달하고 노란색 등선이 배끝으로 이어진다.

먹이식물(풍게나무)

알

2령

3령(봄)

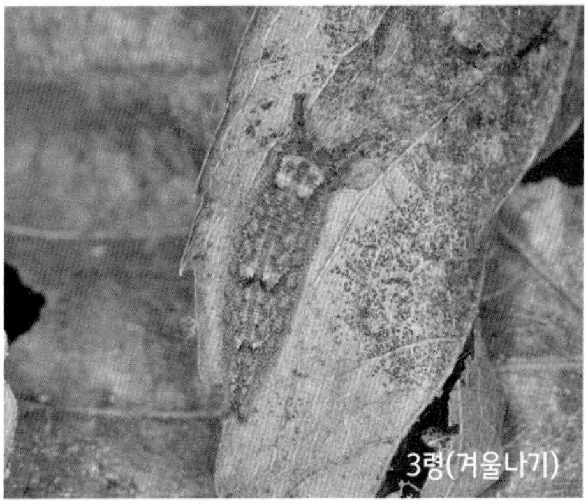
3령(겨울나기)

5령

5령(머리)

전용

번데기

수컷(봄형)

51. 홍점알락나비 *Hestina assimilis* (Linnaeus, 1758)

EX
EW
RE
CR
EN
VU
NT
LC
DD
NA
NE

주년 경과	1월	2월	3월	4월	5월	6월	7월	8월	9월	10월	11월	12월
알						■			■			
애벌레	■	■	■	■	■		■			■	■	■
번데기					■		■					
어른벌레						■		■				

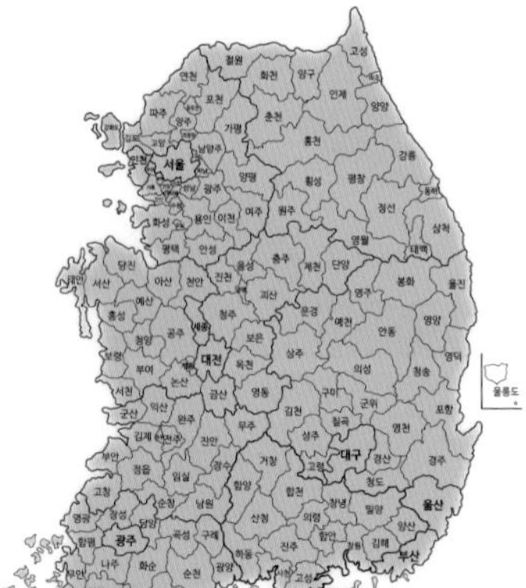

○ 성충 발생　연 2회, 지역에 따라 6 ~ 8월에 활동한다.　　○ 겨울나기　3령애벌레
○ 먹이식물　풍게나무, 팽나무, 왕팽나무 등(느릅나무과)

암컷은 먹이식물의 잎이나 줄기에 알을 낳는다. **알**은 녹색의 공 모양으로 정공을 중심으로 여러 개의 줄돌기가 세로로 있고 사이에 작은 줄돌기가 층층이 이어진다. 알은 시간이 지나며 투명해지고 애벌레가 비쳐 보인다. 알에서 깨어난 **1령애벌레**는 갈색 머리에 몸은 노란색 반점이 많은 연한 녹색이다. 몸마디에 털이 일정한 배열로 있고 1쌍의 꼬리돌기가 있다. 애벌레는 잎끝으로 이동해 주맥에 실을 쳐서 자리를 만들고 잎끝을 피해 먹이활동을 한다. **2령애벌레**는 흑색 머리에 끝이 갈라진 1쌍의 돌기가 있다. 몸은 녹색으로 4번 배마디에 노란색 돌기가 돋보인다. 애벌레는 잎 가장자리를 따라 먹이활동을 한다. **3령기**에 겨울나기를 준비하는 애벌레는 갈색이다. 머리돌기 끝이 무뎌지고 가운데가슴과 2·4·7번 배마디의 돌기가 크게 발달하며 몸에 잔털이 많아진다. 애벌레는 먹이식물에서 내려와 주변 낙엽아래 붙어 겨울을 지낸다. **5령애벌레**는 녹색 머리돌기 아랫부분이 비취색이다. 몸 옆으로 유백색의 빗금이 여러 개 나타나고 바닥선이 밝다. 애벌레가 왕성한 식욕으로 활발히 움직이는 시기이기도 하다. **전용**이 가까워진 애벌레는 잎 아랫면 주맥이나 줄기에 실을 치고 배끝을 붙여 번데기가 된다. **번데기**는 머리에 1쌍의 돌기가 있는 흰녹색으로 시간이 지나며 색이 짙어지고 등선을 따라 배마디에 노란색 돌기가 강하다.

먹이식물(풍게나무)

알

1령

2령

2령(머리)

4령(겨울나기)

5령

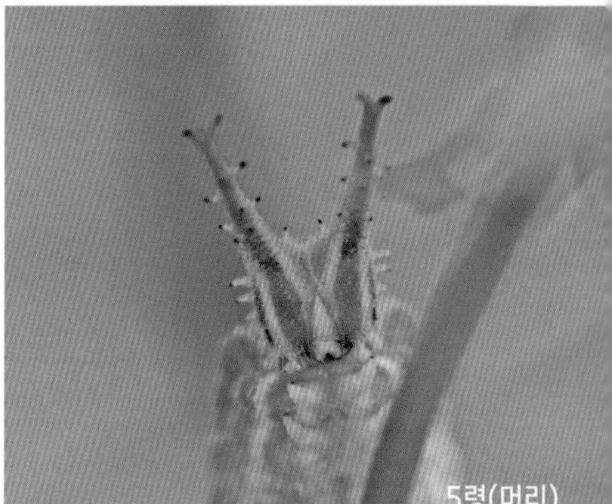
5령(머리)

전용

번데기

암컷

52. 왕오색나비 *Sasakia charonda* (Hewitson, 1863)

EX EW RE CR EN VU NT LC DD NA NE

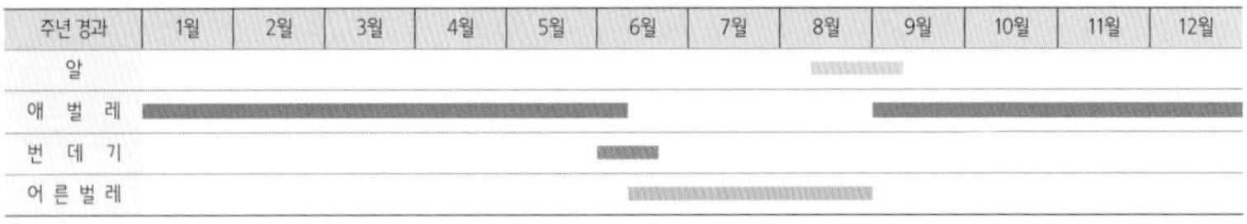

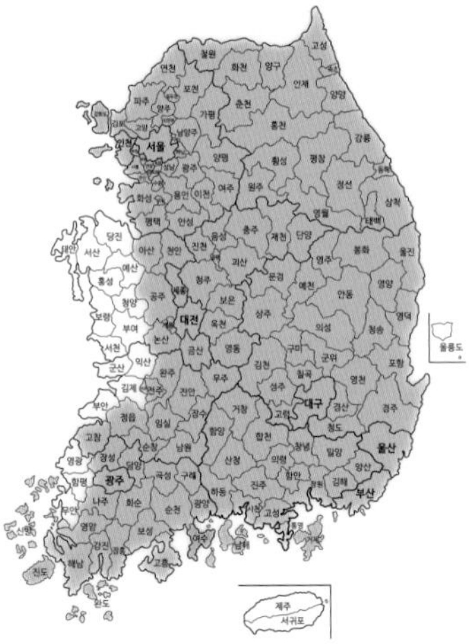

○ 성충 발생 연 1회, 지역에 따라 6~8월에 활동한다. ○ 겨울나기 3령애벌레
○ 먹이식물 풍게나무, 팽나무류, 난티나무(느릅나무과)

암컷은 먹이식물의 잎이나 줄기에 여러 개의 알을 낳는다. **알**은 녹색의 공 모양으로 정공을 중심으로 여러 개의 줄돌기가 세로로 있고 사이에 작은 줄돌기가 층층이 이어진다. 알은 시간이 지나며 흰녹색으로 투명해진다. 알에서 깨어난 **1령애벌레**는 흑색 머리에 몸은 녹색으로 노란색 점들이 좌우대칭 일정한 배열로 있고, 배끝에 1쌍의 꼬리돌기가 있다. 애벌레는 잎끝으로 이동해 실을 치고 자리를 만들어 활동한다. **3령기**에 겨울나기를 준비하는 애벌레는 갈색 머리에 돌기가 뭉툭하게 짧아지고 몸에 잔털이 많아진다. 2령기에 발달한 가운데가슴돌기와 2·4·7번 배마디 돌기가 등선을 중심으로 양옆으로 강하고, 바닥선 방향으로 빗금이 발달한다. 숨구멍은 흑색으로 선명하다. **4령애벌레**는 연한 녹색으로 갈라진 머리돌기 끝이 가늘고 길어진다. 애벌레는 먹이식물의 잎 윗면에 실을 치고 주맥을 중심으로 한쪽을 먹은 후 다른 한쪽을 먹는 행동을 한다. **5령애벌레**의 머리 돌기의 정면은 비취색이다. 애벌레의 왕성한 식욕은 잎맥을 피하지 않고 가로로 넓게 먹어 들어 간다. **전용**이 가까워진 애벌레는 잎 아랫면 잎자루 가까이나 주맥 또는 가지에 실을 두텁게 치고 배끝을 붙여 번데기가 된다. **번데기**는 머리에 1쌍의 돌기가 있는 흰녹색으로 등선의 돌기는 약하다.

먹이식물(풍게나무)

알

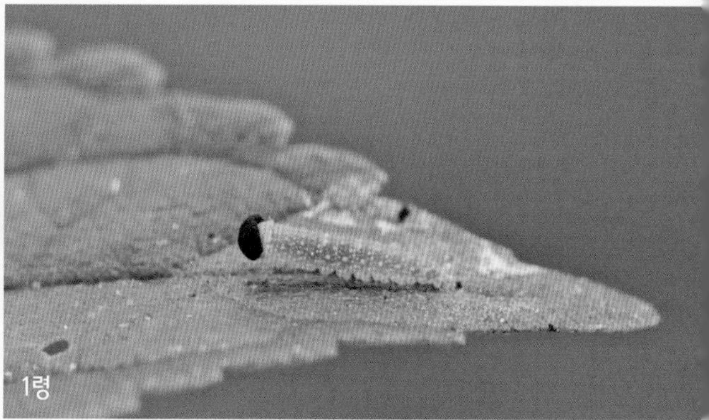

1령

3령(가을)

3령(겨울나기)

4령

5령

5령(머리)

6령

번데기

수컷

53. 대왕나비 *Sephisa princeps* (Fixsen, 1887)

호랑나비과
흰나비과
부전나비과
네발나비과
팔랑나비과

EX
EW
RE
CR
EN
VU
NT
LC
DD
NA
NE

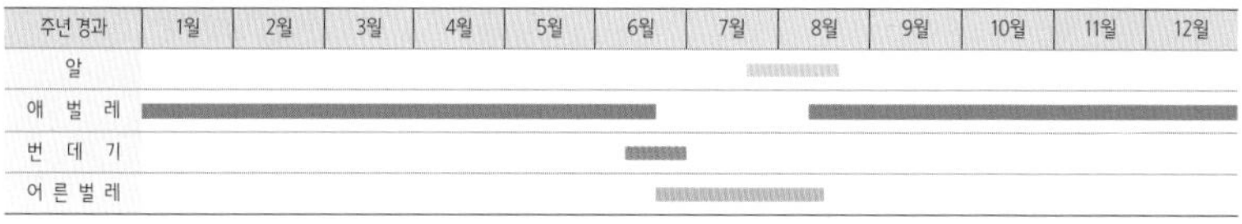

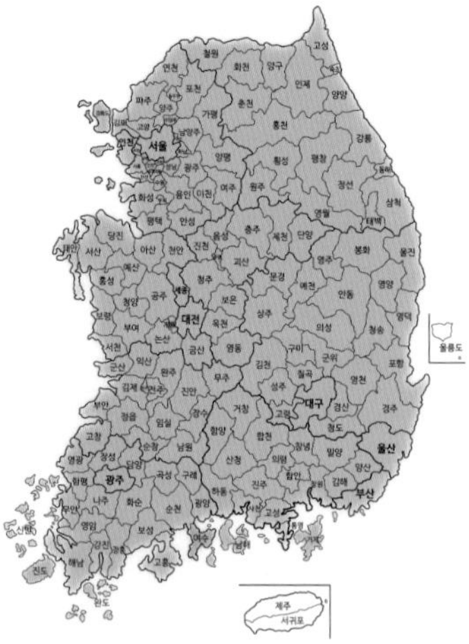

○ 성충 발생 연 1회, 지역에 따라 6~8월에 활동한다. ○ 겨울나기 3령애벌레
○ 먹이식물 신갈나무, 굴참나무 외 여러 참나무(참나무과)

암컷은 먹이식물의 잎이 둥글게 말린 공간에 여러 개의 알을 모아 낳는다. **알**은 옥색의 공 모양으로 정공을 중심으로 여러 개의 줄돌기가 세로로 있다. 알에서 깨어난 **1령애벌레**는 흑색 머리에 몸은 연한 녹색으로 배끝에 1쌍의 꼬리돌기는 흑색이다. 애벌레는 먹이식물의 잎을 둥글게 말아 실을 친 방을 만들어 여러 마리가 모여 생활한다. **2령애벌레**는 흑색 머리에 1쌍의 돌기가 있고 몸은 황록색으로 잔털이 많다. 애벌레는 잎 가장자리부터 잎맥을 피해 가며 여러 마리가 모여 먹이활동을 한다. **3령기**에 겨울나기를 준비하는 애벌레 몸은 연한 갈색으로 통통하며 4·7번 배마디에 돌기가 등옆선과 같은 흰색이다. 애벌레들은 둥글게 말아 만든 방의 잎자루를 가지에 고정시키고 그 안에서 겨울을 지낸다. **4령애벌레**는 흑색 머리 돌기 뒷면이 분홍색이다. 애벌레는 잎 윗면에 실을 친 자리를 만들고 단독 생활을 한다. **5령애벌레**의 정수리 아랫부분이 분홍색으로 넓게 퍼진다. 몸은 녹색으로 가슴부터 4번 배마디까지 노란색 등옆선이 양쪽으로 이어지고 배마디에 노란색 빗금이 바닥선 방향으로 짙다. **전용**이 가까워진 애벌레는 잎 아랫면 주맥 가까이에 실을 치고 배끝을 붙여 번데기가 된다. **번데기**는 흰 녹색으로 머리에 1쌍의 돌기가있고 등선을 포함해 몸 가장자리가 노란색 선으로 이어진다.

먹이식물(신갈나무)

알 (사진 손상규)

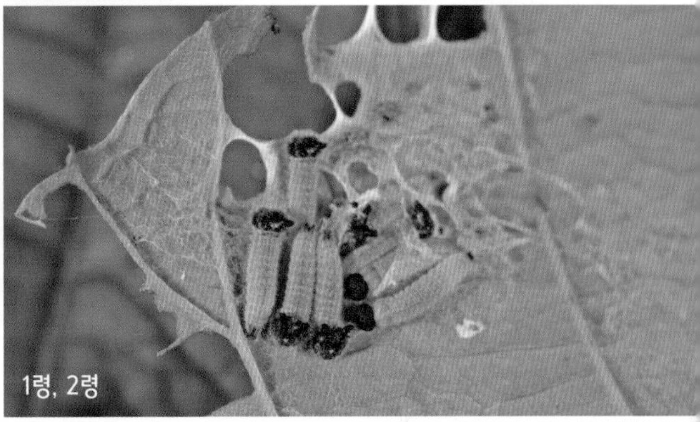
1령, 2령

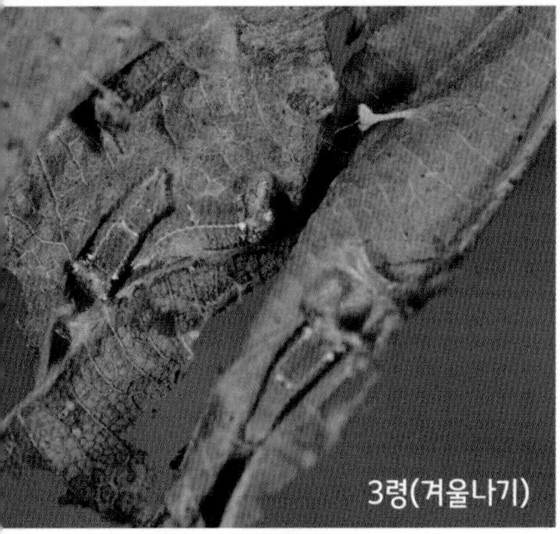
3령(겨울나기)

4령

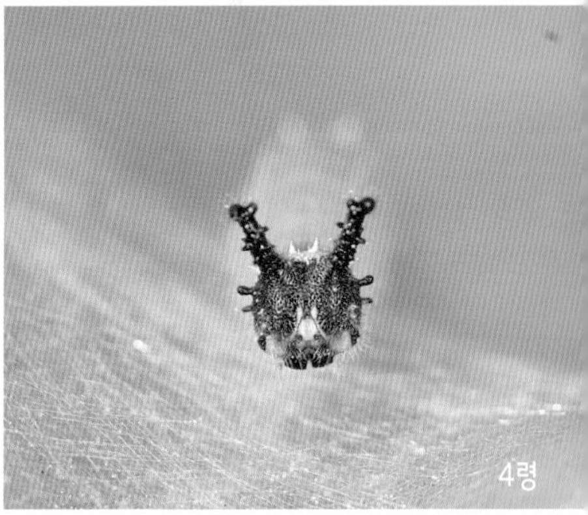
4령

5령

5령

겨울나기 방

전용

번데기

수컷

54. 작은은점선표범나비 *Clossiana perryi* (Butler, 1882)

수컷

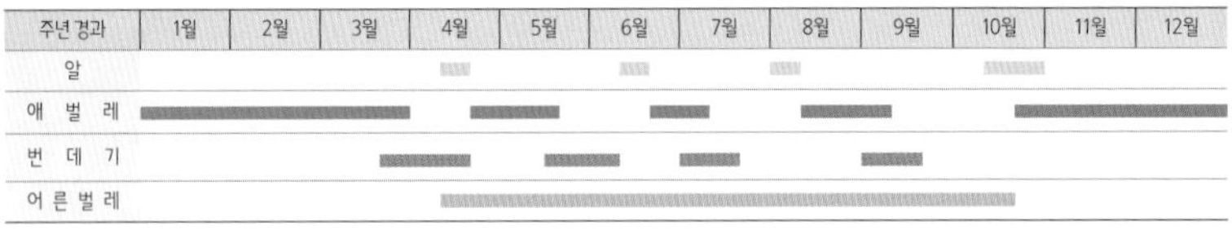

○ 성충 발생 연 3~4회, 지역에 따라 4~10월에 활동한다.
○ 먹이식물 태백제비꽃 외 여러 제비꽃(제비꽃과)
○ 겨울나기 3령애벌레

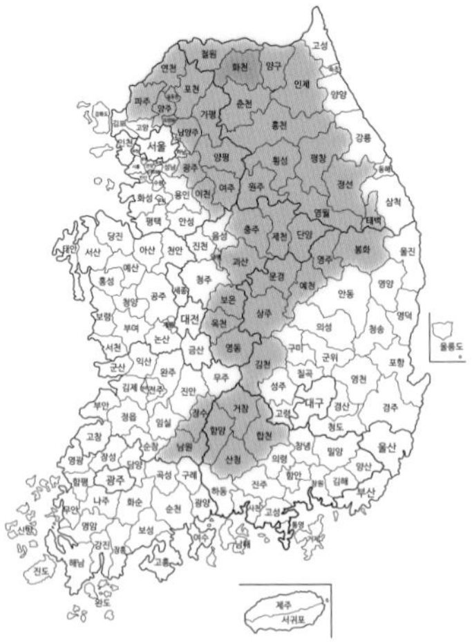

암컷은 먹이식물이나 주변 갈잎에 알을 낳는다. **알**은 연노란색의 종 모양으로 정공을 감싸는 여러 개의 줄돌기가 세로로 강하게 있고 사이에 작은 줄돌기가 층층이 이어진다. 알에서 깨어난 **1령애벌레**는 흑색 머리에 몸은 갈색으로 몸마디마다 일정한 배열로 긴 털을 가진 돌기가 있다. 애벌레는 먹이식물의 잎살을 먹거나 작은 구멍을 내는 먹이활동을 한다. **2령애벌레**의 몸은 팥죽색으로 1령기의 돌기 자리에 가시가 많은 돌기가 발달한다. **3령애벌레**는 흑색으로 앞가슴돌기가 다른 돌기보다 2배 이상 길다. 애벌레의 활동은 1령기와 같다. 3령기에 겨울나기를 준비하는 애벌레는 몸이 통통하게 변하며 먹이식물 뿌리 부근이나 다른 안전한 곳을 찾아 겨울을 지낸다. **4령애벌레**는 흑색 머리에 몸은 회색으로 2·4·6번 배마디 등옆선에 1쌍의 붉은색 점이 있다. 이 시기의 애벌레는 잎맥을 피해 잎 가장자리부터 중앙으로 먹어 들어오는 왕성한 먹이활동을 보인다. **5령애벌레** 앞가슴돌기는 곤봉 모양으로 더욱 길어지고 몸의 흑색 돌기는 연노란색으로 변한다. **전용**이 가까워진 애벌레는 안전한 곳을 찾거나 먹이식물의 잎자루 또는 잎 아랫면 주맥에 실을 치고 배끝을 붙여 번데기가 된다. **번데기**는 갈색으로 머리에 1쌍의 돌기가 있고 앞가슴과 뒷가슴, 1·2번 배마디에 원뿔 형태의 금빛 돌기가 반짝인다.

먹이식물(태백제비꽃)

알

1령

2령

3령

3령(겨울나기)

5령

4령 말

전용

번데기

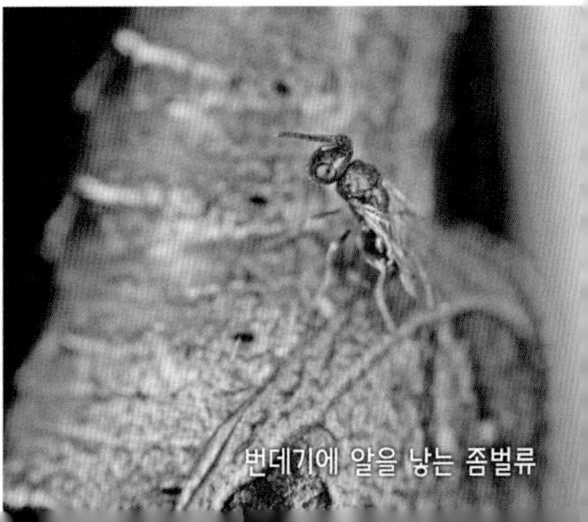

번데기에 알을 낳는 좀벌류

55. 큰은점선표범나비 *Boloria oscarus* (Eversmann, 1844)

EX
EW
RE
CR
EN
VU 취약
NT
LC
DD
NA
NE

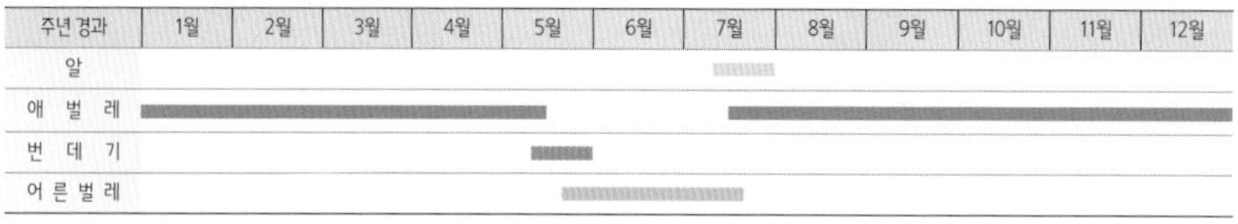

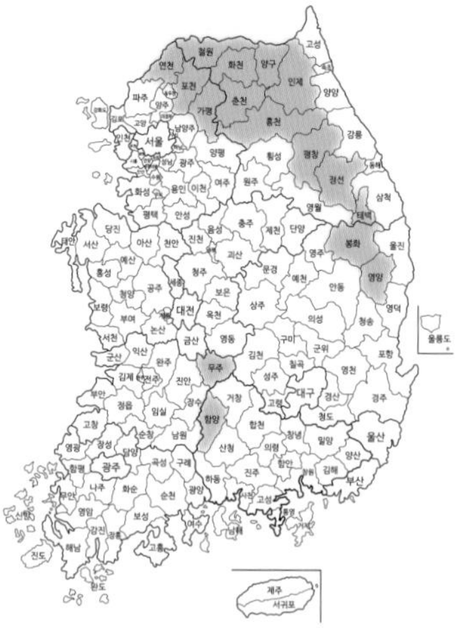

○ 성충 발생 연 1회, 지역에 따라 5~7월에 활동한다. ○ 겨울나기 3령애벌레
○ 먹이식물 노랑제비꽃 외 여러 제비꽃(제비꽃과)

암컷은 먹이식물의 잎이나 주변에 알을 붙여 낳는다. **알**은 연한 녹색의 종 모양으로 정공 주위로 여러 개의 줄돌기가 세로로 강하게 있고 사이에 작은 줄돌기가 층층이 이어진다. 알은 시간이 지나면서 색이 짙어진다. 알에서 깨어난 **1령애벌레**는 흑색 머리에 몸은 반짝이는 갈색으로 몸마디마다 일정한 배열의 긴 털을 가진 돌기가 있다. 애벌레는 알껍데기를 먹고 이동하여 먹이식물에 작은 구멍을 내는 먹이활동을 한다. 몸은 반짝이는 녹색으로 변하고 체형도 길어진다. **2령애벌레**는 백색 털이 있는 흑색 머리에 몸은 연한 팥죽색으로 긴 털을 가진 1령기의 돌기는 백색 가시가 많은 흑색 돌기로 발달한다. 애벌레는 먹이식물의 잎에 실을 치고 자리를 만들고 활동을 하고 마치면 돌아와 쉬기를 반복한다. **3령애벌레는** 등선과 등옆선이 선명해지고 바닥선은 어렴풋하다. 몸의 돌기는 갈색으로 더 강해 보인다. 이 시기의 겨울나기를 준비하는 애벌레는 몸의 체형이 납작한 부전나비류 애벌레와 비슷한 모양으로 갈잎 사이나 보다 안전한 곳을 찾아 실을 치고 몸을 고정시킨 후 여름과 가을, 겨울을 지내며 봄을 기다린다. **5령애벌레**는 흑색 머리에 몸은 팥죽색으로 등선을 중심으로 몸마디에 1쌍의 흑색 둥근 반점이 선명하다.

먹이식물(노랑제비꽃)

알

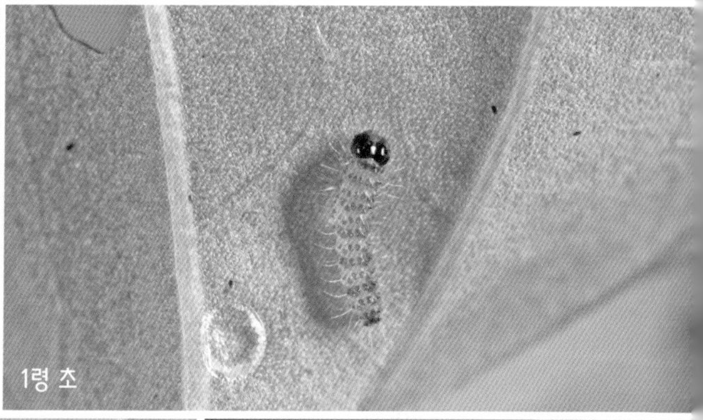
1령 초

1령

2령

3령

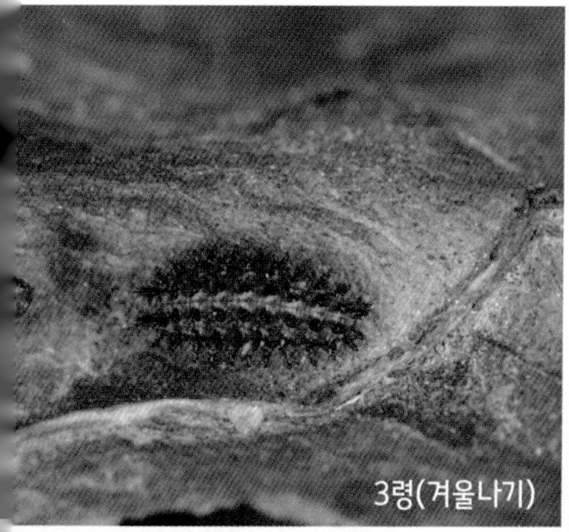
3령(겨울나기)

5령

암컷

56. 산꼬마표범나비 *Boloria thore* (Hübner, 1803)

수컷

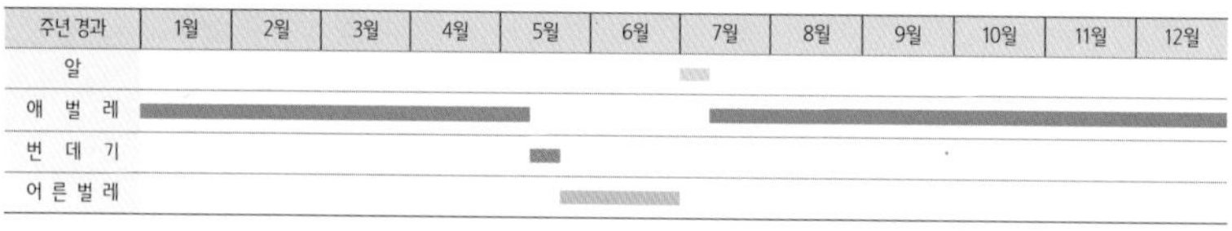

○ 성충 발생 연 1회, 지역에 따라 5~6월에 활동한다.

○ 겨울나기 3령애벌레

○ 먹이식물 졸방제비꽃 외 여러 제비꽃(제비꽃과)

암컷은 먹이식물 주변에 갈잎이나 마른 가지, 돌 등에 알을 낳는다. **알**은 연한 녹색의 종 모양으로 정공을 둘러싼 여러 개의 줄돌기가 세로로 강하게 있고 사이에 작은 줄돌기가 층층이 이어진다. 알에서 깨어난 **1령애벌레**는 긴 털을 가진 흑색 머리에 몸은 반투명 연한 녹색이다. 몸마디에는 일정한 배열의 백색 털이 있는 갈색 돌기가 있다. 애벌레는 여린 잎을 찾아 활동한다. **2령애벌레**는 흑색 머리에 몸은 매끄러운 갈색으로 1령기의 백색 털이 있는 돌기 자리에 가시가 많은 돌기가 발달한다. 애벌레는 주로 밤에 활동한다. **3령애벌레**의 몸은 돌기까지 반짝이는 흑색이다. 2·4·6절 배마디에 등선을 중심으로 좌우에 1쌍의 백색 점이 있다. 애벌레는 먹이식물의 씨앗 꼬투리, 줄기 등을 가리지 않는 먹이활동을 보인다. 3령기에 겨울나기를 준비하는 애벌레는 안전한 자리를 찾아 이동한다.

4령애벌레는 짙은 갈색 몸에 붉은색 작은 점들이 빼곡하고 배마디의 점이 보다 커진다. **5령애벌레**는 회색의 등선과 연한 갈색의 숨구멍윗선이 선명하다. **전용**이 가까워진 애벌레는 체색이 옅어지고 돌기도 탈색된다. 애벌레는 먹이식물을 떠나 안전한 곳을 찾아 실을 치고 배끝을 붙여 번데기가 된다. **번데기**는 갈색으로 머리에 1쌍의 돌기가 있고, 가슴과 1·2번 배마디 등선 좌우로 황금빛 돌기가 있다.

서식지
먹이식물(졸방제비꽃)

알

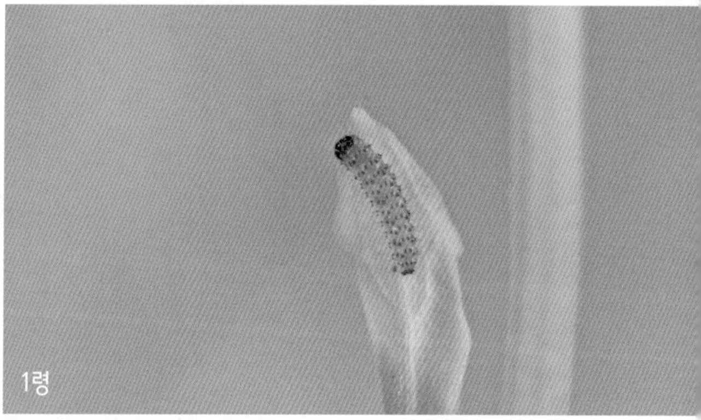
1령

2령

3령

4령

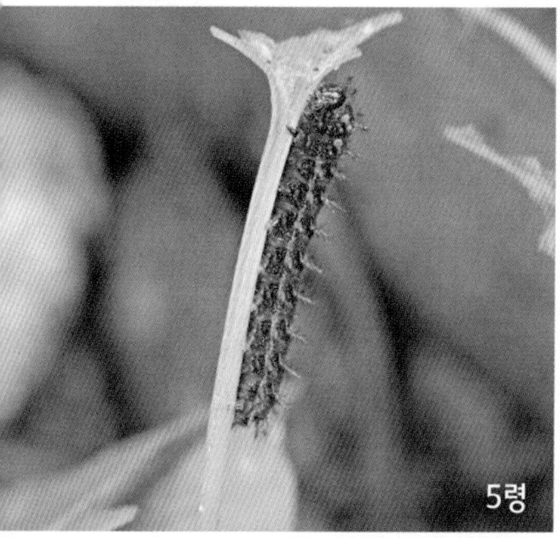
5령

5령

번데기

수컷

57. 작은표범나비 *Brenthis ino* (Rottemburg, 1775)

암컷

EX EW RE CR EN VU NT LC DD NA NE

주년 경과	1월	2월	3월	4월	5월	6월	7월	8월	9월	10월	11월	12월
알												
애벌레												
번데기												
어른벌레												

○ 성충 발생 연 1회, 지역에 따라 6~8월에 활동한다. ○ 겨울나기 알
○ 먹이식물 터리풀, 오이풀(장미과)

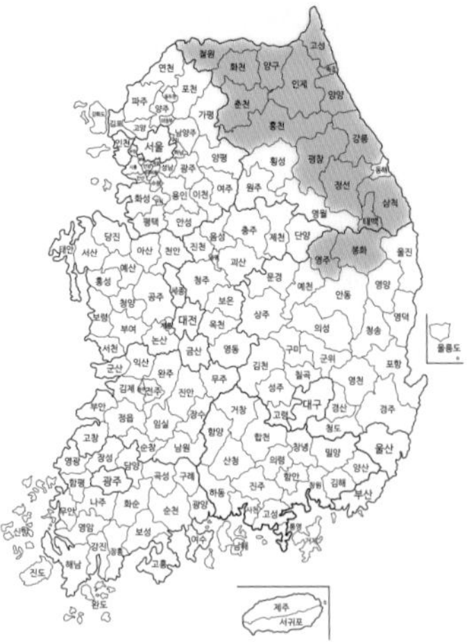

암컷은 먹이식물이나 주변에 알을 낳는다. **알**은 연노란색의 고깔 모양으로 정공을 둘러싸고 있는 여러 개의 줄돌기가 세로로 강하게 있고 사이에 작은 줄돌기가 층층이 이어진다. 알에서 깨어난 **1령애벌레**는 흑색 머리에 몸은 갈색으로 몸마디마다 일정한 배열의 둥근 돌기에 2개의 백색 털이 있다. 애벌레는 먹이식물에 둥글게 구멍을 내며 먹이활동을 한다. **2령애벌레**는 1령기의 둥근돌기 자리에 가시가 많은 짙은 갈색의 돌기가 발달하고 굵은 등선이 나타난다. 애벌레는 잎맥을 따라 이동하며 활동한다. **3령애벌레**는 갈색 머리에 흑색 반점이 홑눈을 감싸고 있다. 몸은 팥죽색으로 등선이 선명해진다. 돌기 아랫부분은 주홍색이며 몸에 가는 선들이 가슴에서 배끝으로 어지럽게 이어진다. 애벌레는 잎맥을 피해 먹이활동을 한다. **4령애벌레**는 갈색 머리에 등선이 더욱 선명하고 몸의 돌기도 갈색으로 크게 발달한다. 바닥선은 백색으로 넓게 선명하다. 애벌레는 억센 잎을 포함해 잎맥도 가리지 않는 먹이활동을 한다. **5령애벌레**의 연한 주홍색 몸에 백색 점이 빼곡하고 바닥선은 황록색으로 짙다. **전용**이 가까워진 애벌레는 잎 아랫면 주맥에 실을 치고 배끝을 붙여 번데기가 된다. **번데기**는 노란색으로 머리에 1쌍의 돌기가 있고 등선을 중심으로 좌우대칭 발달한 돌기가 황금빛이다. 큰표범번데기와 비교해 체형이 갸름하다

먹이식물(터리풀)

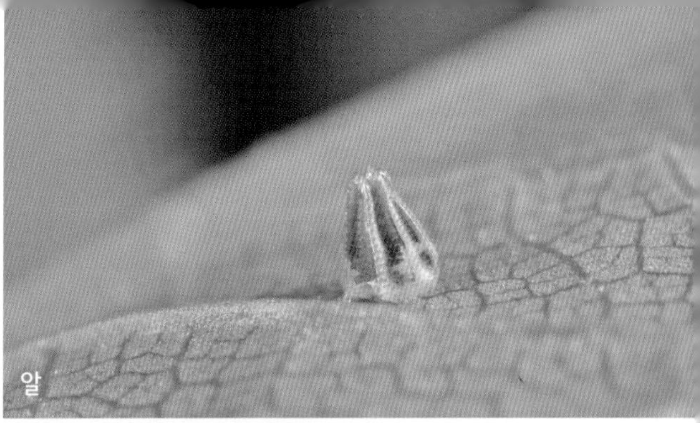
알

겨울을 지내고 깨어나는 애벌레

1령

2령

3령

4령

5령

5령

전용

번데기

수컷

58. 큰표범나비 *Brenthis daphne* (Denis & Schffermüller, 1775)

큰표범수컷

EX
EW
RE
CR
EN
VU 취약
NT
LC
DD
NA
NE

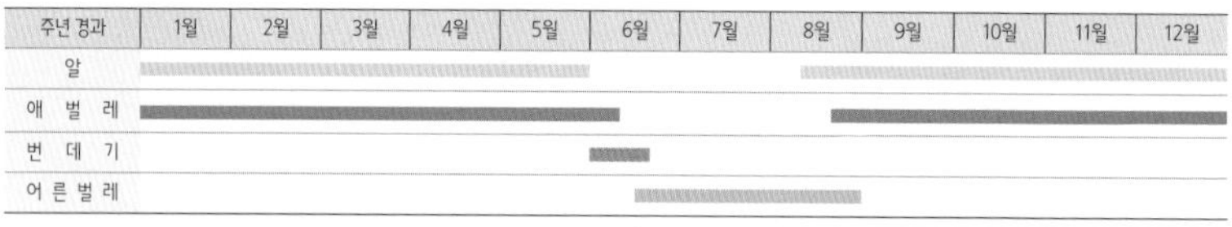

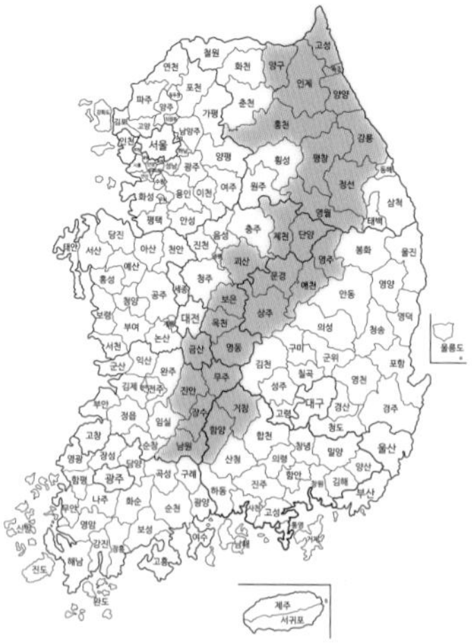

○ 성충 발생 연 1회, 지역에 따라 6~8월에 활동한다. ○ 겨울나기 알
○ 먹이식물 오이풀, 터리풀(장미과)

암컷은 먹이식물의 잎이나 꽃에 알을 낳는다. **알**은 연 노란색의 둥근 고깔 모양으로 정공을 둘러싸고 있는 여러 개의 줄돌기가 세로로 강하게 있고 사이에 작은 줄 돌기가 층층이 이어진다. 알은 시간이 지나며 보라색으로 반투명해지고 애벌레가 비쳐 보인다. 알의 아랫면 폭이 작은표범나비 보다 넓지만 높이는 낮다. **3령애벌레**는 갈색 머리에 1쌍의 작은 돌기가 발달하고 몸은 갈색이다. 몸마디에 가시가 많은 돌기가 일정한 배열로 있으며 등선이 선명하다. 몸 옆으로 가늘게 이어지는 어지러운 백색 선들과 바닥선이 가슴에서 배끝으로 이어진다. **4령애벌레**는 등선 양쪽으로 흑색 점이 발달하고 주홍색 돌기 아랫부분이 보다 굵어진다. 애벌레는 낮과 밤을 가리지 않고 주맥을 피해 잎 전체를 먹어 보이는 왕성한 활동을 하며, 줄기에 붙어 머리를 아래로 하고 휴식을 갖는다. **5령애벌레**의 몸은 주홍색으로 등선을 따라 흑색 점이 짙어지고 숨구멍 아래 바닥선도 짙어진다. 몸에 주홍색 돌기는 끝부분이 흑색으로 작은표범나비보다 가늘고 길다. **전용**이 가까워진 애벌레는 은신처를 찾아 실을 치고 배끝을 붙여 번데기가 된다. **번데기**는 노란색으로 머리에 1쌍의 돌기가 있고 등선을 중심으로 좌우대칭 발달한 돌기가 황금빛이다.

먹이식물(오이풀)

알

3령

3령

4령

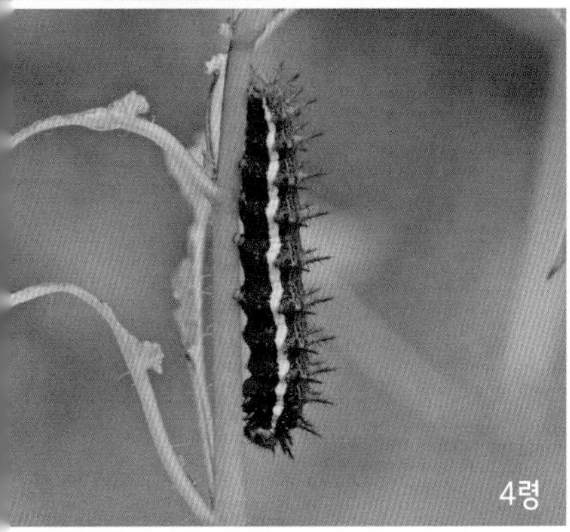
4령

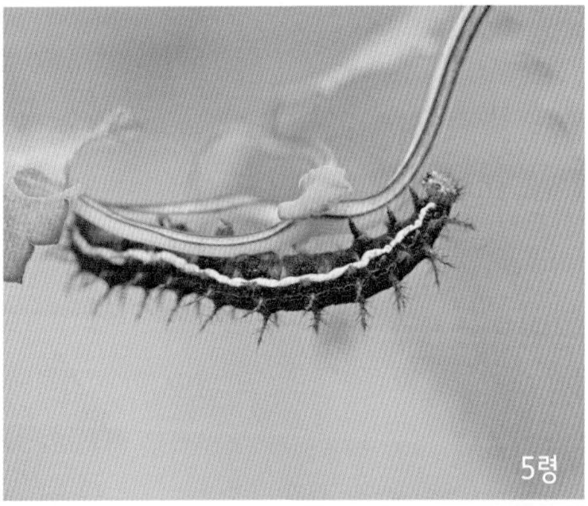
5령

5령

5령

전용

번데기

59. 은줄표범나비 *Argynnis paphia* (Linnaeus, 1758)

수컷

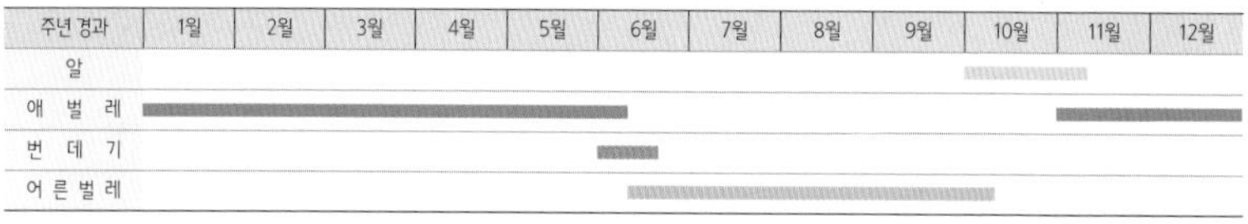

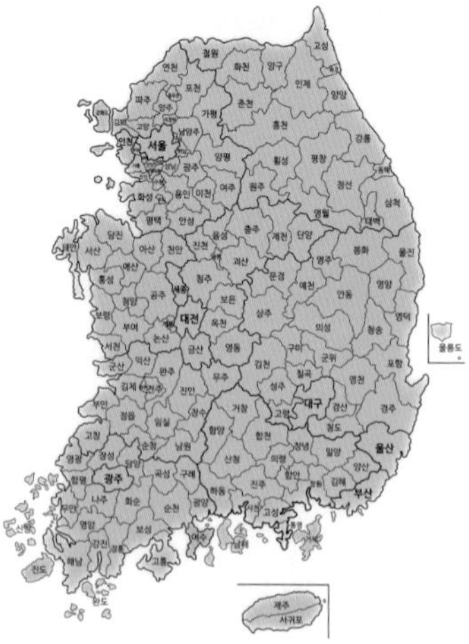

○ 성충 발생 연 1회, 지역에 따라 6~9월에 활동한다.
○ 겨울나기 1령애벌레
○ 먹이식물 서울제비꽃 외 여러 제비꽃(제비꽃과)

암컷은 먹이식물이나 주변 마른 잎, 마른 풀 등에 알을 낳는다. **알**은 유백색의 만두 모양으로 정공을 둘러싸고 있는 여러 개의 줄돌기가 세로로 강하게 있고 사이에 작은 줄돌기가 층층이 이어진다. 알에서 깨어난 **1령애벌레**는 반짝이는 흑색 머리에 몸은 연한 갈색으로 몸마디마다 일정한 배열의 갈색 둥근 돌기에 억센 털을 가지고 있다. 애벌레는 알껍데기를 먹은 후 겨울나기에 적당한 곳을 찾아 이동한다. **2령애벌레**는 갈색으로 등선이 선명하고 등선을 감싸는 백색 무늬가 배끝으로 이어진다. **3령애벌레**는 앞가슴 돌기가 짧으며 돌기 아랫부분이 주홍색이다. **4령애벌레**의 앞가슴에 길어진 1쌍의 흑색 돌기를 제외하고 몸의 돌기는 주홍색으로 변하고 등선과 바닥선이 선명해진다. **5령애벌레**의 머리 윗부분에 문양이 알록달록하다. 앞가슴의 1쌍의 돌기는 다른 돌기보다 2배 이상 크게 발달하여 더듬이처럼 보인다. 이 시기의 애벌레는 먹이를 찾아 먼 거리를 이동하기도 하는 활발한 활동을 한다. **전용**이 가까워진 애벌레는 주변 식물이나 보다 안전한 곳을 찾아 실을 치고 배끝을 붙여 번데기가 된다. **번데기**는 연한 갈색으로 머리에 1쌍의 돌기가 있고, 앞가슴과 뒷가슴 1·2번 배마디에 원뿔 모양의 금빛 돌기가 반짝이며 배마디마다 1쌍의 날카로운 돌기가 있다.

먹이식물(서울제비꽃)

알

1령

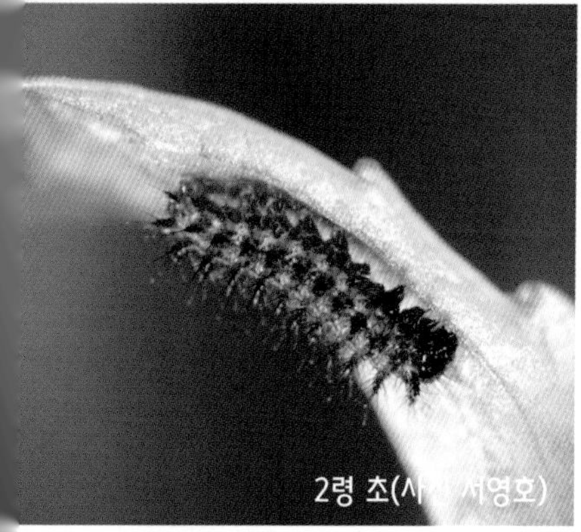
2령 초(사진 서영호)

2령(사진 서영호)

4령

5령

짝짓기

번데기

60. 구름표범나비 *Argynnis anadyomene C. & R. Felder, 1862*

수컷

EX
EW
RE
CR
EN
VU
NT
LC
DD
NA
NE

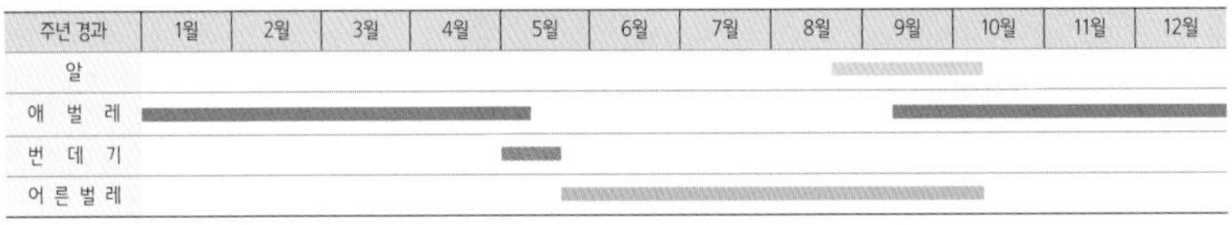

○ 성충 발생 연 1회, 지역에 따라 5~10월에 활동한다. ○ 겨울나기 1령애벌레

○ 먹이식물 종지나물, 제비꽃 외 여러 제비꽃(제비꽃과)

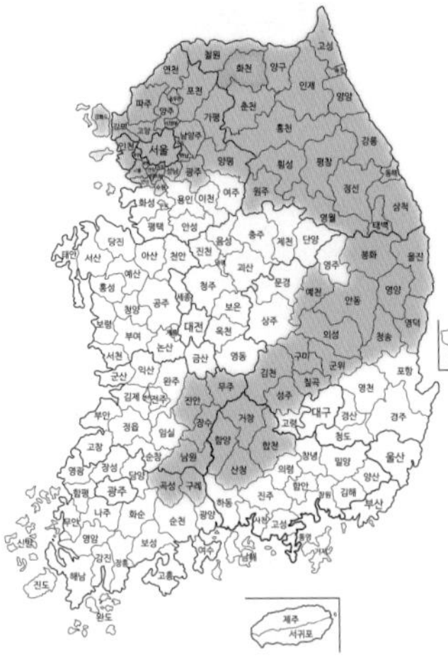

암컷은 먹이식물 주변에 마른 풀이나 마른 나무가지 등에 알을 낳는다. **알**은 연노란색 고깔 모양으로 정공을 둘러싸고 있는 여러 개의 줄돌기가 세로로 강하게 있고 사이에 작은 줄돌기가 층층이 이어진다. 알에서 깨어난 **1령애벌레**는 흑색 머리에 긴 털이 있으며, 몸은 반투명한 연한 갈색으로 몸마디마다 일정한 배열의 갈색 돌기에 끝이 뭉툭한 반투명한 털이 있다. 애벌레는 알껍데기를 먹은 후 겨울나기에 적당한 곳을 찾아 이동한다. **2령애벌레**는 흑색 머리에 등선이 선명하고 1령기의 갈색돌기는 가시가 많은 돌기로 발달한다. **3령애벌레**의 등선 양옆 돌기가 다른 돌기에 비해 색이 짙다. **4령애벌레**의 등선은 흰비취색을 띠며 몸 옆으로 백색의 선들이 어지러운 문양을 만들며 배끝으로 이어진다. 몸에 돌기는 주홍색으로 변하고 가시가 커진다. 애벌레의 왕성한 식욕은 잎 전체 먹어 치우기를 반복한다. **5령애벌레**는 흑색 머리가 탈색되고 백색 털이 빼곡해진다. 주황색으로 변한 등선 양옆 몸마디마다 흑색 둥근 반점이 선명해진다. **전용**이 가까워진 애벌레는 주변 안전한 곳을 찾아 실을 치고 배끝을 붙여 번데기가 된다. **번데기**는 갈색으로 머리에 1쌍의 돌기와 가운데 가슴이 솟고 배마디의 등선을 중심으로 좌우 대칭 으로 돌기가 날카롭게 발달한다.

먹이식물(종지나물)

알 껍데기

1령(봄)

2령

3령 초

3령

4령, 5령

전용

번데기

61. 암끝검은표범나비 *Argynnis hyperbius* (Linnaeus, 1763)

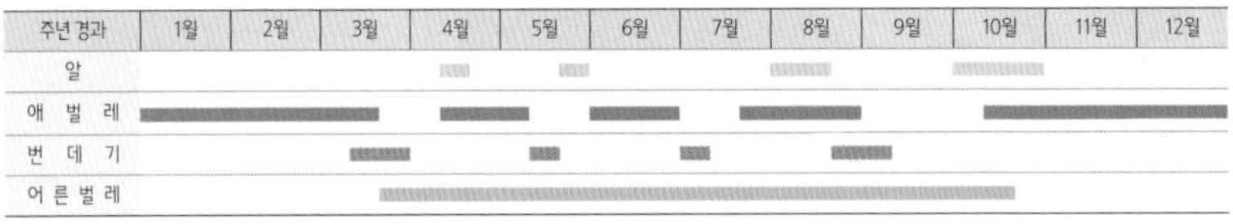

○ 성충 발생 연 3~4회, 지역에 따라 3~10월에 활동한다. ○ 겨울나기 3령애벌레
○ 먹이식물 종지나물 외 여러 제비꽃(제비꽃과)

암컷은 먹이식물의 잎이나 줄기 또는 그 주변에 알을 낳는다. **알**은 연노란색의 둥근 타원형으로 정공 주변이 움푹 패인 자국으로 둘러 있다. 표면에 여러 개의 줄돌기가 세로로 강하게 있고 사이에 작은 줄돌기가 층층이 이어진다. 알에서 깨어난 **1령애벌레**는 알껍데기를 먹고 잎 가장자리로 이동해 활동한다. **2령애벌레**의 몸은 흑색으로 몸마디에 가시가 많은 돌기가 발달한다. **3령애벌레**는 몸과 돌기에 광택이 있다. 등선을 중심으로 몸마디에 흑색 돌기와 주홍색 돌기가 일정한 배열로 있다. 이 시기에 겨울나기에 들어가는 애벌레는 먹이식물 주변에서 겨울을 지내며 기온이 올라가면 약하게나마 먹이활동을 한다. **4령애벌레**의 머리에 1쌍의 작은 돌기가 나타나고 앞가슴돌기가 다른 돌기보다 크게 발달한다. 배마디 돌기의 아랫부분은 등선과 같이 주홍색이다. **5령애벌레**의 외부 형태는 4령기와 유사하다. 먹는 양이 많아진 애벌레는 활동량도 많아지고 먹이를 찾아 이동하는 거리도 길어진다. **6령애벌레**는 흑색으로 주홍색의 등선과 2~8번 배마디의 돌기 아랫부분이 주홍색이다. **전용**이 가까워진 애벌레는 먹이식물이나 주변 은신처에 실을 치고 배끝을 붙여 번데기가 된다. **번데기**는 짙은 갈색으로 어지러운 선들이 나타나고, 배마디에 주홍색 돌기 끝이 흑색으로 날카롭다.

먹이식물(종지나물)

알

1령

2령

3령

3령(겨울나기)

4령

5령

6령

전용

번데기

알 낳기

62. 암검은표범나비 *Argynnis sagana* Doubleday, 1847

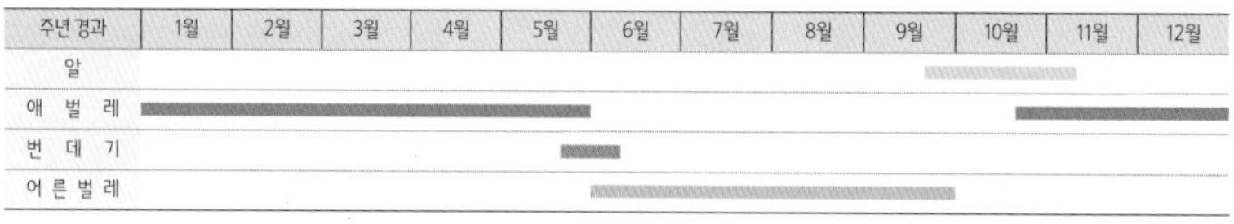

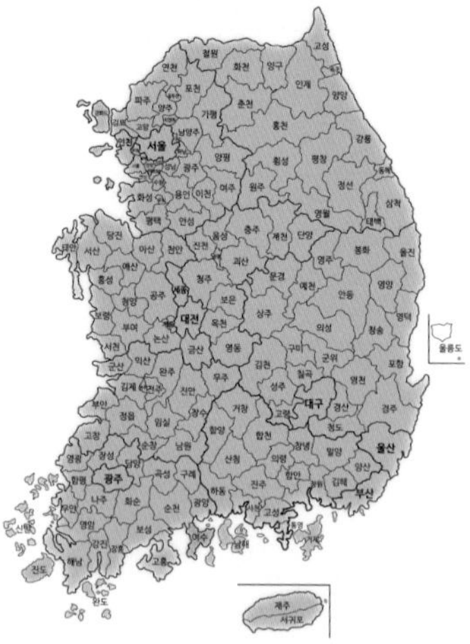

○ 성충 발생 연 1회, 지역에 따라 6~9월에 활동한다. ○ 겨울나기 1령애벌레
○ 먹이식물 고깔제비꽃 외 여러 제비꽃(제비꽃과)

암컷은 먹이식물 주변에 마른 잎이나 돌, 나무 등에 알을 낳는다. **알**은 유백색의 고깔 모양으로 정공을 감싸는 줄돌기가 세로로 강하게 있고 사이에 작은 줄돌기가 층층이 이어진다. 알은 시간이 지나며 투명해지고 분홍색애벌레가 비쳐 보인다. 알에서 깨어난 **1령애벌레**는 흑색 머리에 몸은 연한 갈색으로 알껍데기를 먹은 후 겨울나기 적당한 곳을 찾아 이동한다. 이른 봄 겨울을 지낸 애벌레는 먹이식물을 찾아 움직인다. **2·3령애벌레**의 몸은 회색으로 몸마디에 일정한 배열의 가시가 많은 돌기가 있고 시간이 지나며 등선과 바닥선이 선명해진다. 애벌레는 먹이식물의 잎 가장자리부터 빠른 속도로 잎자루를 향해 먹어온다. **4·5령애벌레** 몸은 흑색으로 앞가슴에 1쌍의 돌기는 다른 돌기보다 2배이상 길며 끝이 곤봉 모양으로 발달한다. 몸에 돌기는 아랫부분이 유백색이고 위로 올라갈수록 짙은 갈색이다. 애벌레는 먹이를 찾아 빠른 속도로 이동하며 먹이활동을 마치면 은폐된 곳을 찾아 쉬기를 반복한다. **전용**이 가까워진 애벌레는 먹이식물의 잎 아랫면이나 보다 안전한 곳을 찾아 실을 치고 배끝을 붙여 번데기가 된다. **번데기**는 연한 갈색으로 머리에 1쌍의 돌기가 있고 가슴과 배마디에 돌기가 강하다. 또한 앞가슴과 뒷가슴, 1·2번 배마디에 돌기는 금빛이다.

먹이식물(고깔제비꽃)

알

알

1령

2령

5령

5령

5령

번데기

수컷(날개돋이)

수컷

짝짓기

63. 산은줄표범나비 *Argynnis zenobia* Leech, 1890

수컷

EX EW RE CR EN VU NT LC DD NA NE

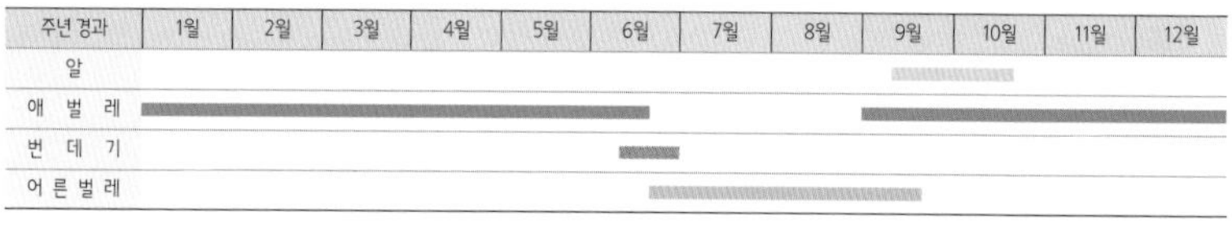

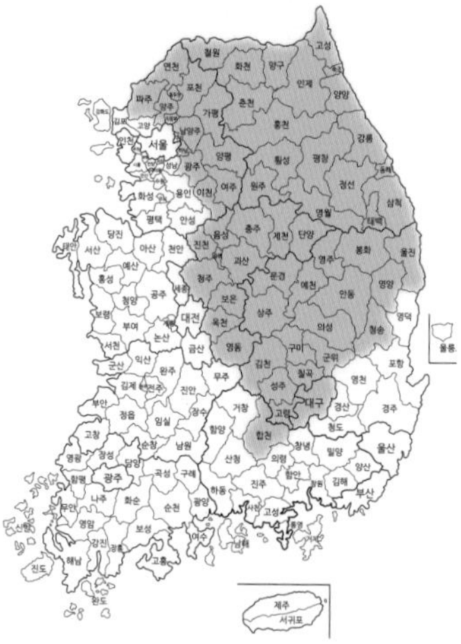

○ 성충 발생 연 1회, 지역에 따라 6~9월에 활동한다. ○ 겨울나기 1령애벌레
○ 먹이식물 남산제비꽃 외 여러 제비꽃(제비꽃과)

암컷은 먹이식물 주변에 마른 잎, 나무 또는 돌 등에 알을 낳는다. **알**은 노란색의 둥근 고깔 모양으로 정공을 감싸는 여러 개의 줄돌기가 세로로 강하게 있고 사이에 작은 줄돌기가 층층이 이어진다. 알에서 깨어난 **1령애벌레**는 흑색 머리에 몸은 연한 갈색으로 몸마디에 일정한 배열의 긴 털을 가진 돌기가 있다. 애벌레는 알껍데기를 먹은 후 겨울나기에 적당한 곳을 찾아 이동한다. 이른 봄 활동하는 애벌레는 먹이식물 새싹을 찾는다. **2령애벌레**의 머리와 몸은 흑색으로 몸마디에 가시가 많은 주황색 돌기가 발달한다. **3령애벌레**의 등선은 파란색으로 어렴풋하게 약하다. 애벌레는 먹이식물 잎맥을 피해 가장자리부터 조심스럽게 잎자루 방향으로 먹어 들어온다. 위험을 느끼면 몸을 둥글게 말아 땅으로 떨어진다. **4령애벌레**의 등선은 붉어지고 몸마디에 돌기 또한 주홍색으로 짙어진다. **5령애벌레**의 머리에 1쌍의 돌기는 흑색이다. 등선은 주홍색으로 가슴에서 배끝으로 이어지며 몸마디 돌기는 주홍색 받침에 흑색으로 날카롭다. **전용**이 가까워진 애벌레는 몸을 숨길만한 곳을 찾아 실을 치고 배끝을 붙여 번데기가 된다. **번데기**는 흑색으로 머리에 1쌍의 돌기와 가슴과 배마디의 돌기가 날카롭다. 산은줄표범나비는 자연에서 연 1회 발생하나 실내 사육을 통해 누대 사육이 가능하다.

먹이식물(남산제비꽃)

알

1령

2령

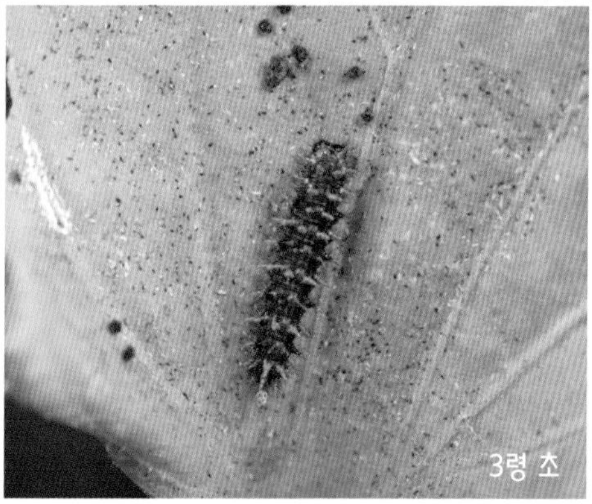
3령 초

4령

5령

전용

번데기

번데기

암컷

64. 흰줄표범나비 *Argynnis laodice* (Pallas, 1771)

암컷

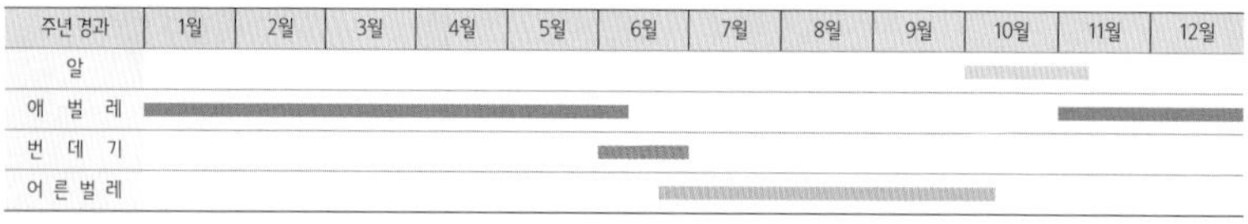

○ 성충 발생 연 1회, 지역에 따라 6~10월에 활동한다. ○ 겨울나기 1령애벌레

○ 먹이식물 알록제비꽃 외 여러 제비꽃(제비꽃과)

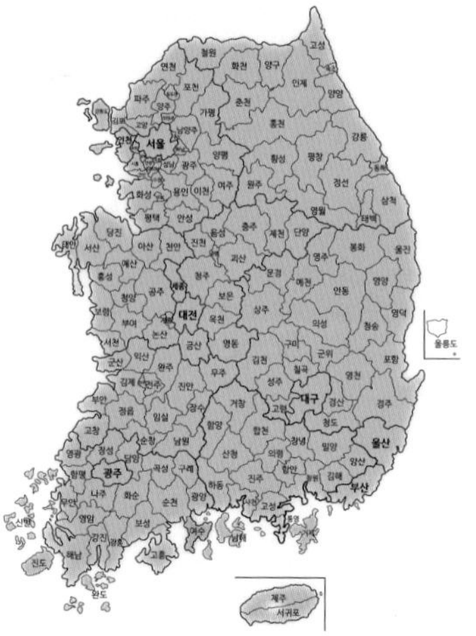

암컷은 먹이식물 주변에 돌이나 갈잎, 나무 등에 알을 낳는다. **알**은 연노란색의 둥근 고깔 모양으로 정공을 둘러싼 여러 개의 줄돌기가 세로로 강하게 있고 사이에 작은 줄돌기가 층층이 이어진다. 알은 시간이 지나며 투명해지고 분홍색 애벌레가 비쳐 보인다. 알에서 깨어난 **1령애벌레**는 흑색 머리에 몸은 연한 갈색으로 몸마디마다 일정한 배열의 갈색 돌기에 긴 털이 있다. 애벌레는 알껍데기를 먹은 후 겨울나기에 적당한 곳을 찾아 이동한다. **2령애벌레**는 반짝이는 흑색 머리에 몸은 갈색으로 등선이 선명하다. 1령기에 긴 털을 가진 가진 돌기는 가시가 많은 돌기도 발달한다. **3령애벌레**는 흑색 머리에 몸은 백색 빗금이 어지럽게 배끝으로 이어진다. 등선 좌우의 돌기는 주황색으로 변한다. **4령애벌레**는 갈색 머리에 몸은 연한 갈색으로 등선을 중심으로 좌우에 흑색 반점이 돋보인다. **5령애벌레**는 분홍색 돌기 사이에 흑색 사각반점이 커지고 선명해진다. 애벌레는 해가 진 후에 활동하며 낮에는 먹이식물에서 멀지 않은 낙엽이나 마른 덤불에 숨어 지낸다. **전용**이 가까워진 애벌레는 색이 짙어지며 안전한 곳을 찾아 실을 치고 배끝을 붙여 번데기가 된다. **번데기**는 연한 갈색으로 머리에 1쌍의 돌기와 가슴과 1번 배마디에 은색 돌기가 반짝이고 다른 배마디의 돌기도 날카롭다.

먹이식물(알록제비꽃)

알

1령

2령

3령

4령

4령

5령 초

5령

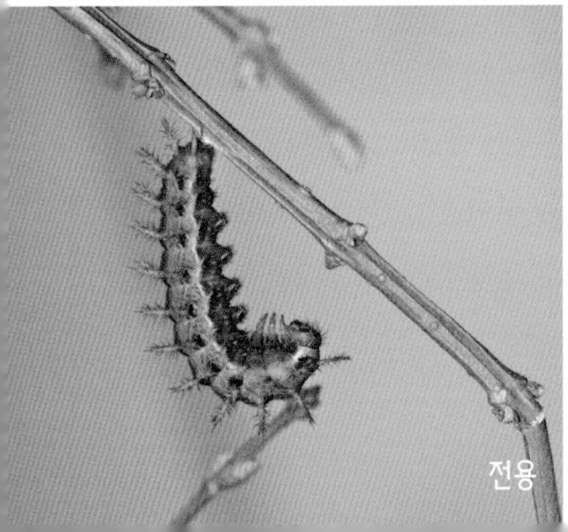
전용

번데기

수컷(날개돋이)

65. 큰흰줄표범나비 *Argynnis ruslana* Motschulsky, 1866

EX
EW
RE
CR
EN
VU
NT
LC
DD
NA
NE

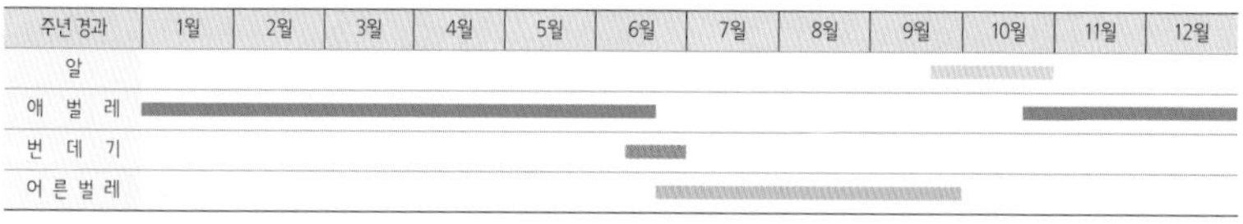

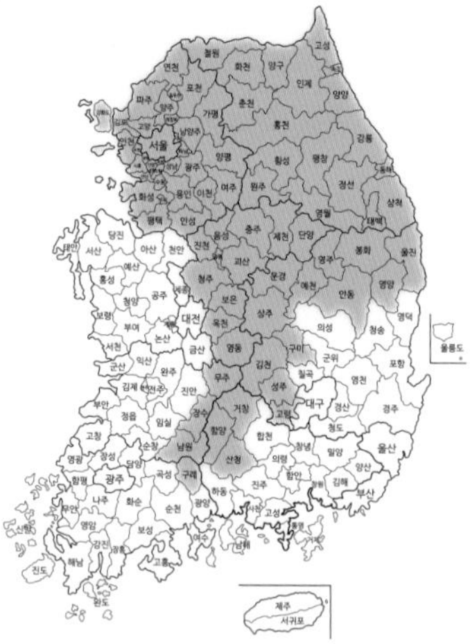

○ 성충 발생 연 1회, 지역에 따라 6~9월에 활동한다.

○ 겨울나기 1령애벌레

○ 먹이식물 제비꽃 외 여러 제비꽃(제비꽃과)

암컷은 먹이식물의 주변 갈잎이나 돌, 나무 등에 알을 낳는다. **알**은 연노란색의 둥근 고깔 모양으로 정공 주변을 둘러싼 여러 개의 줄돌기가 세로로 강하게 있고 사이에 작은 줄돌기가 층층이 이어진다. 알은 시간이 지나며 분홍색으로 투명해지고 애벌레가 비쳐 보인다. **1령애벌레**는 흑색 머리에 몸은 연한 갈색으로 몸마디마다 일정한 배열의 갈색 돌기에 긴 털이 있다. 애벌레는 알껍데기를 먹은 후 겨울나기에 적당한 곳을 찾아 이동한다. **2령애벌레**는 반짝이는 흑색 머리에 몸은 갈색으로 등선 옆으로 백색 선들이 어지럽다. 1령기의 갈색 돌기는 가시가 많은 돌기로 발달한다. **4령애벌레**의 몸은 분홍색이 도는 유백색이다. 선명한 등선을 따라 좌우에 사각형 모양의 흑색 반점이 선명하게 나타난다. 몸의 날카로운 갈색 돌기는 유백색으로 변하며 부드러워 보인다. 애벌레는 해가 진 후에 활동하며 낮에는 먹이식물에서 멀지 않은 낙엽이나 마른 덤불에 숨어 지낸다. **5령애벌레**의 연분홍색 머리는 흑색 가시가 많다. 몸은 연한 회색으로 유백색 돌기는 보다 커지고 흑색 숨구멍을 회색 반점이 덮고있다. 바닥선은 백색이다. **전용**이 가까워진 애벌레는 주변 안전한 곳을 찾아 실을 치고 배끝을 붙여 번데기가 된다. **번데기**는 갈색으로 머리에 1쌍의 돌기와 가슴과 1·2번 배마디에 돌기가 황금빛이다.

먹이식물(제비꽃)

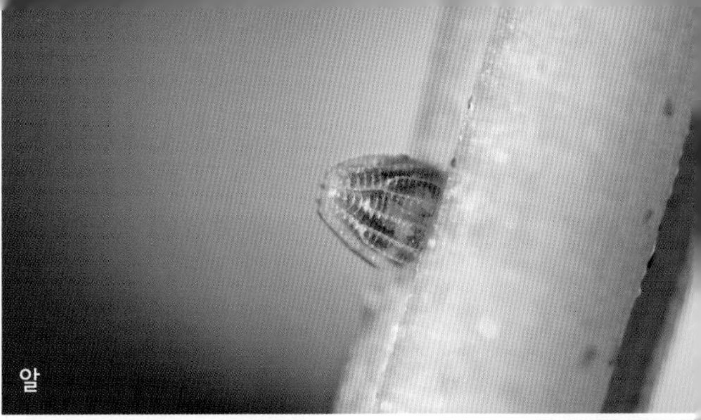
알

1령

2령

4령

5령

번데기

암컷

66. 긴은점표범나비 *Fabriciana vorax* Butler, 1871

수컷

EX EW RE CR EN VU NT LC DD NA NE

주년 경과	1월	2월	3월	4월	5월	6월	7월	8월	9월	10월	11월	12월
알									■	■		
애벌레	■	■	■	■	■	■				■	■	■
번데기						■						
어른벌레						■	■	■	■			

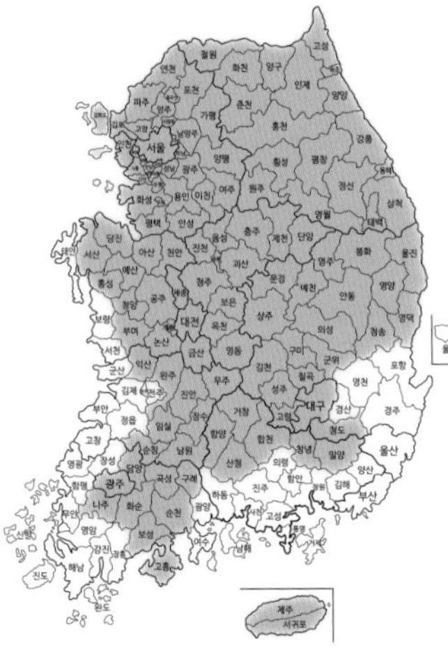

○ 성충 발생 연 1회, 지역에 따라 6~9월에 활동한다. ○ 겨울나기 1령애벌레
○ 먹이식물 서울제비꽃 외 여러 제비꽃(제비꽃과)

암컷은 먹이식물 주변에 마른 잎이나 나뭇가지, 돌, 갈잎 등에 알을 낳는다. **알**은 연노랑색의 둥근 고깔 모양으로 정공을 둘러싸고 있는 여러 개의 줄돌기가 세로로 강하게 있고 사이에 작은 줄돌기가 층층이 이어진다. 알은 시간이 지나며 분홍색으로 변한다. 알에서 깨어난 **1령애벌레**는 알껍데기를 먹은 후 겨울나기에 적당한 곳을 찾아 이동한다. **2령애벌레**는 반짝이는 흑색 머리에 털이 있으며 몸은 팥죽색으로 몸 마디에 가시가 있는 흑색 돌기가 일정한 배열로 있다. 또한, 여러 개의 백색 선이 가슴에서 배끝으로 이어진다. 애벌레는 낙엽 아래 몸을 숨겨 낮을 보내지만 가끔은 마른 잎에 앉아 해바라기 하는 모습을 볼 수 있다. **4령애벌레**는 흑색으로 낮에도 먹이활동을 하며 외부 충격을 받으면 몸을 말아 땅으로 떨어져 죽은 듯 한동안 움직임이 없다. **5령애벌레**는 등선이 선명해지고 양옆으로 검은색 사각 반점이 발달한다. 돌기는 연한 갈색으로 가는 선들이 가슴에서 배끝으로 어지럽게 이어진다. 애벌레는 빠른 걸음으로 숨을 곳을 찾기도 하고 먹이를 찾아 이동한다. **전용**이 가까워진 애벌레는 먹이식물의 잎 아랫면이나 안전한 곳에 실을 치고 배끝을 붙여 번데기가 된다. **번데기**는 흑색에 까까운 짙은 갈색으로 머리돌기는 약하고 등선 좌우에 작은 돌기가 반짝인다.

먹이식물(서울제비꽃)

알

2령

4령

5령 초

5령

5령

5령 말

전용

번데기

짝짓기

수컷

67. 황은점표범나비 *Fabriciana adippe* (Denis & Schiffermüller, 1775)

암컷

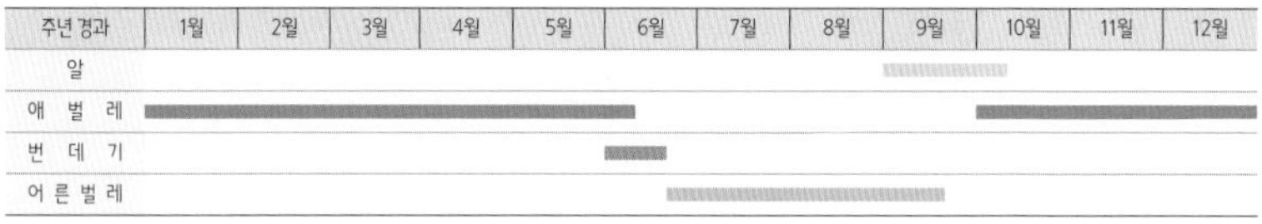

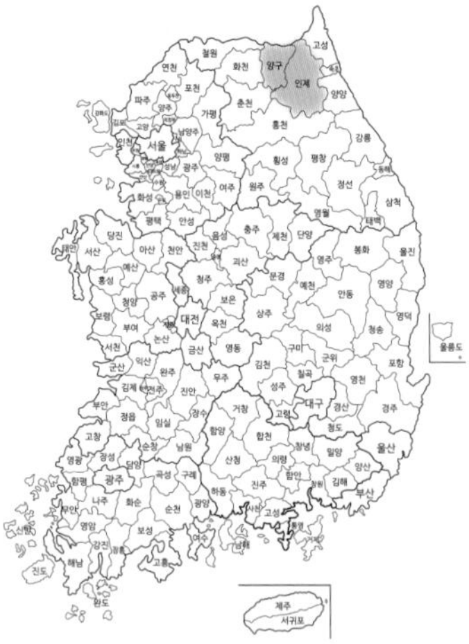

○ 성충 발생 연 1회, 지역에 따라 6~9월에 활동한다. ○ 겨울나기 1령애벌레
○ 먹이식물 노랑제비꽃 외 여러 제비꽃(제비꽃과)

암컷은 먹이식물 주변에 갈잎이나 돌, 나뭇가지 등에 알을 낳는다. **알**은 둥근 고깔 모양으로 긴은점표범나비의 알과 외부 모양이 비슷하다. 정공을 둘러싸고 있는 여러 개의 줄돌기가 세로로 강하게 있고 사이에 작은 줄돌기가 층층이 이어진다. 알은 시간이 지나며 분홍색으로 변한다. 알에서 깨어난 **1령애벌레**는 연한 갈색으로 몸마디마다 일정한 배열의 갈색 돌기에 긴 털이 있다. 애벌레는 알껍데기를 먹은 후 겨울나기에 적당한 곳을 찾아 이동한다. **2령애벌레**는 흑색 머리에 몸은 녹회색으로 갈색 돌기가 날카롭다. **3령애벌레**의 등선 양옆 돌기 앞으로 흑색 사각 반점이 선명하다. **4령애벌레** 몸에 가시가 많은 돌기는 파란색이고, 숨구멍 아래 배다리 위 돌기는 주홍색이다. 애벌레는 낮에 활동을 거의 하지 않는 야행성이다. **5령애벌레**의 몸은 회색으로 등선을 중심으로 흑색 사각 반점이 선명해진다. 긴은점표범나비는 주황색이 몸옆으로 넓게 발달하지만 황은점표범나비는 숨구멍 아래 주황색이 퍼져있다. 먹는 양이 많아지는 애벌레는 먹이가 부족하면 먹이식물 잎자루나 뿌리 부근까지 알뜰하게 먹는 모습을 볼 수 있다. **전용**이 가까워진 애벌레는 먹이식물의 잎 아랫면이나 안전한 은신처에 여러겹의 실을 치고 배끝을 붙여 번데기가 된다. **번데기**는 연한 갈색으로 시간이 지나며 색이 짙어진다. 등선을 중심으로 좌우로 반짝이는 금빛 돌기가 화려하다.

먹이식물(노랑제비꽃)

알

알

1령

2령

4령

번데기

5령

번데기

68. 은점표범나비 *Fabriciana niobe* (Linnaeus, 1758)

EX
EW
RE
CR
EN
VU 취약
NT
LC
DD
NA
NE

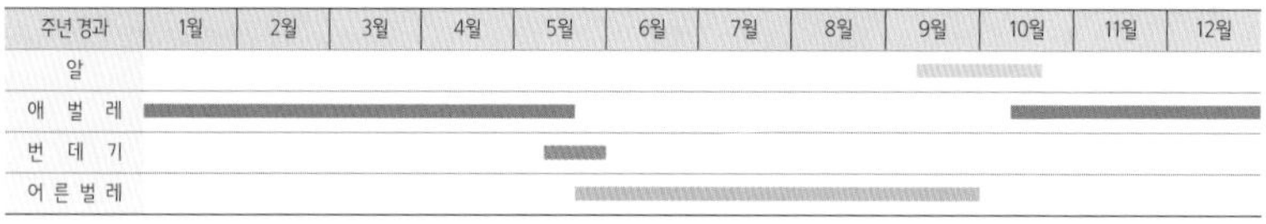

○ 성충 발생 연 1회, 지역에 따라 5~9월에 활동한다.
○ 겨울나기 1령애벌레
○ 먹이식물 왜제비꽃 외 여러 제비꽃(제비꽃과)

암컷은 먹이식물 주변 돌, 마른 잎, 나뭇가지 등에 알을 낳는다. **알**은 유백색의 둥근 고깔 모양으로 정공을 둘러싸고 있는 여러 개의 줄돌기가 세로로 강하게 있고 사이에 작은 줄돌기가 층층이 이어진다. 알은 시간이 지나며 분홍색으로 변한다. 알에서 깨어난 **1령애벌레**는 알껍데기를 먹은 후 겨울나기에 적당한 곳을 찾아 이동한다. 이른 봄, 겨울을 지낸 애벌레는 먹이식물을 찾는다. **2령애벌레**는 갈색으로 몸마디에 가시가 많은 갈색 돌기가 일정한 배열로 있고 등옆선과 바닥선은 백색이다. 먹이활동은 해가 진 후에 빠르게 진행된다. **3령애벌레**의 흑색 머리에 주홍색 반점이 넓어지고 짙은 회색의 몸에 등선이 점으로 이어진다. 등옆선과 바닥선이 약하게 발달한다. 애벌레는 잎의 가장자리부터 잎자루 방향으로 둥글게 먹어들어온다. **4령애벌레**는 주홍색 머리에 작은 갈색 점들이 있다. 주홍색 점이 빼곡한 몸에 가시가 많은 유백색 돌기가 강해 보인다. **5령애벌레**는 주황색으로 등선을 따라 몸마디에 1쌍의 흑색 사각 반점이 있고 작은 백색 점이 빼곡하다. **전용**이 가까워진 애벌레는 갈색으로 변하며 낙엽이나 마른 나뭇가지 등 은폐가 될만한 곳을 찾아 실을 치고 배끝을 붙여 번데기가 된다. **번데기**는 갈색으로 머리돌기가 약하고 몸에 발달한 모든 돌기는 금빛으로 반짝인다.

먹이식물(왜제비꽃)

알

알

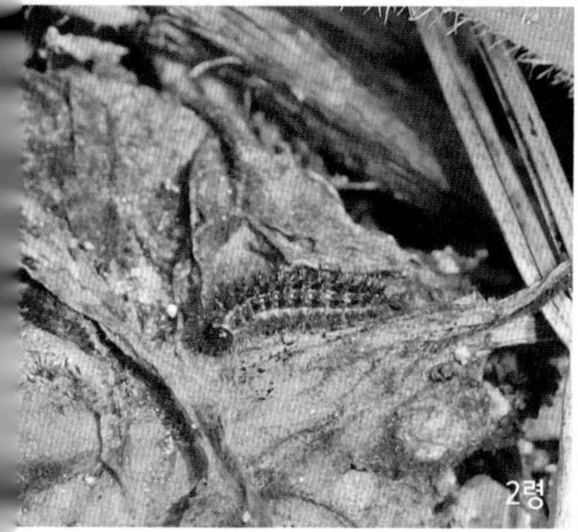
2령

3령

4령

5령

전용

번데기

수컷

수컷

69. 왕은점표범나비 *Fabriciana nerippe* (Felder, 1862)

수컷

주년경과	1월	2월	3월	4월	5월	6월	7월	8월	9월	10월	11월	12월
알									■	■	■	
애벌레	■	■	■	■	■					■	■	■
번데기					■							
어른벌레					■	■	■	■	■	■		

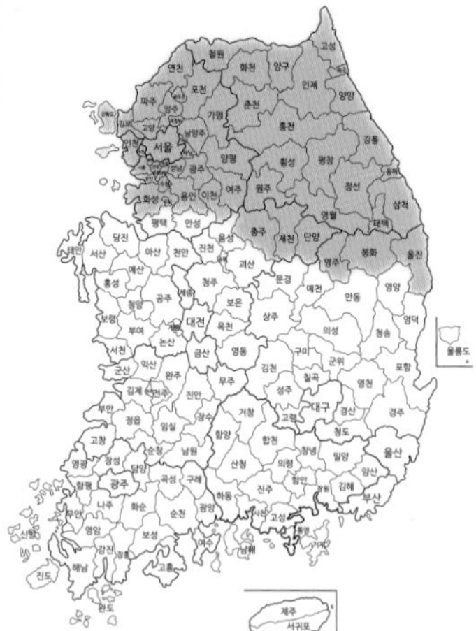

○ 성충 발생 연 1회, 지역에 따라 5~9월에 활동한다.
○ 겨울나기 1령애벌레
○ 먹이식물 콩제비꽃 외 여러 제비꽃(제비꽃과)

암컷은 먹이식물 주변에 갈잎, 돌, 나무가지 등에 알을 낳는다. **알**은 유백색의 종 모양으로 정공을 둘러싸고 있는 여러 개의 줄돌기가 세로로 강하게 있고 사이에 작은 줄돌기가 층층이 이어진다. 시간이 지나며 알은 흰분홍색으로 변한다. 알에서 깨어난 **1령애벌레**는 흑색 머리에 몸은 연한 갈색으로 몸마디마다 일정한 배열의 갈색 돌기에 긴 털이 있다. 애벌레는 알껍데기를 먹은 후 겨울나기에 적당한 곳을 찾아 이동한다. 이른 봄, 겨울을 지낸 애벌레는 먹이식물을 찾아 움직인다. **2령애벌레**는 분홍색을 가진 갈색으로 1령기의 둥근 돌기는 날카롭고 가시가 많은 돌기로 발달한다. 3**령애벌레**의 몸은 회색으로 등선을 따라 몸마디 좌우로 검은색 사각 반점이 짙어지고 돌기 아랫부분은 주홍색이다. **4령애벌레**는 몸마디 중심에 주홍색의 작은 점들이 발달한다. **5령애벌레**는 흑색 머리에 몸은 회색으로 노란색 등선이 선명하다. 몸에 발달한 돌기는 등선을 중심으로 바닥선으로 내려갈수록 연분홍색으로 변한다. **전용**이 가까워진 애벌레는 먹이식물이나 보다 안전한 곳을 찾아 실을 치고 배끝을 붙여 번데기가 된다. **번데기**는 갈색으로 몸마디 갈색 반점에 금빛 돌기가 발달하고 앞날개에 짙은 갈색 무늬와 숨구멍이 선명하나 머리돌기는 약하다.

먹이식물(콩제비꽃)

알

알

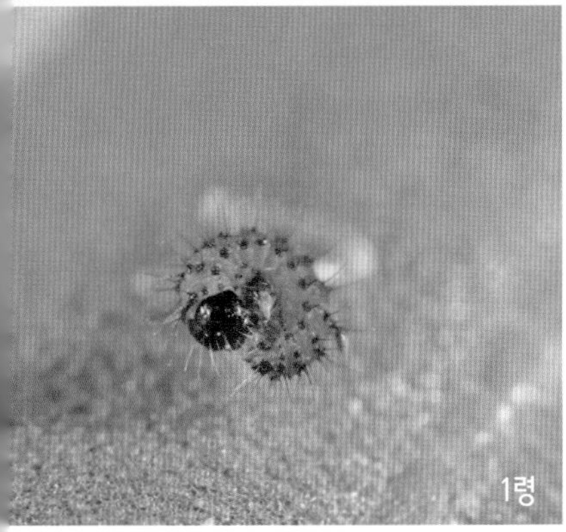
1령

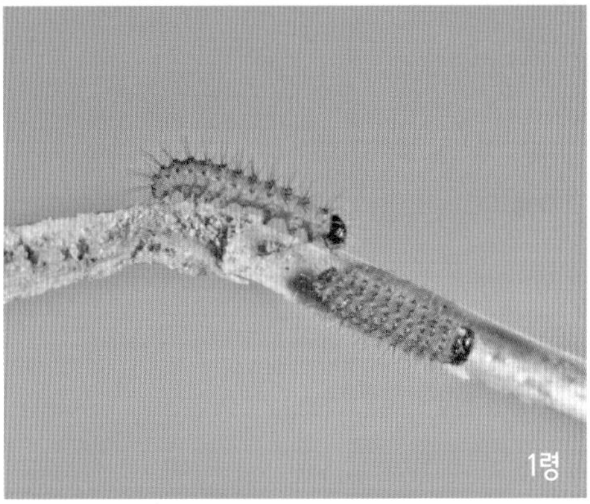
1령

2령

3령

4령

5령

전용

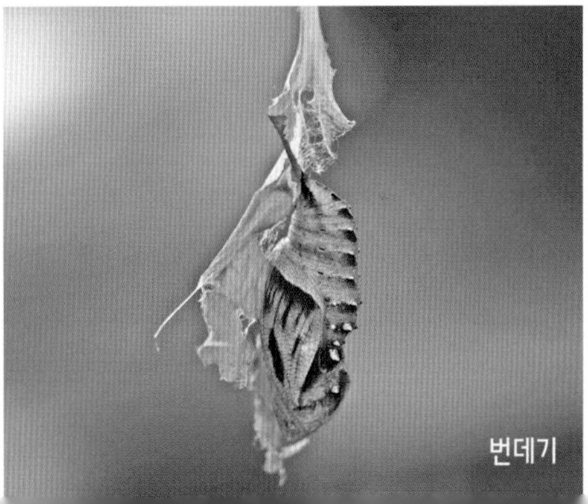
번데기

짝짓기

70. 풀표범나비 *Speyeria aglaja* (Linnaeus, 1758)

수컷

주년 경과	1월	2월	3월	4월	5월	6월	7월	8월	9월	10월	11월	12월
알									■	■		
애벌레	■	■	■	■	■	■				■	■	■
번데기						■						
어른벌레						■	■	■	■	■		

○ 성충 발생 연 1회, 지역에 따라 6~10월에 활동한다. ○ 겨울나기 1령애벌레
○ 먹이식물 졸방제비꽃외 여러 제비꽃(제비꽃과)

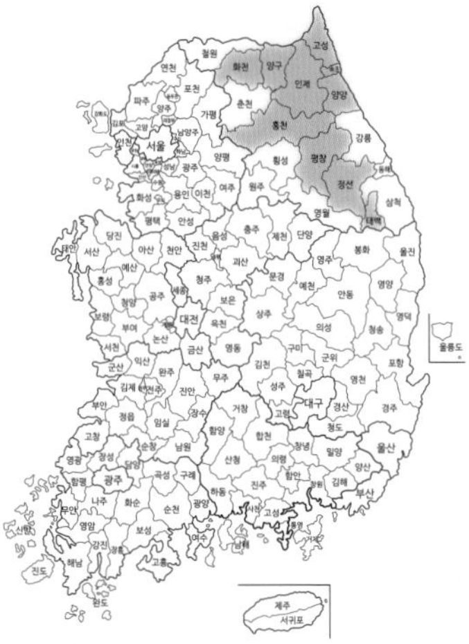

암컷은 먹이식물 주변에 마른 잎, 돌, 나무등걸 등에 알을 낳는다. **알**은 유백색의 종 모양으로 정공을 감싸는 여러 개의 줄돌기가 세로로 강하게 있고 사이에 작은 줄돌기가 층층이 이어진다. **1령애벌레**는 흑색 머리에 몸은 황갈색으로 몸마디마다 일정한 배열의 갈색 돌기에 긴 털이 있다. 애벌레들은 실을 이용해 깔대기거미와 같은 집을 만들어 모여 생활한다. **2령애벌레**의 몸은 회색으로 1령기의 둥근 돌기는 가시가 많은 돌기로 발달하고 숨구멍 아래로 주홍색 반점이 바닥선을 이룬다. 애벌레는 낮에 먹이식물 주변 은폐물을 이용해 숨어 지내다 해가 지면 활동한다. 위험이 닥치면 몸을 둥글게 말아 땅에 떨어져 빠른 몸놀림으로 자리를 피한다. **3령애벌레**의 등선은 점으로 이어진다. 애벌레는 땅에 비좁은 틈에 들어가 몸을 비벼 탈피하는 모습을 보이기도 한다. **4령애벌레**는 흑색으로 등선이 백색 점으로 이어지고 날카로운 돌기는 더욱 길어진다. 배마디 옆으로 발달한 돌기의 아랫부분은 주홍색이다. **5령애벌레**의 등선은 붉은색 점으로 변하고 몸에 돌기가 짧아진다. 숨구멍 아래 바닥선이 주홍색 점과 선으로 이어진다. **전용**이 가까워진 애벌레는 안전한 곳을 찾아 실을 폭넓게 치고 배끝을 붙여 번데기가 된다. **번데기**는 흑갈색으로 머리에 1쌍의 돌기가 있고 배마디 돌기는 작고 약하다.

먹이식물(졸방제비꽃)

알

1령(사진 원제휘)

1령(애벌레 방 입구)

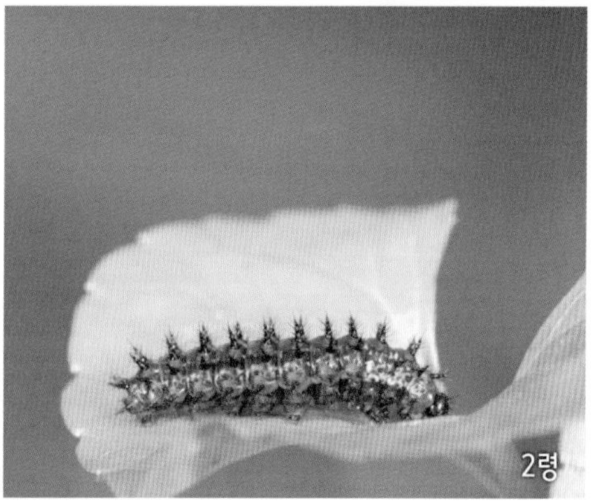
2령

3령

3령

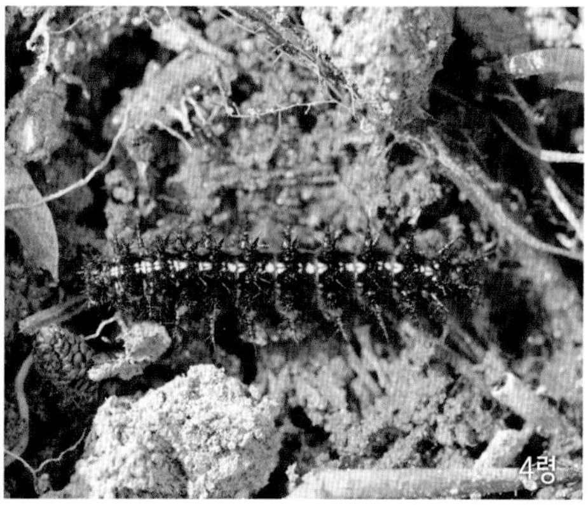
4령

5령

5령

전용

번데기

71. 홍줄나비 *Chalinga pratti* (Leech, 1890)

수컷

EX
EW
RE
CR
EN 위기
VU
NT
LC
DD
NA
NE

주년 경과	1월	2월	3월	4월	5월	6월	7월	8월	9월	10월	11월	12월
알												
애벌레												
번데기												
어른벌레												

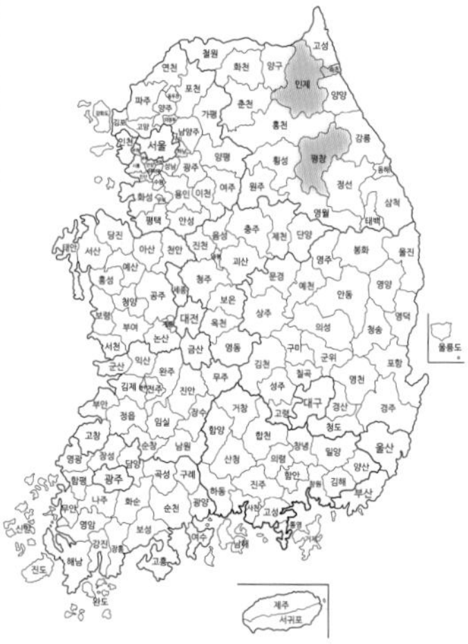

○ 성충 발생 연 1회, 지역에 따라 7~8월에 활동한다.
○ 겨울나기 3령애벌레
○ 먹이식물 잣나무, 소나무(소나무과)

암컷은 먹이식물의 잎에 알을 낳는다. **알**은 유백색의 공 모양으로 표면에 다각형으로 패인 자국이 덮여있다. 알에서 깨어난 **1령애벌레**는 흑색 머리에 몸은 연한 갈색으로 몸에 발달한 샘털에 투명한 방어 물질이 맺힌다. 애벌레는 알껍데기를 먹은 후 이동해 가는 잎의 주맥을 남기는 먹이활동을 한다. 애벌레는 주로 밤에 활동하면서 잎집 주변에 실을 친 자리를 만들어 반복적으로 찾아와 휴식을 갖는다. **2령애벌레**는 머리에 1쌍의 돌기가 있다. 몸은 갈색이며 몸마디마다 돌기가 약하게 나타난다. **3령애벌레**의 머리는 갈색이고 몸은 먹이식물의 잎집과 같은 밝은 녹색이다. 애벌레는 등선을 중심으로 가운데가슴과 뒷가슴, 2·4·8번 배마디와 배끝에 1쌍씩의 돌기가 있다. 3령기에 겨울나기를 준비하는 애벌레는 잎집 방향으로 머리를 두고 겨울을 지낸다. **4령애벌레**는 몸에 백색 반점이 등선을 중심으로 대칭으로 있다.

5령애벌레는 갈색으로 가운데가슴과 뒷가슴, 2·4·6·7·8번 배마디 돌기가 크게 발달한다. 등선이 선명해지고 몸에 작은 백색 점들이 있다. **전용**이 가까워진 애벌레는 먹이식물 껍질과 같은 보호색으로 줄기에 실을 치고 배끝을 붙여 번데기가 된다. **번데기**는 연한 회색으로 머리에 돌기가 약하게 나타나고 지면에서 30도 정도 몸을 세워 번데기가 된다.

먹이식물(잣나무)

알

1령

2령

3령(소나무)

3령

3령(겨울나기)

4령

5령(소나무)

5령 말

전용

번데기

72. 줄나비 *Limenitis camilla* (Linnaeus, 1764)

EX EW RE CR EN VU NT LC DD NA NE

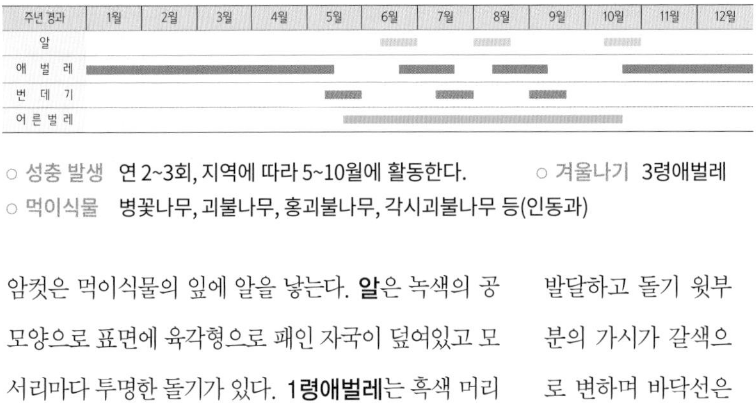

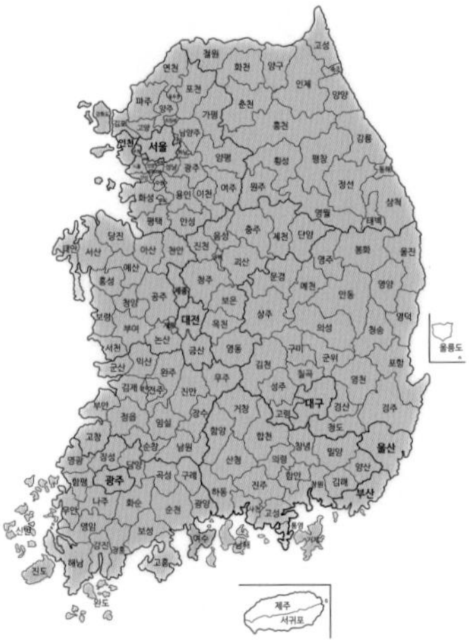

○ 성충 발생 연 2~3회, 지역에 따라 5~10월에 활동한다. ○ 겨울나기 3령애벌레
○ 먹이식물 병꽃나무, 괴불나무, 홍괴불나무, 각시괴불나무 등(인동과)

암컷은 먹이식물의 잎에 알을 낳는다. **알**은 녹색의 공 모양으로 표면에 육각형으로 패인 자국이 덮여있고 모서리마다 투명한 돌기가 있다. **1령애벌레**는 흑색 머리에 몸은 갈색으로 일정한 배열의 둥근돌기가 있다. 애벌레는 알껍데기를 먹고 잎끝으로 이동해 주맥에 실을 치고 배설물과 먹다 남은 먹이식물 부스러기를 붙여 은폐물로 이용한다. **2령애벌레**는 머리에 1쌍의 돌기가 발달하고 몸의 돌기는 가시가 달린 돌기로 발달한다. **3령애벌레**의 머리와 몸은 짙은 갈색이다. 겨울나기를 준비하는 애벌레는 잎자루를 실로 고정시키고 잎을 몸에 맞게 마름질한 방을 만들어 겨울을 보낸다. **4령애벌레**의 몸은 연한 갈색으로 돌기가 크게 발달한다. 특히 가운데가슴과 뒷가슴, 2·7·8번 배마디의 돌기가 더욱 발달하고 돌기 윗부분의 가시가 갈색으로 변하며 바닥선은 백색이다. 애벌레는 잎 윗면 주맥에 실을 치고 자리를 만들어 활동한다. **5령애벌레**의 머리 돌기에서 홑눈으로 이어지는 흑색 선이 짙게 나타난다. 몸은 녹색으로 주홍색 가시가 달린 돌기가 화려하다. **전용**이 가까워진 애벌레는 먹이식물 잎이나 줄기에 실을 바르고 배끝을 붙여 번데기가 된다. **번데기**는 연한 녹색으로 머리에 1쌍의 돌기와 2번 배마디의 돌기가 갈색으로 크게 발달한다.

먹이식물(병꽃나무)

알

1령

2령

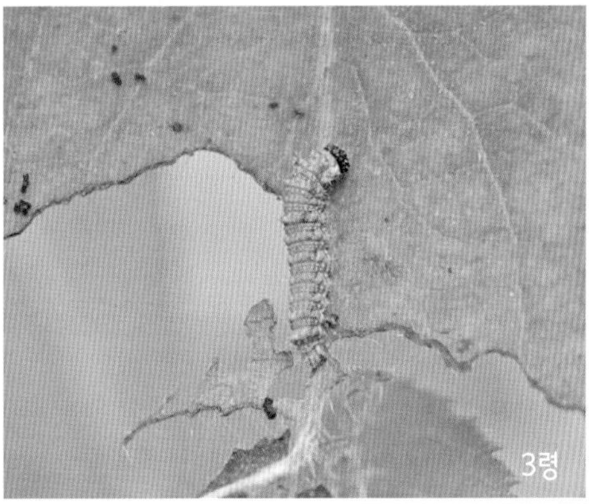

3령

3령(겨울 준비)

3령(겨울나기)

4령

암컷(날개돋이)

5령

번데기

73. 굵은줄나비 *Limenitis sydyi* Lederer, 1853

암컷

EX EW RE CR EN VU NT LC DD NA NE

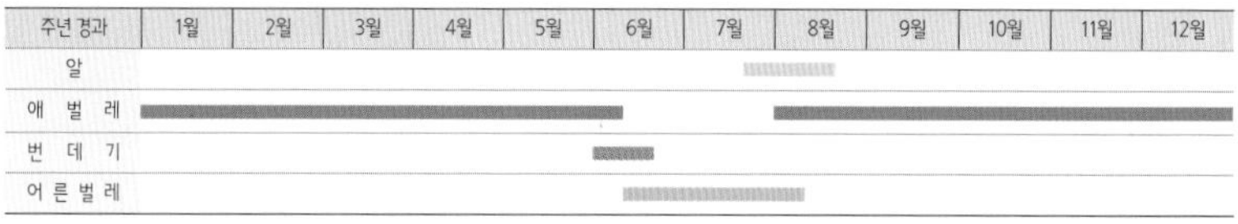

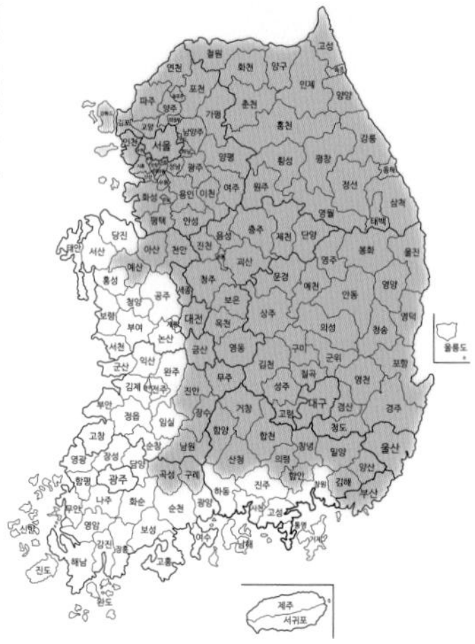

○ 성충 발생 연 1회, 지역에 따라 6~8월에 활동한다. ○ 겨울나기 3령애벌레

○ 먹이식물 조팝나무, 산조팝나무 등(장미과)

암컷은 먹이식물의 잎에 알을 낳는다. **알**은 노란색의 찐빵 모양으로 표면에 육각형으로 패인 자국이 덮여있고 모서리마다 곤봉 형태의 돌기가 있다. 알에서 깨어난 **1령애벌레**는 알껍데기를 먹고 잎끝으로 이동해 잎의 주맥을 통로로 양옆의 잎을 먹으며 활동한다. **2령애벌레** 몸은 갈색으로 돌기가 빼곡하다. 먹이활동을 마치고 방으로 돌아오는 애벌레는 집을 지나 주맥 끝에서 몸을 돌려 들어가는 모습을 보이기도 한다. **3령애벌레**는 흑색 머리에 몸은 갈색으로 연한 갈색의 가시가 많은 돌기가 일정한 배열로 돋아있다. 겨울나기를 준비하는 애벌레는 생활하던 집을 보수하고 바람에 떨어지지 않게 잎자루와 주변을 실로 튼튼히 고정한다. **4령애벌레**의 흑색 머리에 돌기가 많으며, 몸은 갈색으로 가시가 많은 흑색 돌기가 일정한 간격으로 돋아 있다. 애벌레는 먹이식물 줄기 또는 잎에 실을 치고 자리를 만들어 먹이활동 후 돌아와 쉬기를 반복한다. **5령애벌레**의 머리는 주황색으로 흑색 돌기 아래 노란색 선이 정수리 옆을 타고 내려온다. 몸은 황녹색으로 흑색 빗금이 몸 옆으로 나타나고 몸마디의 돌기가 더욱 커진다. **전용**이 가까워진 애벌레는 유백색으로 먹이식물의 가지에 실을 치고 배끝을 붙여 번데기가 된다. **번데기**는 유백색으로 머리에 1쌍의 돌기와 등선 좌우에 흑색 반점이 대칭으로 나타난다.

먹이식물(조팝나무)

알

2령

애벌레 방

3령(겨울나기)

3령(겨울나기)

4령

5령

5령

전용

번데기

암컷

74. 참줄나비 *Limenitis moltrechti* Kardakoff, 1928

EX EW RE CR EN VU NT LC DD NA NE

주년경과	1월	2월	3월	4월	5월	6월	7월	8월	9월	10월	11월	12월
알												
애벌레												
번데기												
어른벌레												

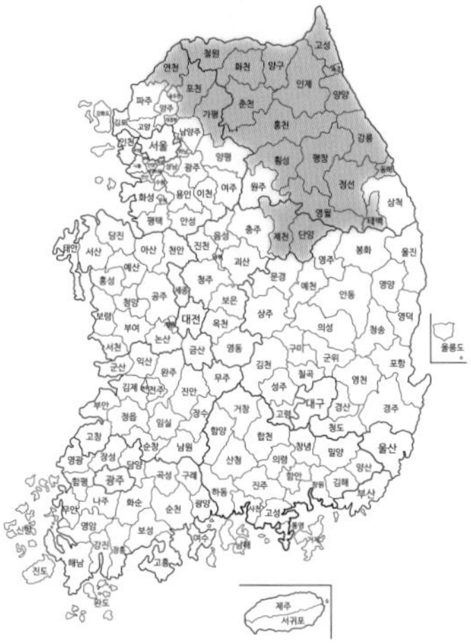

○ 성충 발생 연 1회, 지역에 따라 6~8월에 활동한다. ○ 겨울나기 3령애벌레

○ 먹이식물 병꽃나무류(인동과)

암컷은 먹이식물의 잎 윗면에 알을 낳는다. **알**은 밝은 황갈색의 공 모양으로 표면에 다각형으로 패인 자국이 덮여있고 모서리마다 투명한 돌기가 길다. 알에서 깨어난 **1령애벌레**는 갈색으로 몸마디 돌기마다 백색 털이 있다. 애벌레는 잎끝으로 이동해 잎의 주맥을 피해 먹이활동을 한다. **2령애벌레**의 몸에 1령기의 돌기는 가시가 많은 돌기로 발달한다. 3령기에 겨울을 준비하는 애벌레는 가지 사이에 실을 치고 잎을 켜켜이 덮은 방을 만들며 겨울나기를 준비한다. 봄을 맞은 **3령애벌레**는 등선이 약하게 나타나고 머리와 몸의 돌기는 연한 갈색이다. 애벌레는 가지 사이에 실을 치고 새로운 자리를 만든다. **4령애벌레**의 머리와 몸은 갈색으로 작은 가시돌기가 빼곡하며 가운데가슴과 뒷가슴, 2·7·8번 배마디돌기가 다른 돌기에 비해 크게 발달한다. 4·5번 배마디의 등부분이 짙은 갈색이다. 먹이활동을 마치면 애벌레는 실을 쳐놓은 가지 사이에 가슴은 앞으로 숙이고 배끝을 치켜올린 모습으로 휴식을 한다. 5령애벌레는 연한 녹색으로 4·5번 배마디돌기 아랫부분에 흑색 반점이 짙어진다. **전용**이 가까워진 애벌레는 먹이식물 줄기에 실을 치고 배끝을 붙여 번데기가 된다. **번데기**는 반짝이는 연한 갈색으로 머리에 1쌍의 돌기와 배마디가 뚜렷하다.

먹이식물(병꽃나무)

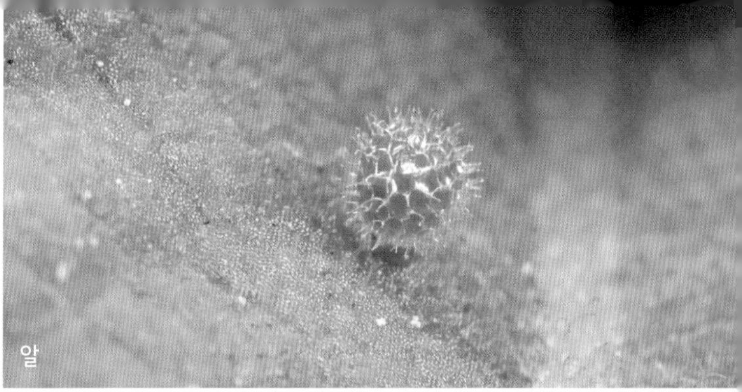
알

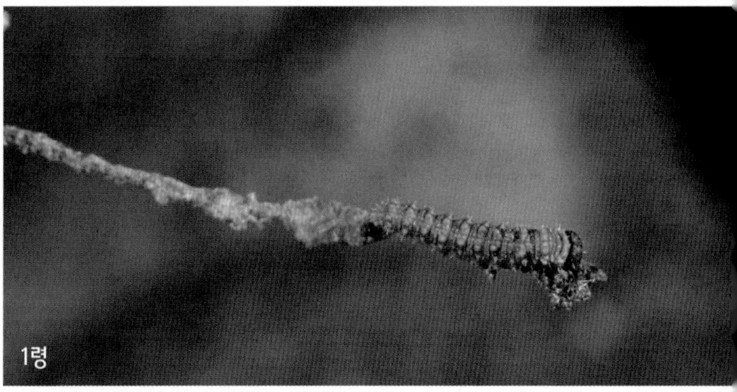
1령

2령

3령(봄)

4령

5령 초

5령

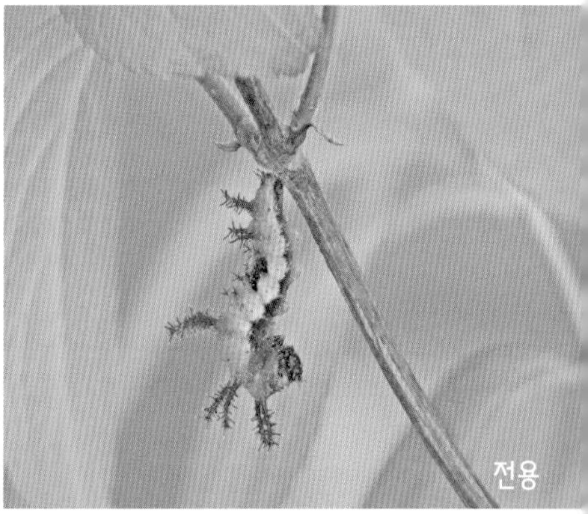
전용

겨울나기 방

번데기

수컷(날개돋이)

75. 참줄사촌나비 *Limenitis amphyssa* Ménétriès, 1859

EX EW RE CR EN VU NT LC DD NA NE

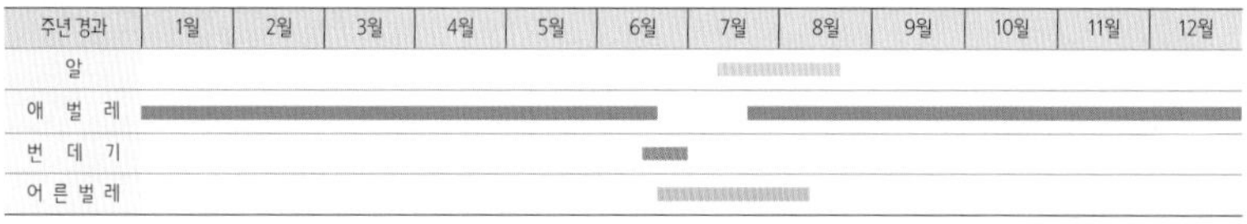

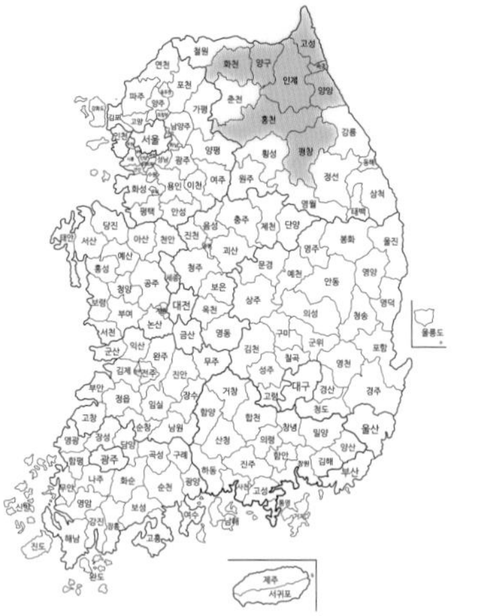

○ 성충 발생 연 1회, 지역에 따라 6~8월에 활동한다. ○ 겨울나기 3령애벌레
○ 먹이식물 괴불나무, 홍괴불나무, 각시괴불나무 등(인동과)

암컷은 먹이식물의 잎 아랫면에 알을 낳는다. **알**은 유백색의 찐빵 모양으로 표면에 육각형으로 패인 자국이 덮여있고 모서리마다 끝이 두툼하고 투명한 돌기가 있다. 알에서 깨어난 **1령애벌레**는 흑색 머리에 몸은 갈색으로 굵은 몸마디 돌기마다 백색 털이 있다. 알껍데기를 먹은 애벌레는 잎끝으로 이동해 주맥을 좌우로 마름질하는 먹이활동을 한다. **2령애벌레**는 갈색으로 몸마디가 굵직하다. 몸에 돌기는 작고, 잔털이 많다. **4령애벌레**는 분홍색 머리에 1쌍의 흑색 돌기가 있다. 몸은 녹색으로 가운데가슴과 뒷가슴, 2·7·8번 배마디에 가시가 많은 돌기가 다른 돌기에 비해 길고, 2번 배마디의 돌기는 짙은 갈색이다. 3~6번 배마디의 등부분이 짙은 갈색이다. 애벌레는 먹이활동 후 가지 사이를 휘감고 휴식을 취하는 특징을 보인다. **5령애벌레**의 머리에 흑색 돌기에서 홑눈아래로 흑색 줄무늬가 이어진다. 몸은 녹색으로 몸마디에 분홍색 가시가 많은 돌기가 등선을 좌우로 1쌍씩 발달한다. 특히 2번 배마디의 돌기는 짙은 갈색으로 다른 돌기들에 비해 크다. **전용**이 가까워진 애벌레는 먹이식물의 잎 아랫면 주맥이나 줄기에 실을 치고 배끝을 붙여 번데기가 된다. **번데기**는 연한 녹색으로 금빛 광택이 난다. 머리에 1쌍의 돌기와 가운데가슴, 2번 배마디가 갈색으로 발달하고 흑색 숨구멍이 짙다.

먹이식물(괴불나무)

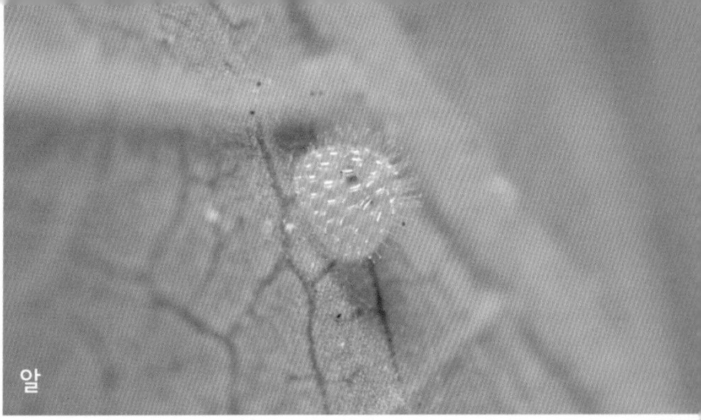
알

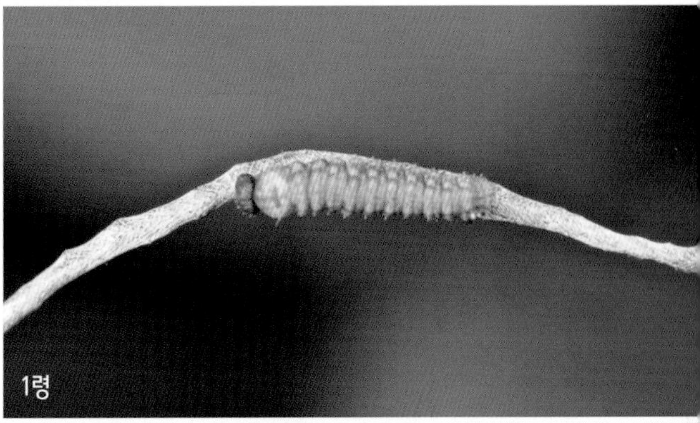
1령

2령

4령

4령(나뭇가지를 감고 쉬는 애벌레)

5령(머리)

5령

전용

번데기

겨울나기 방

76. 제이줄나비 *Limenitis doerriesi* Staudinger, 1892

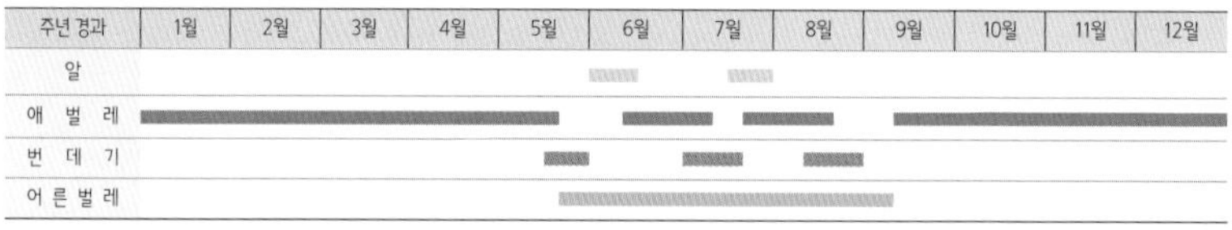

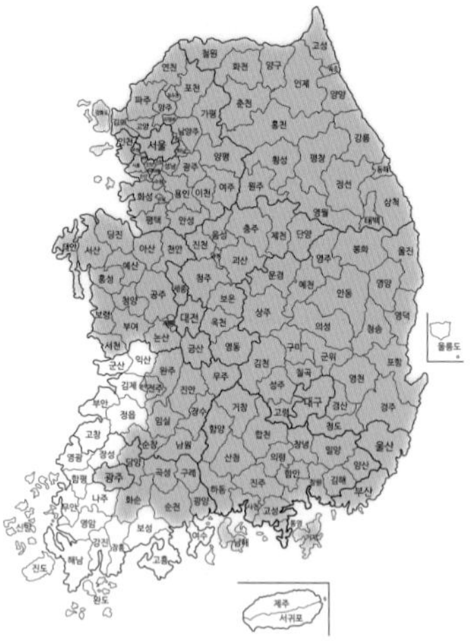

○ 성충 발생 연 2~3회, 지역에 따라 5~9월에 활동한다. ○ 겨울나기 3령애벌레

○ 먹이식물 병꽃나무, 인동덩굴, 괴불나무, 물앵도나무 등(인동과)

암컷은 먹이식물의 잎에 알을 낳는다. **알**은 연한 녹색의 공 모양으로 표면에 육각형으로 패인 자국이 덮여있고 모서리마다 투명한 돌기가 날카롭다. 알에서 깨어난 **1령애벌레**는 흑색 머리에 몸은 갈색으로 몸마디에 일정한 배열의 돌기가 선명하고 등선이 약하게 보인다. 애벌레는 알껍데기를 먹고 잎끝으로 이동해 주맥 좌우를 마름질하며 먹이활동을 한다. 또한 주맥에 실을 바르고 배설물과 먹이 부스러기를 붙여 은폐물로 이용하는 줄나비와 같은 행동을 보인다. **2령애벌레**는 머리에 돌기가 나타나고 1령기 몸마디의 둥근 돌기는 가시 달린 돌기로 발달한다. **3령애벌레**는 실을 이용해 줄기에 잎을 고정시켜 겨울나기를 준비 한다. **4령애벌레**의 몸은 갈색과 붉은색, 노란색 등의 다양한 색으로 화려하다. **5령애벌레**는 분홍색 머리에 몸은 녹색으로 백색 점이 빼곡하다. 가운데가슴과 뒷가슴, 그리고 2·7·8번 배마디의 돌기가 주홍색으로 크게 발달한다. 바닥선 아래 배다리도 주홍색이다. 애벌레의 왕성한 식욕은 잎의 주맥을 가리지 않고 전체를 먹는다. **전용**이 가까워진 애벌레는 먹이식물의 줄기나 잎 아랫면 주맥에 실을 치고 배끝을 붙여 번데기가 된다. **번데기**는 연한 녹색으로 머리에 1쌍의 돌기와 갈색의 2번 배마디가 가운데가슴 보다 크게 발달한다.

먹이식물(병꽃나무)

알

1령 말

2령

3령

3령(겨울나기)

4령

5령

5령(머리)

전용

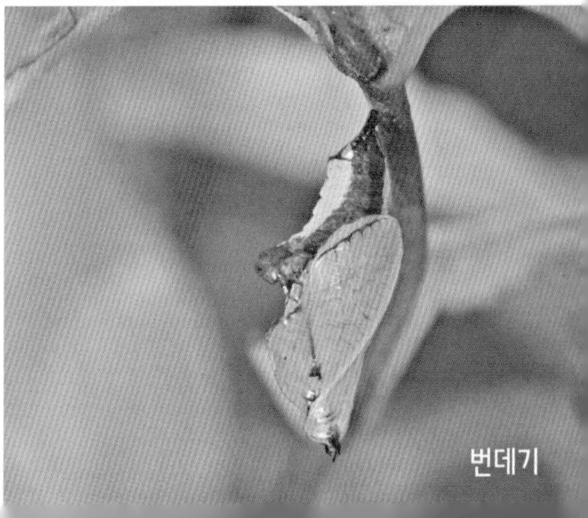

번데기

77. 제일줄나비 *Limenitis helmanni* Lederer, 1853

수컷

주년 경과	1월	2월	3월	4월	5월	6월	7월	8월	9월	10월	11월	12월
알												
애벌레												
번데기												
어른벌레												

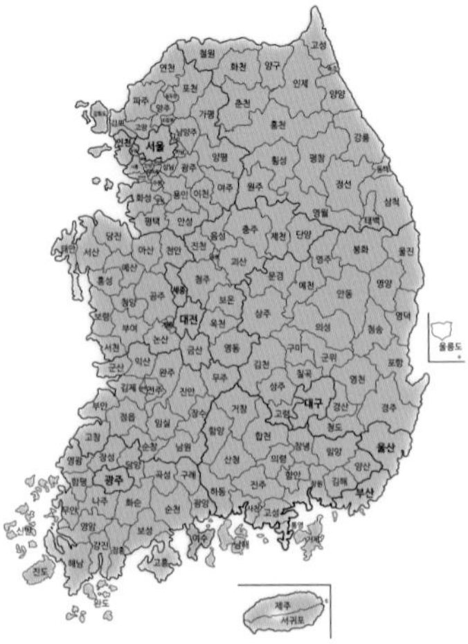

○ 성충 발생 연 2회, 지역에 따라 5~9월에 활동한다. ○ 겨울나기 3령애벌레
○ 먹이식물 인동덩굴, 괴불나무, 홍괴불나무, 물앵도나무등(인동과)

암컷은 먹이식물의 잎에 알을 낳는다. **알**은 노란색의 찐빵 모양으로 표면에 육각형으로 패인 자국이 덮여있고 모서리마다 끝이 굽은 투명한 돌기가 있다. 시간이 지나며 알은 투명해지고 애벌레가 비쳐 보인다. 알에서 깨어난 **1령애벌레**는 갈색 머리와 몸에 백색 털이 있다. 애벌레는 알껍데기를 먹은 후 잎끝으로 이동해 주맥 좌우를 마름질하며 먹이활동을 한다. **2령애벌레**는 흑색 머리에 몸은 연한 갈색이다. 1령기 돌기 자리에 가시가 달린 돌기가 발달하며 몸 옆으로 짙은 빗금이 나타난다. 애벌레는 활발한 먹이활동을 하며 주맥에 여러 겹의 실을 치고 쉬기도 한다. 겨울나기를 준비하는 **3령애벌레**는 먹이식물 줄기에 잎자루를 묶고 잎을 길이로 모아 실을 치고 겨울을 보낸다. **4령애벌레**는 몸 옆으로 갈색의 빗금이 굵게 발달한다. 애벌레는 먹이식물의 줄기를 따라 이동하며 잎 전체를 먹어 보이는 활발한 활동을 한다. **5령애벌레**의 머리는 제이줄나비와 비교해 돌기가 많고, 흑색 반점이 머리 위에서 홑눈을 지나 길이로 넓게 퍼져 있다. 몸은 녹색으로 분홍색 가시가 많은 돌기가 위협적이다. **전용**이 가까워진 애벌레는 먹이식물의 줄기나 잎 아랫면 주맥에 실을 치고 배끝을 붙여 번데기가 된다. **번데기**는 연노란색으로 머리에 1쌍의 돌기와 가운데가슴과 2번 배마디가 발달한다.

먹이식물(인동덩굴)

알

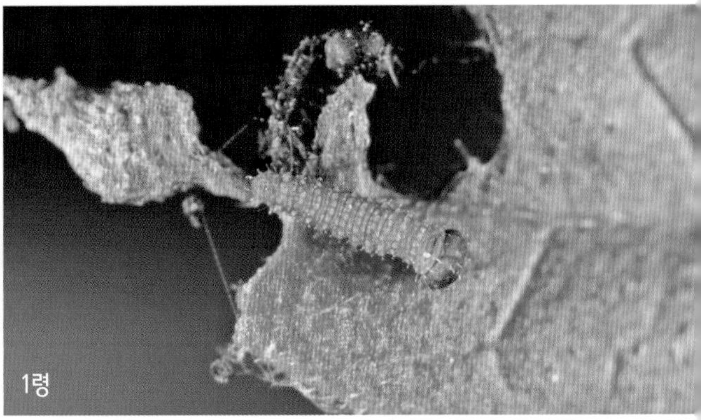
1령

2령

3령

3령(겨울나기)

4령

5령

5령(머리)

5령(탈피)

전용

번데기

78. 애기세줄나비 *Neptis sappho* (Pallas, 1771)

수컷

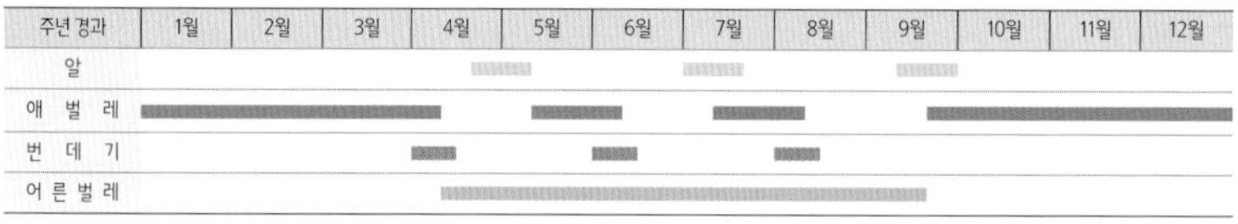

○ 성충 발생 연 2~3회, 지역에 따라 4~9월에 활동한다.
○ 먹이식물 싸리류, 칡, 비수리, 아카시나무 등(콩과)
○ 겨울나기 5령애벌레

암컷은 먹이식물의 잎 위에 알을 낳는다. **알**은 연한 녹색의 공 모양으로 표면에 다각형으로 패인 자국이 덮여 있고 모서리마다 투명한 돌기가 짧다. 알에서 깨어난 **1령애벌레**는 짙은 갈색 머리와 몸은 갈색으로 몸마디에 일정한 배열의 샘털을 가지고 있다. 알껍데기를 먹은 애벌레는 잎끝으로 이동해 주맥과 잎에 실을 치고 자리를 고른다. 잎의 측맥에 마름질한 잎 조각을 걸어 몸을 위장하며 수분이 빠진 잎을 먹기도 한다. **2령애벌레**는 갈색으로 머리에 1쌍의 돌기가 있다. 몸에 샘털은 퇴화되고 잔털이 빼곡해진다. 가슴과 2·8번 배마디에 돌기가 발달한다. 애벌레는 1령기와 같은 행동으로 먹이활동을 한다. **3령애벌레**는 연한 갈색으로 가운데가슴과 뒷가슴, 2·8번 배마디의 돌기가 크게 발달한다. 가운데가슴 돌기와 8번 배마디의 돌기가 선으로 이어진다. 애벌레는 위험을 느끼면 머리는 숙이고 뒷가슴과 배마디의 돌기를 앞으로 내미는 방어 행동을 한다. **4령애벌레**의 외부형태는 3령기와 같다. **5령애벌레**의 왕성한 식욕은 먹이식물 일부를 앙상하게 만들기도 한다. 이시기에 겨울나기를 준비하는 애벌레는 먹이식물에서 내려와 낙엽 사이에서 겨울을 지내고 이른 봄 먹이활동 없이 번데기가 된다. **번데기**는 연노란색으로 머리에 1쌍의 돌기가 있고 등으로 양날개 폭이 넓으며 몸마디에 금빛 반점이 돋보인다.

먹이식물(싸리)

알

1령

2령

3령

4령

5령(겨울나기)

5령

번데기

수컷

암컷

79. 세줄나비 *Neptis philyra* Ménétriès, 1859

암컷

주년경과	1월	2월	3월	4월	5월	6월	7월	8월	9월	10월	11월	12월
알												
애벌레												
번데기												
어른벌레												

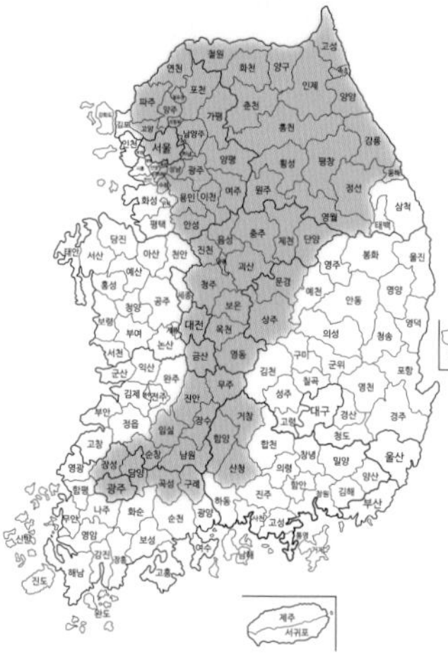

○ 성충 발생 연 1회, 지역에 따라 6~8월에 활동한다. ○ 겨울나기 4령애벌레
○ 먹이식물 단풍나무, 신나무, 당단풍, 고로쇠나무 등(단풍나무과)

암컷은 먹이식물의 잎끝에 알을 낳는다. **알**은 녹색으로 아랫면이 평평한 공 모양이다. 표면에 다각형으로 패인 자국이 덮여있고 모서리마다 투명한 돌기가 있다. 알은 시간이 지나며 갈색으로 변한다. 알에서 깨어난 **1령애벌레**는 짙은 갈색 머리와 몸은 갈색으로 둥근 돌기가 일정하게 배열되어 있다. 애벌레는 알껍데기를 먹고 잎끝으로 이동해 주맥에 실을 치고 좌우 잎을 여러 조각으로 마름질해 하나씩 먹는 모습을 볼 수 있다. **2령애벌레**의 몸은 갈색으로 몸마디의 둥근 돌기는 가시 많은 돌기로 발달하고 흐린 바닥선이 보인다. **3령애벌레**는 잎끝에 자리를 잡고 마름질 없이 주맥을 따라 좌우 잎을 먹어가며 활동한다. **4령애벌레**의 몸은 갈색으로 등선이 선명하다. 가운데가슴과 뒷가슴의 돌기는 앞으로 향하고 뒤로 향한 8번 배마디의 돌기와 배끝돌기가 조화를 이룬다. 겨울나기를 준비하는 애벌레는 가지에 잎자루를 단단히 고정시키고 실을 친 잎 한 켠에 붙어 겨울을 지낸다. **5령애벌레**는 적갈색으로 먹이활동 길에 실을 치며 다니는 행동을 보인다. **전용**이 가까워진 애벌레는 겨울을 지내던 잎이나 잎자루 또는 줄기에 실을 치고 배끝을 붙여 번데기가 된다. **번데기**는 연한 갈색으로 머리에 1쌍의 돌기가 있고 앞날개 둘레선 일부에 갈색 선이 선명하며 배마디에 등선이 날카롭게 돋아있다.

먹이식물(단풍나무)

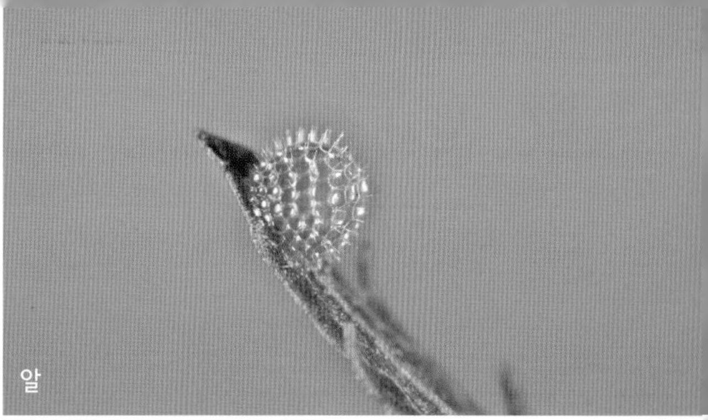
알

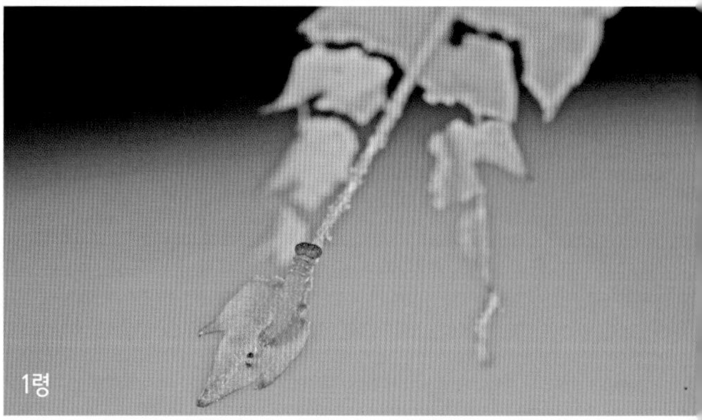
1령

1령

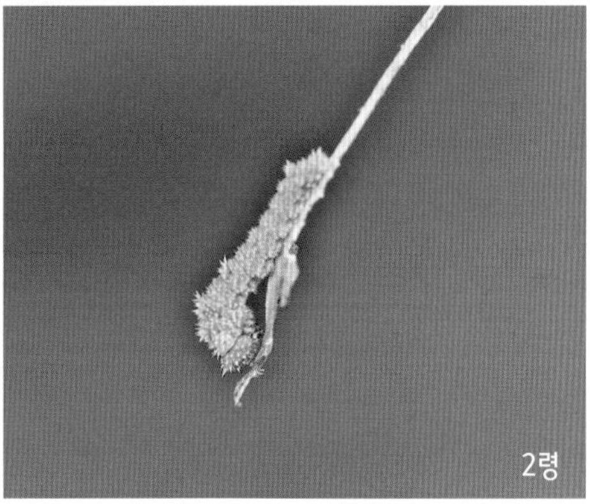
2령

4령(겨울나기)

4령(겨울나기)

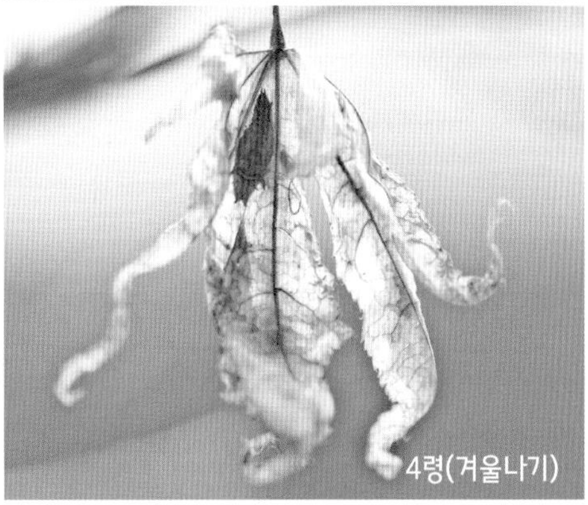
4령(겨울나기)

4령(겨울나기)

5령

번데기

수컷

80. 참세줄나비 *Neptis philyroides* Staudinger, 1887

주년 경과	1월	2월	3월	4월	5월	6월	7월	8월	9월	10월	11월	12월
알							■	■				
애벌레	■	■	■	■	■			■	■	■	■	■
번데기					■	■						
어른벌레					■	■	■	■				

○ 성충 발생 연 1회, 지역에 따라 5~8월에 활동한다. ○ 겨울나기 4령애벌레

○ 먹이식물 개암나무, 물개암나무, 까치박달, 서어나무 등(자작나무과)

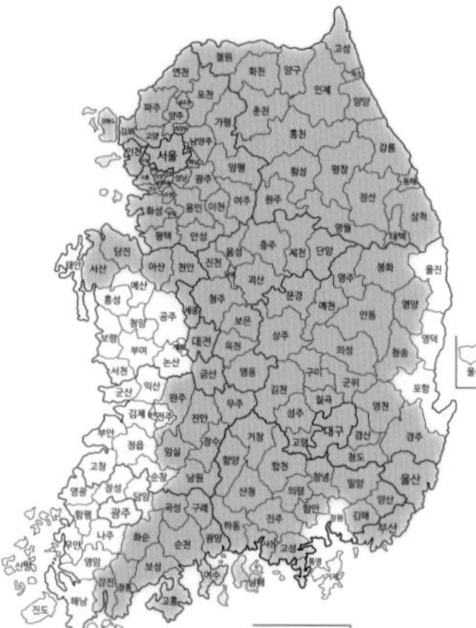

암컷은 먹이식물 잎 가장자리에 알을 낳는다. **알**은 녹색으로 아랫면이 평평한 공 모양으로 표면에 육각형으로 패인 자국이 덮여있고 모서리마다 투명한 돌기가 있다. 알에서 깨어난 **1령애벌레**는 짙은 갈색 머리와 몸은 갈색으로 몸마디에 털이 난 둥근 돌기가 일정한 배열로 있다. 애벌레는 알껍데기를 먹고 주맥을 따라 이동하여 주맥과 좌우 맥을 피해 먹이활동을 한다. 또한, 마름질한 잎의 일부를 여러 잎맥에 매달아 주변을 위장하고 주맥 끝에서 휴식을 갖는다. **2령애벌레**는 갈색으로 몸마디의 둥근 돌기가 가시가 많은 돌기로 발달하고 등선이 나타난다. 애벌레는 주맥 중간을 꺾어 시들게 한 후 실로 고정시키고 몸을 은폐하는 행동을 보인다. **3령애벌레**는 겨울나기를 위해 먹이식물의 줄기에 잎자루와 잎에 고정시키고 잎 한켠에 붙어 낙엽과 비슷한 적갈색 **4령**으로 탈피하여 겨울을 지낸다.

5령애벌레의 머리와 몸은 등선이 밝은 갈색으로 겨울을 지내던 잎을 은신처로 계속 사용하는 특성을 가진다. 애벌레는 주로 밤에 활동하며 낮에는 은신처로 돌아와 움직임이 없다. **전용**이 가까운 애벌레도 다른 은신처를 찾지 않고 겨울에 사용하던 잎에 재차 실을 치고 배끝을 붙여 번데기가 된다. **번데기**는 연한 갈색으로 머리에 1쌍의 돌기가 있고 숨구멍이 흑색으로 짙다.

먹이식물(개암나무)

알

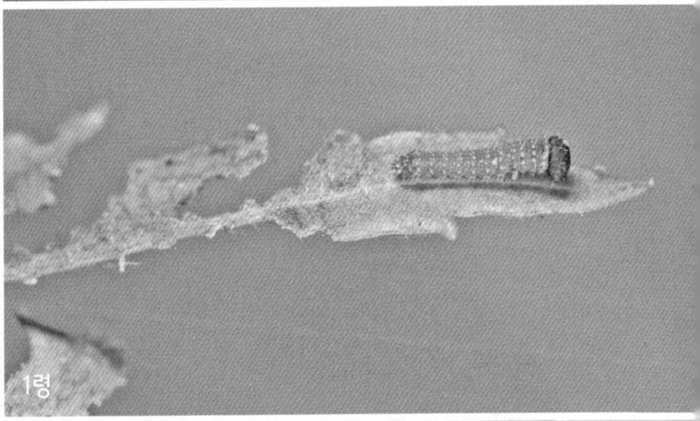
1령

2령(주맥을 자르는 애벌레)

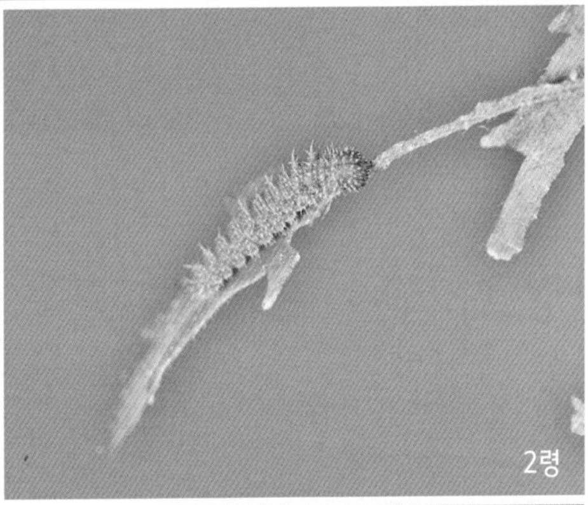
2령

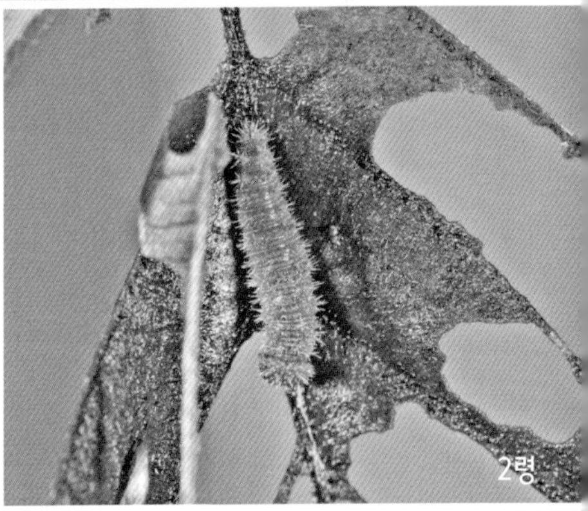
2령

3령(겨울준비)

4령(겨울나기)

번데기

4령

5령

81. 두줄나비 *Neptis rivularis* (Scopoli, 1763)

암컷

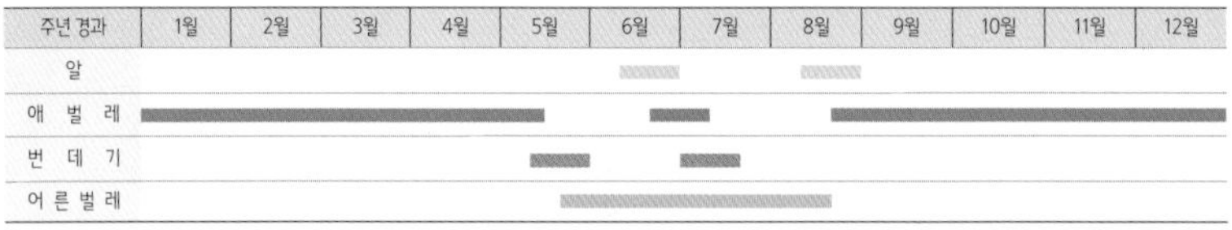

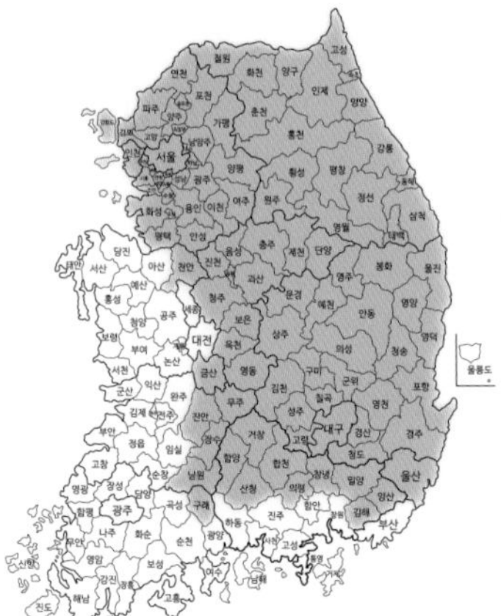

○ 성충 발생 연 2회, 지역에 따라 5~8월에 활동한다. ○ 겨울나기 3령애벌레
○ 먹이식물 여러 조팝나무(장미과)

암컷은 먹이식물의 잎 위에 알을 낳는다. **알**은 녹색의 공 모양으로 표면에 육각형으로 패인 자국이 덮여있고 모서리마다 투명한 돌기가 있다. 알에서 깨어난 **1령애벌레**는 짙은 갈색 머리에 백색 털이 듬성듬성하고 몸은 연한 갈색으로 작은 털을 가진 돌기가 일정한 배열로 있다. 애벌레는 알껍데기를 먹고 주맥을 따라 이동해 양쪽 잎을 실로 붙인 방을 만들어 생활한다. **2령애벌레**의 몸은 갈색으로 짧은 백색 털이 빼곡하며 6~9번 배마디 옆에 갈색 반점이 등옆선까지 발달한다. **3령애벌레**의 머리와 몸은 갈색이다. 가슴과 1~3번 배마디가 굵어진다. 겨울나기를 준비하는 애벌레는 먹이식물의 잎을 몸에 맞게 마름질하고 둥글게 말아 붙인 방에서 겨울을 지낸다. **4령애벌레**는 연한 회색으로 머리에 잔털이 많으며 등선이 선명하다. 6~9번 배마디로 이어지는 삼각형 모양의 노란색 반점을 가지며 가운데가슴과 뒷가슴, 2·8번 배마디에 돌기가 강하다. 애벌레는 겨울을 나던 곳을 떠나지 않고 은신처로 활용한다. **5령애벌레**의 몸은 짙은 회색으로 몸의 돌기가 더욱 발달한다. 애벌레는 겨울을 지내던 곳을 찾지 않으며 보다 안전해 보이는 가지 사이에 몸을 움추려 휴식을 한다. **전용**이 가까워진 애벌레는 먹이식물에 실을 치고 배끝을 붙여 번데기가 된다. **번데기**는 머리에 1쌍의 돌기와 등선이 선명하고 양날개 사이 폭이 넓다.

먹이식물(조팝나무)

알

1령

2령

3령(겨울나기)

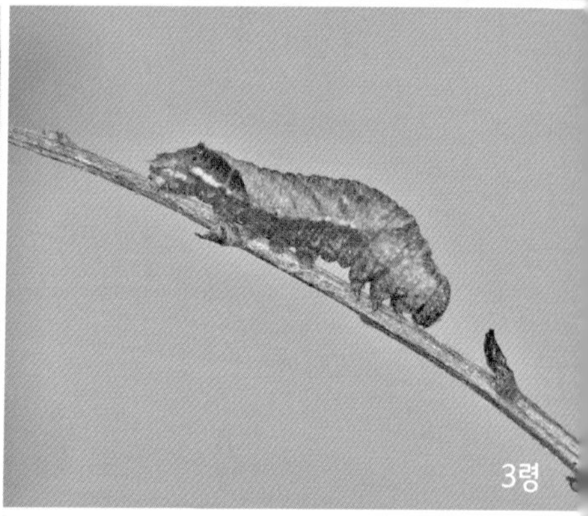
3령

3령

4령

5령

전용

번데기

번데기

82. 별박이세줄나비 *Neptis pryeri* Nakahara & Esaki, 1929

수컷

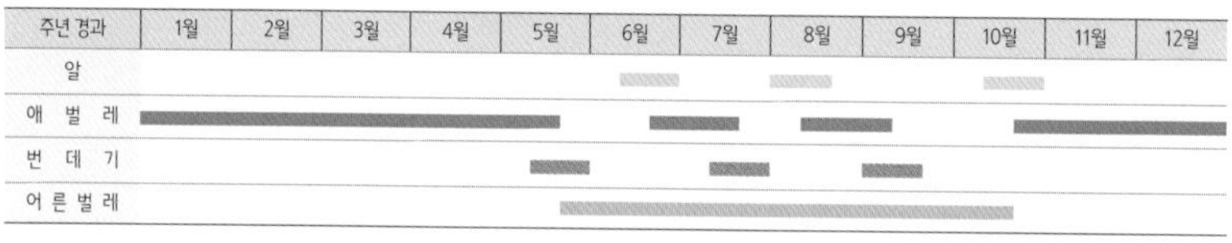

○ 성충 발생 연 2~3회, 지역에 따라 5~10월에 활동한다.

○ 겨울나기 3령애벌레

○ 먹이식물 여러 조팝나무(장미과)

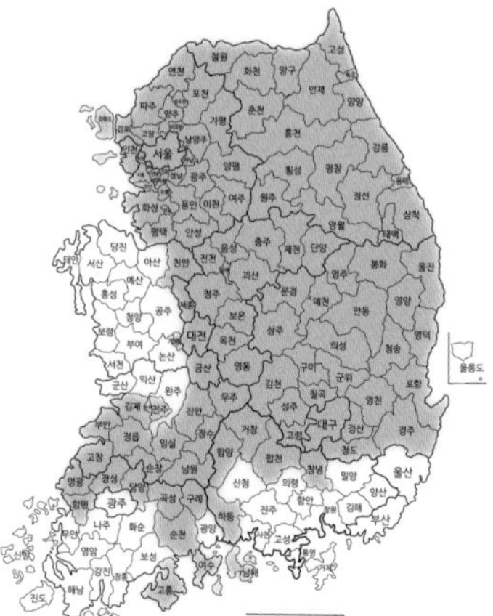

암컷은 먹이식물의 잎 위에 알을 낳는다. **알**은 연한 녹색의 아랫면이 평평한 공 모양으로 표면에 다각형으로 패인 자국이 덮여있고 모서리마다 끝이 구부러진 투명한 돌기가 있다. 알에서 깨어난 **1령애벌레**는 짙은 갈색 머리와 몸은 갈색으로 일정한 배열의 털이 있다. 애벌레는 알껍데기를 먹고 잎끝으로 이동해 주맥 양쪽을 삼각형으로 마름질한 후 실로 붙인 방을 만들어 생활한다. 겨울나기를 준비하는 **3령애벌레**는 생활하던 방의 잎자루를 실로 고정하고 겨울을 지낸다. 이듬해 이른 봄, 애벌레는 여린 순을 따라 먹이활동을 시작한다. **4령애벌레**는 돌기가 발달한 갈색 머리에 몸은 짙은 갈색으로 앞가슴과 가운데가슴, 2·8번 배마디에 가시가 많은 돌기가 발달한다. 2~4번 배마디 옆으로 주황색 반점이 선명해지고, 6~8번 배마디 옆으로 백색 긴모양의 반점이 있다. 애벌레는 먹이활동을 마치면 겨울을 지내던 방 주변에서 휴식을 한다. **5령애벌레**는 회색으로 등선이 보다 짙어진다. 외부 형태는 4령기와 같으며 몸에 백색 털이 빼곡하다. 6~8번 배마디 옆으로 백색 삼각형 모양의 반점이 연노란색으로 변한다. **전용**이 가까워진 애벌레는 먹이식물 줄기에 실을 치고 배끝을 붙여 번데기가 된다. **번데기**는 갈색으로 머리에 1쌍의 돌기와 등으로 양날개 사이 폭이 넓고 흑색 실선이 어지럽게 나있다.

먹이식물(조팝나무)

알

1령

3령(겨울나기)

3령(겨울 방)

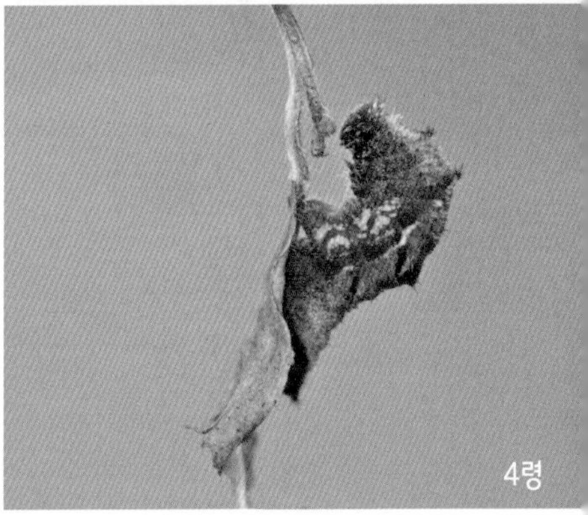
4령

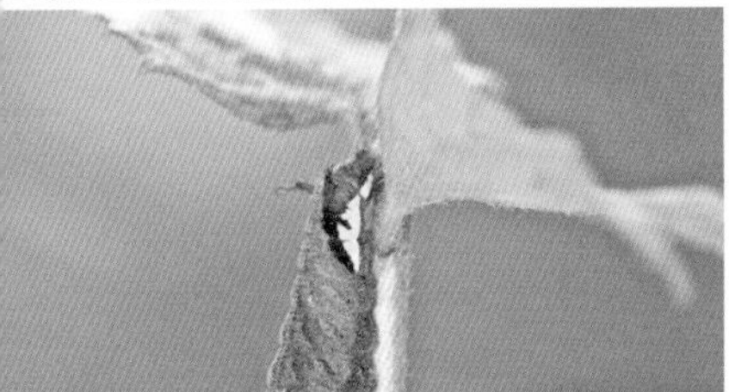
5령

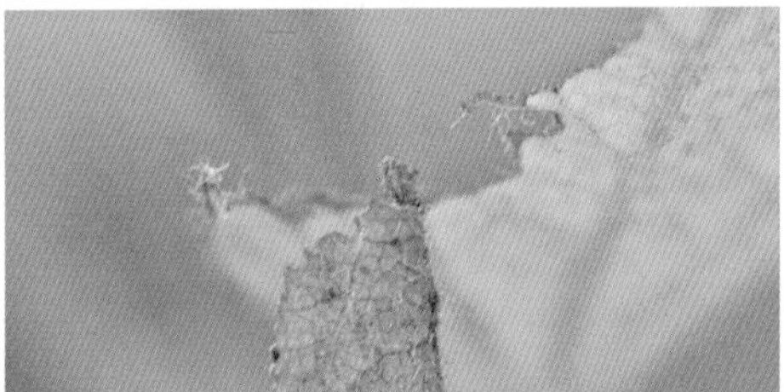
애벌레 방

전용

번데기

성충

83. 개마별박이세줄나비 *Neptis andetria* Fruhstofer, 1913

호랑나비과
흰나비과
부전나비과
네발나비과
팔랑나비과

EX
EW
RE
CR
EN
VU 취약
NT
LC
DD
NA
NE

주년 경과	1월	2월	3월	4월	5월	6월	7월	8월	9월	10월	11월	12월
알								■				
애벌레	■	■	■	■	■	■		■	■	■	■	■
번데기						■						
어른벌레						■	■	■				

○ 성충 발생 연 1회, 지역에 따라 6~8월에 활동한다. ○ 겨울나기 3령애벌레
○ 먹이식물 산조팝나무 외 여러 조팝나무(장미과)

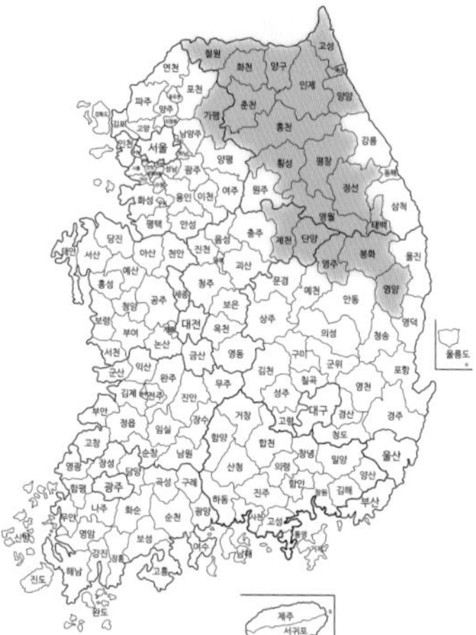

암컷은 먹이식물의 잎 위에 알을 낳는다. **알**은 청록색의 공 모양으로 표면에 육각형으로 패인 자국이 덮여 있고 모서리마다 투명한 돌기가 있다. 알에서 깨어난 **1령애벌레**는 짙은 갈색 머리에 몸은 갈색으로 일정한 배열로 털이 있다. 애벌레는 알껍데기를 먹고 잎끝으로 이동해 주맥 양쪽 잎을 마름질해 붙인 방을 만들어 생활한다. **2령애벌레**는 짙은 갈색 몸에 백색 털이 빼곡하다. 애벌레는 잎육을 먹는 모습을 보이기도 한다. 겨울나기를 준비하는 **3령애벌레**는 생활하던 방의 잎자루를 실로 고정시키고 겨울을 지내며 먹이식물의 마른 잎과 같은 짙은 갈색의 보호색을 가진다. **4령애벌레**의 머리와 몸은 갈색으로 작은 털이 빼곡하고 가운데가슴과 뒷가슴, 2·8번 배마디에 가시가 많은 돌기가 있다. 2~4번 배마디 옆으로 노란색 반점이 있으며, 6~9번 배마디 옆으로 백색 삼각형 모양의 반점이 있다. 애벌레는 먹이활동을 마치면 겨울을 지내던 방 주변을 찾아 휴식을 한다. **5령애벌레**의 가슴돌기는 주홍색이고, 배돌기는 짙은 갈색으로 별박이세줄나비 애벌레보다 가늘고 길다. **전용**이 가까워진 애벌레는 먹이식물 줄기에 실을 치고 배끝을 붙여 번데기가 된다. **번데기**는 갈색으로 머리에 1쌍의 돌기와 등선이 발달하고 양날개 사이 폭이 넓다. 배마디에 숨구멍 선은 짙은 갈색이다.

먹이식물(산조팝나무)

알

1령

2령

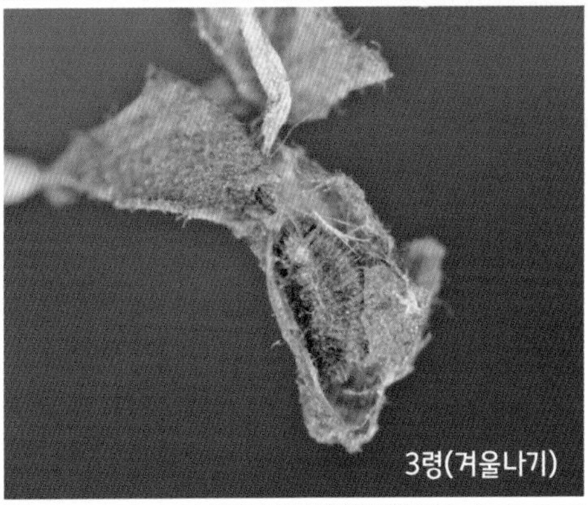
3령(겨울나기)

애벌레 방

4령

4령

5령 초

5령

전용

번데기

84. 높은산세줄나비 *Neptis speyeri* Staudinger, 1887

수컷(사진 박종세)

주년 경과	1월	2월	3월	4월	5월	6월	7월	8월	9월	10월	11월	12월
알												
애벌레												
번데기												
어른벌레												

○ 성충 발생 연 1회, 지역에 따라 6~8월에 활동한다. ○ 겨울나기 3령애벌레
○ 먹이식물 까치박달, 서어나무 등(자작나무과)

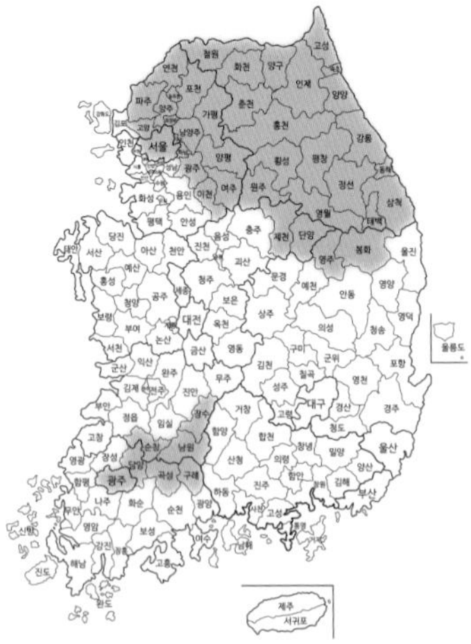

암컷은 먹이식물의 잎 가장자리에 알을 낳는다. **알**은 녹색의 찐빵 모양으로 표면에 다각형으로 깊게 패인 자국이 덮여있고 모서리마다 끝이 갈라진 투명한 돌기가 있다. 알에서 깨어난 **1령애벌레**는 알껍데기를 먹고 잎 끝으로 이동해 주맥을 중심으로 삼각형 모양의 마름질로 방을 만든다. **3령애벌레**는 주맥을 길게 남기는 먹이활동을 한다. 겨울나기를 준비하는 애벌레는 실을 이용해 방의 잎자루를 가지에 붙이고 겨울을 지낸다. 이른 봄부터 활동하는 애벌레의 몸에 빗금이 선명하게 발달하고 겨울을 지내던 방을 은신처로 이용하기도 한다. **4령애벌레**는 짙은 갈색 머리에 1쌍의 돌기가 있고 가운데가슴과 뒷가슴, 2·4·7·8번 배마디에 가시가 달린 돌기가 발달한다. 등선을 따라 가슴 방향으로 여러 개의 검은색 빗금이 선명해진다. 몸 옆으로 7번 배마디부터 배끝으로 노란색의 반점이 있다. **5령애벌레**의 몸은 백색 털과 백색 점이 빼곡하고 등선이 선명하며 돌기는 4령기보다 2배 이상 커진다. 먹이활동이 활발해지는 애벌레는 방을 떠나 새로운 잎의 주맥에 쉴 자리를 만들어 가며 활동한다. **전용**이 가까워진 애벌레는 먹이식물의 줄기 또는 잎 아랫면 주맥이나 잎자루에 실을 바르고 배끝을 붙여 번데기가 된다. **번데기**는 반짝이는 연한 금색으로 머리에 1쌍의 돌기와 배마디에 흑색 반점이 일정하게 있다.

먹이식물(서어나무)

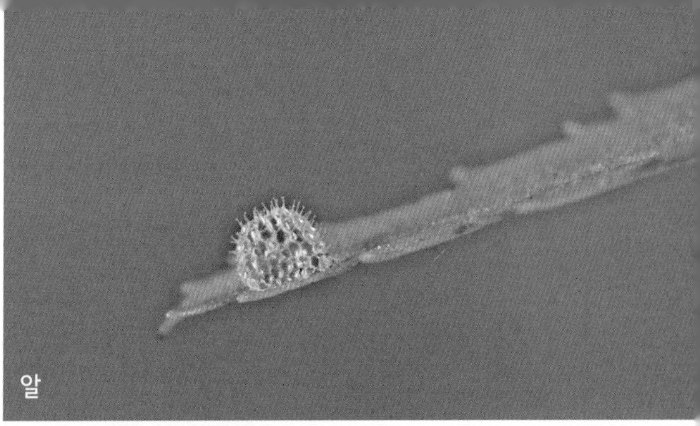

알

2령(애벌레 방)

3령(봄)

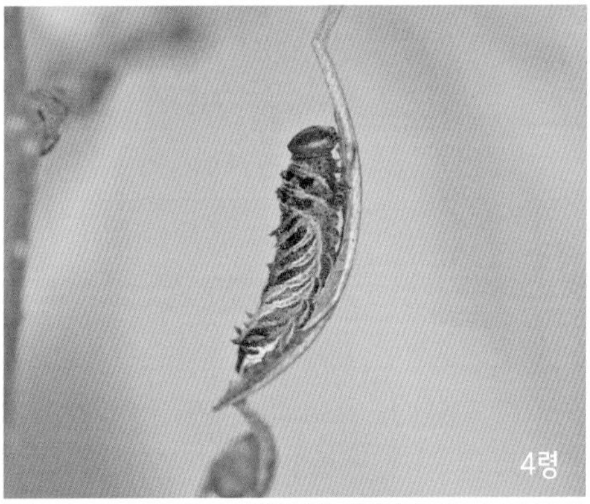

4령

4령 말

5령 초

5령

겨울나기 방

전용

번데기

85. 왕세줄나비 *Neptis alwina* Bremer & Grey, 1853

EX
EW
RE
CR
EN
VU
NT
LC
DD
NA
NE

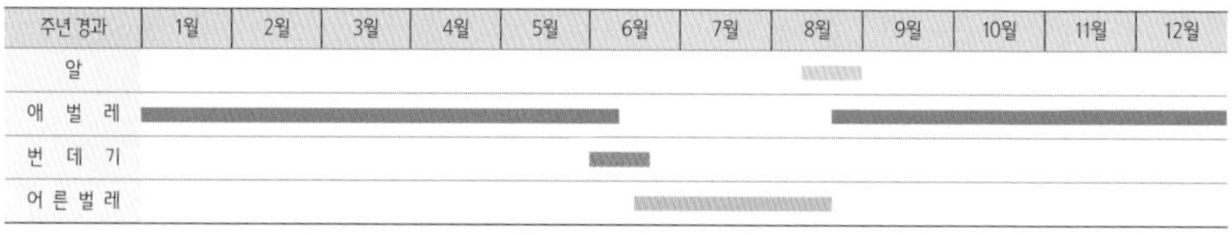

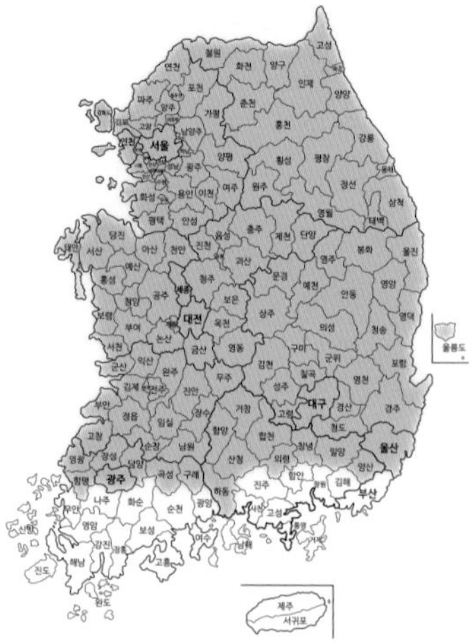

○ 성충 발생 연 2회, 지역에 따라 5~8월에 활동한다. ○ 겨울나기 3령애벌레
○ 먹이식물 복사나무, 자두나무, 매실나무, 앵두나무 등(장미과)

암컷은 먹이식물의 잎 위에 알을 낳는다. 알은 청록색의 공 모양으로 표면에 다각형으로 패인 자국이 덮여있고 모서리마다 투명한 돌기가 있다. 알에서 깨어난 **1령애벌레**의 머리와 몸은 갈색으로 가운데가슴과 뒷가슴, 배마디에 1쌍의 둥글고 낮은 돌기가 일정한 배열로 나 있다. 애벌레는 잎끝으로 이동해 주맥 양옆의 잎을 둥글게 먹어가는 활동을 보인다. **3령애벌레**의 머리와 몸에 짙은 갈색의 돌기가 발달한다. 그 중에 가운데가슴과 뒷가슴, 2·7·8번 배마디 돌기가 다른 돌기에 비해 크다. 애벌레는 다른 줄나비들과 달리 방을 만들지 않고 먹이식물 잎 윗면 주맥에 실을 발라 먹이활동 후 휴식처로 사용한다. 이 시기에 겨울나기를 준비하는 애벌레는 먹이식물 가지 사이에 실을 치고 몸을 납작 엎드려 겨울을 지낸다. **5령애벌레**는 짙은 분홍색의 머리에 1쌍의 돌기가 있고 몸은 녹색으로 등선이 선명하다. 가슴마디에 1쌍씩의 돌기가 있고 2·8번 배마디 돌기는 배끝을 향하고, 7번 배마디의 돌기는 가슴을 향한다. 몸의 다른 돌기는 퇴화되어 매끈하다. 애벌레는 잎 전체를 깔끔하게 먹으며 이동한다. **전용**이 가까워진 애벌레는 먹이식물의 줄기 끝을 꺾어 잎을 시들게 하고 실을 두껍게 감아 배끝을 붙여 번데기가 된다. **번데기**는 광택이 있으며 머리에 돌기는 약하다. 등선이 발달하고 양날개 사이 폭이 넓다.

먹이식물(복사나무)

알

1령

3령

3령

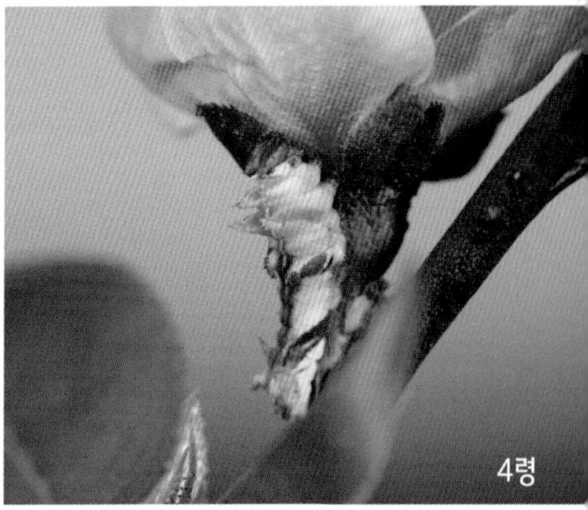

4령

3령(겨울나기)

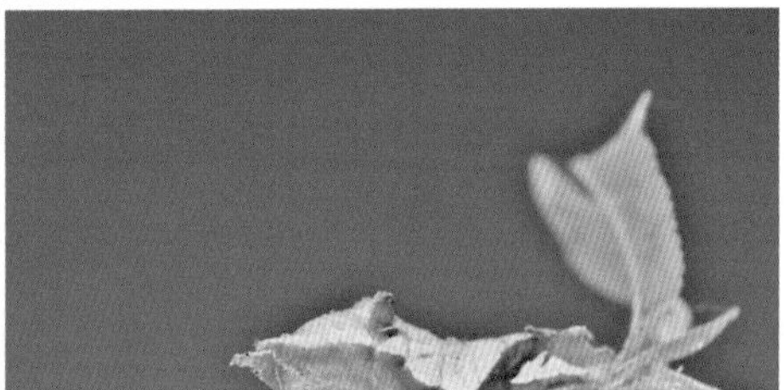

5령

전용

번데기

번데기

86. 어리세줄나비 *Neptis raddei* (Bremer, 1861)

수컷

EX EW RE CR EN VU NT LC DD NA NE

주년경과	1월	2월	3월	4월	5월	6월	7월	8월	9월	10월	11월	12월
알												
애벌레												
번데기												
어른벌레												

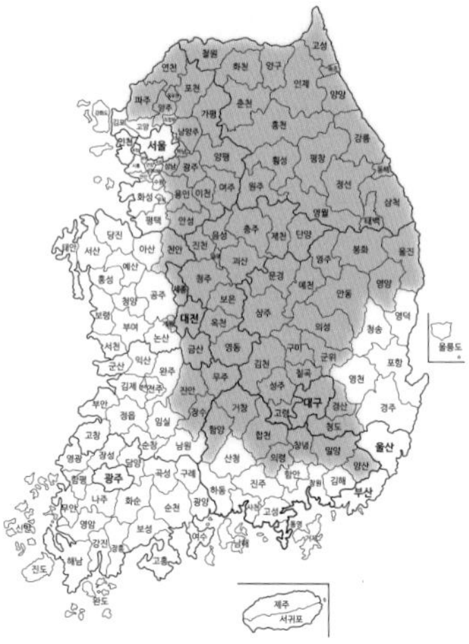

○ 성충 발생 연 1회, 지역에 따라 5~6월에 활동한다. ○ 겨울나기 4령애벌레
○ 먹이식물 느릅나무, 비술나무, 피나무과 피나무 등(느릅나무과)

암컷은 먹이식물의 잎 가장자리에 알을 낳는다. 알은 연한 녹색의 공 모양으로 표면에 육각형으로 패인 자국이 덮여있고 모서리마다 끝이 3개로 갈라진 투명한 돌기가 있다. 알에서 깨어난 **1령애벌레**는 흑색 머리에 몸은 갈색으로 가운데가슴과 뒷가슴에 돌기가 발달해 있다. 애벌레는 잎끝으로 이동해 주맥을 좌우로 마름질 해 가며 활동한다. **2령애벌레**는 짙은 갈색으로 가운데가슴과 뒷가슴, 2·4·7·8번 배마디에 가시가 많은 돌기가 나 있다. 애벌레는 1령기와 같은 행동으로 주맥에 붙어 활동하며 잎의 일부를 잘라 갈잎으로 매다는 행동을 한다. **3령애벌레**는 갈색으로 가슴돌기가 크게 발달한다. 애벌레는 주맥을 꺾어 만든 갈잎 은신처를 이용해 휴식을 한다. **4령애벌레**의 몸은 연한 갈색으로 잔털이 많아지고 돌기 끝이 짙은 갈색이다. 애벌레는 잎 윗면 주맥에 실을 치고 쉬어 가며 먹이활동을 한다. 이 시기에 겨울나기를 준비하는 애벌레는 실을 이용해 줄기에 잎자루를 붙이고 둥글게 말아 만든 방에서 겨울을 보낸다. **5령애벌레**는 가운데가슴과 뒷가슴의 돌기가 머리 방향으로 길게 휘어지고, 8번 배마디의 돌기는 배끝을 향한다. 가슴과 7번 배마디~배끝마디의 일부는 적갈색으로 짙다. **전용**이 가까워진 애벌레는 먹이식물 줄기에 실을 치고 배 끝을 붙여 번데기가 된다. **번데기**는 머리에 1쌍의 돌기가 있고 앞날개 둘레선이 짙다.

먹이식물(느릅나무)

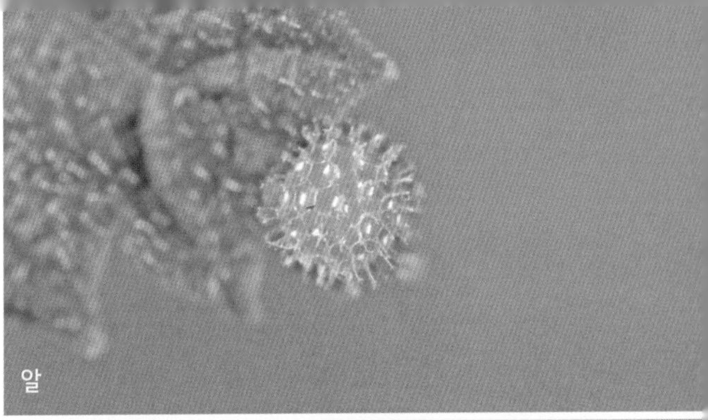
알

1령

2령

3령

3령

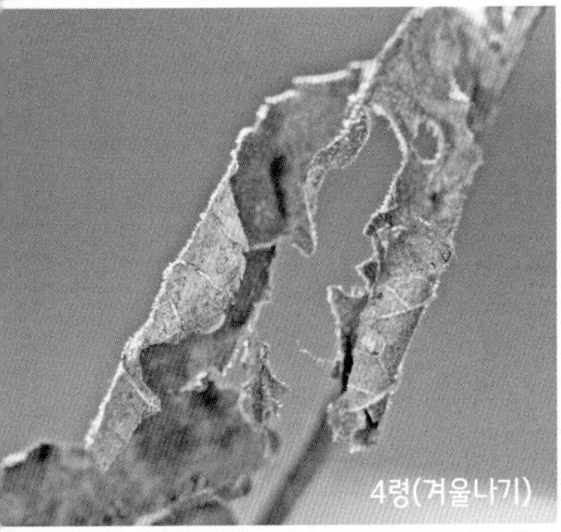
4령(겨울나기)

4령

5령

전용

번데기

수컷

87. 산황세줄나비 *Neptis ilos* Fruhstorfer, 1909

EX
EW
RE
CR
EN
VU
NT
LC
DD
NA
NE

주년경과	1월	2월	3월	4월	5월	6월	7월	8월	9월	10월	11월	12월
알								■	■			
애벌레	■	■	■	■	■	■		■	■	■	■	■
번데기						■						
어른벌레						■	■	■				

○ **성충 발생** 연 1회, 지역에 따라 6~8월에 활동한다.
○ **겨울나기** 3령애벌레
○ **먹이식물** 단풍나무류(단풍나무과), 서어나무 등(자작나무과)

암컷은 먹이식물의 잎 윗면 가장자리에 알을 낳는다. **알**은 녹색의 공 모양으로 표면에 찌그러진 육각형으로 패인 자국이 덮여있고 모서리마다 끝이 3~4개로 갈라진 투명한 돌기가 있다. 알은 시간이 지나며 투명해지고 애벌레가 비쳐 보인다. 알에서 깨어난 **1령애벌레**는 갈색으로 가운데가슴과 뒷가슴, 7번 배마디에 둥근 돌기가 있다. 애벌레는 잎끝으로 이동해 몸길이 만큼의 잎을 둥근 모양으로 남기고 주맥을 좌우로 마름질해 가며 먹이활동을 한다. **2령애벌레**는 짙은 갈색으로 가슴돌기와 배마디돌기가 가시가 많은 돌기로 발달한다. 애벌레는 1령기에 자리 잡은 잎을 모두 먹은 후 다른 잎으로 이동한다. 애벌레들의 이러한 행동으로 먹이식물 가지에 잎자루와 주맥만이 길게 매달려 있는 것을 볼 수 있다. **3령애벌레**의 머리와 몸은 갈색으로 잔털이 빼곡하며 가슴이 크게 발달한다. 가운데가슴과 뒷가슴, 7번 배마디 돌기에 잔가시가 그 중 날카롭게 발달한다. 애벌레는 1~2령기와 같은 행동을 보인다. 이시기에 겨울나기를 준비하는 애벌레는 시간이 지나며 몸에 잔털이 많아지고 실을 이용해 잎자루를 바람에 떨어지지 않게 가지에 고정한다. 애벌레는 두텁게 실을 친 주맥에 머리를 묻고 겨울을 지낸다.

먹이식물(서어나무)

알

1령

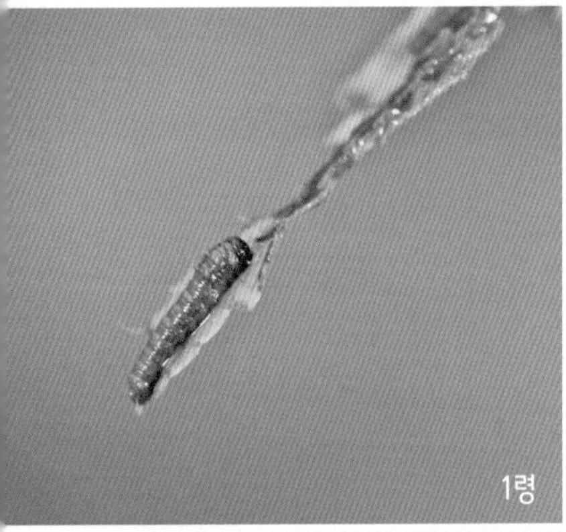
1령

2령

2령

3령

3령

3령(겨울나기 준비)

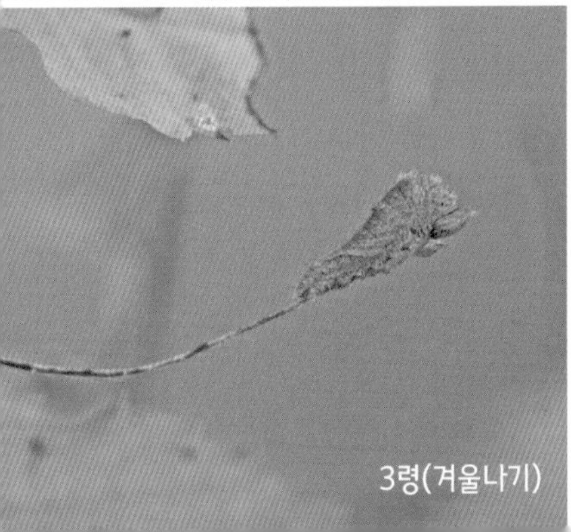
3령(겨울나기)

수컷

수컷

88. 황세줄나비 *Aldania thisbe* Ménétriès, 1859

수컷

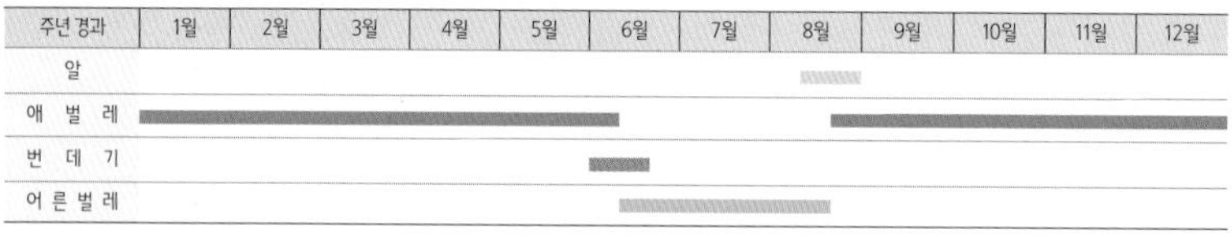

○ 성충 발생　연 2회, 지역에 따라 6~8월에 활동한다.　○ 겨울나기　3령애벌레

○ 먹이식물　신갈나무 외 여러 참나무(참나무과), 벚나무(장미과)

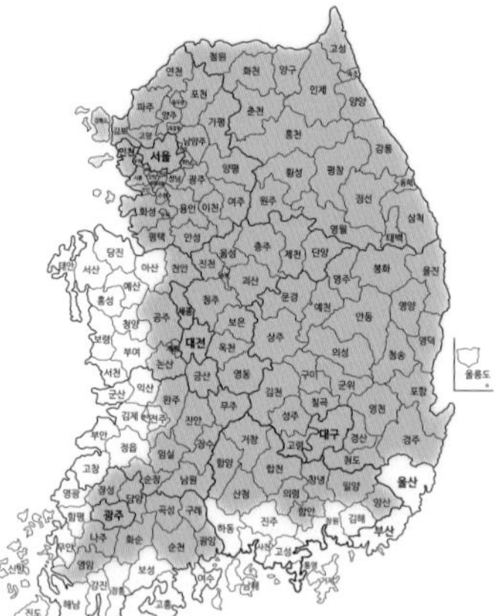

암컷은 먹이식물의 잎 윗면 가장자리에 알을 낳는다. **알**은 비취색의 공 모양으로 표면에 육각형으로 패인 자국이 덮여있고 모서리마다 끝이 3개로 갈라진 투명한 돌기가 있다. **1령애벌레**는 짙은 갈색 머리에 백색 털이 있다. 몸은 연한 갈색으로 가운데가슴과 뒷가슴에 돌기가 다른 돌기보다 크게 발달하고 몸에 백색 털이 있다. 애벌레는 잎끝으로 이동해 주맥을 중심으로 실을 치고 자리를 만들어 활동을 마치면 돌아와 쉬기를 반복한다. **2령애벌레**는 황갈색으로 머리에 1쌍의 돌기가 있고 앞가슴과 가운데가슴, 2·7·8번 배마디에 가시가 많은 돌기가 있다. **3령애벌레**는 연한 갈색으로 활발한 먹이활동을 보인다. 이 시기에 겨울나기를 준비하는 애벌레는 가지에 잎자루를 고정시키고 실을 친 잎 한편에 붙어 겨울을 지낸다. **4령애벌레**의 가슴돌기와 배돌기는 짙은 갈색으로 크게 발달한다. 애벌레는 먹이활동을 하고 겨울눈이나 눈비늘에 붙어 쉬기를 반복한다. **5령애벌레**의 돌기는 가시가 많은 백색으로 변한다. 몸에 갈색 무늬는 5번 배마디부터 배끝으로 이어지고 무늬 안에 7번 배마디의 노란색 점이 도드라진다. **전용**이 가까워진 애벌레는 잎 아랫면 주맥에 실을 치고 배끝을 붙여 번데기가 된다. **번데기**는 연한 황갈색으로 머리에 1쌍의 약한 돌기가 있고 가운데가슴과 뒷가슴, 1번 배마디에 은색 반점이 있다.

먹이식물(신갈나무)

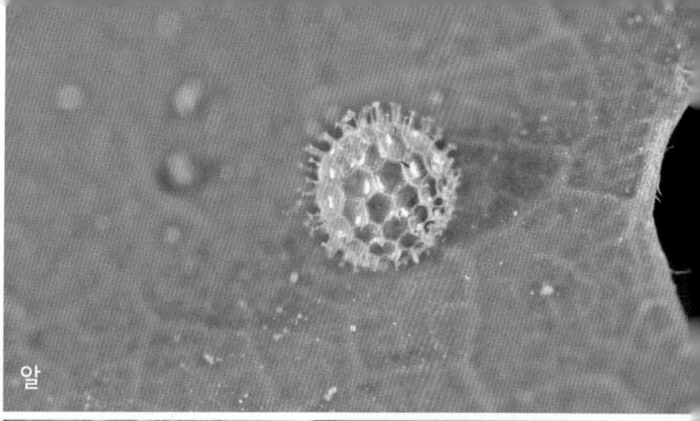
알

1령

2령

3령

3령(겨울나기)

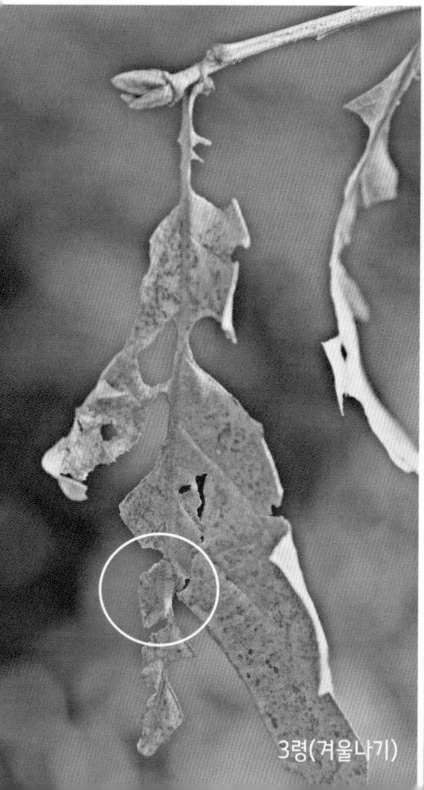
3령(겨울나기)

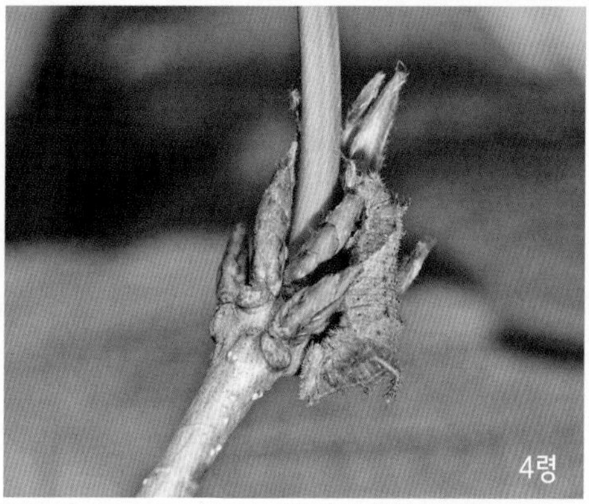
4령

5령

전용

번데기

CHAPTER

05

Hesperiidae

팔랑나비과

1. 독수리팔랑나비 *Burara aquilina* (Speyer, 1879)

암컷

주년 경과	1월	2월	3월	4월	5월	6월	7월	8월	9월	10월	11월	12월
알												
애벌레												
번데기												
어른벌레												

○ 성충 발생 연 1회, 지역에 따라 6~8월에 활동한다. ○ 겨울나기 1령애벌레

○ 먹이식물 음나무(두릅나무과)

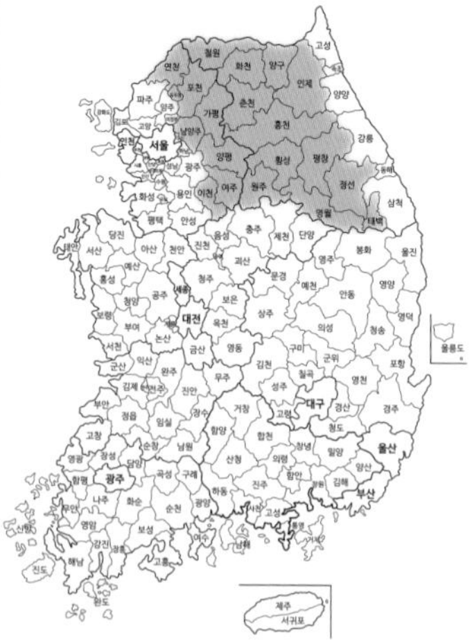

암컷은 먹이식물의 줄기나 잎에 하나에서 여러 개의 알을 모아 낳는다. 알은 연분홍색의 찐빵 모양으로 정공 부위가 움푹 들어갔으며 표면에 여러 개의 줄돌기가 세로로 있고 사이에 작은 줄돌기가 층층이 이어진다. 알에서 깨어난 **1령애벌레**는 갈색 머리에 몸은 분홍색을 띠는 유백색이다. 분홍색의 등선과 등옆선이 배끝으로 이어지고 머리와 몸에 일정한 배열의 백색 털이 있다. 애벌레는 알껍데기를 먹지 않으며 먹이활동 없이 먹이식물에 방을 만들어 겨울을 지낸다. 이른 봄 잠에서 깨어난 애벌레는 새순을 먹이로 실을 쳐가며 활동한다. **4·5령애벌레**는 흑색 문양이 선명한 주홍색 머리에 몸은 흑색이다. 백색의 등선과 등옆선, 바닥선이 배끝으로 이어진다. 숨구멍 윗선과 바닥선 사이, 몸마디에 선들이 칸을 이루고 숨구멍선과 배다리는 주홍색이다. 애벌레는 갈라진 잎을 둥글게 말아 내부에 실을 친 방을 만들어 생활한다. 애벌레는 낮보다는 밤에 활동하는 야행성이다. **전용**이 가까워진 애벌레는 먹이식물을 말아 붙인 방에 배끝을 붙이고 몸에 실을 걸어 번데기가 되거나 방을 떠나 안전한 곳을 찾아 이동하기도 한다. **번데기**는 연분홍색으로 머리에 돌기가 있고 등선과 등옆선, 숨구멍이 선명하지만 시간이 지나며 백색 밀납가루에 덮인다.

먹이식물(음나무)

알

1령

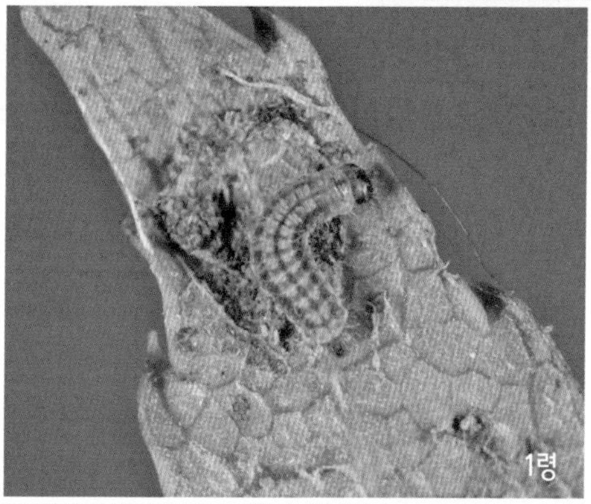
1령

4령

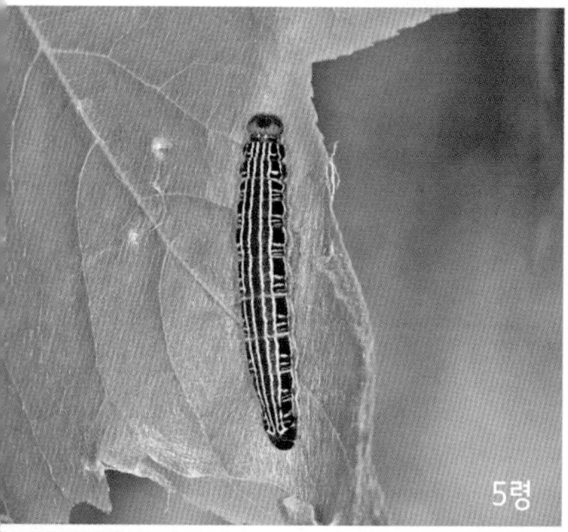
5령

5령(머리)

애벌레 방

전용

번데기

수컷

2. 푸른큰수리팔랑나비 *Choaspes benjaminii* (Guérin-Méneville, 1843)

수컷(사진 최원교)

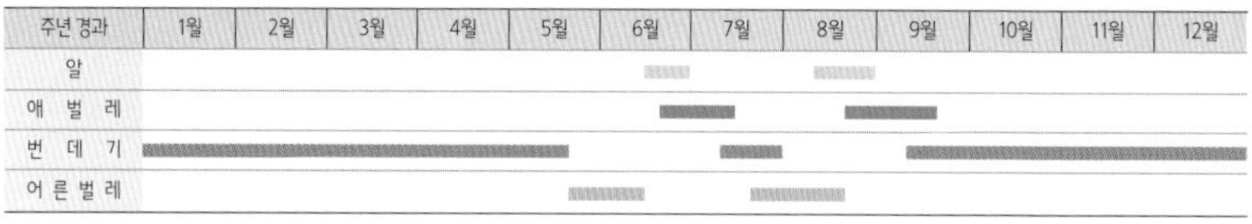

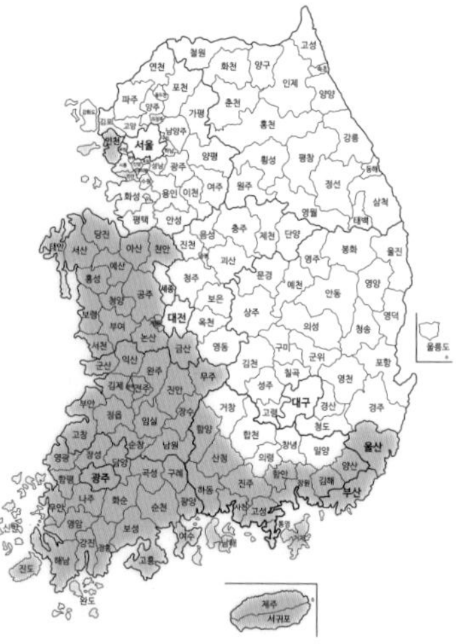

○ 성충 발생 연 2회, 지역에 따라 5~8월에 활동한다.

○ 겨울나기 번데기

○ 먹이식물 나도밤나무, 합다리나무(나도밤나무과)

암컷은 먹이식물의 여린 순이나 잎 아랫면에 알을 낳는다. **알**은 연분홍색의 찐빵 모양으로 정공이 살짝 들어가 있다. 표면에 정공을 중심으로 여러 개의 줄돌기가 세로로 있고 사이에 작은 줄돌기가 층층이 이어진다. 알은 시간이 지나며 연분홍색으로 변하고 애벌레 머리가 비친다. **1령애벌레**는 연한 주황색 머리에 몸은 반투명한 녹색이다. 애벌레는 잎 가장자리로 이동해 몸에 맞게 마름질한 잎을 접어 만든 방에서 생활한다. **3령애벌레**는 주홍색 머리에 6개의 흑색 점이 있고, 흑색 몸마디에 노란색 선들이 띠를 이루어 가로지른다. 또한 등옆선 자리에 일정한 배열의 파란색 점이 배끝으로 이어진다. 애벌레는 잎끝으로 이동해 주맥에 잎을 말아붙인 방을 만들어 생활하기도 한다. **4·5령애벌레**는 등옆선 자리에 파란색 점이 크게 선명해 진다. 8번 배마디에 붉은색 1쌍의 흑색 점이 있다. 애벌레는 먹이식물의 가지에 잎자루를 붙이고 주맥을 꺾어 잎을 말아 만든 방에 공기순환을 위한 구멍을 낸다. **전용**이 가까워진 애벌레는 생활하던 방에서 번데기가 되거나, 먹이식물을 내려와 낙엽 사이에 실을 이용한 엉성한 고치를 만들어 배끝을 붙이고 몸에 실을 걸어 번데기가 되기도 한다. **번데기**는 머리에 돌기가 발달하고 등선을 중심으로 흑색 반점이 있으며 백색 밀납가루가 덮여 있다.

먹이식물(나도밤나무)

알

애벌레 방

3령

애벌레 방

5령

5령

번데기

수컷(사진 최원교)

3. 왕팔랑나비 *Lobocla bifasciata* (Bremer & Grey, 1853)

수컷

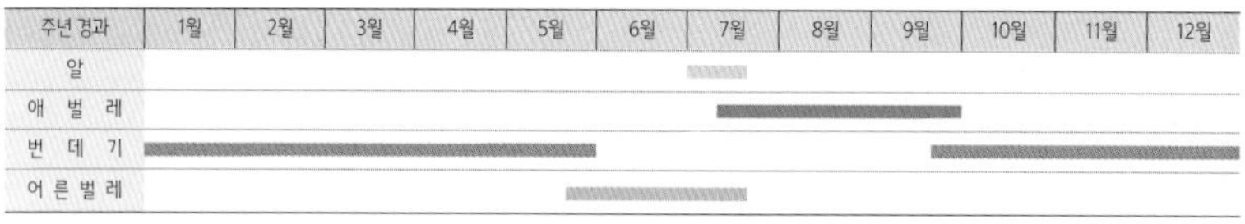

○ 성충 발생 연 1회, 지역에 따라 5~7월에 활동한다.
○ 겨울나기 번데기
○ 먹이식물 싸리류, 칡, 아까시나무 등(콩과)

암컷은 먹이식물의 잎에 알을 낳는다. **알**은 연한 녹색의 아랫면이 평평한 공 모양으로 정공 부위도 평평하다. 표면에 여러 개의 줄돌기가 세로로 있고 사이에 작은 줄돌기가 층층이 이어진다. 알은 시간이 지나며 붉은색으로 변한다. 알에서 깨어난 **1령애벌레**는 반짝이는 흑색 머리에 몸은 노란색으로 잔주름이 많다. 애벌레는 잎 가장자리에 마름질한 잎을 접어 붙이고 내부에 실을 겹겹이 친 방을 만들어 생활한다. **2령애벌레**의 몸은 황녹색으로 가슴이 붉은색으로 선명하다. **3령애벌레**는 흑색 머리에 잔털이 있고, 몸은 녹색으로 백색 점이 빼곡하며 등선이 어렴풋하다. **4령애벌레**의 몸은 비취색이다. 몸에 선들이 전반적으로 어렴풋하고 등옆선만이 노란색 반점으로 선명하다. 애벌레는 먹이식물에 따라 방의 모양이 다르다. **5령애벌레**는 갈색 머리에 몸은 보라색이다. 등옆선의 노란색 반점은 주황색으로 변한다. 애벌레는 야행성으로 해가 진 후에 움직이며 은신하던 방을 중심으로 폭넓게 활동한다. **전용**이 가까워진 애벌레는 생활하던 방 외부에 잎을 겹겹이 붙이고 내부에 실을 촘촘히 친다. 애벌레는 배설물도 밖으로 버리지 않는 조심성을 보이며 번데기가 된다. **번데기**는 갈색으로 몸의 둘레선이 부드럽다. 배마디가 뚜렷하고 백색 밀납가루가 묻어 있다.

먹이식물(칡)

알

알

1령

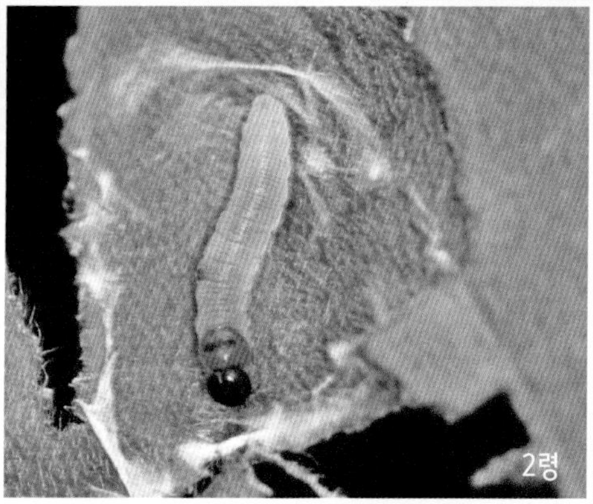
2령

3령

4령

5령

애벌레 방

애벌레 방

번데기

암컷

4. 멧팔랑나비 *Erynnis montanus* (Bremer, 1861)

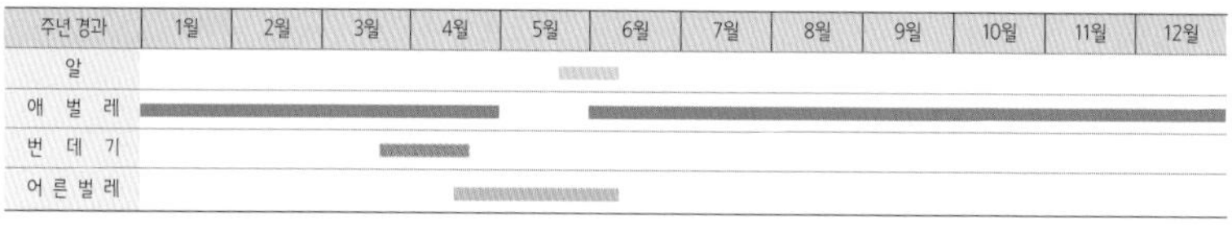

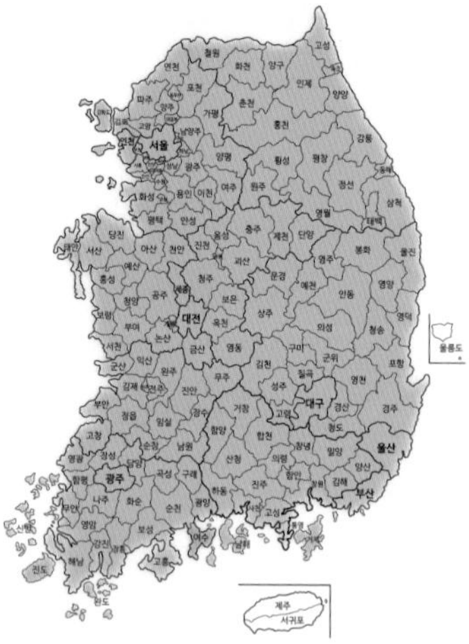

○ 성충 발생 연 1회, 지역에 따라 4~6월에 활동한다. ○ 겨울나기 5령애벌레

○ 먹이식물 떡갈나무, 신갈나무, 졸참나무, 상수리나무 등(참나무과)

암컷은 먹이식물의 여린 줄기나 새순에 알을 낳는다. **알**은 연노란색으로 아랫면이 좁은 찐빵 모양이다. 정공을 중심으로 여러 개의 줄돌기가 세로로 강하게 있고 사이에 작은 줄돌기가 층층이 이어진다. 알은 시간이 지나며 붉은색으로 변한다. 알에서 깨어난 **1령애벌레**는 짙은 갈색 머리에 몸은 연노란색으로 작은 털이 빼곡하다. 애벌레는 잎 가장자리로 이동해 주위에 실을 치고 몸이 들어가 쉴 수 있는 방을 만들기 위한 마름질을 시작으로 활동한다. **3령애벌레**는 갈색 머리에 몸은 황녹색으로 등선이 선명하고 노란색 등옆선 사이에 1쌍씩의 흑색 점이 발달한다. 애벌레는 마름질한 잎을 덮어 방으로 활용하고 날이 어두워지면 방에서 나와 활동한다. **5령애벌레**는 주홍색 머리에 몸은 노란색으로 등선과 등옆선이 어렴풋하다. 3령기에 나타났던 흑색 점은 약해지고 몸 전체에 백색 점들이 빼곡해진다. 애벌레의 왕성한 식욕의 흔적들이 생활하던 방 주위에 어지러운 은폐물로 남는다. 이 시기에 겨울나기를 준비하는 애벌레의 몸은 분홍색으로 변한다. 애벌레는 생활하던 방에서 겨울을 보내거나 먹이식물을 내려와 낙엽 사이에서 겨울을 지내고, 이른 봄 먹이활동 없이 엉성한 고치를 만들어 번데기가 된다. **번데기**는 갈색으로 매끈하고 긴 체형이다.

먹이식물(떡갈나무)

알

알

1령

3령

애벌레 방

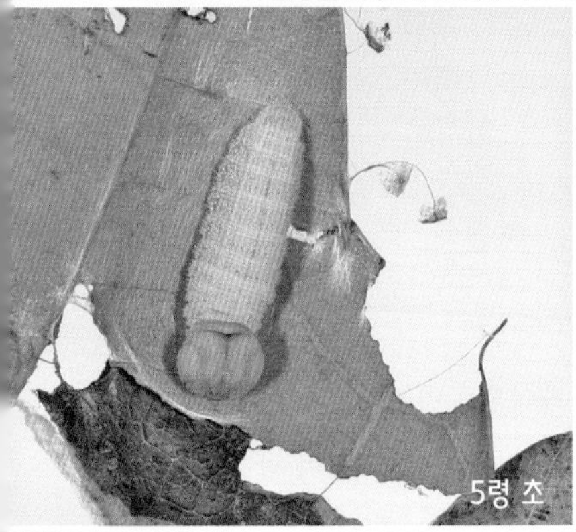
5령 초

5령

5령(겨울나기)

애벌레 방(겨울나기)

전용

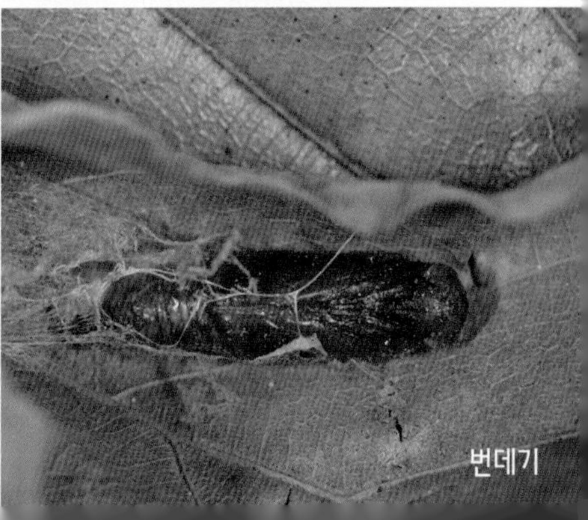
번데기

5. 흰점팔랑나비 *Pyrgus maculatus* (Bremer & Grey, 1853)

수컷

주년 경과	1월	2월	3월	4월	5월	6월	7월	8월	9월	10월	11월	12월
알												
애벌레												
번데기												
어른벌레												

○ 성충 발생 연 2~3회, 지역에 따라 4~8월에 활동한다. ○ 겨울나기 번데기

○ 먹이식물 양지꽃, 딱지꽃, 세잎양지꽃, 멍석딸기등(장미과)

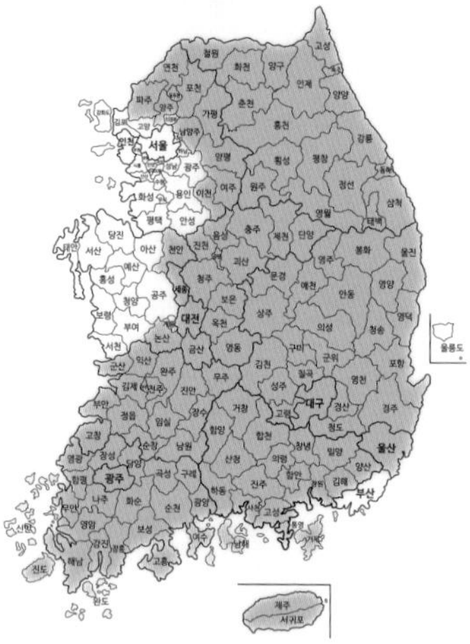

암컷은 먹이식물의 잎에 알을 낳는다. **알**은 연한 녹색의 만두 모양으로 정공 부위가 살짝 들어갔다. 표면에 여러 개의 줄돌기가 세로로 있고 사이에 작은 줄돌기가 층층이 이어진다. 알은 시간이 지나며 백색으로 변한다. 알에서 깨어난 **1령애벌레**는 흑색 머리에 몸은 황갈색으로 Y 모양의 털이 나있다. 애벌레는 잎 가장자리나 주맥을 중심으로 주변에 실을 걸고 그 사이로 들어가 생활한다. **2령애벌레**는 갈색 머리에 몸은 황녹색으로 잎을 모아 둥글게 말아 붙인 방을 만들고 주맥을 피해 군데군데 구멍을 내가는 먹이활동을 한다. **3령애벌레**는 갈색 머리에 몸은 연한 녹색으로 등선과 등옆선이 선명하고 끝이 뭉툭한 잔털이 빼곡하다. 애벌레는 잎의 주맥을 중심으로 엉성하게 실을 걸어 방으로 이용한다. **5령애벌레**는 갈색 머리에 털이 있고 몸에 약한 등선을 중심으로 등옆선이 녹색으로 짙다. 또한 등옆선 아래 숨구멍윗선이 배끝으로 이어지고 숨구멍이 선명하다. 애벌레는 여러 장의 잎을 모아 붙여 먹이활동을 하며 부족한 먹이는 주변에서 보충한다. **전용**이 가까워진 애벌레는 실을 친 방에 배끝을 붙이고 몸에 실을 걸어 번데기가 된다. **번데기**는 몸에 백색 털이 빼곡하고 등선을 중심으로 일정한 배열의 흑색 반점이 있으며 몸 전체에 백색 밀납가루가 덮여있다.

먹이식물(양지꽃)

알

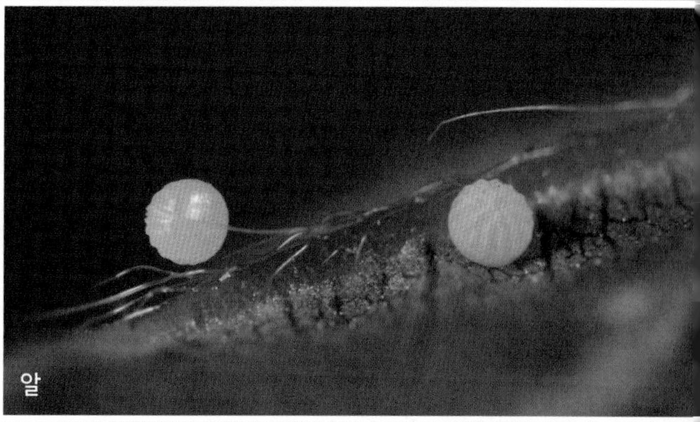

알

2령애벌레 방

3령

5령

암컷

번데기

6. 꼬마흰점팔랑나비 *Pyrgus malvae* (Linnaeus, 1758)

수컷

EX EW RE CR EN VU 취약 NT LC DD NA NE

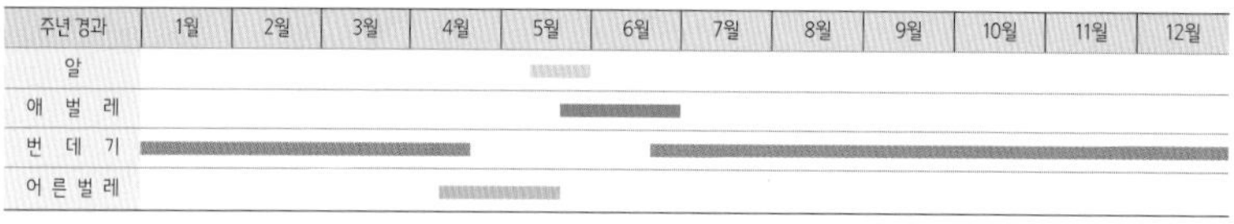

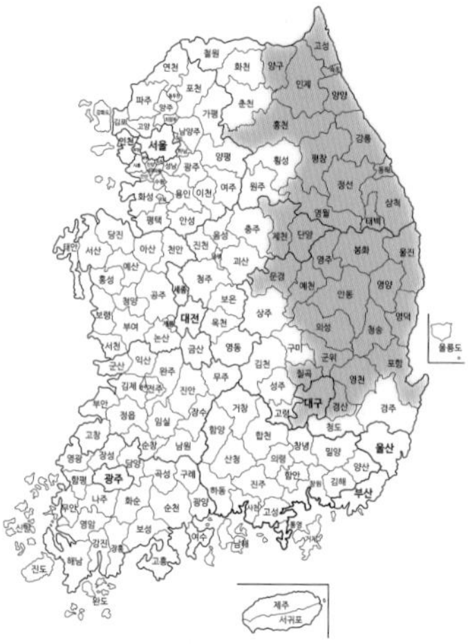

○ 성충 발생 연 1회, 지역에 따라 4~5월에 활동한다.

○ 겨울나기 번데기

○ 먹이식물 딱지꽃, 양지꽃, 세잎양지꽃 등(장미과)

암컷은 먹이식물의 잎 아랫면에 알을 낳는다. **알**은 연한 녹색의 만두 모양으로 정공 부위가 살짝 들어갔으며 표면에 여러 개의 줄돌기가 세로로 있고 사이에 작은 줄돌기가 층층이 이어진다. 알은 시간이 지나며 백색으로 변한다. 알에서 깨어난 **1령애벌레**는 반짝이는 검은색 머리에 몸이 매끈하다. 몸을 확대해 보면 Y자 모양의 백색 털이 일정한 배열로 있다. 애벌레는 먹이식물의 털이 적은 잎 표면에 주맥을 중심으로 잎을 마주 붙여 방으로 활용한다. **2령애벌레**는 흑색 머리에 몸은 연한 분홍색이다. 등선과 등옆선이 선명하고 그 외 여러 개의 선들이 배끝으로 이어진다. 애벌레는 실을 친 방에 공기구멍을 내가며 먹이활동을 한다. **3령애벌레**의 몸은 연한 녹색으로 등선이 선명하고 Y자 모양의 털은 T 모양으로 끝이 뭉툭해진다. 애벌레는 원활한 공기순환을 위해 갈라진 잎들을 엉성하게 붙여 방을 만들기도 한다. **4·5령애벌레**는 갈색 머리에 몸은 황녹색으로 끝이 뭉툭한 털이 빼곡하다. 애벌레는 큰 몸을 숨길 수 있는 방을 만들기 위해 여러 장의 잎을 모아 붙이고 날이 어두워지면 밖으로 나와 활동한다. **전용**이 가까워진 애벌레는 몸에 주름이 깊어진다. 땅으로 내려온 애벌레는 등을 바닥에 붙이고 번데기가 된다. **번데기**는 갈색의 긴 체형으로 몸에 잔털이 빼곡하나 날개 부위는 매끈하다.

먹이식물(딱지꽃)

알

알

1령

2령

3령

4령

5령

번데기

짝짓기

7. 대왕팔랑나비 *Satarupa nymphalis* (Speyer, 1879)

EX EW RE CR EN VU NT LC DD NA NE

주년 경과	1월	2월	3월	4월	5월	6월	7월	8월	9월	10월	11월	12월
알												
애벌레												
번데기												
어른벌레												

○ 성충 발생 연 1회, 지역에 따라 6~8월에 활동한다.
○ 먹이식물 황벽나무, 쉬나무 등(운향과)
○ 겨울나기 3령애벌레

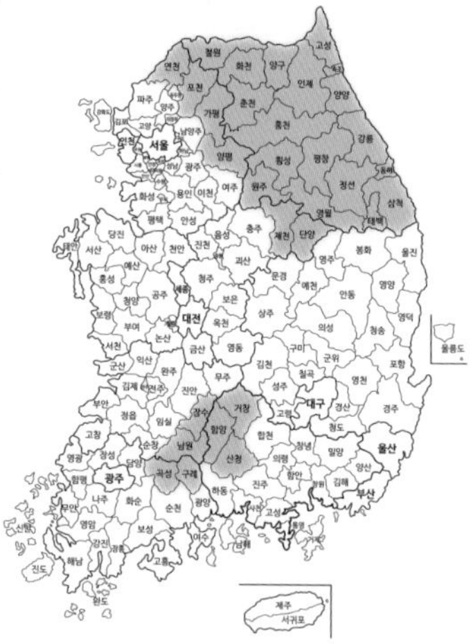

암컷은 먹이식물의 잎에 여러 개의 알을 낳는다. **알**은 붉은색의 찐빵 모양으로 정공 부위가 살짝 들어갔으며 표면에 여러 개의 강한 줄돌기가 세로로 있고 사이에 작은 줄돌기가 층층이 이어진다. 알에서 깨어난 **1령애벌레**는 흑색 머리에 몸은 황녹색이다. 몸마디의 선이 선명하고 숨구멍이 흑색이다. 시간이 지나며 몸은 노란색으로 변한다. 애벌레는 잎 가장자리로 이동해 잎맥을 중심으로 실을 촘촘히 바른 삼각형의 덮개 방을 만들어 생활한다. **3령애벌레**는 흑색 머리에 몸은 노란색이다. 몸마디에 규칙적으로 백색 점이 있고 흑색 숨구멍이 선명하다. 8번 배마디 양쪽의 숨구멍 무늬가 유난히 크다. 3령기에 겨울나기를 하는 애벌레는 잎자루를 줄기에 매달고 잎이 바람에 떨어지지 않게 여러 겹의 실을 치고 겨울을 지낸다. **5령애벌레**는 흑색 머리에 잔털이 빼곡하고 몸은 노란색이다. 등선을 따라 양쪽으로 백색 둥근 점이 일정한 배열로 선명해 지고, 등옆선 아래부터 배다리 위까지 넓은 백색 줄무늬를 가지고 있다. 왕성한 식욕을 보이는 애벌레는 주맥을 피해 낮에도 먹이활동을 한다. **전용**이 가까워진 애벌레는 5령기에 잎 여러장을 붙여 만든 방에 배끝을 붙이고 몸에 실을 걸어 번데기가 된다. **번데기**는 갈색의 긴 체형으로 머리에 낮은 돌기가 있고 백색 밀납가루에 덮여있다.

먹이식물(황벽나무)

알

1령

애벌레 방

3령(겨울나기)

5령

번데기

애벌레 방(겨울나기)

8. 왕자팔랑나비 *Daimio tethys* (Ménétriès, 1857)

수컷

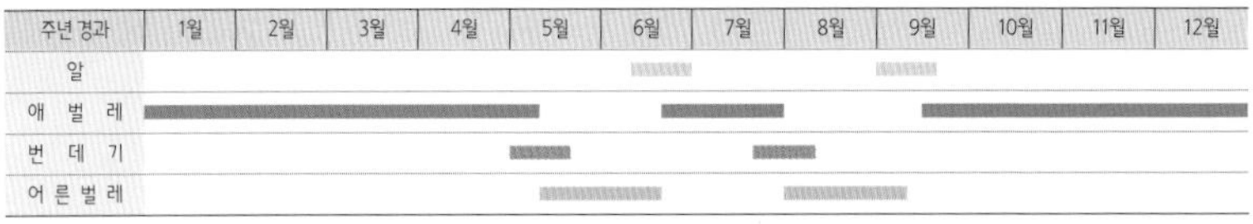

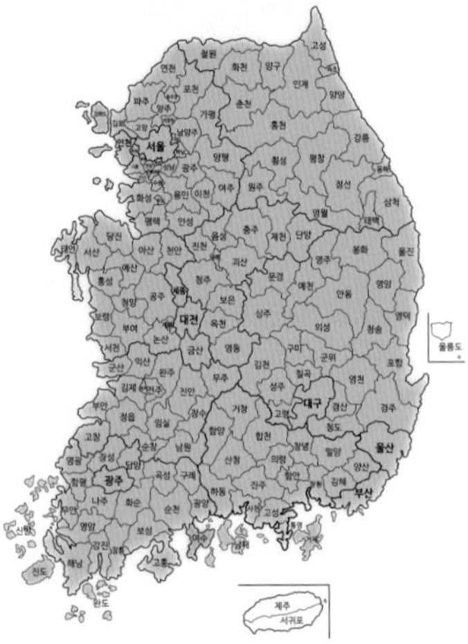

○ 성충 발생 연 2회, 지역에 따라 5~9월에 활동한다. ○ 겨울나기 5령애벌레
○ 먹이식물 참마, 마, 단풍마 등(마과)

암컷은 먹이식물의 잎에 알을 낳는다. **알**은 흰분홍색의 만두 모양으로 정공 부위가 살짝 들어갔으며 표면에 여러 개의 줄돌기가 세로로 있고 사이에 작은 줄돌기가 층층이 이어진다. 암컷은 알을 낳은 후, 배털을 알에 붙여 위장한다. 알에서 깨어난 **1령애벌레**는 흑색 머리에 몸은 연한 녹색으로 매끈하다. 애벌레는 알껍데기를 먹고 잎 가장자리로 이동해 실을 친 덮개 방을 만들어 생활한다. **2령애벌레**의 몸에 작은 점들이 발달한다. 애벌레는 몸에 맞는 방을 만들어 가며 활동한다. **3령애벌레**는 흑색 머리에 몸은 백색점이 빼곡한 연한 녹색으로 암컷 애벌레 배마디에 노란색 난소가 선명하다. 애벌레는 방 덮개 아랫면에 여러 개의 공기구멍을 만들어 공기의 흐름을 원활하게 하고 방 크기에 따라 공기구멍의 갯수가 달라지는 것을 볼 수 있다. **4령애벌레**의 몸은 통통하며 노란색 점이 빼곡한 연한 녹색이다. 애벌레는 왕성한 식욕을 보이고 몸에 맞는 집을 새로 만들어 가는 바쁜 생활을 반복한다. **5령애벌레**는 큰 몸을 숨기기 위해 여러 장의 잎을 붙인 방을 만들고 잎 사이 틈을 조절해 공기구멍으로 활용한다. **전용**이 가까워진 애벌레는 생활하던 방에 실을 겹쳐치고 배끝을 붙인 후 몸에 실을 걸어 번데기가 된다. **번데기**는 연한 갈색으로 머리돌기와 몸마디가 선명하고 등선을 따라 대칭으로 백색 반점들이 화려하다.

먹이식물(참마)

알

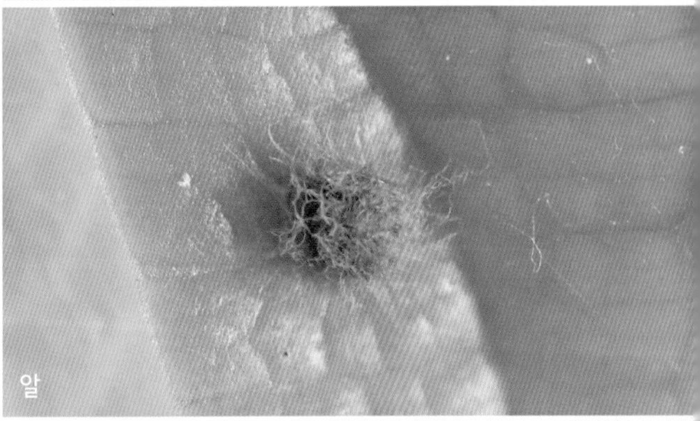
알

1~2령애벌레 방

2령

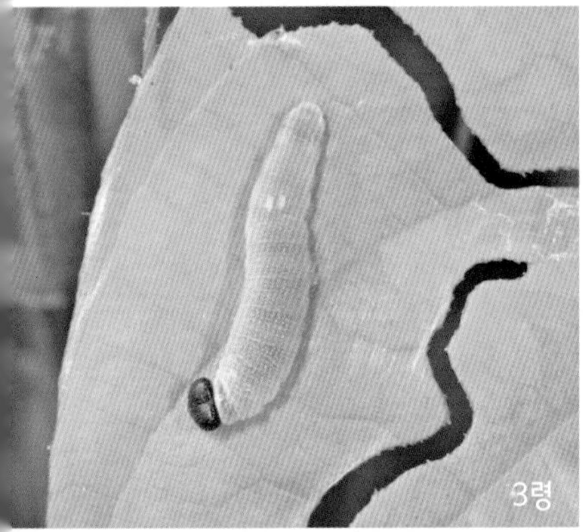
3령

4령

5령

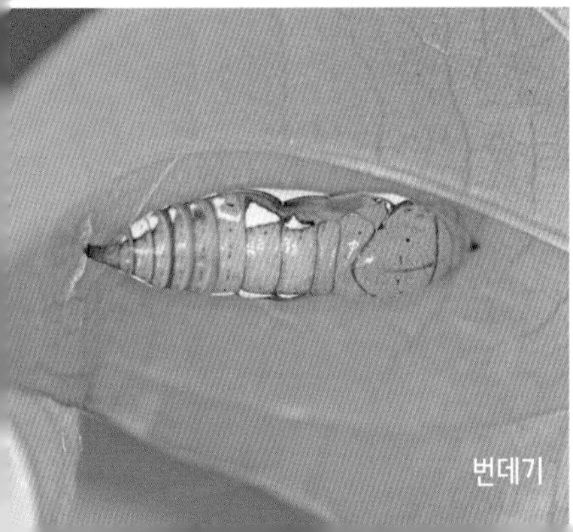
번데기

암컷(제주도)

9. 수풀알락팔랑나비 *Carterocephalus silvicola* (Meigen, 1829)

수컷

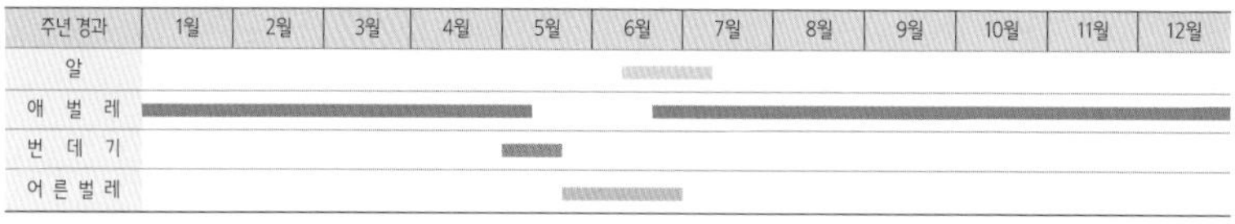

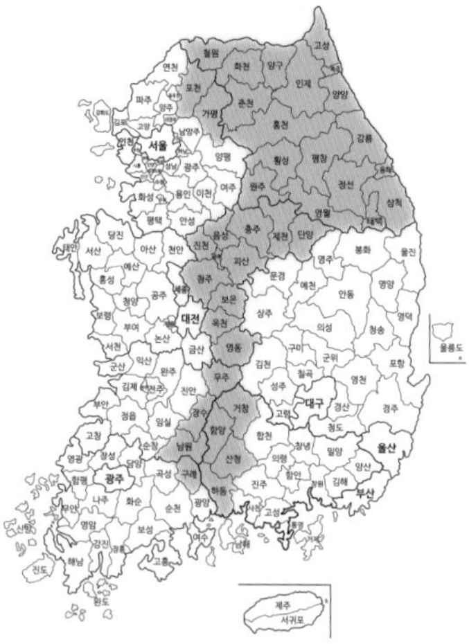

○ 성충 발생 연 1회, 지역에 따라 5~6월에 활동한다.

○ 먹이식물 기름새, 포아풀, 갈풀, 숲개밀 등(벼과)

○ 겨울나기 애벌레

암컷은 먹이식물의 잎에 알을 낳는다. **알**은 유백색의 찐빵 모양으로 정공 부위가 살짝 들어가 있으며 표면이 거칠다. 알에서 깨어난 **1령애벌레**는 반짝이는 흑색 머리에 몸은 백색에 가까운 연한 녹색으로 몸마디가 선명하다. 애벌레는 알껍데기를 먹은 후 먹이식물 잎끝으로 이동해 잎을 둥글게 말아 붙인 방을 만들어 생활한다. **2령애벌레**는 정수리에서 홑눈으로 내려오는 밝은 갈색 선이 있다. 몸은 녹색으로 짙어지고 등선과 등옆선이 발달한다. 애벌레는 먹이활동을 하면서 녹색으로 짙어진다. **3령애벌레**는 연한 녹색으로 등선을 중심으로 가슴에서 배끝으로 등옆선이 발달한다. **4·5령애벌레**는 연한 녹색으로 머리에 중앙선이 흑색이다. 녹색의 등선과 연노란색의 등옆선 외에 여러 선들이 가슴에서 배끝으로 이어진다. 애벌레는 가을이 깊어가면서 체색이 더욱 옅어진다. 애벌레는 겨울을 견디기 위한 왕성한 먹이활동은 주변 먹이식물의 주맥만 남긴다. 5령기에 겨울나기에 들어가는 애벌레는 둥근 원통형 방 틈새를 실로 촘촘히 붙이고 겨울을 지낸다. 이듬해 봄 애벌레는 먹이활동 없이 **전용**에 들어가 번데기가 된다. **번데기**는 분홍색이 비치는 유백색으로 머리돌기가 뾰족하고 짙은 갈색의 등선과 유백색의 등옆선이 선명하다.

먹이식물(기름새)

알

1령

1령

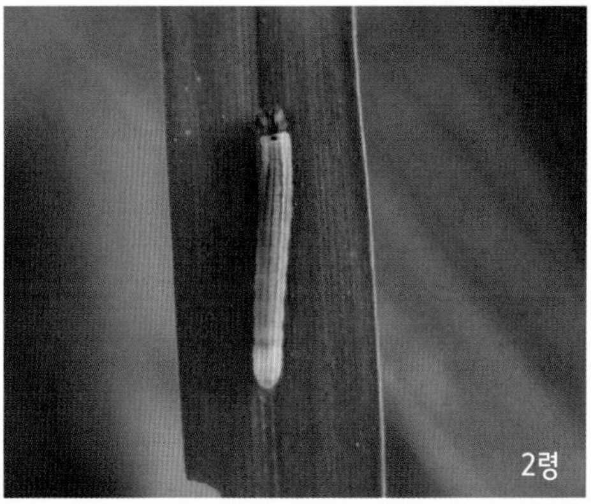
2령

5령

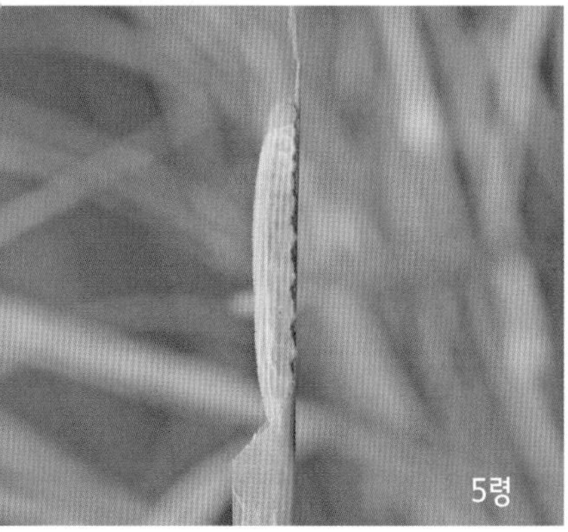
5령

5령

애벌레 방

5령 (겨울나기)

번데기

암컷

10. 참알락팔랑나비 *Carterocephalus dieckmanni* Graeser, 1888

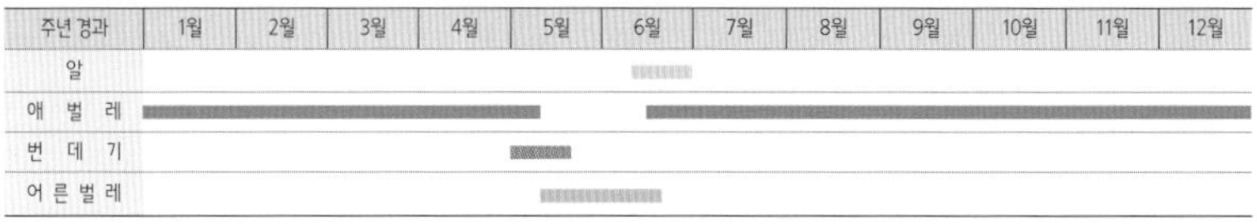

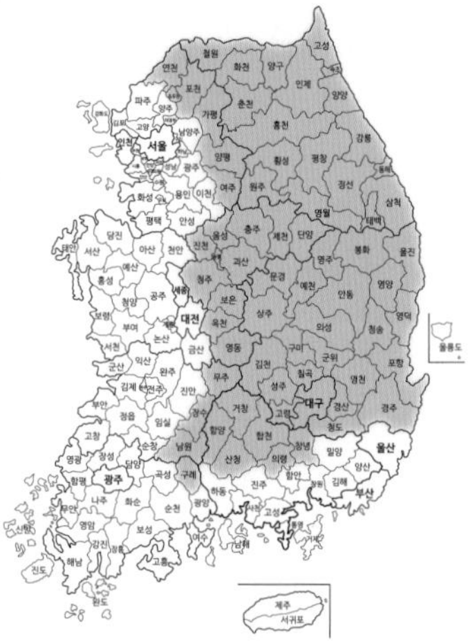

○ 성충 발생 연 1회, 지역에 따라 5~6월에 활동한다. ○ 겨울나기 5령애벌레

○ 먹이식물 기름새, 큰기름새, 갈풀, 포아풀 등(벼과)

암컷은 먹이식물의 잎이나 줄기에 알을 낳는다. **알**은 백색의 찐빵 모양으로 정공 부위가 살짝 들어갔으며 표면이 거칠다. 알은 시간이 지나며 연노란색으로 변하고 정공 부위에 애벌레 머리가 비쳐 보인다. 알에서 깨어난 **1령애벌레**는 반짝이는 흑색 머리에 잔털이 많고 몸은 유백색이나 먹이활동을 하면서 연한 녹색으로 변한다. 애벌레는 알껍데기를 먹은 후 잎 가장자리로 이동해 마름질한 잎을 둥글게 말아 붙인 방에서 휴식을 갖는다. **3령애벌레**의 연분홍색 머리에 갈색 줄무늬가 나타난다. 몸은 연한 녹색으로 등선과 등옆선이 선명해진다. 애벌레는 어두워지면 먹이활동을 하는 야행성으로 커가는 몸에 맞게 방을 조금씩 키워간다. **4령애벌레**의 머리는 3령기와 같은 모습이지만 크기에 차이가 있다. 몸은 녹색이 짙어지고 등선과 연노란색의 등옆선이 배끝으로 선명하게 이어진다. 애벌레는 몸마디가 굵어지고 왕성한 식욕은 생활하던 방의 주맥만 남기고 다른 곳으로 이동하기도 한다. **5령애벌레**는 정수리 선이 선명한 황녹색으로 몸에 모든 선들이 선명해진다. 애벌레는 가을이 깊어지면 방 내부에 실을 촘촘히 치고 겨울나기를 준비한다. 이른 봄, 먹이활동 없이 **전용**에 들어가는 애벌레는 갈잎에 실을 바르고 몸에 실을 걸어 번데기가 된다. **번데기**는 유백색으로 머리에 돌기가 있고 등선이 갈색으로 짙다.

먹이식물(기름새)

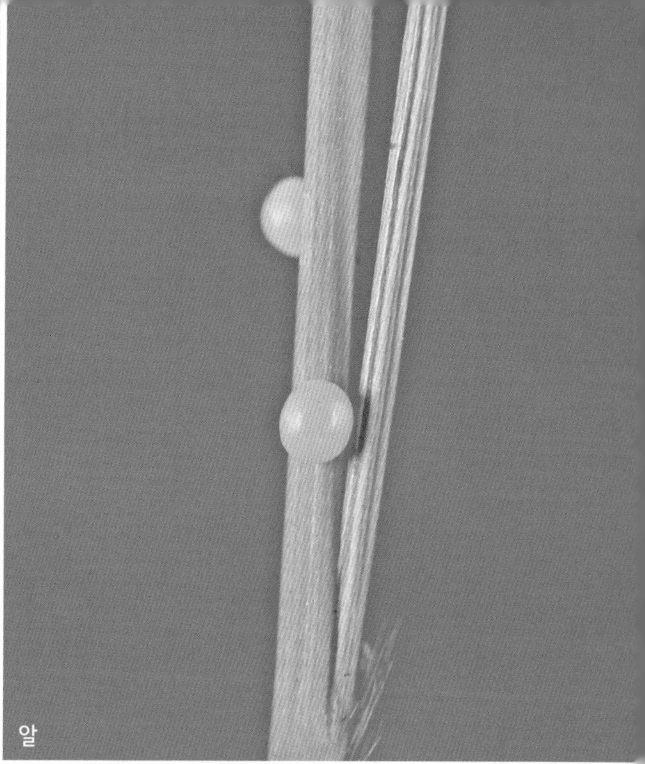
알

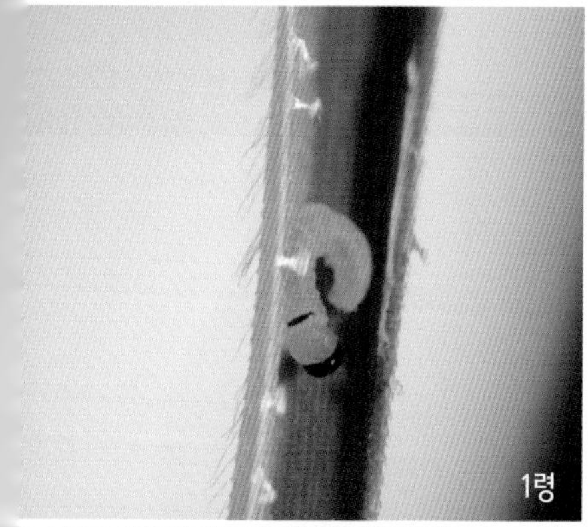
1령

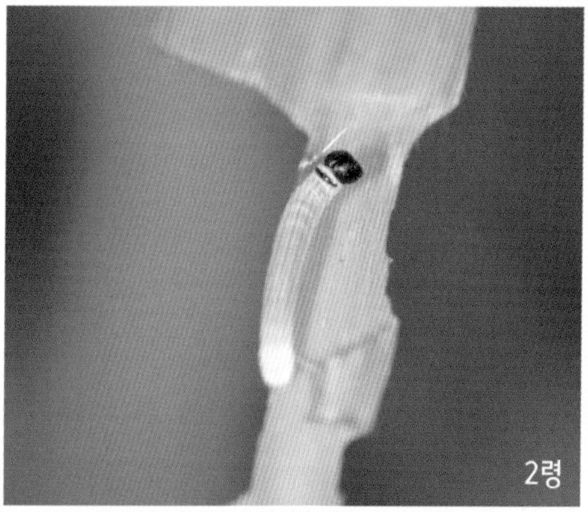
2령

3령

4령

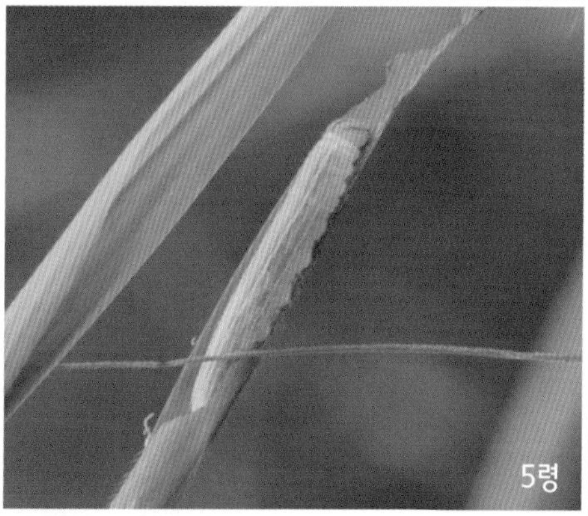
5령

5령(겨울나기)

전용

번데기

암컷

11. 돈무늬팔랑나비 *Heteropterus morpheus* (Pallas, 1771)

수컷

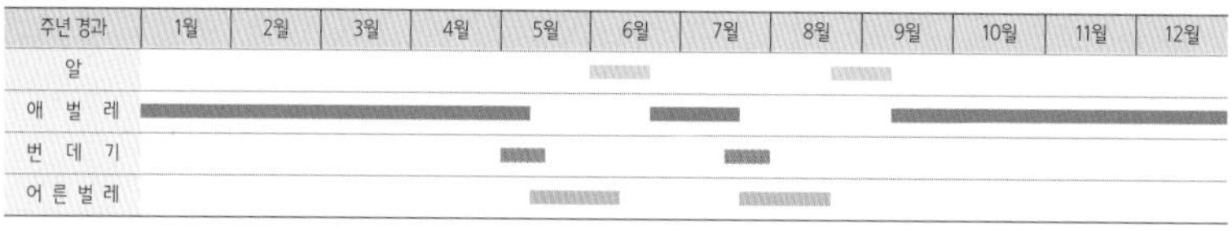

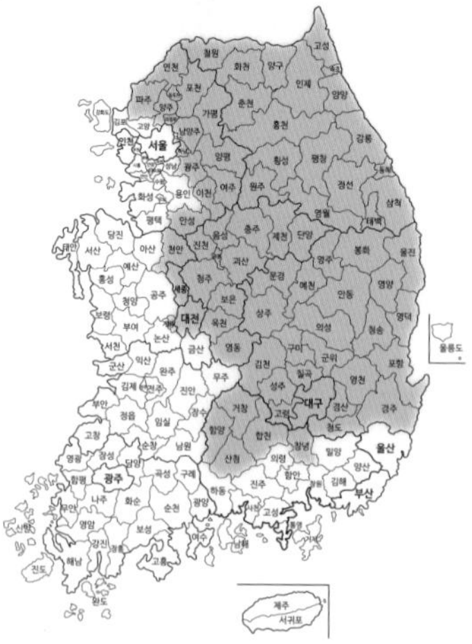

○ 성충 발생 연 2회, 지역에 따라 5~8월에 활동한다. ○ 겨울나기 애벌레
○ 먹이식물 기름새, 큰기름새, 포아풀, 갈대 등(벼과)

암컷은 먹이식물의 잎에 알을 낳는다. **알**은 연노란색의 찐빵 모양으로 정공이 살짝 들어갔으며 표면에 여러 개의 줄돌기가 세로로 있고 사이에 작은 줄돌기가 층층이 이어진다. 알에서 깨어난 **1령애벌레**는 반짝이는 흑색 머리에 몸은 반투명한 분홍색이다. 애벌레는 알껍데기를 먹고 잎끝으로 이동해 둥굴게 말아 붙인 방을 만든 후 먹이활동을 한다. **3령애벌레**는 연한 갈색 머리에 몸은 녹색이다. 짙은 녹색의 등선과 노란색의 등옆선을 포함한 여러 개의 선들이 가슴에서 배끝으로 이어진다. 애벌레는 먹이식물을 길게 말아 붙인 방에서 날이 어두워지길 기다려 밤에 활동한다. **5령애벌레**의 머리 양쪽 홑눈에 갈색 선이 걸치고 연한 녹색의 몸에 백색 털이 빼곡하다. 짙은 녹색의 등선과 백색의 등옆선이 선명하고 바닥선은 어렴풋하다. **전용**이 가까워진 애벌레는 잎 아랫면으로 내려와 번데기 될 장소에 실을 치고 중간중간 실을 엮어 엉성한 방을 만든 후 배끝을 붙이고 몸에 실을 걸어 번데기가 된다. **번데기**는 연한 녹색으로 머리에 돌기가 있고 등선과 등옆선이 배끝으로 이어진다. 겨울을 지낸 애벌레의 번데기는 유백색이다.

먹이식물(기름새)

알

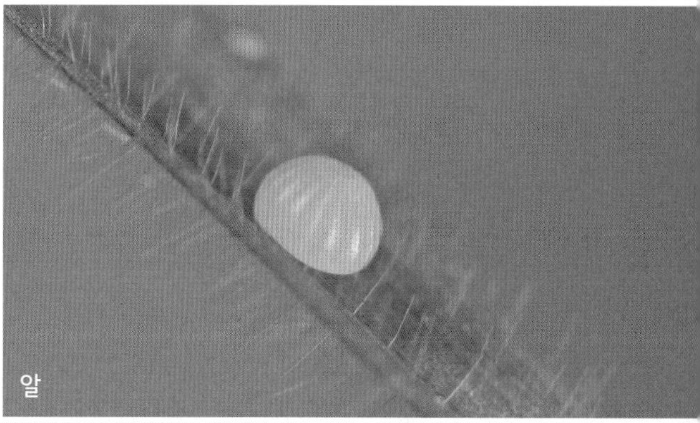
알

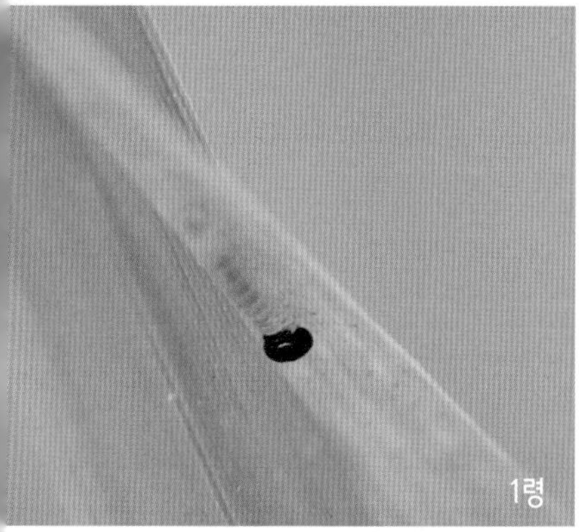
1령

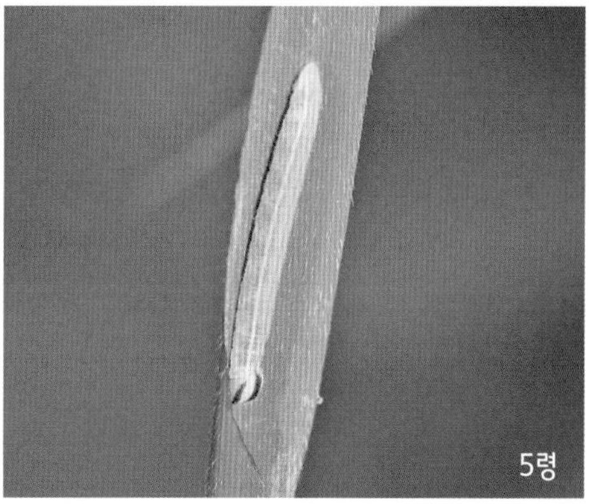
5령

애벌레 방

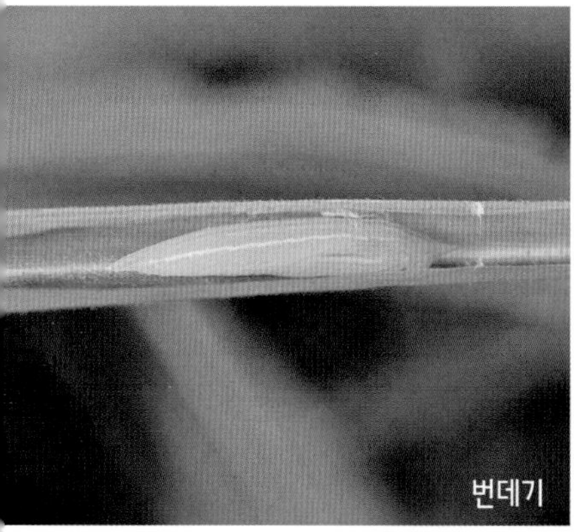
번데기

수컷

암컷

12. 은줄팔랑나비 *Leptalina unicolor* (Bremer & Grey, 1853)

수컷

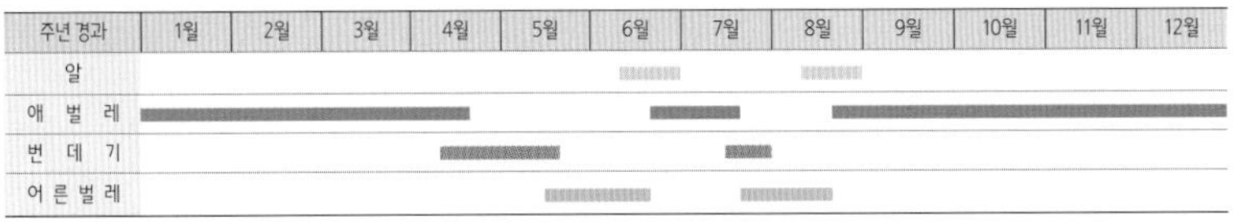

○ **성충 발생** 연 2회, 지역에 따라 5~7월에 활동한다. ○ **겨울나기** 5령애벌레
○ **먹이식물** 갈대, 기름새, 큰기름새, 억새 등(벼과)

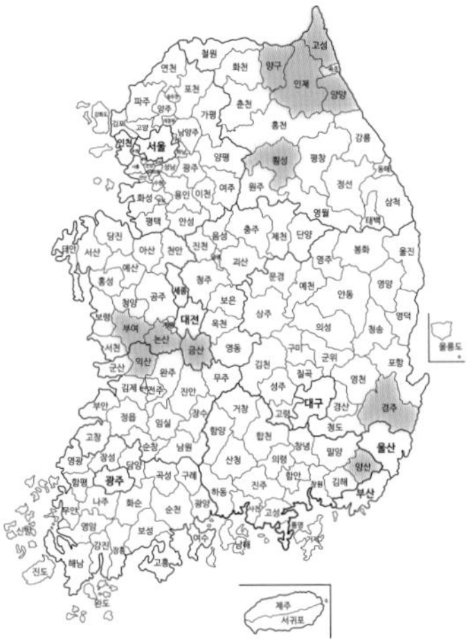

암컷은 먹이식물의 잎에 알을 낳는다. **알**은 흰색의 찐빵 모양으로 정공 부위가 살짝 들어갔으며 표면이 매끄럽다. 알은 시간이 지나며 유백색으로 변하고 정공에 애벌레 머리가 비친다. 알에서 깨어난 **1령애벌레**는 흑색 머리에 털이 듬성듬성하고 몸은 매끈한 연노란색으로 몸마디 선이 반짝인다. 애벌레는 주맥을 중심으로 잎을 당겨 붙인 방을 만든다. **2령애벌레**는 흑색 머리에 몸은 황녹색이다. 몸마디마다 여러 개의 주름선이 있다. 애벌레는 잎에 실을 촘촘히 엮어 둥글게 말아 붙인 방을 만들어 먹이로 활용하기도 하고 먹이활동 후 돌아와 쉼터로 활용한다. **3령애벌레**는 분홍색 머리에 갈색 점들이 있으며 몸은 짙은 녹색의 긴 체형이다. 등선을 중심으로 백색의 등옆선이 선명하며 여러 개의 선이 가슴에서 배끝으로 이어진다. **4령애벌레**의 몸은 녹색이다. 애벌레가 몸을 숨기고 먹이활동 하기 위해 둥글게 말아 붙인 방의 길이가 10cm가 넘기도 한다. **5령애벌레**는 연한 녹색으로 몸에 선들도 약해진다. 애벌레는 찬바람이 불면 먹이활동을 중단하고 몸의 색도 옅어진다. 실을 엉성하게 걸친 방에서 겨울을 지낸 애벌레는 봄바람에 먹이활동 없이 **전용**에 들어가 머리에 돌기가 있는 유백색의 **번데기**가 된다. 7월의 번데기는 연한 녹색으로 등선이 흑색이다.

먹이식물(기름새)

알

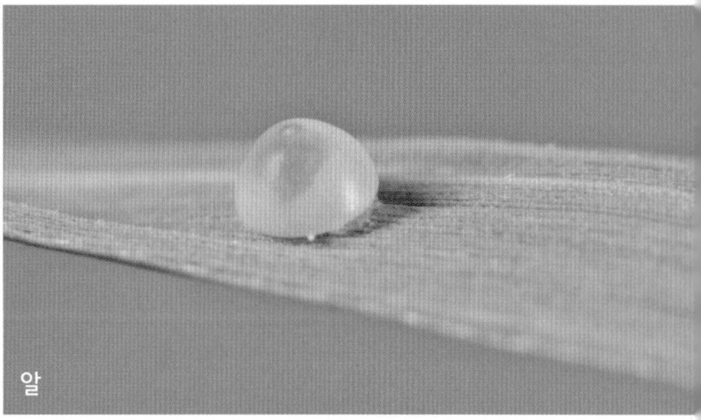
알

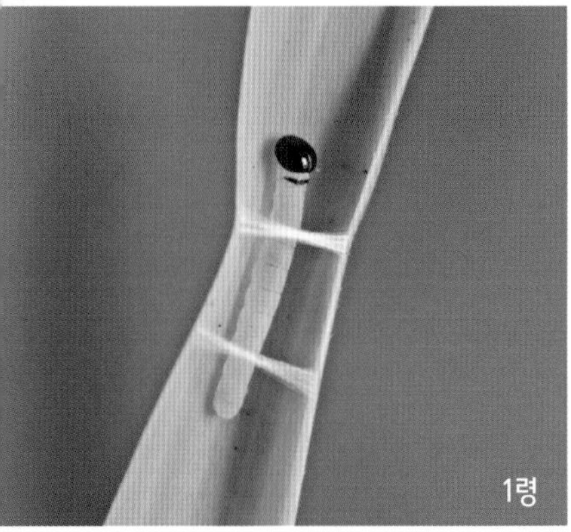
1령

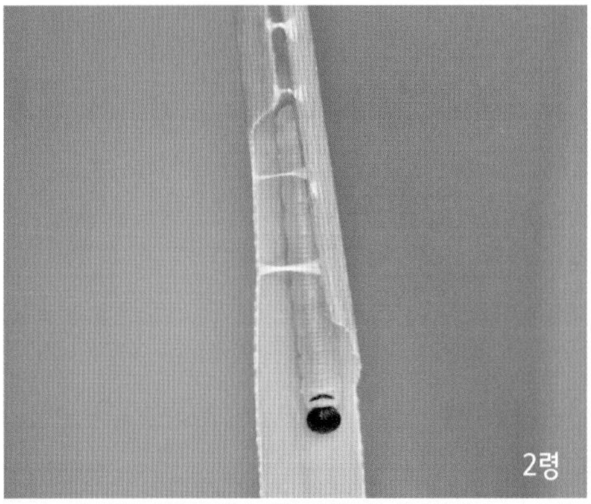
2령

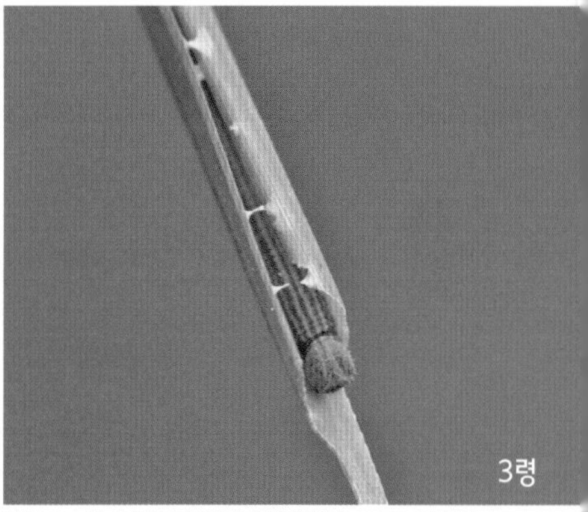
3령

4령

5령

애벌레 방

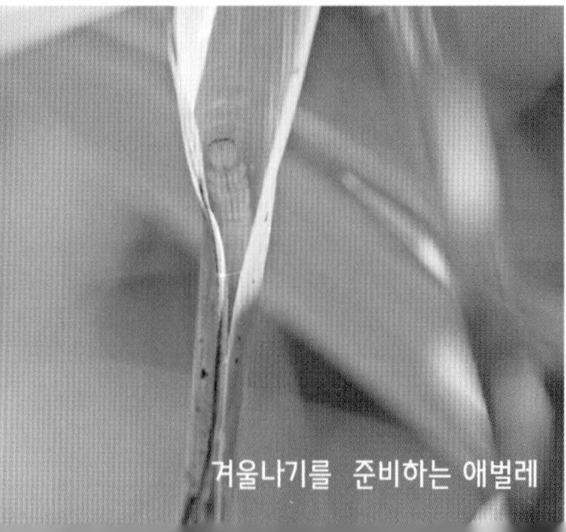
겨울나기를 준비하는 애벌레

번데기(사진 최원교)

수컷

13. 꽃팔랑나비 *Hesperia florinda* (Butler, 1878)

암컷

EX
EW
RE
CR
EN
VU 취약
NT
LC
DD
NA
NE

주년 경과	1월	2월	3월	4월	5월	6월	7월	8월	9월	10월	11월	12월
알												
애벌레												
번데기												
어른벌레												

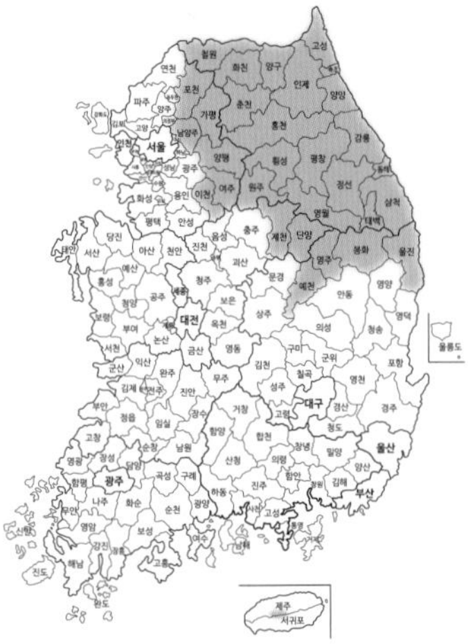

○ 성충 발생 연 1회, 지역에 따라 7~8월에 활동한다. ○ 월동태 알
○ 먹이식물 가는잎그늘사초, 왕그늘사초 등(사초과)

암컷은 먹이식물의 잎에 알을 낳는다. **알**은 아랫면 둘레가 살짝 퍼져 있는 백색의 찐빵 모양이다. 정공이 움푹 들어가 있으며 표면이 매끄럽다. 알에서 깨어난 **1령애벌레**는 먹이식물 뿌리 부근으로 이동해 자리를 만들고 활동한다. **4령애벌레**는 정수리에서 양옆으로 갈색 선이 내려온다. 몸은 흑색에 가까운 짙은 갈색으로 주름이 깊고 통통한 체형을 가지고 있다. 애벌레는 먹이식물 뿌리 부근에 갈잎과 주변의 잡다한 것을 모아 실을 이용해 원통형의 방을 만들어 생활한다. 생활사 특징으로 애벌레는 먹이활동 중 배설하지 않고 방으로 돌아와 주변에 배설한다. 또한, 새로운 방을 만들어 이동하는 애벌레는 사용하던 방에 배설물을 가득 채우는 행동을 보인다. **5령애벌레**는 짙은 갈색 머리에 몸은 회색으로 옅어진다. 몸마디가 굵어지고 여러 개의 주름이 잡힌다. 그리고 7번 배마디 아랫부분에 백색 띠가 위 아래로 있다. 서식지에서 먹이식물 뿌리 부근에 쌓아 놓은 배설물을 찾아보면 애벌레를 쉽게 만날 수 있다. **전용**이 가까워진 애벌레는 생활하던 방에서 번데기가 되거나 먹이식물 사이에 새로운 방을 만들고 몸을 세워 번데기가 된다. **번데기**는 유백색으로 시간이 지나며 보다 짙어지고 백색 털과 갈색 점들이 있다. 번데기 집에 엮어 놓은 실에 몸에서 떨어진 백색 밀랍 가루가 듬성듬성 붙기도 한다.

먹이식물(가는잎그늘사초)

알

알

4령

5령

5령

5령

방 주변 배설물

번데기

사용하던 방에 버린 배설물

전용

14. 수풀떠들썩팔랑나비 *Ochlodes venata* (Bremer & Grey, 1853)

암컷

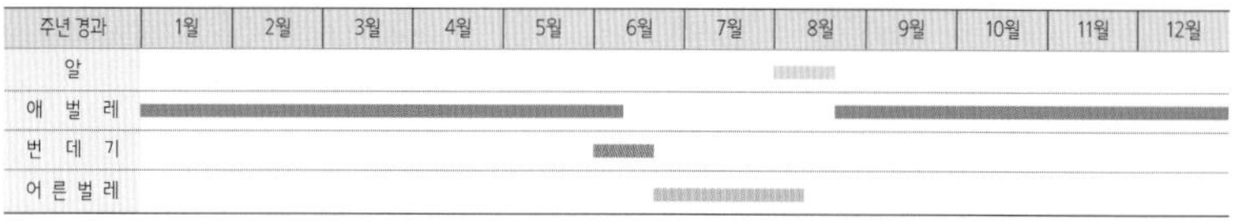

○ 성충 발생 연 1회, 지역에 따라 6~8월에 활동한다. ○ 겨울나기 4령애벌레

○ 먹이식물 잔디, 기름새, 억새 외 여러 벼과식물

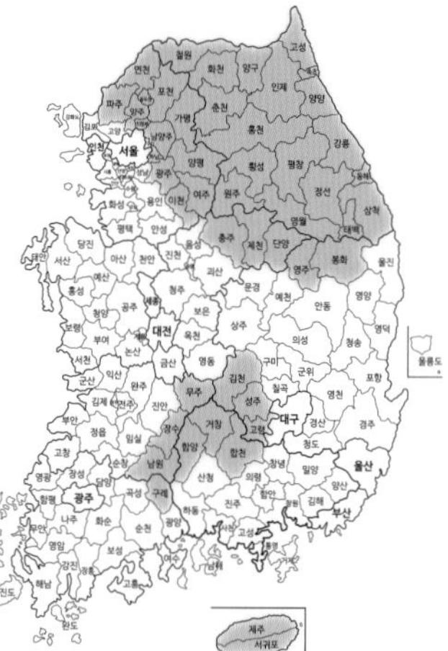

암컷은 먹이식물의 잎에 알을 낳는다. **알**은 살구색 찐빵 모양으로 정공 부위가 약하게 들어가 있고 표면이 거칠다. 알은 시간이 지나며 주황색으로 변하고 정공 부위에 애벌레 머리가 비친다. 알에서 깨어난 **1령애벌레**는 갈색 머리에 몸은 연한 녹색이다. 애벌레는 주맥을 중심으로 잎을 둥글게 말아 붙인 방을 만들어 내부를 오르내리며 활동한다. **2령애벌레**는 주홍색 머리에 몸은 연한 녹색이다. 잔디로 사육한 애벌레는 여러 장의 잎을 모아 붙인 방을 만들어 생활한다. **3령애벌레**는 잔털이 많은 짙은 갈색 머리에 몸은 녹색으로 등선이 선명하다. **4령애벌레** 머리에 갈색 문양이 나타난다. 애벌레는 낮에 방을 나와 먹이활동을 하는 모습을 볼 수 있다. 이 시기에 겨울나기를 준비하는 애벌레는 먹이식물 뿌리 부근에 잎을 모아 원통형 방을 만들어 겨울을 지낸다. **5령애벌레**의 머리 좌우로 노란색 문양이 정수리에서 홑눈으로 내려온다. 몸은 녹색으로 등선과 등옆선이 선명하다. 애벌레의 왕성한 식욕은 주변에 많은 흔적을 남기는 활동을 한다. **전용**이 가까워진 애벌레는 지지할 것을 이용해 몸을 세울 수 있는 원통형 방을 만들어 번데기가 된다. **번데기**는 노란색으로 시간이 지나며 색이 짙어진다. 실을 두른 방에 백색 밀납가루가 두툼하게 덮여있다.

호랑나비과
흰나비과
부전나비과
네발나비과
팔랑나비과

EX
EW
RE
CR
EN
VU 취약
NT
LC
DD
NA
NE

먹이식물(잔디)

알

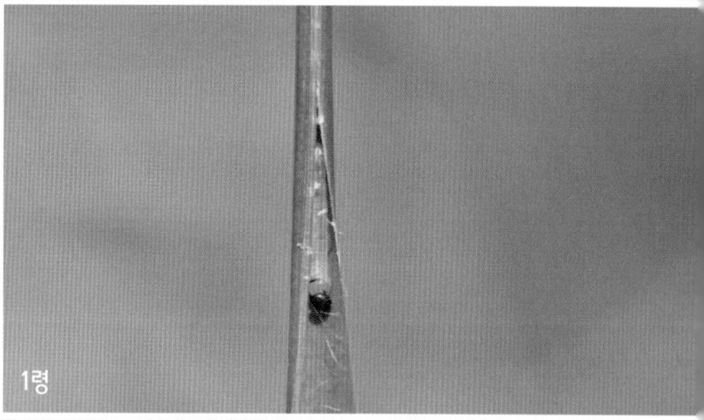
1령

2령

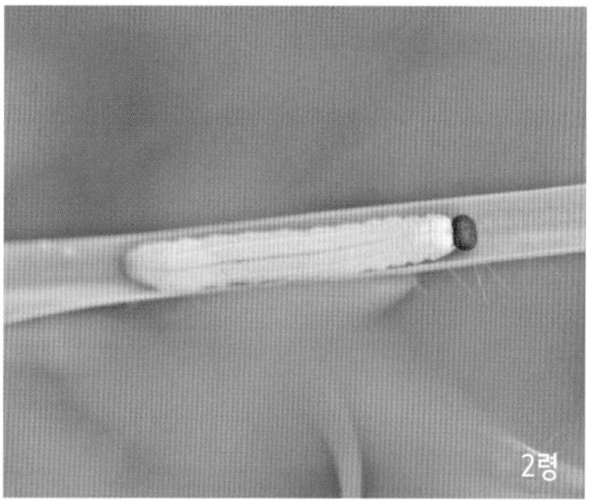
2령

4령

5령

5령

5령

번데기

수컷

15. 제주꼬마팔랑나비 *Pelopidas mathias* (Fabricius, 1798)

주년 경과	1월	2월	3월	4월	5월	6월	7월	8월	9월	10월	11월	12월
알						■		■		■		
애벌레	■	■	■	■	■		■	■	■		■	■
번데기					■		■	■	■			
어른벌레					■	■		■	■	■		

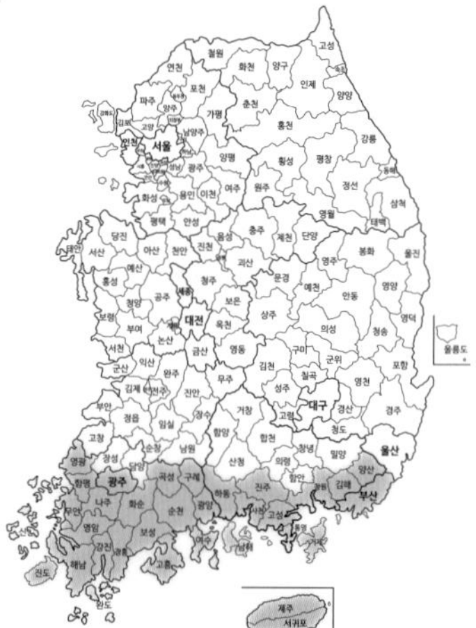

○ 성충 발생 연 2~3회, 지역에 따라 5~10월에 활동한다.

○ 겨울나기 애벌레

○ 먹이식물 기름새, 억새, 잔디, 바랭이, 강아지풀 등(벼과)

암컷은 먹이식물의 잎이나 잎집 등에 알을 낳는다. **알**은 연노란색의 찐빵 모양으로 정공 부위가 살짝 들어가 있다. 알은 시간이 지나며 흑색 애벌레 머리가 비친다. 알에서 깨어난 **1령애벌레**는 흑색 머리에 몸은 연한 녹색으로 몸마디가 선명하며 배끝에 백색의 털이 있다. 애벌레는 큰 이동 없이 먹이식물 중간에 실을 엮거나 잎의 한 쪽을 둥글게 말아붙여 생활한다. **3령애벌레**는 갈색 머리에 연한 갈색 줄무늬가 정수리에서 양쪽 홑눈으로 내려온다. 몸은 연한 녹색으로 등선과 등옆선이 선명하다. **4령애벌레**의 머리는 3령기에 비해 색이 옅어지고 몸은 노란색이 비치는 녹색으로 통통한 몸을 가진다. 애벌레의 활동량이 많아지고 먹이식물의 주맥도 거침없이 가로로 먹는 모습을 보인다. **5령애벌레**의 머리는 연한 녹색으로 정수리에서 양쪽 홑눈으로 내려오는 갈색 선이 더욱 선명해진다. 몸은 가슴보다 배마디가 굵어지고 배끝으로 갈수록 가늘어진다. 등선이 선명하고 등옆선이 가늘게 나타난다. 애벌레는 커진 몸을 먹이식물로 완전히 가리지 못하고 실을 바른 자리에서 엉성한 자세를 보이기도 한다. **전용**이 가까워진 애벌레는 먹이식물 잎집 가까이 내려와 바닥에 실을 치고 머리는 하늘로 향해 번데기가 된다. **번데기**는 연한 녹색으로 머리에 돌기가 있으며 등선과 등옆선이 선명하다.

먹이식물(기름새)

알

알

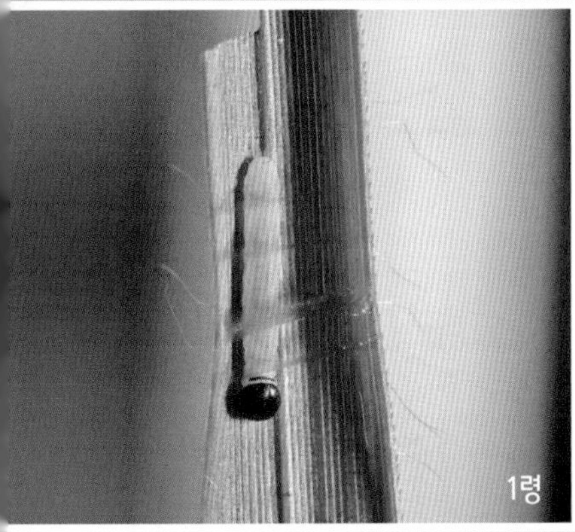
1령

2령

3령

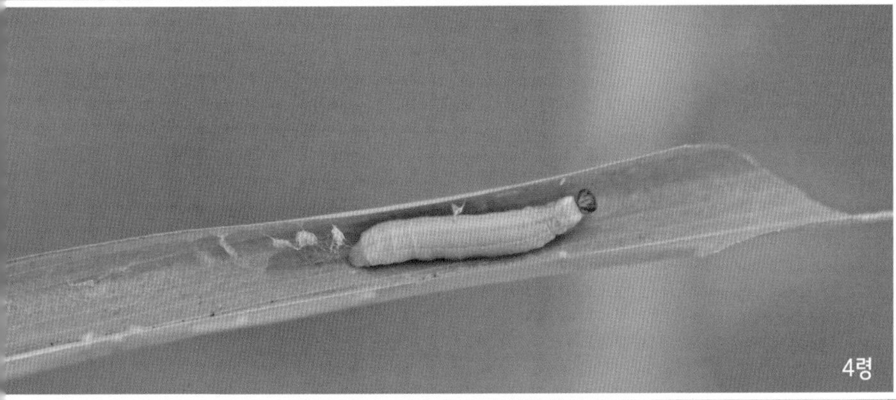
4령

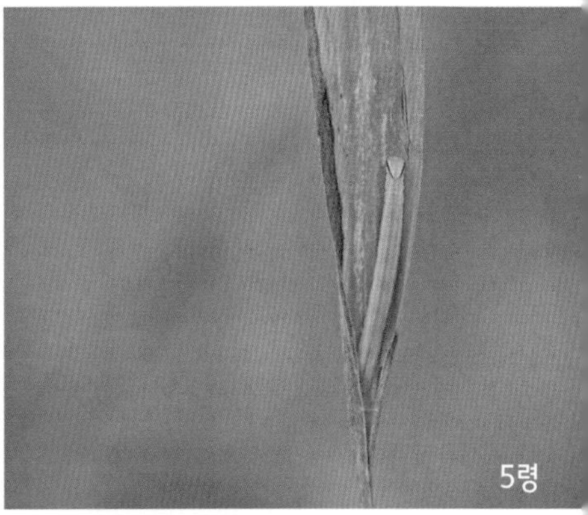
5령

5령

번데기

16. 산줄점팔랑나비 *Pelopidas jansonis* (Butler, 1878)

수컷

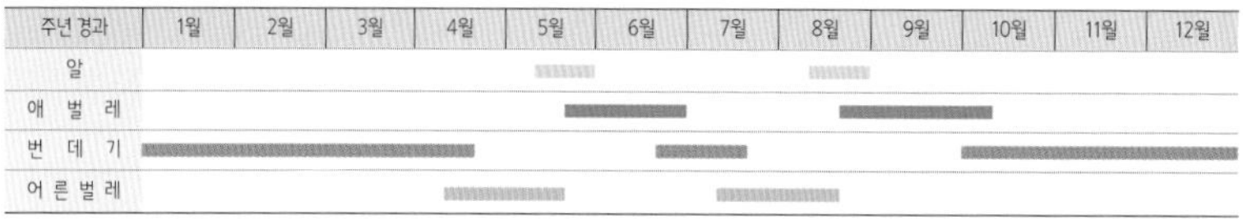

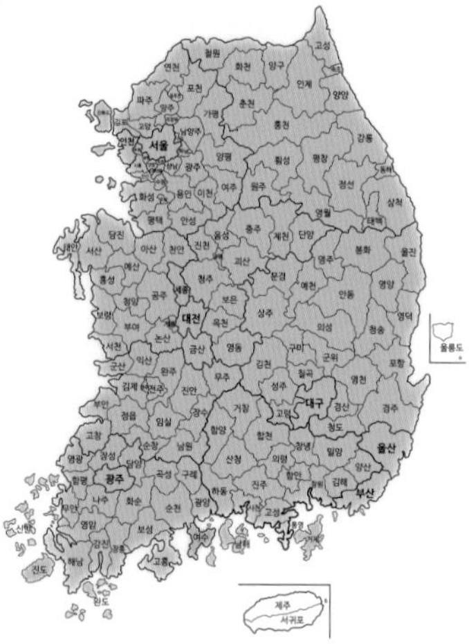

○ 성충 발생 연 2회, 지역에 따라 4~8월에 활동한다.

○ 먹이식물 참억새, 잔디, 기름새, 바랭이, 조릿대 등(벼과)

○ 겨울나기 번데기

암컷은 먹이식물의 잎에 알을 낳는다. **알**은 연노란색의 찐빵 모양으로 표면이 매끄러워 보이나 확대해 보면 다양한 요철이 빼곡히 덮여있다. 알은 시간이 지나며 반투명해지고 정공 부위에 흑색 애벌레 머리가 비친다. 알에서 깨어난 **1령애벌레**는 반짝이는 흑색 머리에 몸은 유백색으로 몸 마디에 잔주름이 많다. 애벌레는 큰 이동 없이 알이 있던 자리 옆에 실로 엮은 방을 만들어 생활한다. **2령애벌레**는 갈색 머리에 몸은 연한 황녹색이다. 애벌레는 1령기와 달리 실을 촘촘히 엮어 몸에 맞는 방을 만든다. **3령애벌레**는 흑색 머리에 몸은 녹색을 띤 백색으로 애벌레의 몸이 커지며 먹이식물의 잎을 크게 말아 내부에 벽지를 바르듯 실을 매끈하게 친 방을 만들어 생활한다. **5령애벌레**는 갈색 머리에 애벌레 마다 연분홍색의 각기 다른 다양한 문양이 나타나는 특징이 있다. 몸은 백녹색으로 몸을 지나는 선이 흐릿해 잘 보이지 않는다. 몸마디에 깊은 주름이 잡히고 노란색 숨구멍이 선명하다. 실을 친 방이 몸에 비해 작아 보이기도 한다. **전용**이 가까워진 애벌레는 주맥을 중심으로 실로 엮은 엉성한 방을 만든다. 바닥에 실을 촘촘히 붙이고 배끝을 고정시킨 후 몸에 실을 걸어 번데기가 된다. **번데기**는 연한 녹색으로 머리 돌기가 발달하고 등선이 선명다.

먹이식물(참억새)

알

알

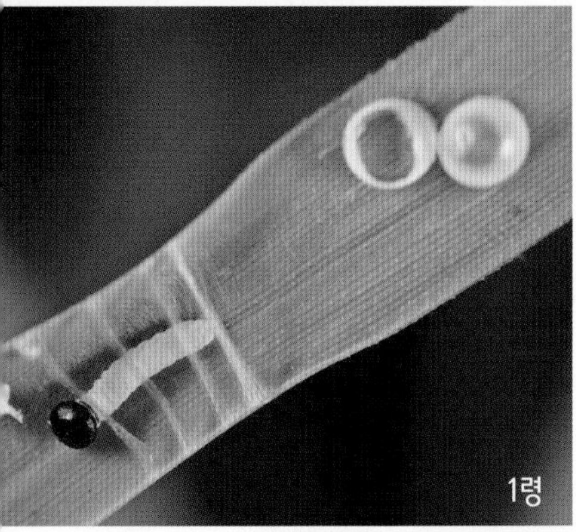

1령

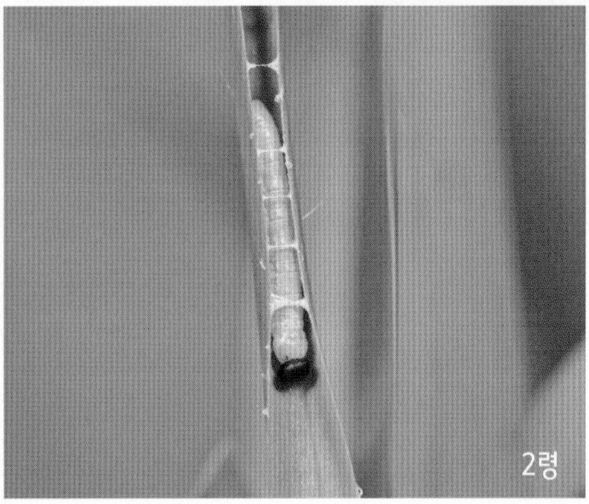

2령

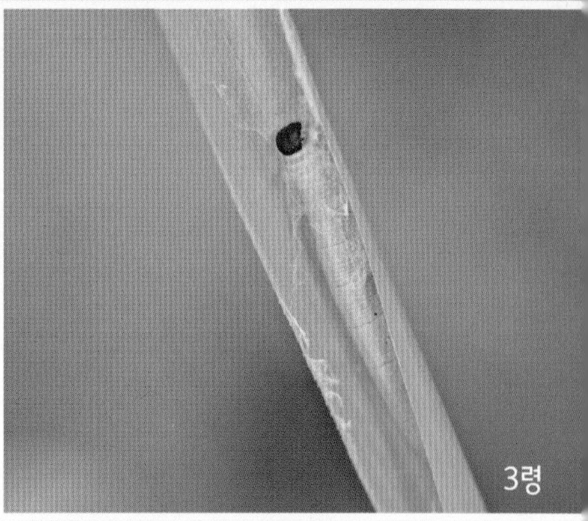

3령

5령

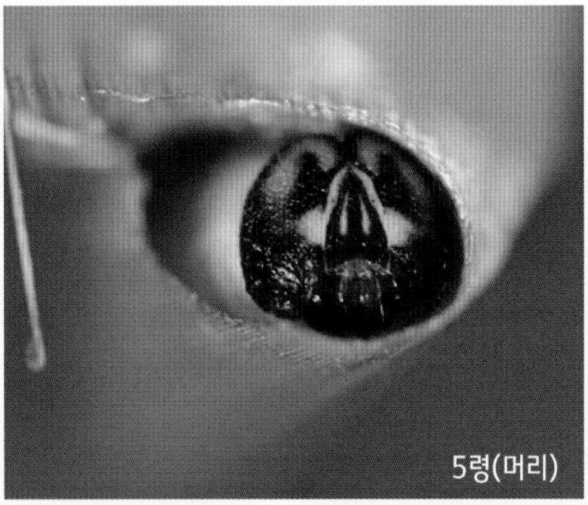

5령(머리)

애벌레 방

애벌레 방

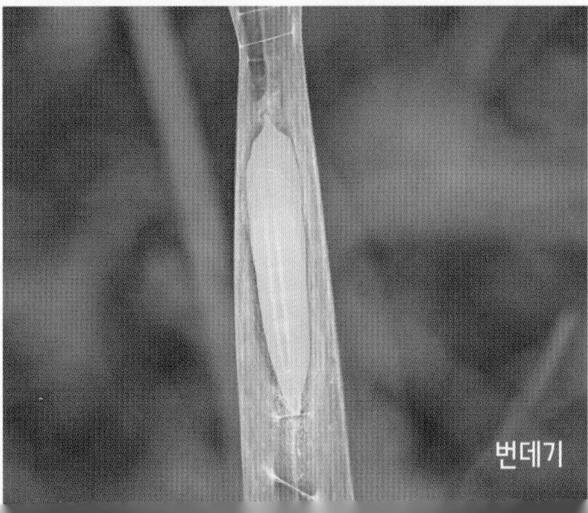

번데기

수컷

17. 지리산팔랑나비 *Isoteinon lamprospilus C. & R. Felder,* 1862

EX
EW
RE
CR
EN
VU
NT
LC
DD
NA
NE

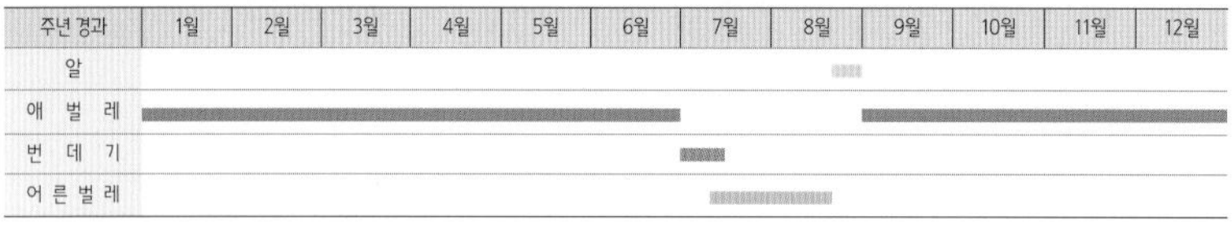

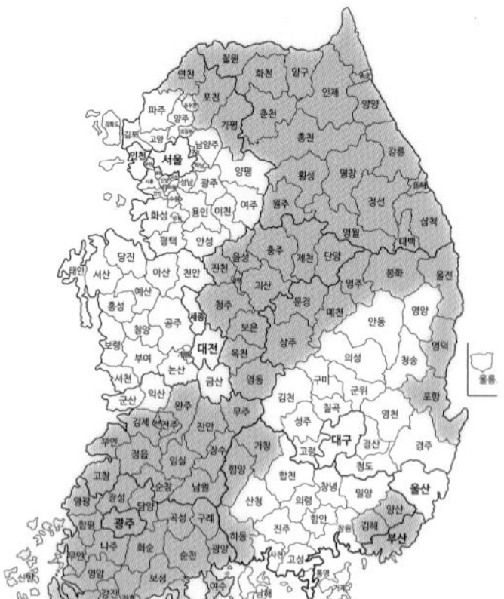

○ 성충 발생 연 1회, 지역에 따라 7~8월에 활동한다. ○ 겨울나기 애벌레

○ 먹이식물 기름새, 큰기름새, 띠, 억새 등(벼과)

암컷은 먹이식물의 잎에 알을 낳는다. **알**은 유백색의 찐빵 모양으로 정공 부위가 살짝 들어가 있으며 표면이 거칠다. 암컷은 알 표면에 몸에 털과 주변 이물질을 붙여 위장하기도 한다. 알은 시간이 지나며 애벌레의 흑색 머리가 비친다. 알에서 깨어난 **1령애벌레**는 광택이 있는 흑색 머리에 몸은 연한 녹색으로 몸마디에 잔주름이 많다. 애벌레는 알껍데기를 먹고 잎끝으로 이동해 주맥을 중심으로 양옆을 실로 엮은 방을 만들어 생활한다. **2령애벌레**는 녹색으로 몸에 선들이 모이는 배끝이 흑색이다. 애벌레는 먹이활동과 함께 방을 몸에 맞는 크기로 키워 간다. **4령애벌레**는 갈색 머리에 홑눈을 지나는 황색 줄무늬가 발달하고 녹색의 몸이 옅어진다. 애벌레는 먹이식물을 길게 엮은 방에서 휴식을 취하며 활동은 해가 진 후에 시작된다. **5령애벌레**는 짙은 갈색의 머리에 양갈래 의 분홍색 줄무늬가 있고, 몸은 녹색으로 등선과 바닥선이 선명하다. 이 시기의 애벌레는 왕성한 식욕을 보이며 먹이식물의 주맥을 따라 길게 먹은 흔적을 남긴다. **전용**이 가까워진 애벌레는 성충이 나오는 머리 방향은 열어두고 배끝 쪽을 촘촘히 실을 친 후에 번데기가 된다. **번데기**는 긴 체형의 갈색으로 머리 부분이 뭉툭하며 시간이 지나면서 색이 짙어진다.

먹이식물(기름새)

알

알

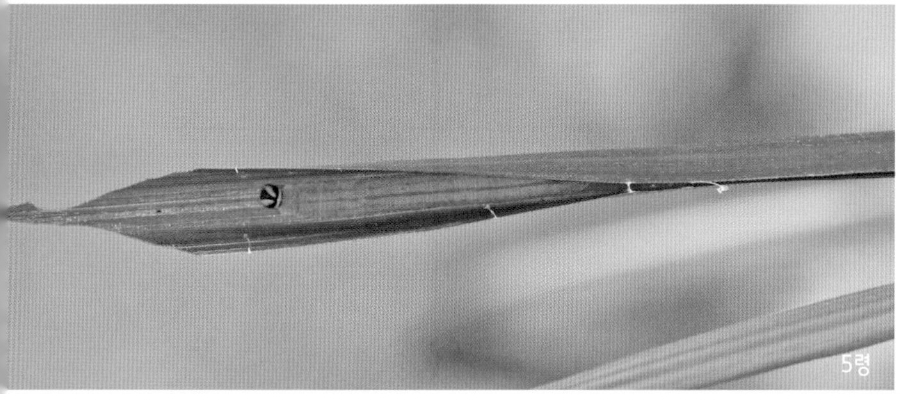
5령

애벌레 방

번데기

암컷

appendix

부록

한국에는 없고 북한에 서식하는 나비 목록

1. 호랑나비과

왕붉은점모시나비(큰붉은점모시범나비) *Pamassius nomion Fischer de Waldheim*, 1823

황모시나비(노랑모시범나비) *Parnassius eversmanni Ménétriès*, 1849

2. 흰나비과

북방노랑나비 *Colias tyche* (Bobber, 1812)

높은산노랑나비 *Colias palaena* (Linnaeus, 1761)

연주노랑나비 *Colias heos* (Herbst, 1792)

상제나비(산흰나비) *Aporia crataegi* (linnaeus, 1758)

눈나비(높은산흰나비) *Aporia hippia* (Bremer, 1861)

북방풀흰나비 *Pontia chloridice* (Hübner, 1803~1818)

3. 부전나비과

꼬마부전나비(꼬마숫돌나비) *Cupido minimus* (Fuessly, 1775)

주을푸른부전나비(경성물빛숫돌나비) *Celastrina filipjevi* (Riley, 1934)

귀신부전나비(푸른숫돌나비) *Glaucopsyche lycormas* (Butler, 1866)

중점박이푸른부전나비(높은산점백이숫돌나비) *Phengaris cyanecula* (Eversmann, 1848)

잔점박이푸른부전나비(북방점박이푸른숫돌나비) *Phengaris alcon* (Denis & Schiffermüller, 1776)

백두산부전나비(백두산숫돌나비) *Aricia artaxerxes* (Fabricius, 1793)

중국부전나비(붉은띠산숫돌나비) *Aricia chinensis* (Murray, 1874)

대덕산부전나비(대덕산숫돌나비) *Aricia eumedon* (Esper, 1780)

산부전나비(산숫돌나비) *Plebejus subsolanus* (Eversmann, 1851)

높은산부전나비(북방숫돌나비) *Albulina optilete* (Knoch, 1781)

사랑부전나비(참숫돌나비) *Polyommatus tsvetaevi Kurentzov*, 1970

함경부전나비(아무르숫돌나비) *Polyommatus amandus* (Schneider, 1792)

연푸른부전나비(연한물빛숫돌나비) *Polyommatus icarus* (Rottemburg, 1775)

후치령부전나비(후치령숫돌나비) *Polyommatus semiargus* (Rottemburg, 1775)

남주홍부전나비(남색붉은숫돌나비) *Lycaena helle* (Denis et Schiffermüller, 1775)

검은테주홍부전나비(검은테붉은숫돌나비) *Lycaena virgaureae* (Linnaeus, 1758)

암먹주홍부전나비(암검정붉은숫돌나비 Lycaena hippothoe (Linnaeus, 1761)

4. 네발나비과

북방처녀나비(북방애기뱀눈나비) *Coenonympha glycerion* (Borkhausen, 1788)
줄그늘나비(연한노랑줄그늘나비) *Triphysa albovenosa Erschoff*, 1885
높은산지옥나비(큰붉은산뱀눈나비) *Erebia ligea* (Linnaeus, 1758)
산지옥나비(붉은산뱀눈나비) *Erebia neriene* (Böber, 1809)
관모산지옥나비(관모산뱀눈나비) *Erebia rossii Curtis*, 1835
노랑지옥나비(노랑무늬산뱀눈나비) *Erebia embla* (Thunberg, 1791)
분홍지옥나비(붉은무늬산뱀눈나비) *Erebia edda Ménétriès*, 1858
민무늬지옥나비 *Erebia radians Staudinger*, 1886
차일봉지옥나비(차일봉뱀눈나비) *Erebia theano* (Tauscher, 1809)
재순이지옥나비(설령뱀눈나비) *Erebia kozhantshikovi Sheljuzhko*, 1925
높은산뱀눈나비 *Oeneis jutta* (Hübner, 1806)
큰산뱀눈나비 *Oeneis magna Graeser*, 1888
함경산뱀눈나비 *Oeneis urda* (Eversmann, 1847)
신선나비(노랑깃수두나비) *Nymphalis antiopa* (Linnaeus, 1758)
함경어리표범나비(북방표문번티기) *Euphydryas ichnea* (Boisduval, 1833)
경원어리표범나비(작은표문번티기) *Mellicta plotina* (Bremer, 1861)
산어리표범나비(깃표문번티기) *Melitaea didymoides Eversmann*, 1847
짙은산어리표범나비 *Melitaea sutschana Staudinger*, 1892
북방어리표범나비(높은산표문번티기) *Melitaea arcesia Bremer*, 1861
은점어리표범나비(은점표문번티기) *Melitaea diamina* (Lang, 1789)
산은점선표범나비 *Clossiana selene* (Denis & Schiffermüller, 1775)
꼬마표범나비 *Clossiana selenis* (Eversmann, 1837)
백두산표범나비 *Clossiana angarensis* (Erschoff, 1870)
높은산표범나비 *Clossiana titania* (Esper, 1790)
은점선표범나비 *Clossiana euphrosyne* (Linnaeus, 1758)

5. 팔랑나비과

왕흰점팔랑나비(큰흰점희롱나비) *Muschampia gigas* (Bremer, 1864)
함경흰점팔랑나비(흰점희롱나비) *Spialia orbifer* (Hubner, 1823)
꼬마멧팔랑나비(작은멧희롱나비) *Erynnis popoviana Nordmann*, 1851
북방흰점팔랑나비(흰점알락희롱나비) *Pyrgus alveus* (Hubner, 1802)
혜산진흰점팔랑나비 *pyrgus speyeri* (Staudinger, 1887)
북방알락팔랑나비(북방노란점희롱나비) *Carterocephalus palaemon* (Pallas, 1771)
은점박이알락팔랑나비(은알락점희롱나비) *Carterocephalus argyrostigma Eversmann*, 1851
두만강팔랑나비(두만강검은줄희롱나비) *Thymelicus lineola (Ochsenheimer*, 1808

Aglais urticae (Linnaeus, 1758) 쐐기풀나비 / 252
Aldania thisbe Ménétriès, 1859 황세줄나비 / 368
Anthocharis scolymus Butler, 1866 갈구리흰나비 / 74
Antigius attilia (Bremer, 1861) 물빛긴꼬리부전나비 / 138
Antigius butleri (Fenton, 1882) 담색긴꼬리부전나비 / 140
Apatura ilia (Denis & Schiffermüller, 1775) 오색나비 / 280
Apatura iris (Linnaeus, 1758) 번개오색나비 / 278
Apatura metis Freyer, 1829 황오색나비 / 282
Aphantopus hyperantus (Linnaeus, 1758) 가락지나비 / 226
Aporia crataegi (Linnaeus, 1758) 상제나비 / 62
Araragi enthea (Janson, 1877) 긴꼬리부전나비 / 136
Araschnia burejana Bremer, 1861 거꾸로여덟팔나비 / 244
Araschnia levana (Linnaeus, 1758) 북방거꾸로여덟팔나비 / 242
Argynnis anadyomene C. & R. Felder, 1862 구름표범나비 / 312
Argynnis hyperbius (Linnaeus, 1763) 암끝검은표범나비 / 314
Argynnis laodice (Pallas, 1771) 흰줄표범나비 / 320
Argynnis paphia (Linnaeus, 1758) 은줄표범나비 / 310
Argynnis ruslana Motschulsky, 1866 큰흰줄표범나비 / 322
Argynnis sagana Doubleday, 1847 암검은표범나비 / 316
Argynnis zenobia Leech, 1890 산은줄표범나비 / 318
Arhopala bazalus (Hewitson, 1862) 남방남색꼬리부전나비 / 170
Arhopala japonica (Murray, 1875) 남방남색부전나비 / 172
Artopoetes pryeri (Murray, 1873) 선녀부전나비 / 120
Atrophaneura alcinous (Klug, 1836) 사향제비나비 / 44
Boloria oscarus (Eversmann, 1844) 큰은점선표범나비 / 302
Boloria thore (Hübner, 1803) 산꼬마표범나비 / 304
Brenthis daphne (Denis & Schffermüller, 1775) 큰표범나비 / 308
Brenthis ino (Rottemburg, 1775) 작은표범나비 / 306
Burara aquilina (Speyer, 1879) 독수리팔랑나비 / 372
Callophrys ferrea (Butler, 1866) 쇳빛부전나비 / 186
Callophrys frivaldszkyi (Kindermann, 1853)
북방쇳빛부전나비 / 188
Carterocephalus dieckmanni Graeser, 1888 참알락팔랑나비 / 390
Carterocephalus silvicola (Meigen, 1829) 수풀알락팔랑나비 / 388
Celastrina argiolus (Linnaeus, 1758) 푸른부전나비 / 94
Celastrina oreas (Leech, 1893) 회령푸른부전나비 / 98
Celastrina sugitanii (Matsumura, 1919) 산푸른부전나비 / 96
Chalinga pratti (Leech, 1890) 홍줄나비 / 334
Chilades pandava (Horsfield, 1829) 소철꼬리부전나비 / 108
Chitoria ulupi (Doherty, 1889) 수노랑나비 / 288
Choaspes benjaminii (Guérin-Méneville, 1843)
푸른큰수리팔랑나비 / 374
Chrysozephyrus ataxus (Westwood, 1851) 남방녹색부전나비 / 166
Chrysozephyrus brillantinus (Staudinger, 1887)
북방녹색부전나비 / 164
Chrysozephyrus smaragdinus (Bremer, 1861)
암붉은점녹색부전나비 / 162
Clossiana perryi (Butler, 1882) 작은은점선표범나비 / 300
Coenonympha amaryllis (Stoll, 1782) 시골처녀나비 / 220
Coenonympha hero (Linnaeus, 1761) 도시처녀나비 / 216
Coenonympha oedippus (Fabricius, 1787) 봄처녀나비 / 218
Colias erate (Esper, 1805) 노랑나비 / 60
Coreana raphaelis (Oberthür, 1880) 붉은띠귤빛부전나비 / 122
Cupido argiades (Pallas, 1771) 암먹부전나비 / 90
Curetis acuta Moore, 1877 뾰족부전나비 / 78
Cyrestis thyodamas Boisduval, 1846 돌담무늬나비 / 274
Daimio tethys (Ménétriès, 1857) 왕자팔랑나비 / 386
Danaus chrysippus (Linnaeus, 1758) 끝검은왕나비 / 200
Danaus genutia (Cramer, 1779) 별선두리왕나비 / 198
Dichorragia nesimachus (Doyère, 1840) 먹그림나비 / 276
Dilipa fenestra (Leech, 1891) 유리창나비 / 290
Erebia cyclopius (Eversmann, 1844) 외눈이지옥나비 / 222
Erebia wanga Bremer, 1864 외눈이지옥사촌나비 / 224
Erynnis montanus (Bremer, 1861) 멧팔랑나비 / 378
Euphydryas davidi (Oberthür, 1881) 금빛어리표범나비 / 266
Eurema laeta (Boisduval, 1836) 극남노랑나비 / 54
Eurema mandarina (de l'Orza, 1869) 남방노랑나비 / 52
Fabriciana adippe (Denis & Schiffermüller, 1775)
황은점표범나비 / 326
Fabriciana nerippe (Felder, 1862) 왕은점표범나비 / 330
Fabriciana niobe (Linnaeus, 1758) 은점표범나비 / 328
Fabriciana vorax Butler, 1871 긴은점표범나비 / 324
Favonius cognatus (Staudinger, 1892) 넓은띠녹색부전나비 / 154
Favonius koreanus Kim, 2006 우리녹색부전나비 / 160
Favonius korshunovi (Dubatolov & Sergeev, 1982)
깊은산녹색부전나비 / 148
Favonius orientalis (Murray, 1875) 큰녹색부전나비 / 146
Favonius saphirinus (Staudinger, 1887) 은날개녹색부전나비 / 152
Favonius taxila (Bremer, 1861) 산녹색부전나비 / 156
Favonius ultramarinus (Fixsen, 1887) 금강석녹색부전나비 / 150
Favonius yuasai Shirôzu, 1947 검정녹색부전나비 / 158
Gonepteryx aspasia Ménétriès, 1859 각시멧노랑나비 / 58
Gonepteryx maxima Butler, 1885 멧노랑나비 / 56
Graphium sarpedon (Linnaeus, 1758) 청띠제비나비 / 28
Hesperia florinda (Butler, 1878) 꽃팔랑나비 / 396
Hestina assimilis (Linnaeus, 1758) 홍점알락나비 / 294
Hestina japonica (C. & R. Felder, 1862) 흑백알락나비 / 292
Heteropterus morpheus (Pallas, 1771) 돈무늬팔랑나비 / 392
Hipparchia autonoe (Esper, 1784) 산굴뚝나비 / 232
Hypolimnas bolina (Linnaeus, 1758) 남방오색나비 / 264
Inachis io (Linnaeus, 1758) 공작나비 / 254
Isoteinon lamprospilus C. & R. Felder, 1862 지리산팔랑나비 / 404
Japonica lutea (Hewitson, 1865) 귤빛부전나비 / 134
Japonica saepestriata (Hewitson, 1865) 시가도귤빛부전나비 / 132
Junonia orithya (Linnaeus, 1758) 남방남색공작나비 / 262
Kaniska canace (Linnaeus, 1763) 청띠신선나비 / 256

참고문헌

[논문]

- 김명희. 1996. 한국산 어리표범나비아과(나비목)에 대한 분류학적 고찰. 공주대학교 생물학과대학원 이학석사학위논문.
- 김상혁. 2000. 濟州道産 나비類의 月別 高度에 따른 分布. 제주대학교 교육대학원 교육학석사학위논문.
- 김세권. 이상현. 남경필. 2014. 여름어리표범나비(Mellicta ambigua (Menetries))의 생태적 특성에 관한보고. 잠사곤충학회지, 52(2): 110-116.
- 김헌규. 1964. 韓國産 나비類의 生態. 문화연구원논총. 이화여자대학교 출판부, 5 : 241-258.
- 손상규. 1999. 韓國産 검정녹색부전나비의 生活史. 한국나비학회지, 11: 1-5.
- 손상규. 2000. 韓國産 제이줄나비의 生活史에 관하여. 한국나비학회지, 13: 13-23.
- 손상규. 2007. 韓國産 큰홍띠점박이부전나비의 生活史. 한국나비학회지, 17: 1-4.
- 손상규. 2009. 한국 고유종 우리녹색부전나비의 생활사. 한국나비학회지, 19: 1-8.
- 손정달. 1995. 韓國産 대왕나비의 生活史에 關하여. 한국나비학회지, 8: 1-8
- 손정달. 1999. 韓國産 깊은산부전나비의 生活史에 關한 硏究. 한국나비학회지, 12: 1-6.
- 손정달. 2006. 韓國産 홍줄나비의 生活史. 한국나비학회지, 16: 1-6.
- 손정달. 김성수. 1993. 韓國産 은판나비의 生活史에 대하여. 한국나비학회지, 6: 4-8.
- 손정달. 박경태. 1993. 韓國産 나비류의 食草 및 乳生期에 關하여(II). 한국나비학회지, 6: 13-16.
- 손정달. 박경태. 1994. 韓國産 나비류의 食草 및 乳生期에 關하여(III). 한국나비학회지, 7: 62-65.
- 손정달. 박경태. 1995. 韓國産 나비류의 食草 및 乳生期에 關하여(IV). 한국나비학회지, 8: 21-23.
- 손정달. 박경태. 2001. 물결부전나비의 生活史에 관한 硏究. 한국나비학회지, 14: 7-10.
- 박해철. 장승조. 김성수, 1999. 남 . 북한 나비명의 유래와 그 유래의 문화적 특성. 한국나비학회지, 12:41~45.
- 신유항. 1972. 韓國産 각씨멧노랑나비, Gonepteryx mahaguru aspasia Ménétriés의 生活史에 관하여. 한국곤충학회지, 2. 1: 27-29.
- 신유항. 1975. 작은홍띠점박이푸른부전나비의 生活史에 관하여. 한국곤충학회지, 5(1)9-12.
- 윤인호. 김성수. 1989. 유리창나비의 生活史에 若干의 知見. 한국나비학회지, 2(1): 60-63.
- 윤인호. 주흥재. 1993. 한국산 풀흰나비의 생활사에 관하여. 한국나비학회지, 6: 17-18.
- 이상현. 김세권. 남경필. 손재덕. 이진구. 박영규. 이영보. 2012. 남방노랑나비(*Eurema hecabe*)의 생태환경 및 실내사육 조건에 관한 연구. 잠사곤충학회지, 50(2): 133-139.
- 이상현. 김세권. 남경필. 손재덕. 김남이. 박영규. 2013. 공작나비(Peacock butterfly), *Inachis io* (Linnaeus)의 서식지 조사 및 실내사육 조건 구명. 잠사곤충학회지, 51(1): 1-8.
- 이상현 . 김세권. 김남이. 배경신. 최영철. 2013. 호랑나비(*Papilio xuthus*)의 생육특성에 관한 연구. 잠사곤충학회지, 51(1) : 173-179.
- 이영보.박해철. 한태만. 김성현. 김남정 . 2014. 바둑돌부전나비 (Taraka hanmada)의 야외 생태학적 특성 조사. 잠사곤충학회지, 52(1): 16-24
- 이영보. 윤형주. 이경용. 김남정. 2014. 일본납작진딧물(*Ceratovacuna japonica*)의 야외 생태특성 조사. 잠사곤충학회지, 52(2): 123-128
- 장용준. 2006. 한반도산 호개미성(好蟻性)부전나비과 내 사회적 기생종의 산란행동과 행동생태학적 특징. 한국나비학회지, 16 : 21-31.
- 장용준. 2007. 한국산 호개미성 사회기생종 부전나비과 (나비목)의 숙주개미에 대한 재검토와 한국나비학회 정정사항. 한국나비학회지, 17 : 29-38.
- 정헌천. 김소직. 김명선. 1995. 韓國産 바둑돌부전나비의 生活史에 관하여. 한국나비학회지, 8: 7-10.
- 정헌천. 최수호. 1996. 韓國産 남방녹색부전나비의 生活史에 關하여. 한국나비학회지, 9: 1-5.
- 조달준. 2001. 韓國産 청띠제비나비의 生活史 硏究. 한국나비학회지, 14: 1-6.
- 주재성. 2010. 韓國産 꼬마흰점팔랑나비 生活史. 한국나비학회지, 20: 5-8.
- 주재성. 2011. 韓國産 돈무늬팔랑나비 生活史에 關하여. 한국나비학회지, 21: 15-19.
- 주재성. 2011. 韓國産 제주꼬마팔랑나비 생활사, 한국나비학회지, 21: 21-25.
- 주재성. 2017. 산줄점팔랑나비(*Pelopidas jansonis* Butler)와 흰줄점팔랑나비(*Pelopidas sinensis* Mabille) 종령유충의 다양한 머리형태. 한국나비학회지, 2 : 20-23.
- 주재성. 2017. 韓國産 대왕팔랑나비의 生活史에 관하여. 한국나비학회지, 23: 16-19.
- 주재성. 2017. 한국산 산줄점팔랑나비(Pelopidas jansonis Butler)의 생활사. 한국나비학회지, 23: 16-19.
- 주재성. 2017. 한국산 유리창떠들썩팔랑나비의 생활사에 관하여. 한국나비학회지, 23: 28-31.
- 주재성. 2017. 한국산 지리산팔랑나비의 생활사에 관하여. 한국나비학회지, 23: 32-35.
- 주재성. 2017. 한국산 황알락나비의 생활사에 관하여. 한국나비학회지, 23: 8-11.
- 주재성. 2017. 한국산 흰점팔랑나비의 생활사에 관한 연구. 한국나비학회지, 23: 12-15.
- 주흥재 외. 2021.한반도의 나비. 지오북
- 주흥재 외. 1997. 한국의 나비. 교학사
- 최민주. 2010. 한국산 멸종위기종 나비류의 분포현황과 위상에 관하여. 대전대학교 생물과학대학원
- 최수철. 2017. 韓國産 여름어리표범나비 乳生期에 關하여. 한국나비학회지, 23: 1-7.

- 최요한. 남상호. 1976. 암고운부전나비(Thecla betulae Linne)의 幼生期에 關하여. 한국곤충학회지, 4(2): 63-66.
- 홍성진. 2016. 은줄팔랑나비의 보전과 복원을 위한 생활사, 형태 및 개체군 동태에 관한 연구. 창원대학교 생명과학대학원 이학석사학위논문.
- 江田慧子 외 공저. 2017. 韓国におけるミヤマシジミの食草調査 ーシナガワハギ食の個体群の発見ー. New Entomol, 66(1.2): 9-14

[도감/단행본]

- (재)한국색채연구소. 1991, 우리말 색이름 사전. (주)칼라벵크커뮤니케이션.
- 박해철. 한태만. 이영보. 윤형주. 김성현.김남정. 박인균. 강필동. 2014. 산업곤충도감. 국립농업과학원
- 국립생물자원관. 2019. 국가생물종목록III. 곤충. 국립생물자원관.
- 국립생물자원관. 2016. 멸종위기종 산굴뚝나비의 종 및 서식지 보전.복원연구(III). 국립생물자원관.
- 국립수목원. 2009. 식별이 쉬운 나무 도감. 국립수목원. 지오북.
- 김성수. 서영호. 2012. 한국나비생태도감. (주)사계절출판사.
- 김용식. 2010. 원색학국나비도감. 교학사.
- 김진석. 김태영. 2011. 한국의 나무. 주식회사 돌베개.
- 김창환. 1976. 韓國昆蟲分布圖鑑(나비編). 고려대학교출판부.
- 김태정. 1998. 한국의 자원식물 Ⅰ~Ⅴ. 서울대학교출판부.
- 남상호. 1998. 한국곤충생태도감 Ⅴ. 교려대학교 한국곤충연구소.
- 미승우. 1958. 곤충이름찾기. 경응아동문화사.
- 백문기. 신유항. 2010. 한반도의 나비. 자연과생태.
- 백문기. 신유항. 2014. 한반도 나비도감. 자연과생태.
- 석주명. 1972, 한국산 접류의 연구. 보진재.
- 손상규. 2012. S.K with Butterflies. 수디자인.
- 손재천. 2006. 주머니 속 애벌레도감. 황소걸음.
- 신유항. 1991. 한국나비도감. 아카데미서적.
- 심은산. 2013. Zephyrus Ⅰ. 나무심은산.
- 유기억. 장수길, 2013. 특징으로 보는 한반도 제비꽃. 지성사.
- 윤주복. 2004. 나무 쉽게 찾기. 진선출판사(주).
- 윤주복. 2007. 겨울나무 쉽게 찾기. 진선출판사(주).
- 윤주복. 나무 해설 도감. 2008. 진선출판사(주).
- 운노 가즈오. 2000. 나비일기. 진선출판사.
- 이상현. 김세권. 2013. 호랑나비 기르기. 농업회사법인(주)선유.
- 이상현. 2011. 소규모 나비전시를 위한 공작나비 사육기법 개발 및 정립. 경기도농업기술원.
- 이상현. 박영규. 2016. 산업곤충사육기준. 광문각.
- 이승모. 1982. 韓國蝶誌. Insecta Koreana 편찬위원회.
- 제주도학생과학관. 1988. 제주도의나비. 태화인쇄사.
- 조복성. 김창환. 1956. 韓國昆蟲圖鑑(나비編) 장왕사.
- 조양훈. 김종환. 박수헌 . 2016. 벼과.사초과 생태도감. 지오북.
- 주동율. 임홍안. 1987. 조선나비원색도감. 과학백과사전출판사.
- 주흥재 외 공저. 1997. 한국의 나비. 교학사.
- 허운홍. 2012. 나방 애벌레 도감. 자연과생태.
- Akio Masui , Gian Cristoforo Bozano, Alessandro Floriani. 2011. Guide to the butterflies of the Palearctic Region(Nymphalidae part IV). Omnes Artes .
- Della Bruna, C and E Gallo. 2002. Guide to the butterflies of the Palearctic Region(Satyridae part II). Omnes Artes.
- David, G. James. and David Nunnallee. 2011. Life Histories of Cascadia Butterflies. Jregon State University Press .
- Gallo, E. and C Della Bruna. 2013. Guide to the butterflies of the Palearctic Region(Nymphalidae part VI). Omnes Artes.
- Gaden, S. Robinson. 2001. Hostnlants of the moth and butterfly caterpillars of the Oriental Region. The Natural History.
- Bozano, G. C. 1999. Guide to the butterflies of the Palearctic Region(Satyridae part Ⅰ). Omnes Artes.
- Bozano, G. C. 2002. Guide to the butterflies of the Palearctic Region(Satyridae part III). Omnes Arte.s.
- Bozano, G. C. 2006. Guide to the butterflies of the Palearctic Region(Nymphalidae part III). Omnes Artes.
- Bozano, G. C. and A Floriani. 2012. Guide to the butterflies of the Palearctic Region(Nymphalidae part Ⅴ). Omnes Artes.
- Bozano, G. C. and Z Weidenhoffer. 2001. Guide to the butterflies of the Palearctic Region(Lycaenidae part Ⅰ). Omnes Artes.
- klaus Hermanse. 2010. Dagsommerjugle i Danmark. Apollo Books.

- Lionel, G. Higgins. Norman D. Riley, 1976. A Field Guide to the Butterflies of Britain and Europe. Collins.
- Paul, A., Opler. 1998. A Field Guide to Eastern Butterflies. Houghton Mifflin.
- Paul, A., Opler. 1999. A Field Guide to Wastern Butterflies. Houghton Mifflin.
- Pavel Gorbunov, Oleg Kosterin. 2003. The Butterflies of North Asia in Nather Ⅰ. Rodina & Fodio.
- Pavel Gorbunov, Oleg Kosterin. 2007. The Butterflies of North Asia in Nather Ⅱ. Rodina & Fodio.
- Robert Michael Pyle. et. al. 1981. National Audubon Society Field Guide to North American Butterflies. Alfred A. Knopf.
- Roberto Villa, Marco Penecchia, Giovanni Battista Pesce. 2009. Farfalie D'talia. da Editrice Compositori.
- Sergei, A., Toropov. Alexander B. Zhdanko. 2006. The butterflies (Lepidoptera, Papilionoidea) of Dzhungar, Tien Shan, Alai and Eastern Pamirs 1(Papilionidae, Pieridae, Satyridae). satento.
- Sergei, A., Toropov. Alexander. B. Zhdanko. 2009. The butterflies (Lepidoptera, Papilionoidea) of Dzhungar, Tien Shan, Alai and Eastern Pamirs 2(Danaidae, Nymphalidae, Libytheidae, Riodinidae, Lycaenidae). satento.
- Song-Yun Lang. 2012. The Nymphalidae of China. EU.
- Tom Tolmam. 2008. Collins Butterfly Guide. Collins.
- Sbordoni, V. D Cesaroni, J G Coutsis. G. C Bozano. 2018. Guide to the butterflies of the Palearctic Region(Lycaenidae part Ⅴ).Omnes Artes.
- Sbordoni, V.D Cesaroni, J G Coutsis. G. C Bozano. 2018. Guide to the butterflies of the Palearctic Region(Lycaenidae part II 2nd edition). Omnes Artes.
- Vadim, V. Tshikolovets. 1998. The Butterflies of Turkmenistan. konvoj.
- Tuzov, V. K. 2003. Guide to the butterflies of the Palearctic Region(Nymphalidae part Ⅰ). Omnes Artes.
- Tuzov, V. K and G. C Bozano. 2006. Guide to the butterflies of the Palearctic Region(Nymphalidae part II). Omnes Artes.
- Eckweile, W and G. C Bozano. 2011. Guide to the butterflies of the Palearctic Region(Satyridae part IV). Omnes Artes.
- Eckweiler, W., G. C Bozano. 2016. Guide to the butterflies of the Palearctic Region(Lycaenidae part IV). Omnes Artes.
- Weidenhoffer, Z., G. C Bozano. 2007. Guide to the butterflies of the Palearctic Region(Lycaenidae part III). Omnes Artes.
- Weidenhoffer, Z., G. C Bozano. S Churkin, 2004. Guide to the butterflies of the Palearctic Region(Lycaenidae part II) Omnes Artes.
- 林柏昌. 林有義. 2008. 蝴蝶食草圖鑑. 晨星出版有限公司.
- 林春吉. 2008. "A Field Guide Plants For Butterflies In Taiwan VOL.1~2. 天下遠見出版股份有限公司.
- 渡辺康之. 1998. チョウのすべて. トンボ出版.
- 白水隆・原章.1960. 1962.原色日本蝶類幼虫大図鑑I, ll. 保育社.
- 福田晴男. 美ノ谷憲久. 2017. 日本と世界のホシミスジ. 有限会社むし社.
- 福田晴夫他. 1982 ~ 1984. 原色日本蝶類生態図鑑I~IV. 保育社.
- 本田計一. 加藤義臣. 2005. チョウの生物学. 東京大学出版会.
- 森上信夫. 林将之 . 2007. 昆虫の食草・食樹ハンドブック. 文一総合出版.
- 西岡信靖. 2008. 日本産蝶類飼育の実際. 六本脚.
- 学習研究社 . 2005. 日本産幼虫図鑑. 学習研究社 .
- 小岩屋. 2007. 世界のゼフィルス大図鑑. 有限会社むし社.
- 手代木求. 1990. 日本産蝶類幼虫・成虫図鑑 I タテハチョウ科. 東海大学出版会.
- 手代木求. 1990. 日本産蝶類幼虫・成虫図鑑 II シジミチヨウ科. 東海大学出版会.
- 安田 守. 2010. イモムシハンドブック. 文一総合出版.
- 安田 守. 2012. イモムシハンドブック. ②. 文一総合出版.
- 安田 守. 2012. イモムシハンドブック. ③. 文一総合出版.
- 永盛俊行. 水盛拓行. 芝田 翼. 黒田 哲. 石黒 誠 . 2016. 完本北海道蝶類閑鑑. 北海道大学出版会.
- 日本チョウ類保全協会編. 2012. フィールドガイド日本のチョウ. 誠文堂新光社.
- 蛭川憲男. 2008. 共生する生きものたち. ほおすき書籍.
- 蛭川憲男. 2013. 日本のチョウ 成虫・幼虫図鑑. メイツ出版.
- 河田党. 1961. 日本幼虫圖鑑. 北隆館.

[인터넷 자료]

http://www.pyrgus.de/index_en.php
http://www.butterflyandsky.fan.coocan.jp/
http://www.babochki-kavkaza.ru/
http://www.sunyou.co.kr

한국 나비애벌레 생태도감

초판 1쇄 발행　2019년　10월　22일
2판 1쇄 발행　2023년　8월　8일

글 · 사진　이상현
감수　배양섭
펴낸이　박정태
펴낸곳　광문각
편집 · 교정　이명수, 정하경, 김동서, 전상은, 김지희, 박지혜
마케팅　박명준, 박두리
온라인마케팅　박용대
경영지원　최윤숙

제작 · 기획　파주나비나라박물관 관장 박정태, 학예실장 박지혜

출판등록　1991. 5. 31 제12-484호
주소　파주시 파주출판문화도시 광인사길 161 광문각 B/D
전화　031-955-8787
팩스　031-955-3730
E-mail　kwangmk7@hanmail.net
홈페이지　www.kwangmoonkag.co.kr

ISBN　978-89-7093-070-1　96490
가격　70,000원